간발달<sub>과</sub>

가족

개정판

# 인간발달과 가족

도현심 · 이희선 · 김상희 · 최미경 · 이사라 · 김상원

# HUMAN
# DEVELOPMENT
## AND THE FAMILY

(주)교문사

## 머리말

2005년 12월, 『인간발달과 가족』 초판을 세상에 내놓은 지 어언 5년이 지났다. 그리 오랜 기간이 아님에도 불구하고, 그동안 학문적 연구가 더욱 활발히 수행되었을 뿐만 아니라 사회적으로도 다양한 유형의 가족이 눈에 띄게 증가되었다. 사회적 맥락 속에서의 인간발달 측면에서, 저자들은 이처럼 다양화되고 있는 현 우리 사회의 가족의 모습을 반영하고 최신 연구결과들을 소개하고자 개정판 출간에 의견을 모았다. 개정판 역시 가족의 중요성을 강조하고 인간발달에 있어 부모-자녀관계를 포함한 가족관계에 초점을 둔다는 점에서 여전히 예비 부모교육 및 부부교육 교재의 성격을 띠고 있다.

이 책은 크게 1부 인간발달과 가족의 기초, 2부 아동발달과 가족관계, 3부 성인발달과 가족관계의 세 부분으로 구성되어 있다. 세부적으로는 인간발달에 대한 개념과 이론적 접근을 시작으로 영아기, 걸음마기, 유아기, 학령기, 청소년기를 포함하는 아동기와 성인 전기, 성인 중기, 성인 후기를 포함하는 성인기의 발달을 가족관계의 틀 안에서 접근하였다. 특히 아동기에는 부모-자녀관계에, 성인기에는 부부관계에 초점을 두었다. 다양한 기질 특성을 가지고 태어난 아동이 어떠한 환경에서 성장하는지에 따라 서로 다른 모습의 발달을 경험할 수 있다는 유전과 환경의 상호작용론적 입장과 더불어, 하나의 개체를 이해하기 위해서는 개개 발달단계만이 아닌 전 생애적 관점에서 접근해야 한다는 것이 이 책의 기본 틀이다. 이와 동시에 타고난 특성을 기초로 최적의 환경을 제공하여 개인의 잠재력을 최대한 발휘할 수 있는, 건강한 인간발달을 위해 가족 단위에서 학교 및 지역사회, 국가, 그리고 문화에 이르기까지 다양한 체계적 접근의 필요성을 강조하고 있다.

개정판에서는 자녀양육의 정신병리적 측면인 아동학대를 독립된 장으로 다루었으며, 가족환경으로 재혼 가족, 조손 가족, 다문화 가족, 북한이탈주민 가족, 장애아 가족 등과 같이 사회적 쟁점이 되는 다양한 가족유형을 추가하였다. 또한, 가능한 한 최근에 발표된 국내의 연구결과들을 소개하고자 노력하였다. 개정판의 1~4장은 도현심 교수가, 5장과 10장은 이사라 교수가, 6~7장과 9장은 김상희 교수가, 8장과 12장은 이희선 교수가, 11장은 김상원 교수가, 그리고 13~15장은 최미경 교수가 집필하였다.

이 책은 대학의 교양과목 교재로 사용될 수 있으며, 한 학기 강의 분량의 전공과목 교재로도 적합하다. 또한, 개인의 발달에 대해 이론적·실제적 지식을 얻고자 하는 일반 성인들에게도 유익한 지침서가 될 것으로 기대한다. 인간발달에 있어 가족의 중요성이 점점 더 강조되고 있는 현대사회에서, 이 책은 개인의 건강한 발달에 대한 이해를 돕고 나아가 행복한 사회를 구현하기 위한 가족 구성원의 역할을 재확인하는 기회를 제공할 것이다.

마지막으로, 개정판의 출판을 격려해 주신 (주)교문사의 류제동 사장님과 좋은 책을 만들어내기 위해 수고를 아끼지 않은 편집부 직원들께도 심심한 감사를 전하고자 한다. 또한 자료 수집과 참고문헌 작업에 성실성을 한껏 발휘해준 이화여대 대학원 아동학과 박사과정의 김재희, 조수정 선생에게도 진심어린 고마움을 전한다.

2011년 2월
저자 일동

# 1부 인간발달과 가족의 기초

# 2부 아동발달과 가족관계

# 3부 / 성인발달과 가족관계

# 인간발달과 가족의 기초

**1**

**부**

# 인간발달이란?

인간은 영아기부터 성인 후기에 이르기까지 각 단계별로 신체적, 인지적, 사회정서적 발달을 경험한다. 인간발달에 영향을 미치는 요인은 유전과 환경 측면에서 설명되며, 현대의 많은 학자들은 두 가지 요인들 가운데 어느 한 요인에 초점을 두기보다는 이러한 요인들의 복합적 영향력을 강조한다. 또한 건강한 심신의 발달을 위해서는 생후 초기 몇 년 동안의 경험을 비롯하여, 계속되는 발달 단계에서의 경험 역시 중요한 의미를 가진다.

## ❶ 인간발달의 개념

인간발달이란 전 생애에 걸쳐 신체적, 인지적, 사회정서적 특성 등 각 측면에서 일어나는 양적·질적 변화를 의미한다(Papalia & Olds, 1995). 양적 변화는 신장이나 체중과 같이 숫자나 양에 있어서의 변화나 아동이 사용하는 단어, 구문, 문장 등의 숫자의 증가를 말한다. 예를 들면 출생 시의 신장과 체중은 생후 1년간 각각 1.5배와 3배로 증가하며, 어휘 수는 연령이 증가함에 따라 함께 증가하게 된다. 질적 변화는 지능의 본질과 같이 종류, 구조, 조직에 있어서의 변화를 의미하는 것으로, 어떠한 행동양식이 출현하거나 감소하고, 혹은 기능적으로 효율성이 증가하는 것 등이 이에 속한다. 가령 말을 하지 못하던 어린 아기가 언어를 이해하고 사용하며, 나이가 들면서 몸의 움직임이 보다 정교하게 변하는 것을 볼 수 있다. 애벌레에서 나비가 되는 것과 같이, 질적 변화는 초기의 기능에서 예측되지 않는 새로운 현상이 나타나는 것을 뜻한다.

# ❷ 인간발달의 측면

인간발달은 성장과 변화가 신체적, 인지적 혹은 지적 그리고 사회정서적 발달 등 다양한 측면에서 일어나기 때문에 이해하기가 더욱 복잡하다. 이러한 발달 측면은 서로 연결되어 있으며 상호간에 영향을 미친다.

## 1) 신체발달

신체발달에는 두뇌, 신경계, 근육, 감각능력 및 운동기술의 변화가 포함된다. 이러한 변화는 인지적 발달과 사회정서적 발달 모두에 영향을 미친다. 예를 들면 영아는 감각과 운동을 통해 세상에 대한 지식을 갖게 되므로, 청각에 어려움을 가진 아동은 언어발달이 지체될 수도 있다. 또한 성인 후기의 경우에도 알츠하이머병과 같이 두뇌에서 나타나는 물리적 변화가 개인의 인지와 인성을 피폐화시킬 수 있다.

## 2) 인지발달

학습, 기억, 추론, 사고 및 언어 등과 같은 정신적 능력에서의 변화는 인지발달의 측면에 포함되며, 이러한 변화는 신체발달 및 사회정서발달 모두와 밀접하게 관련된다. 예를 들어 아기의 기억력이 점차 증가하는 것은 분리불안과 같은 정서적 경험과 관련된다. 아동이 과거를 기억하지 못하고 미래를 예측하지 못한다면 어머니가 곁에 없다고 해도 걱정하지 않을 것이다. 기억은 아동의 신체활동에도 영향을 미친다. 이웃에 사는 강아지를 건드렸다가 손을 물렸던 것을 기억하는 1세 된 영아는 그러한 행동을 다시는 하지 않을 것이다.

## 3) 사회정서발달

사회정서발달은 다양한 감정, 생각, 행동과 관련된 주관적 경험과 다른 사람들과의 관계에서의 변화를 말하는 것으로, 사회성발달과 정서발달은 매우 밀접한 관련이 있다. 사회정서발달은 또한 신체 및 인지발달에 영향을 미친다. 예를 들어 친구들로부터 사회적 지원을 받는 학령기 아동은 스트레스로 인해 초래될 수 있는 신체 및 정신건강 문제를 덜 경험할 수 있다. 또한, 신체·인지적 특성은 사회정서발달에 영향을 미친다. 말을 잘하지 못하는 아동은 자신이 원하는 것을 얻기 위해 사람들을 때릴 수도 있고 혹은 자신의 욕구를 표현하지 못해 좌절감을 느끼고 떼를 쓸 수도 있다. 이러한 행동은 점진적으로 다른 사람들과의 관계에 부정적인 영향을 미치기 쉽다.

## ❸ 인간발달의 단계

이 책에서 인간발달의 단계는 영아기, 걸음마기, 유아기, 학령기, 청소년기, 성인 전기, 성인 중기, 성인 후기 등의 8가지 단계로 구분된다. 각 발달단계는 각각의 특성을 지닌다(Papalia & Olds, 1995). 참고로 수정에서 출산까지의 시기에 해당하는 태내기는 전 생애를 통해 신체적 성장이 가장 빠른 시기로서 환경적 영향에 대해 매우 취약하고, 기본적 신체구조와 기관들이 형성된다.

### 1) 영아기

영아기는 출생 후부터 1년 반 정도까지의 시기를 일컫는다. 영아는 출생 시부터 모든 감각이 작용하며, 생후 1개월경까지의 신생아는 성인에게 의존적이긴 하나 유능한 존재이다. 출생 후 신체적 성장과 운동기술의 발달은 급속도로 진전되며, 태어난 지 몇 주 되지 않은 신생아에게도 학습하고 기억할 수 있는 능력이 존재한다. 부모나 다른 사람들에 대한 애착은 생후 첫 1년의 후반부에 형성된다.

### 2) 걸음마기

걸음마기는 생후 1년 반에서 3년 정도까지의 기간을 말하며, 이 시기에 들어서면서 아동의 자아의식이 발달한다. 이해력과 언어발달이 급속도로 이루어지며, 다른 아동들에 대한 관심도 증가한다.

### 3) 유아기

생후 3~6년 정도의 기간에 이르는 유아기가 되면, 다른 아동의 존재가 보다 더 중요해지기는 하지만 그래도 여전히 삶의 초점은 가족에 있다. 이 시기에는 신체적으로 소근육 운동기술과 대근육 운동기술을 비롯하여 힘이 점점 강해진다. 독립심, 자기통제력, 자조기술 등이 발달하며 놀이, 창의성, 상상력 등이 좀 더 정교화된다. 인지적 미성숙으로 인해 세상에 대해 비논리적인 생각을 할 때가 많으며, 주로 자아중심적으로 행동하기는 하지만 점차 다른 사람의 입장에 대한 이해력도 발달한다.

### 4) 학령기

학령기는 대략 초등학교에 다니는 연령층(6~12세 미만)으로, 또래가 매우 중요해진다. 신체적 성장은 천천히 일어나며 체력과 운동기술이 향상된다. 자아중심성은 사라지고, 기억력과 언어기술이 증가하며, 인지적으로 성숙하여 학교에서의 수업을 따라갈 수 있는 능력이 생긴다. 자아개념이 발달되어 자아존중감에 영향을 미친다.

### 5) 청소년기

청소년기는 12~20세 정도의 기간[1]에 속하며, 신체적 변화가 급속도로 일어나고 생식기능이 성숙한다. 이 시기는 정체감에 대한 탐색이 중요해지며, 또래집단을 통해 자아개념이 발달한다. 또한 추상적으로 생각하고 과학적 추론할 수 있는 능력이 발달한다. 청소년기의 자아중심성이 나타나며, 일반적으로 부모와의 관계는 좋은 편이다.

### 6) 성인 전기

20~40세 정도의 기간은 성인 전기 혹은 성년기로 일컬어진다. 이 시기의 성인은 대부분 친밀한 관계를 경험하고, 배우자를 선택하여 결혼을 하고 부모가 된다. 이 시기에는 신체적 건강이 최고의 상태에 이르며, 그 후 점차 저하된다. 직업을 선택하고, 정체감이

---

1) 「청소년 기본법」에 의하면, 청소년기는 10~24세 미만의 연령층을 의미한다.

계속 발달하며, 지적 능력은 보다 복잡해진다.

## 7) 성인 중기

성인 중기 혹은 중년기는 40~65세 정도의 시기로서, 인생의 의미를 탐색하는 것이 매우 중요해진다. 신체적 건강과 체력이 점차 약화되며, 여성은 폐경을 경험한다. 지혜와 실제적 문제해결기술이 발달하는 반면, 새로운 문제를 해결할 수 있는 능력은 저하된다. 이 시기에 속한 성인들은 자녀와 연로한 부모를 동시에 돌보아야 하는 이중적 책임으로 인해 스트레스를 겪기도 한다. 자녀가 독립하면서 '빈 둥지(empty nest)' 시기를 경험한다. 전형적으로 여성은 좀 더 주장적이 되고, 남성은 보다 더 양육적이며 표현적이 된다. 직장에서 성공하고 돈을 가장 많이 버는 경우도 있지만, 어떤 경우는 너무 힘이 들어 고갈된 상태를 경험하기도 한다. 중년기 위기를 경험하는 사람들도 있다.

## 8) 성인 후기

성인 후기 혹은 노년기는 65세 이상을 의미하며, 건강과 신체 능력이 다소 저하되기는 하나, 대부분의 사람들은 건강하고 적극적이며 정신적으로도 건강하다. 지능과 기억력이 저하되기도 하지만, 대부분 이로 인해 커다란 어려움을 겪지는 않는다. 반응시간이 짧아져서 여러 가지 기능에 영향을 받을 수도 있다. 은퇴나 배우자 사망 등 다양한 측면에서 손실이 발생하므로 이에 대한 대처 능력이 요구된다. 은퇴와 함께 여가시간을 보다 많이 가질 수 있으나, 이로 인해 경제사정이 어려워질 수도 있다. 보다 임박해진 죽음 앞에서 삶의 목적을 발견하고자 노력하기도 한다.

## ❹ 인간발달에 영향을 미치는 요인

인간발달에 영향을 미치는 요인은 인간이 가지고 태어난 특성과 출생 후의 경험을 포함하여 매우 다양하다. 출생 후에 겪는 경험은 지극히 개인적인 것이 있는가 하면, 동일 연령층, 세대, 거주지나 문화 등 특정 집단에게 공통적인 것도 있다. 자신의 행동과 생활양식 또한 개인의 발달에 영향을 미친다.

인간발달에 미치는 내적 영향은 유전, 즉 인간이 자신의 부모로부터 받은 타고난 요인에 근원을 둔다. 유전은 수정의 순간에 부모로부터 물려받아 개인의 특성이나 능력에 영향을 주게 되는 선천적 정보를 의미하며 유전인자(gene), 타고난 성향(inborn biases), 성숙(maturity) 등의 개념이 함께 사용된다. 아동발달에 있어 유전적 영향을 특히 강조한 대표적 학자인 Gesell(1925)은 아동의 발달과 변화가 유전적으로 예정된 계획에 의해 순차적으로 일어난다는 것을 강조하였다. 외적 영향 또는 환경적 영향은 인간이 세상과의 경험을 통해 얻어지는 것이다. 다시 말하면 아동의 생활이나 발달에 영향을 미치는 모든 외적 조건들은 환경에 속하며, 부모와 형제자매와 같은 가족, 학교와 기관이나 사회, 문화 등이 포함된다.

그러나 환경이 인간을 변화시키는 것처럼 인간 역시 환경을 변화시킬 수 있기 때문에 이러한 영향을 명확하게 구분하는 데는 무리가 있다. 예를 들어 명랑한 특성을 가지고 태어난 아기는 다른 사람들로부터 긍정적 반응을 이끌어내게 되고, 이는 결과적으로 자신의 노력은 보상을 받는다는 신뢰감을 강화시키게 된다. 이러한 자신감으로 아동은 좀 더 명랑하게 행동하도록 동기화되고, 자신감이 부족한 아동에 비해 성공할 가능성이 보다 더 높다. 또 다른 예로 수줍은 아동의 어머니는 사회성이 낮은 경향이 있는데

(도현심 · 박성연, 1992), 이와 같은 부모-자녀 간 일치성만을 근거하여 아동의 수줍음을 타고난 특성으로 보기에는 무리가 있다. 즉, 비사교적인 어머니에게서 태어난 아동은 수줍음이라는 특성을 가지고 태어날 수 있으나, 동시에 외부인과의 접촉을 꺼려하는 어머니의 성격특성으로 인해 환경적으로도 사회적 자극을 별로 경험하지 않고 자랄 수 있기 때문이다.

이러한 맥락에서 최근의 학자들은 인간의 발달을 설명하는 데 있어서 더 이상 유전론과 환경론으로 나누어 어느 한 가지 요인만을 강조하지는 않는다. 즉, 인간이 보이는 대부분의 행동특성은 유전과 환경의 상호작용에 의한 것으로 설명된다는 것이다. 학습은 성숙이 선행되어야만 그 효과가 높으며, 성숙은 학습 여부를 통해 어느 정도 촉진되거나 혹은 지연될 수 있다. 다시 말하면, 환경의 영향은 타고난 잠재력의 범위(reaction range) 내에서 이루어지며 동시에 동일한 유전적 가능성을 가지고 태어났음에도 불구하고 환경에 따라 그 가능성이 발현되는 정도가 다를 수 있다. 인간발달을 유전과 환경 간의 상호작용으로 설명한 대표적 학자인 Horowitz(1987)에 의하면 인간은 취약성(vulnerability), 탄력성(resilience)과 같은 특성을 가지고 태어나며, 출생과 더불어 촉진적(혹은 양호한, facilitative) 환경과 비촉진적(혹은 열악한, nonfacilitative) 환경에 속하

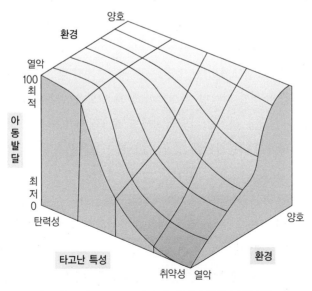

| 그림 1-1 | Horowitz의 모델: 유전과 환경의 상호작용
자료: Bee(1997)

게 된다(그림 1-1). 개인의 특성과 환경의 특성을 두 축으로 하여 구분해 보면, 아동은 탄력성-양호한 환경, 탄력성-열악한 환경, 취약성-양호한 환경 그리고 취약성-열악한 환경 등 네 가지 집단 가운데 어느 한 집단에 포함된다. 이러한 집단 가운데 가장 적절한 발달을 경험하는 집단은 탄력성-양호한 환경집단이며, 이와 반대로 가장 부적절한 발달을 경험하는 집단은 취약성-열악한 환경집단이다.

## ❺ 생태학적 접근에서 바라본 인간발달

30여 년 전만 해도 아동발달에 대한 부모역할의 영향력은 크게 강조되어, 사람들은 마치 부모가 자녀를 만들어내는 것처럼 생각하는 경향이 있었다. 부모의 역할을 주제로 한 연구는 가장 활발히 수행되어온 연구들 가운데 하나이며, 잘못된 부모역할은 아동의 부정적 발달의 주요 원인으로서 학문적, 사회적으로 많은 비난을 받아올 수밖에 없었다. 그러나 부모 혹은 가족에 초점을 둔 미시적 접근은 Bronfenbrenner(1979)의 생태학적 접근이 소개되면서 새로운 국면을 맞이하게 되었다. Bronfenbrenner는 환경을 미시체계(microsystem), 중간체계(mesosystem), 외체계(exosystem), 거시체계(macrosystem) 등 네 가지의 서로 다른 수준으로 구분하고, 아동은 이러한 몇 개의 체계로 둘러싸인 원 안에서 발달하며, 아동의 발달을 이해하기 위해서는 다양한 환경의 맥락을 고려해야 한다고 강조하였다(그림 1-2). 즉, 아동의 발달에는 아동의 타고난 특성뿐 아니라 아동을 둘러싼 다양한 체계들이 함께 영향을 미친다는 점에서 생태학적 접근은 아동발달에 영향을 미치는 다양하면서도 체계적인 요인들에 대한 관심을 환기시켰다. 이러한 맥락에서 아동발달에 영향을 미치는 다양한 생태학적 요인들을 종합적으로 살펴보고자 시도한 연구들은 점차 증가 추세에 있다(김동기·홍세희, 2007; 박성혜·김광웅, 2003; 오재연·유구종, 2007; 최옥희·김용미·김영호, 2009).

미시체계는 가정이나 학교, 직장 등과 같이 일상생활에서 아동이 직접적으로 접하는 환경으로 부모, 형제자매, 보육자, 또래, 교사 등과의 관계를 포함한다. 이러한 관계는 양방향적인 것으로서 서로 영향을 미친다. 미시체계에 있는 사람들이 아동에게 영향을 미칠 뿐만 아니라 아동의 기질, 신체적 특성, 능력 등과 같은 특성들도 상대방의 행동에 영향을 미친다. 또한 미시체계 내에 있는 어떤 두 명의 개인 간 상호작용은 제 삼자에 의해 영향을 받기도 한다. 예를 들면 아버지는 어머니와 영아 간의 상호작용에 분명히 영향을 미친다.

중간체계는 미시체계들 간의 연결 혹은 상호관계를 의미하며 가정과 학교, 가정과 직장, 직장과 지역사회 간의 연결을 예로 들 수 있다. 서로 연결된 사슬처럼 중간체계는 아동을 부모에게, 학생을 교사에게, 고용인을 고용주에게, 친구들을 친구들에게 연결시킨다. 발달은 미시체계들이 서로 강렬하고 지원적으로 연결되어 있을 때 가장 바람직한 모습을 띠게 된다. 중간체계는 서로를 연결시키는 직접적, 간접적 영향들을 통해 이해할 수 있다. 구체적인 예를 들면 부모와 안정적 관계를 형성한 아동은 학교에서 또래로부터 수용되기 쉬우며, 친밀하고 지원적인 우정관계를 갖게 된다. 반면 미시체계들 간의 비지원적 연결은 상당히 부정적인 결과를 낳을 수도 있다. 가령 또래집단이 학업에 별로 가치를 두지 않는 상황에서는, 부모와 교사가 학업성취를 격려하고자 아무리 노력하더라도 또래집단은 청소년의 학업을 방해할 것이다.

외체계는 부모의 직장, 대중매체, 정부기관, 지역사회 건강 서비스 등의 조직이나 기관과 같이 아동이 그 일부분에 속하지는 않아도 아동의 발달에 영향을 미치는 상황들

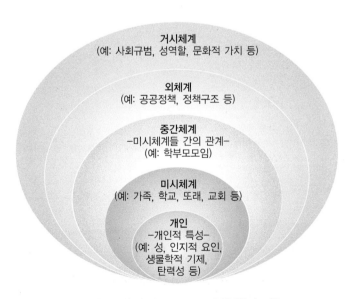

| 그림 1-2 | Bronfenbrenner의 생태학적 모형

자료: McWhirter, McWhirter, McWhirter, & McWhirter(2007)

로 구성되는, 보다 커다란 환경이다. 이처럼 커다란 환경은 개인의 발달에 직접적인 중요한 영향을 미치며, 미시체계와 중간체계의 작용에도 영향을 미친다. 예를 들면 복지기관으로부터 후원금을 받아 살아갈 경우 개인의 자존감에 영향을 미칠 수 있고, 텔레비전은 개인의 성역할에 영향을 미칠 수도 있다. 또한 아동이 가정에서 경험하는 정서적 관계는 그들의 부모가 직장에서의 업무를 얼마나 즐기는지 여부에 의해 상당히 큰 영향을 받을 수도 있다. 특히 건강한 아동의 발달을 지원하는 외체계로서의 정책에 대한 관심은 날로 증가하고 있다. 이는 미래의 기둥인 아동들이 건강한 아동기 경험을 통해 자신의 잠재력을 충분히 발휘할 수 있는 기회를 제공한다는 점에서 우리 사회가 처한 어느 쟁점 못지않게 시급한 사안이기 때문이다.

가장 넓은 환경인 거시체계는 정부, 종교, 교육, 경제 등과 같은 포괄적 문화 형태이다. 거시체계는 아동을 어떻게 양육하고, 교육하며, 아동이 달성해야 할 목표가 무엇인지를 지시하는 커다란 이념이다. 이러한 가치는 문화마다 다르고 가정, 이웃, 학교 그리고 아동에게 영향을 미치는 기타 모든 환경에서 겪는 다양한 경험에 큰 영향을 미친다. 예를 들어 '고 3 수험생과 그 부모'라는 말은 현대 우리 사회에 살아가는 사람들이라면 쉽게 공유할 수 있는 우리 문화의 특성 가운데 하나이다.

이와 같이 체계는 어떤 것이든지 나름대로의 특성을 가지고 있고 한 체계의 어느 한

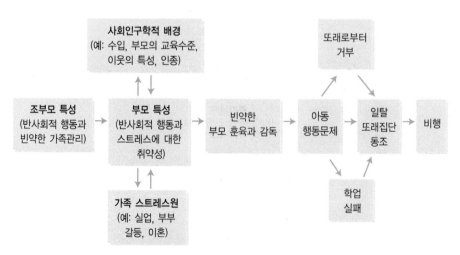

| 그림 1-3 | 아동의 반사회적 행동의 발달에 대한 Patterson과 동료들의 모델

자료: Patterson, DeBaryshe, & Ramsey(1989)

부분에서 일어난 변화는 또 다른 부분들에도 영향을 미치게 되며 동시에 그 부분들은 또 다른 반응으로 행동하게 된다. 아버지의 실직을 예로 들어 보자. 실직을 당한 아버지는 가정에서 자녀들에게 지나치게 화를 내는 등 이전과는 다른 행동을 보이기 쉽다. 아버지의 이러한 행동변화에 대해 자녀들 역시 변화된 행동으로 반응하게 되고, 이는 다시 아버지의 행동에 영향을 미쳐 아버지로 하여금 과격하게 행동하게 만들 수도 있다. 이에 대해 아동 역시 보다 더 반항적이 되고, 이어서 아버지의 행동은 더욱 더 엄격해지며, 궁극적으로 아동의 행동에 부정적인 영향을 미치게 될 것이다.

이처럼 보다 커다란 체계의 영향력은 아동의 반사회적 행동의 기원에 대해 살펴본 Patterson과 동료들의 연구를 통해 분명히 발견할 수 있다(Patterson, DeBarsyshe, & Ramsey, 1989). 그들의 연구결과에 따르면, 잘못된 훈육 방법을 사용하고 아동을 제대로 감독하지 못하는 부모의 자녀들은 불순응적이거나 반사회적 행동을 보이기가 쉽다. 그러나 아동의 반사회적 행동은 한번 형성되기만 하면 생활의 다른 영역들에도 영향을 미치게 되어, 그러한 행동을 보이는 아동들은 또래로부터 거부를 당하고 학업성적이 부진하게 된다. 이러한 문제들 때문에 아동은 일탈적 또래집단에 들어가게 되고 급기야는 비행에 빠지게 된다(Dishion, Patterson, Stoolmiller, & Skinner, 1991). 따라서 가족에서 시작된 양상은 또래나 학교체제와의 상호작용에 의해 유지되고 심화된다고 할 수 있다. Patterson과 동료들의 모델(그림 1-3)은 반사회적 행동의 발달에 영향을 미치는 여러 요인들에 대해 기술하고 있다. 이러한 과정의 핵심은 아동과 부모 간의 상호작용이다. 그러나 보다 커다란 생태학적 혹은 상황적 요인들 또한 아동이 보이는 비행의 원인이 된다.

반대로 앞서 언급했듯이 어느 한 환경 수준에서의 변화는 또 다른 수준에서의 변화가 일어나지 않을 경우 거의 달라지지 않을 수도 있다. 예를 들어 학교환경을 향상시키더라도 아동이 가정환경에서 학업에 전념할 수 있도록 지원받지 않는다면 아동의 학업수행에 별로 영향을 미치지 않을 것이다. 이와 유사하게 생태학적 접근은 다양한 가족 구성원들 속에서의 영향이 다방향적이라는 것을 나타낸다. 부모만이 아동의 행동에 영향을 미치는 것이 아니라 아동 역시 부모의 행동에 영향을 미친다.

생태학적 접근은 발달에 영향을 미치는 커다란 문화적 요인들의 중요성을 강조한다. 발달에 관한 연구자들은 문화적, 하위 문화적 집단 내의 구성원들이 개인의 행동에 어떻게 영향을 미치는지를 관심 있게 바라본다. 예를 들어 일반적으로 개인주의적인 서구 문화가 개인적 정체성, 독특성, 자유 및 개인의 가치를 강조하는 반면, 집단주의적 특성을 지닌 아시아 문화는 집단이나 사회가 개인보다 더 중요하다는 이념을 강조한다 (Dent-Read & Zukow-Goldring, 1997).

## ⑥ 전 생애적 관점에서 바라본 인간발달

1970년대 이후, 인간발달 연구의 대상은 아동기를 벗어나서 성년기 및 중년기와 노년기에 이르기까지 확대되었다. 전 생애적 관점은 인간의 모든 발달단계를 통해 발생하는 성장, 변화, 행동의 안정성 등을 연구하는 것으로, 인간의 각 발달단계는 과거에 의해 영향을 받으며 미래에 영향을 미치게 된다. 노령인구의 증가와 더불어 변화된 연령구조와 부모−자녀관계에 대한 상호작용적 관점에 기인한다. 특히 후자의 경우, 부모는 자녀에게 일방적으로 영향을 미치기만 하는 것이 아니라 부모도 자녀로부터 영향을 받는다는 새로운 관점을 의미한다. 이러한 의미에서 인간은 전 생애를 통해 끊임없이 발달하며 성인기에도 계속 발달이 이루어진다고 이해되기 시작했다. 이 외에도 단기간의 실험적 방법으로 얻어진 기존의 연구들을 통해서는 어떤 행동이 한 개인의 전 생애를 통해서 어떤 영향을 줄 것인지를 설명하지 못한다는 점에 기인하기도 한다. 전 생애를 통한 발달변화의 연구를 통해서는 인간의 심리적 상태를 포함하는 개인 내적(intraindividual) 변화뿐 아니라 대인관계와 같은 개인 간(interindividual) 변화도 밝힐 수 있다. 전 생애발달을 강조하는 연구자들은 인간발달을 전 생애에 걸쳐 지속적으로 일어나는 과정으로 바라본다. 이들은 발달의 보편적 원리를 이해하고자 추구하기도 하지만, 동시에 문화적, 인종적 차이가 발달에 어떻게 영향을 미치는지에 초점을 두기도 한다.

# 이론적 접근

2장

이론은 아기 돼지 삼형제가 각각 짚과 나무 그리고 벽돌이라는 서로 다른 재료를 이용하여 집을 짓는 것에 비유하여 정의될 수 있다. 아기 돼지 삼형제는 '집짓기'라는 공통의 목표를 향해 일을 시작하였으나, 각자 서로 다른 방식의 집을 지었다. 또 다른 예로 유치원에서 매우 공격적으로 행동하는 남아가 있다고 가정하자. 이 아이는 주변의 친구들을 빈번히 발로 차거나 때리며 괴롭히기 때문에 교사로서는 어떤 활동을 진행하는 데 여간 골칫거리가 아닐 수 없다. 이와 같은 아동의 공격적 행동은 다양한 이론을 통해 설명된다. 어떤 이론들은 비슷한 연령층의 아동들 사이에서 발견되는 개인차에 초점을 두어 동일한 4세 아동이라도 어떤 아동은 공격적인 반면, 또 다른 아동들은 그렇지 않은 이유가 무엇인지에 대해 의문을 갖는다. 어떤 이론은 일반적 연령 변화에 초점을 두어 4세 아동이 더 어린 아동이나 혹은 나이가 더 많은 아동과 다른 이유를 설명하고자 한다. 어떤 이론은 인지적 측면을 강조하며 어떤 이론은 사회적 혹은 정서적 측면을 강조하기도 한다. 최근 들어 몇몇 이론은 양 측면을 통합하려고 시도하기도 한다. 이와 같이 인간의 발달을 어떻게 설명하는가는 이론가마다 인간의 근본적 본질을 어떻게 바라보느냐에 따라 달라진다. 이론가들은 사람이 왜 그렇게 행동하느냐에 대해 각자 서로 다른 렌즈를 통해 서로 다르게 설명한다. 이론은 과학자들이 어떤 행동을 기술하고, 설명하며, 해석하고, 예측할 수 있도록 도와준다는 점에서 매우 중요하다.

# ❶ 인지적 발달을 강조하는 이론

## 1) 정보처리이론

정보처리이론은 인간의 사고과정과 컴퓨터 작업 간의 유사성을 통해 인간의 인지를 이해하고자 한다. 컴퓨터와 마찬가지로 인간은 환경으로부터의 정보를 입력하고, 기억 속에 이미 저장된 정보를 이용하여 비교하고, 조절하며, 판단함으로써 이를 처리한다. 정보처리적 접근을 따르는 연구자들은 특히 문제해결기술이 연령에 따라 변화하는 것에 관심을 갖는다(Siegler, 1986). 이들은 어떤 문제를 해결하는 상황에서, 2세 아동과 4세 아동이 서로 다르게 반응하는 것을 경험의 양, 어떤 상황을 나눌 수 있는 특정한 기술 그리고 이러한 기술을 적용할 수 있는 수월성과 융통성 측면에서 설명하고자 한다. 4세 아동은 그간의 보다 다양한 경험으로 인해 광범위한 기술을 가지며, 기억력이 보다 우수하고 기억을 보다 효율적으로 사용할 수 있으므로 문제를 보다 잘 인식하고 행동 계획을 세워 실행할 수 있다. 따라서 4세 아동은 놀이터에서 어떤 아동이 다쳤다는 것을 알게 되었을 때, 바로 근처에 교사가 있다는 것을 기억하고 즉시 교사를 부른다. 그들은 융통성이 있어 만일 교사가 가까이에 없다면, 그들 스스로 아픈 아이를 달래주거나 그 아이를 실내로 데려가 다른 어른들의 도움을 구할 수도 있다. 이와 달리 2세 아동은 문제를 인식하고 계획을 세울 수 있는 능력을 가지고 있지 않다.

정보처리이론가들은 발달을 주의력, 기억력, 사고력 등이 점차 향상하는 것으로 여긴다. 즉 나이가 들어가면서 이러한 능력을 통해 사건을 해석할 수 있는 기술이 보다 우수해지고 보다 다양한 범위의 문제해결 전략들을 갖게 된다는 것이다. 그들은 인지적 발달을 강조하지만, 아동이 지적 문제를 어떻게 해결하는지 뿐만 아니라 사회적 정보를 어떻게 처리하는지에 대해서도 관심을 갖는다. 그들은 아동이 정신적 과업을 수행하기 위해 취한 정확한 단계들을 분석함으로써 연령에 따른 변화를 도표를 통해 설명하고자 한다.

## 2) Piaget의 인지발달이론

정보처리이론가들과 마찬가지로 Piaget(1952) 또한 동일한 연령의 아동들 사이에서 나타나는 개인차보다 서로 다른 연령의 아동들이 어떻게 다르게 생각을 하는지에 주로 관심을 가졌다. 그러나 정보처리를 강조한 이론가들과 대조적으로 그는 아동의 연령에 따라 세상을 이해하고 학습하는 방법에는 중요한 질적 변화가 있다고 주장했다. 즉, 4세 아동의 사고는 2세 아동의 사고와 종류가 다른데, 이것은 단순히 그들이 정보를 처리하는 경험을 더 많이 가지고 있음을 의미하는 것이 아니다. Piaget는 연령에 따라 이해력에 커다란 도약이 있다는 것을 인정하지 않고서는 발달을 이해할 수 없음을 강조했다. 그는 모든 아동은 동일한 연령에 동일한 순서로 동일한 인지적 발달단계를 경험하기 때문에 이러한 과정을 훈련으로 가속화하는 데는 제한이 있다고 주장했다.

Piaget에 의하면 2세 아동과 4세 아동 간의 중요한 차이점들 가운데 하나는 2세 아동의 사고가 보다 더 자기중심적이라는 것이다. 이것은 자기 자신의 이익을 먼저 추구하는 것과 같이 어른 입장에서의 자아중심성이 아니라, 사람들이 서로 다른 입장을 가지고 있다는 점을 이해하지 못한다는 것을 의미한다. 4세가 되면 아동은 다른 사람들이 원하는 것이 자기 자신과 동일하지 않다는 것을 이해하기 시작한다. 따라서 4세 아동은 단순히 2세 아동보다 더 많은 기술을 가지고 있는 것이 아니라 어떤 문제에 대해 2세 아동과는 질적으로 다르게 생각한다는 것이다. 마찬가지로 4세 아동이 나이든 아동이나 어른과 같이 생각하려면 시간이 더 많이 지나야 한다.

## ❷ 사회정서발달을 강조하는 이론

### 1) 사회학습이론

사회학습이론은 일반적 학습이론 혹은 행동주의의 연장으로서, 행동은 환경적 반응과 관련하여 점차적으로 수정된다는 것을 주장한다(Skinner, 1957; Watson, 1928). 아동은 과거에 보상을 받았던 행동을 반복하고 벌을 받았던 행동은 피하는 경향이 있으며, 모델링(modeling)이라는 과정을 통해 학습한다. 즉, 아동은 다른 사람들이 어떻게 행동하는지를 관찰하고 그 결과를 주목하면서 자신이 관찰한 행동을 모방하기 시작한다. 정보처리이론가들과 마찬가지로 사회학습이론가들은 발달을 점진적, 누적적 과정으로 여긴다. 그러나 그들은 서로 다른 연령의 아동들 사이에서 발견되는 차이가 아니라 동일한 연령의 아동들 간의 차이에 보다 많은 관심을 가진다.

사회학습이론가들에 의하면 다친 아동을 돕고 있는 4세 아동은 아마도 다른 사람들이 이타적으로 행동하는 것을 보았을 것이고, 다른 아동을 도왔던 것 때문에 칭찬을 받았던 경험이 있을지도 모른다는 것이다. 2세 아동이 그러한 행동을 하지 않았다면 그것은 그러한 경험이 없었기 때문인 것으로 해석된다. 일반적으로 사회학습이론은 연령과 더불어 변화하는 보편적 행동양식을 설명하는 것보다는 특정한 상황에 대한 특정한 행동반응을 설명하는 데 보다 더 유용하다.

## 2) 정신역동적 접근

20대가 되어 대인관계를 유지하는 데 어려움을 겪고 있는 한 여대생의 경우, 그녀가 유치원에 다닐 때 성적 학대를 경험한 적이 있었으나 그녀 자신은 그 경험을 의식적으로 기억하지는 못하고 있었다. 이러한 상황에서 그녀를 치료하는 정신과 의사는 현재의 문제가 어린 시절의 경험과 관련이 있는 것은 아닌지 밝혀보고자 했다. 이와 같이 정신역동적 접근에서는 현재의 행동과 과거의 경험 간의 관련성을 중요시한다. 정신역동적 접근을 주장하는 학자들은 개인의 행동이 자신의 의식이나 통제를 넘어선 내적 세력, 기억, 갈등에 의해 동기화된다고 여긴다. 이러한 내적 세력은 아동기로부터 이어지는 것으로 전 생애를 걸쳐 행동에 지속적으로 영향을 미친다.

### (1) Freud의 정신분석이론

인간발달에 대한 정신분석이론은 20세기로 전환하는 시점의 Freud(1923)의 견해에 근거한다. 정신적으로 병약한 수많은 환자들을 치료한 후, 그는 비정상적 행동은 충동, 즉 성에 대한 욕구나 공격성의 표현과 같이 인간생물학에 기초한 본능적 욕구의 부적절한 표현으로 인해 초래된다고 주장했다. 그는 정서적 문제의 원인과 관련하여 영아기부터 성인기에 이르는 심리적 발달이론을 개발했다.

개인의 인성은 본능(id), 자아(ego), 초자아(superego) 등의 세 가지 측면으로 구성된다. 출생 시 인간의 정신은 단지 원시적 충동과 본능으로만 이루어져 있다. 본능은 인성의 비조직화된 타고난 부분이자 배고픔, 성, 공격성, 비합리적 충동과 관련된 원시적 욕구(drives)이다. 이러한 욕구는 리비도(libido)라고 불리는 성 에너지(psychic energy)에 의해 활성화된다. 본능은 쾌락원리(pleasure principle)에 의해 작용하며, 만족을 최대화하고 긴장을 감소시키는 것을 목표로 한다. 그러나 생후 몇 년이 지나면서 자아가 나타난다. 자아는 인성의 합리적이고 이성적인 측면이다. 자아는 본능의 욕구에 대해 현실성을 제공함으로써 외부 세계와 원시적 본능 사이에서 완충제로서의 역할을 한다. 즉, 자아의 주요 역할은 본능적 욕구가 표현되기에 안전하고 적절한 방법을 찾는 것이라 할 수 있으며, 아동은 외부적 요구, 특히 부모의 요구에 반응하기 위해 만족감이나 욕구를 지연시킬 수 있는 능력을 발달시킨다. 자아는 현실 원리(reality principle)에 의해 작용하며, 이때 본능적 에너지는 개인의 안전을 유지하고 개인이 사회에 통합될 수 있도록 억제된다. 생후 초기에 새로운 자기통제를 격려하는 것은 처벌에 대한 두려움이지만, 유아기가 끝날 무렵부터는 초자아 혹은 양심이 발달한다. 즉, 아동은 부모의 규칙이나 가치를 자신의 일부로 만든다. 이것은 질적 변화를 나타내는 것으로 아동은 이제 잘못된 행동에 대해 죄책감도 느끼게 되고, 어른이 주위에 있지 않아도 '착해지려고' 노력한다. 초자아는 개인의 양심을 나타내는 것으로, 정의와 불의 간의 차이를 통합한다. 초자아는 5~6세경에 발달되며 부모, 교사, 기타 중요한 대상들로부터 학습된다.

이 외에도 Freud(1905)는 인성이 발달하는 과정을 설명하였다. 아동이 자라는 동안 몇몇 단계를 통해 심리성적 발달(psychosexual development)이 일어나며 각 단계에서의 쾌락 혹은 만족은 특정 생물학적 기능과 신체 부분을 통해 경험된다고 주장했다(표 2-1). 쾌락은 입으로부터 시작하여 항문을 거쳐 궁극적으로는 성기로 이동한다. 아동이 어떤 특정 단계에 충분히 만족감을 경험하지 못하거나 혹은 너무 많은 만족감을 느낄 경우, 고착(fixation)이 일어날 수 있다. 고착은 발달의 초기 단계에서 미해결된 갈등을 반영하는 행동이며 구강기에 고착된 어른은 보통 먹기, 말하기 혹은 껌 씹기 등의 구강 활동에 열중하는 경향이 있다.

## (2) Erikson의 심리사회적 이론

Freud와 마찬가지로 Erikson은 개인의 발달에 있어 감정과 사회적 관계의 중요성을 강조하였다. 그러나 그는 아동이 충분한 만족의 결핍으로 인해 고착될 수 있다고 생각하지는 않았으며, 모든 인간이 직면하고 해결하는 일련의 발달과업이 있다고 주장하였다. Freud의 심리성적 단계의 경우와 비교해 볼 때, Erikson의 발달과업은 훨씬 더 방대하다. Erikson은 수유를 영아와 부모 간의 상호작용에서 중요한 영역으로 여기고 보살핌의 질이 구강의 만족이나 수유 자체보다 훨씬 더 중요하다고 생각했다. 놀아주기, 흔들어주기, 달래주기, 기저귀 갈아주기, 목욕시키기 등도 영아가 부모의 반응성과 의존 가능성을 학습할 수 있는 중요한 기회이다. 어린 영아가 주 양육자에 대해 신뢰감을 발달시키는지 혹은 불신감을 발달시키는지를 결정하는 것은 바로 전체적 보살핌의 질이다. 발달과업이 어떻든 아동은 훗날의 발달과업을 향해 계속 나아가게 되는데 이 점은 Freud의 초기 이론, 즉 개인은 특정 발달단계에 상징적으로 고착될 수 있다는 점과 대조를 보인다.

Erikson(1963)의 이론에 의하면 인간은 전 생애에 걸쳐 영아기, 걸음마기, 유아기, 학령기, 청소년기, 성인 전기, 성인 중기 그리고 성인 후기 등의 8가지 발달단계를 경험한다(표 2-1). 각 단계는 고정된 형태로서 모든 사람들에게 유사하게 나타나며, 개인이 해결해야 하는 위기 혹은 갈등을 지닌다. 개인은 각 발달단계에서의 갈등을 해결함으로써, 새로운 기술들을 습득하게 된다. 이를 통해 개인은 부모와 독립적으로 행동하거나 생산적인 일을 할 수 있는 능력을 기르게 된다. 그러나 각 발달단계에서의 갈등을 만족스럽게 해결하지 않으면 훗날에 그 갈등에 대해 계속적으로 투쟁하게 된다. 개인은 다음 단계의 발달과업을 잘 다루기 위해서라도 이전 단계의 위기를 충분히 해결해야 한다는 것이다.

발달이 비교적 청소년기에 완성된다고 여긴 Freud와 달리 Erikson은 성장과 변화는 전 생애를 걸쳐 계속된다고 주장하였다. 가령 성인 중기의 사람들은 '생산성 대 침체성 단계(generativity versus stagnation stage)'를 통과한다는 것이다. 이 단계에 속한 사람들은 가족, 지역사회, 전체 사회에 대한 기여를 통해 삶의 연속성에 대해서 긍정적인 감정을 느끼게 되지만, 그렇지 않다면 자신이 미래 세대에게 전해주고 있는 것에 대해 침체감과 실망감을 느끼게 된다.

| 표 2-1 | Freud의 심리성적 단계와 Erikson의 심리사회적 단계

| 연령 | Freud의 심리적 단계 | Erikson의 심리사회적 단계 |
|---|---|---|
| 출생 후 18개월 | [구순기]<br>영아는 무엇인가를 빨고 물면서 입을 통해 쾌락적 감각을 경험함 | [신뢰감 대 불신감]<br>영아는 자신의 기본적 욕구를 충족시켜주는 사람에 대한 신뢰감이나 불신감을 학습함 |
| 18개월~3세 | [항문기]<br>아동은 배설을 통제하는 것을 학습하면서 항문을 통해 쾌락적 감각을 경험함 | [자율성 대 수치심/의심]<br>아동은 자신의 의지를 발휘하고 스스로 통제하는 것을 배우거나 혹은 어떤 일을 스스로 할 수 있을지에 대해 불확실해 하거나 의심함 |
| 3~5세 | [남근기]<br>아동은 성적 호기심을 발달시키고 성기를 만지면서 만족감을 느낌. 또한 이성 부모에 대해 성적 환상을 가지며 그러한 환상에 대해 죄책감을 느낌 | [주도성 대 죄책감]<br>아동은 주도적으로 활동하는 것을 학습하고 성취감을 즐기며 목적을 갖게 됨. 아동이 자기 자신의 주도성을 따르지 못하게 될 경우, 자신이 독립적이 되고자 시도하는 것에 대해 죄책감을 느낌 |
| 6~11세 | [잠복기]<br>성적 움직임이 가라앉고, 성인이 가치 있게 여기는 기술들을 습득하는 데 초점을 둠 | [근면성 대 열등감]<br>아동은 성인이나 또래가 가치 있게 여기는 활동들을 유능하고 효율적으로 수행하는 것을 학습하며, 그렇지 못하면 열등감을 느낌 |
| 10대 | [생식기]<br>청소년은 성인과 같은 성적 욕구를 가지며, 이러한 욕구를 만족시키고자 함 | [자아정체성 대 역할 혼미]<br>청소년은 자신이 속한 사회의 일원으로서 자신의 정체감을 확립하게 되며, 그렇지 못하면 자신이 누구이고 어떠한 삶을 영위하고자 하는지에 대해 혼란을 겪게 됨 |
| 20~40세 | – | [친밀성 대 고립감]<br>젊은이는 친밀한 동반자를 발견하게 되며, 그렇지 못하면 외로움과 고립감을 경험함 |
| 40~65세 | – | [생산성 대 침체감]<br>성인은 자신의 업무에서 생산적 일을 하고 다음 세대를 기르고자 노력하며, 그렇지 못하면 침체감을 겪음 |
| 65세 이상 | – | [통합감 대 절망감]<br>자신의 지난 경험을 이해하고 자신의 삶이 의미있었다는 것을 확신하고자 하며, 그렇지 못하면 자신이 못 다한 목표와 낭비된 삶에 대해 절망감을 느낌 |

# 아동발달과 가족관계

## 2부

# 태내기 발달

수정(conception)은 정자와 난자가 만나는 현상을 의미한다. 난자의 막을 뚫고 들어간 정자의 핵과 난자의 핵이 만나 새로운 개체가 시작되며, 이 수정란은 접합체(zygote)라고도 부른다. 수정란은 즉시 세포분열을 거듭하면서 나팔관과 난관을 지나 자궁 속으로 내려와 하루 혹은 이틀 정도 떠돌다가 자궁벽에 착상하게 된다. 난자의 배출 후 착상까지는 10~14일 정도가 걸린다. 태내기는 수정란을 이루기 시작하는 시기부터 출산에 이르는 시기를 일컬으며, 이 기간은 대개 280일이다. 발달은 수정의 순간부터 부모로부터 물려받은 복잡한 유전적 지침과 환경적 요인에 의해 영향을 받아 진행된다. 수정의 순간 정자와 난자의 결합에 의해 생성된 단 하나의 세포로부터 시작하여 태내기 성장은 매우 급속도로 질서정연하게 진행된다(Papalia & Olds, 1995)(그림 3-1).

## ❶ 태내기 단계

태내기는 발달이 시작되는 시기로 발아기(germinal stage), 배아기(embryonic stage), 태아기(fetal stage) 등의 세 가지 단계로 구성된다(그림 3-2).

### 1) 발아기 또는 배종기: 수정 후 첫 2주간

태내기의 첫 단계인 발아기는 수정 후 첫 2주 동안을 의미한다. 수정란은 나팔관을 따라 자궁을 향해 아래로 내려가면서 36시간 내에 급속한 세포분열기로 접어들어, 수정 후 72시간이 되면 32개의 세포로 분열한다. 1주일 내에 세포 수는 100~150개가 되며, 이 숫자는 급속도로 증가한다. 세포 수의 증가와 더불어 세포는 점차 분화된다. 많은

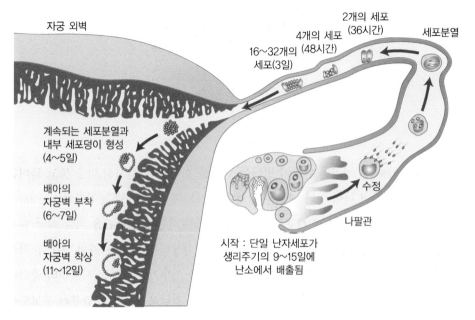

| 그림 3-1 | 난자가 배아로 되는 과정
자료: Papalia & Olds(1995)

세포 주변의 보호층을 형성하는 세포들도 있고 태반과 탯줄의 기초를 형성하기 시작하는 세포들도 있다. 완전히 발달된 태반은 탯줄을 통해 영양분과 산소를 제공하면서 산모와 태아 간의 연결관으로서의 역할을 한다. 태아가 자라면서 나오는 분비물 역시 탯줄을 통해 배출된다.

> **일란성 쌍생아와 이란성 쌍생아**
>
> - 일란성 쌍생아는 수정된 난자가 세포분열 초기에 두 개의 개체로 분리되는 경우이다. 하나의 정자와 하나의 난자에서 발생한 경우이므로, 일란성 쌍생아는 유전적으로 동일하다.
> - 이란성 쌍생아는 난소에서 한 번에 두 개의 난자가 배출되어 두 개의 난자가 두 개의 서로 다른 정자와 만나 수정되는 경우에 속한다. 서로 다른 두 개의 정자와 난자가 결합된 경우이므로, 이란성 쌍생아는 형제자매와 유사한 정도의 유전성을 지닌다.

## 2) 배아기: 수정 후 2~8주

배아기는 수정 후 2~8주에 해당되며 이 시기의 태아는 배아(embryo)라고 부른다. 배아기의 특징은 주요 기관과 신체체계의 분화 및 발달이다. 배아기 시초의 태아는 세 개의 분명한 층을 가지고 있는데 발달이 진행됨에 따라 각 층은 궁극적으로 서로 다른 구조를 형성하게 된다. 배아의 맨 바깥층인 외배엽(ectoderm)은 피부, 머리, 치아, 감각기관과 두뇌 및 척수를 형성하게 되며, 내부 층인 내배엽(endoderm)은 소화계, 간, 췌장, 호흡계를 만들어낸다. 외배엽과 내배엽 사이에 있는 중배엽(mesoderm)은 근육, 골격, 혈액과 순환계가 된다. 신체의 모든 부분은 이 세 개의 층으로부터 형성된다.

배아기 말의 배아를 인체로 보기는 좀 어려울지도 모른다. 그럼에도 불구하고 단 2.5cm 정도 밖에 되지 않는 8주 된 배아를 자세히 바라보면 몇 가지 친숙한 모습을 발

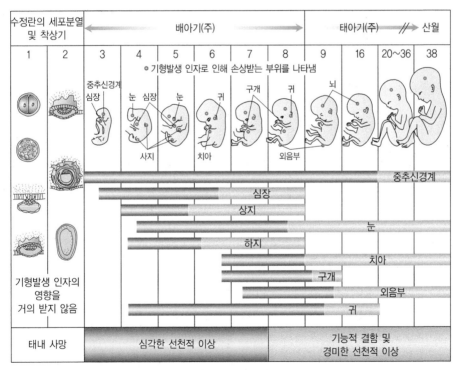

| 그림 3-2 | 태내기 단계
자료: Bee(1997)

견할 수 있다. 초보적 형태의 눈, 코, 입술, 치아뿐만 아니라 팔과 다리가 될 부분도 도톰하게 나와 있는 것을 확인할 수 있다. 배아기는 신체의 중요기관이 형성되고 분화되는 시기이며 태아에게 미치는 작은 손상이라도 커다란 결함으로 남을 수 있기 때문에 많은 주의가 필요하다.

## 3) 태아기: 수정 후 9주~출생

태아기가 되면 태아(fetus)를 쉽게 인지할 수 있게 된다. 태아기는 주요 기관들의 분화가 일어나는 기간으로 수정 후 9주부터 출생까지를 일컫는다. 태아기 동안 태아는 빠른 속도로 변화한다. 길이는 20배로 커지고 신체 비율 역시 현저히 변화한다. 수정 후 2개월에 머리는 태아 전체 크기의 1/2 정도를, 5개월에는 1/4 이상을 차지한다(그림 3-3). 태아의 체중 또한 크게 증가하여 수정 후 4개월에는 평균 110g, 7개월에는 1.4kg 그리고 출생 시에는 평균 3kg 이상이 된다. 기관은 급속도로 복잡해지는 동시에 더욱 분화되고 기능적이 된다. 수정 후 3개월경에 태아는 삼키고 배설을 하며, 여러 신체 부분들 사이의 연결이 보다 복잡해지고 통합된다. 팔이 발달하여 손이 생기고 이어서 손가락과 손톱이 만들어진다.

이러한 과정에서 태아는 외부세계에 자신을 알리게 된다. 사실 임부는 임신 초기에는 임신을 의식하지 못하지만, 태아는 이 기간부터 점차 활동적이 된다. 수정 후 3개월이 되면 움직이기 시작하고 성별을 구별할 수 있으며 4~5개월이 되면 임부는 태동을 느낄 수 있다. 그 후 한두 달 후에는 다른 사람들도 태아가 움직이는 것을 임부의 피부를 통해 느낄 수 있다.

태아는 다양한 활동을 한다(Smotherman & Robbinson, 1996). 태동 외에도 몸을 뒤집을 수 있고, 울고, 딸꾹질을 하며, 주먹을 쥐고, 눈을 깜박거리며, 손가락을 빨 수도 있다. 임신 24주경이 되면 태아는 성인에 비해서는 매우 제한된 음역이나마 소리를 들을 수 있게 되며(Gray, 2000), 임신이 진행되면서 태아의 청각은 점점 발달하여 들을 수 있는 음역이 넓어지고 작은 소리도 들을 수 있게 된다(Gerhardt, Huang, Arrington, Meixner, Abrams, & Antonelli, 1996). 따라서 임신기간 동안 과도한 소음에 지속적으로 노출되었던 임부로부터 태어난 아기는 난청을 경험하기 쉽다(Lalande, Hetu, & Lambert, 1986). 또한 태아는 청각을 통해 학습할 수도 있다. 예를 들어, 갓 태어난 신생

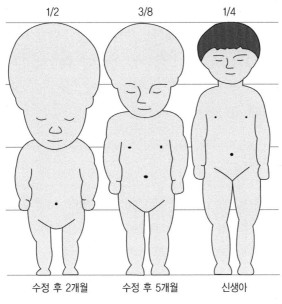

| 1/2 | 3/8 | 1/4 |

| 수정 후 2개월 | 수정 후 5개월 | 신생아 |

| 그림 3-3 | 신체 비율

자료: Muzi(2000)

아들은 다른 사람의 목소리보다 태아기에 들었던 어머니의 목소리를 선호하였다 (Moon, Cooper, & Fifer, 1993).

## ❷ 태내발달에 영향을 미치는 환경 요인들

### 1) 임부의 정서상태

우리 사회에서는 전통적으로 태교를 중요시하는데, 태교는 곧 임부의 건강한 정서상태에 기초한다. 임신기 동안 임부의 정서상태가 태아의 발달에 미치는 영향에 대한 견해는 연구에 따라 다소 비일관적이다. 임부가 경험한 일상생활에서의 스트레스가 임신 기간 동안 영아의 문제와 밀접한 관계가 없다는 연구결과가 있는가 하면, 이와 대조적인 결과도 보고되고 있다. 예를 들면, 임신 중에 높은 수준의 스트레스와 불안을 경험했던 산모는 유산이나 조산의 위험이 높고, 기형이나 성장지체 영아를 출산할 위험성이 증가하였다(Mulder, Medina, Huizink, Van den Bergh, Buitelaa, & Visser, 2002). 임부가 불안을 경험할수록 생후 3개월에 영아는 주의조절력이 낮았고 까다로운 행동을 보였는데(Huizink, Robles de Medinam, Mulder, Visser, & Buitelaar, 2002), 이를 통해 임부가 경험한 스트레스는 영아의 기질과 관련이 있으며 훗날 정신병리의 위험요인이 될수도 있음을 알 수 있다.

## 2) 임부의 영양상태

임부의 영양상태는 태아의 발달에 결정적 영향을 미친다. 양질의 영양소를 섭취하는 산모는 영양소가 낮은 음식을 섭취하는 경우에 비해 임신기 동안 문제를 훨씬 널 경험하였고, 순산을 하였으며, 보다 더 건강한 아기를 출산했다(Rizzo, Metzger, Dooley, & Cho, 1997). 영양부족 임부에게서 태어난 영아는 모든 발달이 저조하였으며, 특히 신경계의 발달이 잘 이루어지지 않았다. 영양부족이 심했던 시기가 뇌의 발달이 이루어지는 시기에 해당되면 그 영향은 회복하기가 더욱 어렵다. 두뇌기능의 경우 임신 후 5주경 중뇌, 소뇌, 연수의 분화가 시작되며, 임신 8주가 되기 전에 두뇌는 부분적으로 작동한다. 이때에 임부가 영양부족의 상황에 놓여 있다면 여러 가지 장애를 보이는 아기를 출산할 가능성이 높다.

한편 임부의 영양실조가 태내발달에 미치는 부정적 영향력을 감소시킬 수 있는 방법이 보고되는 점은 매우 다행스러운 일이다. 한 연구에서 태내기에 영양실조를 경험하였으나 출생 후 풍요로운 환경에서 키워진 아동의 경우 초기 영양실조의 영향을 극복할 수 있었다(Grantham-McGregor, Powell, Walker, Chang, & Fletcher, 1994). 그러나 실제로 영양실조 산모에게서 태어난 아기들이 출생 후 풍족한 환경에서 자랄 수 있는 경우는 매우 드물다는 것이 문제점으로 지적된다(Riccuuti, 1993).

## 3) 임부의 흡연과 음주

소량의 니코틴과 알코올이라도 태아의 발달에 손상을 입힐 수 있다. 흡연은 임부 혈액의 산소량을 감소시키고 일산화탄소의 양을 증가시킴으로써 태아에게 필요한 산소를 급속도로 감소시킨다. 더구나 담배 속에 들어 있는 니코틴과 다른 독소들은 태아의 호흡률을 떨어뜨리고 심장박동을 가속화시킨다. 흡연은 유산율 혹은 조산율과 영아 사망률을 증가시킨다. 흡연을 하는 임부들은 비흡연자에 비해 비정상적으로 낮은 체중의 아기를 출산하기 쉽고, 이러한 아기들은 비흡연자의 아기들보다 평균적으로 좀 더 작다. 더구나 임신기에 담배를 피우는 여성들은 정신적으로 지체된 자녀를 낳을 가능성이 50%나 더 많다(Drews, Murphy, Yeargin-Allsopp, & Decoufle, 1996; Fried & Watkinson, 1990).

임부의 음주 또한 태아에게 심각한 결과를 가져다줄 수 있다. 임신기 동안 아주 소량의 음주를 하는 것도 훗날 자녀의 행동과 심리적 기능성에 부정적 영향을 미칠 수 있다(Shriver & Peirsel, 1994). 더구나 임신기의 음주 결과는 매우 오랫동안 지속된다. 한 연구에 의하면 14세에 공간 및 시각 추리력을 포함하는 테스트의 결과는 어머니의 임신기 음주와 관련이 있었다. 어머니가 음주를 많이 했을수록 아동은 보다 더 부정확하게 응답했다(Hunt, Streissguth, Kerr, & Olson, 1995).

임신기에 과량의 음주를 하는 경우 자녀에게는 훨씬 커다란 위험이 닥칠 수 있다. 미국의 경우 750명의 영아 가운데 한 명 정도가 태아알코올증(Fatal Alcohol Syndrome, FAS)을 가지고 출생하는데, 이 증후군은 평균 이하의 지능과 정신 지체, 성장 지연, 안면 기형 등을 유발한다. 현재 태아알코올증은 정신 지체를 예측할 수 있는 가장 중요한 원인이다(Feng, 1993). 태아기는 일생 가운데 가장 손상 받기 쉬운 시기임을 고려할 때, 알코올 중독을 완전히 치료한 후에 임신을 하는 것이 중요하다.

## 4) 약물 사용

최근 임부가 사용하는 약물이 태아에게 절대적으로 해롭다는 사실이 밝혀지면서 임신 중에는 가능한 한 약물을 복용하지 않는 것이 현명한 것으로 알려졌다. 합법적이든 불법적이든 임부가 섭취하는 많은 종류의 약물은 태어나지 않은 아기에게 심각한 위험을 가져온다. 의사의 처방 없이 구입할 수 있는 약물도 심각한 손상을 가져올 수 있는데, 가령 두통 때문에 복용한 아스피린은 태아의 출혈을 초래할 수 있다. 실제로 4세 아동의 신체발달 결함은 임신기에 아스피린을 빈번히 사용한 것과 관련이 있었다(Griffith, Azuma, & Chasnoff, 1994).

의사가 처방한 약물이 치명적 손상을 가져온 경우도 있었다. 1950년대 유럽에서 입덧을 가라앉히기 위해 탈리도마이드(thalidomide)를 복용한 많은 여성들이 손이 아주 작거나 팔이나 다리가 짧은 신체장애아를 출산하였다. 이 약물을 처방할 당시 의사들은 탈리도마이드가 임신 초기 3개월에 일어나는 사지의 성장을 방해한다는 사실을 알지 못했던 것이다. 임부가 복용한 약물의 부정적 영향이 뒤늦게 나타나는 경우도 있다. 1970년대 인공호르몬인 DES(diethylstilbestrol)는 유산을 방지하기 위해 빈번히 처방되었던 약물이다. DES가 투여되었던 임부들에게서 태어난 자녀는 생식기 이상(이철우 외, 2009)이나 생식능력이 감소하였다(Safe, 2000). 여아의 경우, 자궁기형, 불임, 면역기능 이상 등이 증가하였으며(Golden, Noller, Titus-Ernstoff, Kaufman, Mittendorf, Stillman, & Reese, 1998), 기형을 유발하였다(Newbold, Jefferson, Grissom, Padilla-Banks, Snyder, & Lobenhofer, 2007).

불법 약물은 더더욱 문제가 심각하다. 임신기에 마리화나를 사용한 경우 태아에게 산소가 공급되는 것을 방해하여 짜증스럽고 불안한 영아를 출산하기 쉽다(Feng, 1993). 코카인은 태아에게 이르는 동맥을 극도로 제한하여 혈액과 산소의 흐름을 크게 감소시킨다. 출생시 코카인에 중독된 어머니로부터 태어난 아기들은 코카인에 중독되기 쉬우며, 평균적인 아기들보다 신장과 체중이 작고 심각한 호흡기 문제나 발작을 경험할 수 있다. 또한 그들은 일반 영아들과 매우 다르게 행동하여 자극에 대해 별로 반응하지 않았으나, 일단 울기 시작하면 달래기가 매우 힘들었다(Gottwald & Thurman, 1994; Lewis & Bendersky, 1995).

## 5) 모체의 질병

모체의 질병은 심각한 결과를 가져올 수 있다. 예를 들어 임신 11주 이전에 발병한 풍진(rubella, German measles)은 맹인, 농아, 심장질환 혹은 두뇌 손상 등을 유발하여 태아에게 심각한 결과를 가져오기 쉽다. 그러나 풍진이 임신 후반부에 발병할 경우, 치명적 결과가 일어날 가능성은 적어진다. 마찬가지로 발병 시기의 영향이 있긴 하지만, 그 외 몇몇 질병도 태아에게 영향을 미친다. 수두(chicken pox)는 출산 시 결함을 초래할 수 있고 유행성 이하선염(mumps)은 유산의 위험성이 높다. 매독(syphilis)과 같이 성적으로 전달되는 질병은 태아에게 직접적으로 전달되어 태아 역시 매독을 가지고 태어난다. 후천성 면역결핍증(AIDS : Acquired Immune Deficiency Syndrome)은 태아에게 가장 치명적인 영향을 미치는 것으로 알려진 질병이다. 이 질병을 가지고 있거나 혹은 바이러스를 보유하고 있는 임부들은 태반에 닿아 있는 혈액을 통해 태아에게 이를 그대로 전달한다. 후천성 면역결핍증에 걸린 임부로부터 태어나는 아기의 30% 정도가 이 바이러스를 가지고 태어나는데, 이 질병을 접촉한 영아는 파괴적 경로를 겪게 된다. 그들은 대부분의 경우 작고 일그러진 얼굴, 튀어나온 입술, 두뇌 손상 등의 문제를 가지고 비정상적으로 태어나며, 그들 가운데 90%는 지적 지연 및 결함과 운동 협응, 얼굴 표정 및 언어 결핍 등의 신경학적 문제를 경험한다. 후천성 면역결핍증은 면역체계의 손상을 야기하기 때문에 이러한 영아들은 매우 쉽게 감염된다. 후천성 면역결핍증을 가지고 태어난 아기의 장기적 예후는 매우 심각하여, 에이지티(AZT)와 같은 약물이 그 증상을 경감시킬 수는 있지만 그럼에도 불구하고 영아기 이상 생존하는 경우는 드물다 (Chin, 1994).

## 6) 모체의 연령

2005년 새해 벽두에 들려온 세계의 화제 가운데 하나는 67세의 루마니아 여성이 세계 최고령 출산기록을 세웠다는 소식이었다. 이 여성이 낳은 쌍둥이 딸 가운데 1명은 숨졌으나 살아남은 아기는 몸무게 1.4kg으로 건강한 상태라고 전해졌다. 이 여성이 출산하기 이전까지는 2003년 시험관 아기를 낳은 65세의 인도 여성이 최고령 산모였다. 이에 대해 자녀의 입장을 고려하지 않는 무책임한 행동이라는 비난이 빗발치기도 했다. 고령 출산은 자녀의 미래 발달뿐만 아니라, 임산부의 임신과 출산 자체에도 영향을 미친다. 30세가 넘어 출산을 할 경우는 분명히 그 이전의 출산보다 조산을 하거나 저체중아를 낳을 가능성이 높다(Berkowitz, Skovron, Lapinski, & Berkowitz, 1990). 고령의 산모는 일종의 정신지체인 다운증후군 아동을 낳을 가능성이 더 높다. 40세 이상 산모의 경우 다운증후군 아동의 출산율이 1%인 반면 50세 이상은 25%에 이른다(Gaulden, 1992). 고령 출산뿐만 아니라 너무 어린 연령에 출산을 하는 것 역시 위험이 따른다. 10대에 임신한 여성의 경우 조산아를 낳을 가능성이 보다 크며, 영아사망률은 20대 산모의 2배에 이른다.

## 7) 아버지의 영향

아버지가 태아기의 환경에 미치는 영향력에 대해 과거에는 잘 알려져 있지 않았으며 이에 관한 연구도 거의 이루어지지 않았었다. 그러나 최근의 연구결과를 통해 아버지의 행동이 태내기 환경에 영향을 미칠 수도 있다는 것이 분명해졌다. 앞서 언급한 임부의 정서상태는 아버지의 영향을 설명하기에 좋은 일례이다. 임신 중에 경험하는 과도한 스트레스는 임부에게 어려움을 주는 반면 주변의 지원체계가 좋을 때는 긍정적인 결과를 얻을 수 있다는 점을 고려할 때, 아내의 임신 중에 남편의 지원은 중요한 의미를 갖는다. 실제로 남편이 임신에 대해 부정적으로 반응하거나 비지원적이거나 혹은 신체적으로나 정서적으로 학대를 가할 때 임신부에게 더 많은 문제가 발생했다(Amaro, Fried, Cabral, & Zuckerman, 1990). 아버지의 흡연으로 인한 간접흡연 또한 어머니의 건강에 영향을 미치고, 이는 태아에게까지 영향을 미치게 된다. 실제로 한 연구에서 아버지의 흡연 수준이 높을수록 아기의 출생 시 체중이 적었다는 결과가 보고되었다(Rubin, Krasilnikoff, Leventhal, Weile, & Berget, 1986).

---

**임신 전과 임신기간 동안 최적의 환경을 만들기 위한 방법**

- 임신 계획 시 유의 사항
  - 생리 후 2주 동안에만 X-ray 촬영을 한다.
  - 적어도 임신 3개월 전에는 풍진 예방접종을 한다.
  - 적어도 임신 3개월 전부터는 피임약을 복용하지 않는다.
- 임신 전과 임신기 동안 음식을 잘 섭취한다.
- 알코올과 다른 약물을 사용하지 않는다.
- 카페인을 삼간다.
- 흡연을 삼간다.
- 규칙적인 운동을 한다.

# 영아기의 부모-자녀관계

출생 후 18개월 정도의 기간에 속하는 영아기는 Erikson이 구분한 인간발달 8단계 가운데 첫 번째 단계이다. 이 단계는 신체적 보살핌은 물론 정서적 보살핌 역시 매우 중요한 시기이다. 애착(attachment)은 이 시기에 강조되는 사회정서적 발달의 가장 중요한 측면이다.

## ① 발달적 특성

### 1) 신체발달

영아의 운동기술은 신체적 성장이 급속히 일어나는 것과 더불어 발달된다. 생후 첫 1년 동안 평균적으로 영아의 신장은 출생 시의 50% 정도인 25cm 이상 자라고 체중은 출생 시의 3배를 넘어 10kg 정도가 된다. 골격도 좀 더 단단해지고 근육의 힘도 강해진다. 신체의 비율도 변화하여 생후 1년 정도가 되면 머리가 몸에 비해 상대적으로 여전히 크기는 하지만 신생아기와는 상당히 달라져 몸통이 팔과 다리에 비해 상대적으로 길어진다. 태내기와 마찬가지로 신체의 여러 부분들은 서로 다른 시기에, 서로 다른 속도로 성장한다. 이후 팔이 자라면서 영아는 팔을 이용하여 물건에 손을 뻗는 것을 배우게 된다.

영아의 운동기술은 태내기의 신체적 성장 모습과 비슷한 순서로 발달한다.

첫째, 운동능력은 머리로부터 발끝을 향해 발달하고 정밀한 운동기술은 빨기와 눈의 움직임에서 처음 나타나고 맨 마지막에는 걷기에서 나타난다.

둘째, 운동기술은 몸의 중앙으로부터 바깥 부분으로 발달하여 머리를 움직일 수 있게 된 다음에 팔을 움직일 수 있게 되고 팔을 움직인 다음에 손을 움직이게 된다. 이러한 발달양상은 적절한 근육이 발달하고 이러한 근육들을 통제하는 두뇌 영역이 성숙하는 속도에 따라 영향을 받는다(그림 4-1).

| 그림 4-1 | 운동발달의 순서
자료: 윤운성·정정옥(1998)

20여년 전만 해도 산모들은 너무도 간단하고 분명하게 인공 수유를 선호하였다. 그 이유는 모유 수유에 비해 인공 수유는 수유하는 분량을 확인할 수 있을 뿐만 아니라 규칙적인 수유가 가능하기 때문이었다. 그러나 전문가들은 모유 수유의 중요성을 강조한다. 모유는 생후 첫 6개월 동안 영아의 성장에 필요한 모든 영양소를 제공하며, 특히 유장 단백의 함유량이 총 단백량의 60% 이상을 차지하고 있어 인공유에 비해 보다 쉽게 소화된다(최연순 외, 1994). 모유는 호흡기, 귀 감염 및 설사 등과 같은 다양한 아동기 질병에 대해 어느 정도의 면역성을 제공할 뿐만 아니라(그림 4-2) 살균되어 있고 따뜻하며 먹이기가 편리하다. 특히 초유는 풍부한 면역체를 포함하고 있어 위장관의 세균 감염에 대해 저항력을 가지며 알레르기, 비만증, 대사성 및 다른 질병에 대해 보호적 역할을 한다.

　모유 수유를 권장하는 사람들은 모유에 알레르기를 가지고 있는 아기는 아무도 없다고 강조한다. 모유는 단백질과 당분의 비율이 적절할 뿐만 아니라, 아기가 가지고 태어난 면역성의 수준을 올려주는 항체를 가지고 있다. 이처럼 알레르기가 없다는 점은 모유 수유의 또 다른 이점이다 (Golding, Rogers, & Emmett, 1997). 모유 수유는 보다 더 경제적이고 쉽게 준비할 수 있으며 변비를 일으키지 않는다. 모유 수유의 단점은 불편함을 들 수 있는데, 특히 하루 종일 일하고 퇴근한 어머니들의 경우에는 더욱 그렇다. 인공 수유의 장점은 어머니를 자유롭게 하고 아버지의 도움을 받을 수 있다는 것이다. 그러나 비용이 많이 들고 철저한 소독을 요하며 아기에게 변비를 가져올 수 있다는 점이 단점으로 지적된다. 또한 인공유는 알레르기를 일으키는 성질을 가지고 있을 수도 있다. 모유 수유든 인공 수유든 중요한 것은 수유 시 아기를 다정하게 안고 이야기를 들려주며 다독거려주는 것이다. 영양 그 자체보다도 부모-자녀 간의 관계 형성이 그 무엇보다도 중요하기 때문이다.

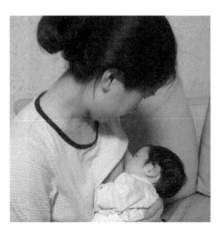
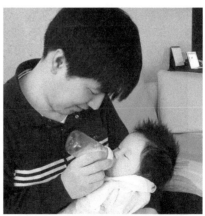

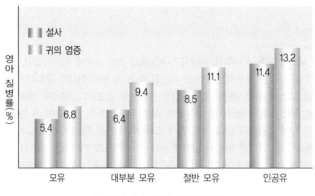

| 그림 4-2 | 모유 수유의 장점
자료: Horbar & Sack(1996)

## 2) 인지발달

Piaget는 영아기를 감각 운동기(sensorymotor period)라고 명명하고 이 시기를 반사기 (reflexes), 1차 순환 반응기(primary circular reactions), 2차 순환 반응기(secondary circular reactions), 도식 협응기(coordination of schemes), 3차 순환 반응기(tertiary circular reactions) 그리고 표상적 사고의 시작(beginnings of representational thought) 등의 6단계로 구분하였다. 그는 자신의 세 자녀가 영아기일 때 그들을 관찰하여 이러한 단계들에 대해 기술했다(Piaget, 1962). 훗날의 실험에서 발견된 연구결과를 토대로 몇 가지 사항이 수정되기는 하였으나 Piaget가 집필한 영아기에 대한 저서인 「The Origins of Intelligence」는 개개 아동을 조심스럽게 관찰함으로써 얼마나 많은 것을 알아낼 수 있는지를 보여준다.

Piaget에 의하면 인지발달은 단지 새로운 사실에 대한 수동적 습득의 결과가 아니라 아동이 세상을 이해하기 위한 체계를 적극적으로 구성함에 따라 진행된다. 어느 한 단계에 속한 아동이 세상에 대해 이해하는 것은 자신이 가지고 있는 인지적 구조에 제한되며 이러한 인지적 구조는 여러 단계들을 통과함에 따라 점차 발달하게 된다. 영아가 자신의 인지발달에 적극적으로 참여한다는 점은 운동 활동과 정신적 활동 둘 다에 해당된다. 영아는 어떤 일이 일어날 때까지 기다리지 않고 자신이 할 수 있는 어떤 방법으로 주변의 물건들에 대해 반응한 후 그 결과를 지각한다. 이때 영아는 세상에 대한 이해를 정신적으로 구성하게 된다. 이러한 과정을 완수하기 위해 영아는 단순히 정보를 흡수하기만 하는 것이 아니라 세상을 움직이는 데 초보적 수준이나마 적극적으로 참여한다.

영아가 보이는 발달적 변화를 설명하기 위해서는 적응(adaptation)이라는 개념을 이해할 필요가 있다. 적응은 한 개인이 어떤 상황에서 보다 효율적으로 기능하기 위해 변화하는 과정을 의미한다. 이 과정은 진화론적 적응과 유사하다. 진화론적 적응에서 종의 특성은 구성원의 생존율을 향상시킬 수 있는 방법으로 변화한다. 물론 Piaget는 전체 종의 변화가 아니라 개인의 변화에 대해 언급하였으나 진화론자들과 마찬가지로, 개인이 직면하는 도전에 부합하기 위해 행동이 어떻게 변형될 수 있는지에 관심을 두었다. 적응은 보다 효율적이기 위해 개인이 이미 가지고 있는 능력을 변형하는 것이다.

적응이 어떻게 작용하는지는 동화(assimilation)와 조절(accommodation)이라는 두 가지 하위 개념을 통해 이해할 수 있다. 동화는 기존의 능력을 다양한 상황에 적용하는 과정이다. 예를 들어 태어난 직후 아기는 타고난 자동적 반응인 빨기 반사를 적용하여 젖꼭지를 빨게 된다. 시간이 흘러 손가락, 손, 장난감 등과 같은 다양한 물체들이 곁에 있을 때, 아기는 자신의 빨기 전략을 변형시켜 여러 크기와 모양에 맞추는 것을 알게 된다. 조절은 세상을 계속해서 성공적으로 다루기 위해 영아 스스로 변형하는 과정이다. 조절을 통해 아기는 점차 자신에게 유전적으로 주어진 빨기 반사를 여러 가지 물체에 적절한 빨기 양식으로 세련한다.

이러한 예를 통해 알 수 있듯이 적응은 동화와 조절의 연합된 산물이며, 동화와 조절은 항상 함께 일어난다. 생후 첫 2년 동안 동화와 조절은 유전적으로 주어진 능력을 다양한 감각기술과 운동기술로 변형하여 아기가 다양한 상황에 적응할 수 있게 한다. 이러한 기술은 실제로 감각 및 운동 정보를 조절하기 위한 인지적 구조이다. 피아제는 다양한 상황에 적용될 수 있는 이러한 인지 구조를 도식(schemes)이라고 명명했다. 영아의 인지 구조에는 빨기 도식, 파악 도식, 바라보기 도식 등이 포함된다.

영아의 인지발달은 자극을 통해 증진되지만, 지나친 자극은 오히려 위험을 초래할 수 있다. 지나친 자극은 감각이 과도하게 자극되어 과부하 상태에 도달할 때를 의미한다. 즉, 지나친 자극은 아기가 고개를 돌릴 때조차도, 어머니가 말하기, 미소 짓기, 만지기 등을 통해 계속해서 상호작용을 시도하는 경우라 할 수 있다. 다른 쪽을 바라보는 것은 영아가 다른 사람과의 상호작용을 조절하는 초기의 방법이다. 어머니들은 무의식적으로 영아에게 지나친 자극을 제공하기 쉬운데, 이와 관련된 연구(Field, 1995)에서 어머니들은 한정된 시간의 90% 정도로 상호작용을 시도하는 반면에, 아기는 단지 30%만을 반응하며 바라보았다.

## ⊙ 지나친 자극의 위험성 ⊙

어머니와 영아가 까꿍 놀이를 하는 두 가지 모습을 상상해 보자. 놀이를 하다가 영아가 고개를 돌리고 손가락을 빨고 있다. 이때 어머니는 놀이를 멈추고 아기를 바라본다. 잠시 후, 영아가 고개를 돌려 다시 어머니를 바라본다. 어머니는 미소를 지으며 "그래, 다시 놀고 싶구나."라고 말하고 놀이를 다시 시작한다. 잠시 후에 영아는 다시 고개를 돌린다. 어머니는 다시 기다린다. 다시 영아가 고개를 돌리고, 어머니와 영아는 서로 바라보며 웃는다. 또 다른 예를 들면 영아가 고개를 돌릴 때마다 어머니는 영아의 얼굴을 자신에게 돌려서 놀이를 계속한다. 그러나 영아는 놀지 않고 다시 고개를 돌린다. 어머니는 영아의 얼굴을 다시 돌리면서 좀 더 주의를 끌 수 있는 소리를 낸다. 영아는 보채기 시작하고 손가락을 빤다.

위 두 가지 상호작용의 모습 가운데 전자가 바람직한데, 그 이유는 어머니와 영아 간의 의사소통이 상호 협조적으로 이루어지고 있기 때문이다. 중요한 것은 어머니가 영아와 관계를 맺는 방식에 따라 애정적 의사소통관계를 형성할 수도, 혹은 그렇지 않을 수도 있다는 것이다. 좋은 상호작용은 상호조절이 되고, 그 결과 어머니와 영아 간에 긍정적 정서가 형성된다. 후자의 경우, 어머니와 영아 간의 상호작용이 조화롭지 못하고 결국 양자 간에는 부정적 정서가 초래될 수 있다. 영아가 고개를 돌리는 것은 충분히 놀았으며 조용히 있고 싶다는 의미이다. 따라서 보육자는 영아의 단서에 따라 반응하는 것이 중요하다. 영아가 고개를 돌릴 때, 어머니는 영아가 의사소통을 다시 시작할 때까지 기다려주어야 한다.

어머니가 지나치거나 혹은 너무 적게 활동을 하는 것은 부적절한 상호작용에 속한다(Ramey, Breitmayer, Goldman, & Wakeley, 1996). 어른들은 영아와 놀 때 영아를 지나치게 과부하시킬 수 있다. 과부화 된 영아는 고개를 돌리고 때로는 울기도 한다. 지나친 자극이 계속될 경우, 부모-자녀관계는 심각하게 손상될 수도 있다. 일반적으로 부모는 지나친 자극이 아기에게 손상을 줄 수도 있다는 사실을 제대로 인식하지 못한다. 보육자는 아기가 보내는 신호에 따라 적절한 자극을 주도록 유의해야 한다.

보육자의 또 다른 중요한 행동은 영아의 욕구에 즉각적이면서 적절한 방식으로 반응하는 것이다. 이러한 반응을 통해 영아는 자신의 환경에 대한 신뢰감을 발달시키고 자신이 그 환경에서 일어나는 일에 영향을 미칠 수 있다는 것을 학습하는데, 이것은 미래의 인지발달에 매우 중요하다(Webster-Stratton, 1992). 부모가 즉각적으로 반응하지 못하여 얼마 동안을 기다려야 할 때 영아는 자신의 행동을 부모의 반응과 연결시키지 못한다. 그러나 자신이 신호를 한 후 즉각적으로 반응을 얻을 경우, 영아는 자신의 행동이 중요하고 자신이 주변의 사람과 사물에 영향을 미친다는 것을 학습하게 된다.

## 3) 사회정서발달

인간이 가지고 있는 어떤 특성은 유전적 기원을 갖는 것으로 가정되는데, 이는 이러한 특성들이 인간이 아주 어렸을 때 나타나서 계속 지속되기 때문이다. 기질은 인간의 인성을 설명해 주는 주축으로서, 인간의 감정에 영향을 미치며 또한 개인이 안락하게 느낄 수 있는 행동 유형을 결정한다. 좀 더 보편적으로 관찰되는 기질 차이는 행동억제(inhibition), 적응 능력, 활동 수준, 까다로움의 정도, 미소의 빈도 등을 통해 나타난다(Kagan, 1989). 아동이 자신의 환경에 얼마나 잘 적응하는가에 따라 기질은 세 가지 유형으로 구분된다. 구체적으로 말하면, 부모가 양육하는 데 얼마나 순한지에 따라 아동은 순한 아동(easy child), 까다로운 아동(difficult child) 그리고 느린 아동(slow-to-warm-up child)으로 구분된다(Thomas & Chess, 1984)(표 4-1). 순한 아동은 명랑하고 생물학적 기능이 규칙적이며 새로운 환경에 쉽게 적응하는 반면, 까다로운 아동은 생물학적 기능이 불규칙적이고 잘 보채며 새로운 환경에 대해 매우 부정적으로 반응하며 그러한 환경으로부터 회피하려고 한다. 느린 아동은 활동성 수준이 낮으며 새로운 상황으로부터 회피하는 경향이 있지만 그 방법은 온순하다. 또한 이들은 순한 아동들에 비해 변화에 적응하는 데 시간이 좀 더 많이 걸린다.

　기질에 관한 연구에서 가장 중요한 쟁점은 기질적 특성이 출생 시부터 존재해서 유전적으로 결정되는 정도에 관한 것이다. 기질의 유전성을 가장 잘 증명해주는 것은 쌍생

| 표 4-1 | 아동의 기질 유형

| 범 주 | 순한 아동 | 까다로운 아동 | 느린 아동 |
|---|---|---|---|
| 식습관과 수면습관 | 규칙적임 | 불규칙적임 | 어느 정도 규칙적임 |
| 새로운 환경에 대한 적응 | 쉬움 | 느림 | 처음에는 조심스러우나, 곧 적응함 |
| 낯선 사람에 대한 반응 | 미소 | 두려움 | 처음에는 수줍어하나, 곧 적응함 |
| 좌절에 대한 반응 | 어느 정도 보채지만, 곧 수용함 | 짜증을 부리거나 혹은 위축됨 | 부정적 반응을 보이나, 결국에는 회복됨 |
| 정서 | 일반적으로 긍정적이며, 그 강도는 다소 혹은 보통 정도임 | 부정적이고 강렬하며 빈번한 경향이 있음 | 다소 강렬하며, 긍정적, 부정적 정서 둘 다 보임 |

아 연구이다. Buss와 Plomin(1975)은 정서성(emotionality), 활동성(activity), 사회성(sociability)에 대한 평가가 이란성 쌍생아들과 달리 일란성 쌍생아들 간에 밀접하게 관련된다는 것을 발견했다. 또 다른 연구에서도 활동성 수준에서 이와 유사한 결과가 발견되었다(Goldsmith & Gottesman, 1981).

기질과 관련된 연구에서 중요한 또 다른 쟁점은 어떤 행동이 시간이 지나면서 지속적으로 유지되는 정도이다. 영아에게 안정적 특성이 있다면, 그러한 특성은 인성의 근원이 될 수 있다. 영아기 초기부터 지속되는 안정성은 특히 중요한데, 이는 이러한 차이가 타고난 것임을 나타내기 때문이다. 게다가 영아기의 특성은 보육자와의 관계에도 영향을 미치며 이는 아동의 발달에 중요한 의미를 부여한다. 그러나 생후 초기에 측정된 기질의 안정성에 관해서는 일관적인 결과를 발견하기가 어렵다.

기질의 안정성을 보고하는 몇몇 연구들의 예를 들면 다음과 같다. 88명의 신생아들로부터 측정한 기질은 5개월 때 기질과 유사하였으며(Stifter & Fox, 1990), 영아기에 측정한 기질의 하위영역 중 활동성 수준(activity level), 미소와 웃음(smiling and laughter), 제한에 대한 고통(distress to limitations), 두려움(fear) 등은 학령기에 이르기까지 안정적이었다(Komsi, Raikkonene, Pesonene, Heinonen, Keskivaara, & Jarvenpaa, 2006). 단기종단연구를 통해 아동의 기질적 정서표현성이 안정적인 속성인지를 살펴본 국내연구에서도 만 5세에 부정적 정서표현성이 높았던 아동은 1년 후인 만 6세에도 유사한 성향을 보였다(송하나·최경숙, 2010). 이러한 흥미로운 결과에도 불구하고 영아의 기질에 관한 이론은 여전히 논란의 여지가 많다. 예를 들면 긍정적 정서표현성은 부정적 정서보다 환경적 영향을 많이 받아 안정적이지 않았던 연구결과(Goldsmith, Lemery, Buss, & Campos, 1999)에서와 같이 안정적 기질 특성이 존재한다는 증거를 발견하지 못하는 경우도 보고되고 있다. 이처럼 기질의 안정성을 발견하지 못하는 이유는 아동이 자라나는 동안 환경이 항상 안정적인 것만은 아니기 때문이다. Thomas와 Chess(1984)가 제안했듯이 기질은 다른 모든 심리적 현상과 마찬가지로 환경적 변화가 일정할 경우에만 그 안정성을 밝힐 수 있을 것이다. 이것이 이론적 논란이 되는 것은 기질을 측정하는 다양한 척도의 타당성을 비롯하여 기질적 특성이 정서나 사고와 같이 중요한 심리적 과정과 상호작용하는지에 관해 비일관적 결과가 보고되는 것과도 관련된다(Kohnstamm, Bates, & Rothbart, 1989).

## ② 보육자로서의 부모

보육자(caregiver)는 영아를 보살피는 데 책임이 있는 사람을 의미한다. 최근 들어 아버지의 역할이 점점 강조되고 어머니의 취업과 더불어 보육시설에 맡겨지는 영아가 많은 점을 볼 때, 영아는 어머니 외에도 다양한 어른들에 의해 양육되기가 쉽다. 그럼에도 불구하고 전통적으로 주양육자의 역할은 주로 어머니가 담당하게 된다.

부모와 영아 간의 관계는 몇 가지 중요한 요인들에 의해 결정된다. 즉, 부모가 어렸을 때 받은 보살핌과 같은 부모 자신의 초기 경험의 질, 가족의 안정성이나 부부관계, 직업의 안정성, 건강, 일상생활에서 경험하는 스트레스 정도 등과 같은 현재의 상황, 그리고 영아 자신의 특성 등에 따라 부모와 영아는 다양한 관계를 형성하게 된다. 영아의 특성과 관련하여, 영아가 기질적으로 까다로울수록 어머니는 반응을 덜 하는 경향이 있다 (Putnam, Sanson, & Rothbart, 2002). 이러한 결과는 까다로운 기질의 영아를 둔 어머니는 처음에는 영아의 행동에 대해 보다 반응적으로 행동하지만 다루기 어려운 행동을 계속 경험하면서 영아의 그러한 행동에 대해 점차 무반응적이 되는 것으로 해석된다.

## ③ 부모-영아 간 애착

생후 초기 영아는 주 양육자와 분리될 때 커다란 어려움을 경험하게 되는데, 이러한 현상은 다양한 사회문화에 걸쳐 공통적으로 발견된다. 애착(attachment)은 주변의 중요한 인물과의 정서적 유대로 정의되는 현상으로, 영아발달에서 나타나는 하나의 보편적 현상이다(Grossman & Grossman, 1990). 영아는 애착 대상이 없을 때는 그를 찾으며, 그의 주의를 끌려고 하고, 애착 대상과의 분리 시 당황하고 불안해한다. 애착은 생후 6~8개월 경에 발생하는 것으로 알려진다.

### 1) 애착의 근거에 대한 주요 논점들

애착의 진화론적 이유, 영아의 성장과 더불어 애착에 변화가 생기는 원인, 애착의 질이 아동의 훗날 발달에 미치는 영향 등은 오랜 기간에 걸쳐 논란의 대상이 되어 오고 있다.

특히 애착이 발생하게 되는 근거에 대해 학자들은 다음과 같이 다양한 논점들을 제시하고 있다.

## (1) Freud의 욕구감소론

Freud에 의하면, 인간은 성 에너지를 가지고 태어나며 생물학적 욕구에 의해 동기화된다. 이러한 생물학적 욕구는 유기체가 자신의 생존을 위해 기본적인 필요요건을 얻도록 강요한다. 즉, 욕구가 자극될 때, 유기체는 그 욕구를 만족시키고자 하며 욕구가 감소되고, 만족되며, 좀 더 안락한 생물학적 평형으로 되돌아 갈 때 쾌감을 느끼게 된다. 성 에너지는 아동의 발달단계에 따라 신체의 어느 한 부분에 집중되며, 생후 초기 1년 동안 쾌락의 중요한 부분은 입이 된다. 영아는 음식에 대한 욕구를 갖게 되고, 이러한 욕구를 만족시켜주는 사람에게 애착을 형성하게 된다. 즉, 이 단계 동안 영아는 자신의 배고픔을 만족시켜 주는 물체나 사람에 대해 애착을 형성하게 되는 것이다. 이때 어머니는 대부분 영아를 먹여주게 되며, 따라서 영아가 애착을 형성하는 최초의 대상은 보통 어머니다. Freud에 의하면 아동의 사회적 환경, 특히 자신을 돌보아주는 사람들과의 초기 상호작용은 훗날 사회정서발달의 유형을 결정한다. 어머니에 대한 애착은 아동이 훗날의 발달단계로 나아갈 때 아동의 인성 형성에 중추적 역할을 한다. 따라서 어른의 경우, 이 시기에 어머니와 가졌던 관계는 모든 애정관계의 원형이 된다.

## (2) Erikson의 심리사회적 설명

Erikson에 의하면, 영아기의 발달과업은 기본적 신뢰감(basic trust) 형성 혹은 불신감(mistrust) 형성이다. 영아는 따뜻하게 보호받고, 보살핌을 받으면 신뢰감을 형성하게 되고, 이처럼 자신의 욕구를 믿을 만하게 보살펴 주며 신뢰감을 길러주는 사람들에게 애착을 형성하게 된다. 배고픔이나 신체적 불편함을 경험할 때 영아가 이를 표현할 수 있는 유일한 방법은 울음을 터뜨리는 것이다. 여기서 두 가지 유형의 어머니의 예를 들어 보자. 아기가 울 때마다 곧장 달려와 아기의 불편함을 달래 주는 어머니와 상황에 따라 달려가기도 하고 혹은 그렇지 않은 어머니가 있다고 하자. 후자와 같이 애정 없는 보살핌이나 비일관적 양육을 경험할 경우, 영아는 사람과 사회에 대해 불신감을 형성하게 된다. 영아가 주 양육자와 형성하는 관계는 매우 중요하며, 이러한 측면에서 이 시기는 인생에서 가장 중요한 시기라 할 수 있다.

## (3) Bowlby의 진화론적 설명

Bowlby는 영아의 애착에 대해 일찍이 관심을 가진 학자로, 이러한 관심은 제2차 세계 대전으로 거슬러 올라간다. 전쟁 직후, 어머니로부터 정상적 보살핌을 받지 못한 생후 초기의 경험이 초래하는 발달결과에 대해 심각한 우려의 목소리가 높았다. 이에 1950년 세계보건기구(The World Health Organization)는 영국의 신경정신과 의사인 Bowlby에게 가족들로부터 분리되어 기관에서 보살펴진 아동들의 정신건강문제에 대해 연구를 수행하도록 의뢰하였다. Bowlby는 부모를 잃었거나 오랫동안 부모들과 분리되어 병원, 보육원 등에 있는 아동들에 대한 관찰기록을 살펴본 후, 이러한 아동들이 보이는 행동 양상이 심리적으로 문제가 있거나 비행을 저지른 청소년, 성인들과의 임상면접기록과 상당히 유사함을 발견하였다. 아동은 어머니와 처음 분리될 때, 두려움에 쌓여 극도로 흥분하여 울부짖고, 화를 내다가 점차 그들의 환경을 피하고자 절망과 우울의 단계에 접어들었다. 이러한 단계를 지나 분리가 지속되고 새로이 안정된 관계가 형성되지 않는다면, 결국 이러한 아동들은 다른 사람들에게 무관심하게 되고, 심각한 경우에는 급기야 사망에 이르기도 하였다.

이러한 의미에서, 애착은 생후 초기 1년 동안 부모-자녀 간의 평형상태를 만들어내기 위해서 정상적으로 발달하는 고도로 진화된 조절체계로서 영아에게 안정감을 제공한다. 또한 어머니는 영아가 탐색적 여행을 할 수 있고, 탐색하러 되돌아가기 전에 접촉을 다시 시작하기 위해 종종 되돌아오는 안전기지(secure base)가 된다. 따라서 영아는 자신에게 세상을 탐색하기 위해 단단한 근거를 제공해주는 사람들에게 애착을 형성하게 된다.

Bowlby(1980)는 영아와 보육자 간의 애정적 유대는 생물학적 요인에 기초하며, 이는 진화론적 맥락에서 적절히 이해될 수 있다고 주장했다. 즉, 약자는 강자의 가까이에 머무르고자 하는 경향을 가지고 있는데, 부모로부터 분리된 아동들은 그렇지 못한 환경으로 인해 불안해지고 위축된다. 볼비에 따르면, 보육자와 영아 간의 애착은 영아의 생존을 위한 최초의 요소이자 가장 중요한 것이다. 예를 들면 기관의 영아들을 관찰한 연구에서, 이러한 영아들은 기저귀를 갈아주고 잘 먹여주는 등 신체적으로는 양호한 보살핌을 받았으나, 보육자와 애정적 상호작용은 하지 않았다. 이러한 환경은 영아가 보육자와의 관계에서 유대를 형성하는 데 결정적으로 부정적인 영향을 미쳤다. 이처럼 영아를 안아주거나 만져주지 않는 극단적 상황에서, 영아는 제대로 발달하지 못하고 병에 걸리거나 심지어 죽음에 이르기도 했다(Spitz, 1945). 보다 최근의 연구에서도 Bowlby의 이론이 지지된 바 있다(Rutter, 1995).

### (4) 동물모델로부터의 증거

영아가 애착을 형성하는 근거에 대한 동물행동학적 증거는 매우 흥미롭다. Harlow (1969)가 아기 원숭이들을 대상으로 하여 실시한 실험결과는 Freud의 욕구감소론과 Bowlby의 진화론적 설명을 비교해 보기에 적절하다. 그들은 생후 7일 된 붉은 털 원숭이(rhesus monkeys) 새끼를 어미 원숭이로부터 분리한 후 행동을 관찰하였다. 실험실 상황에 두 마리의 어미 원숭이 모형을 만들어 두었는데, 하나는 철사로 이루어진 어미 원숭이 모형으로 우유병이 매달려 있었고, 다른 하나는 부드러운 테리천으로 감싼 어미 원숭이 모형이었다. 그 결과 165일에 걸쳐 아기 원숭이들은 음식을 먹을 때를 제외하고는 천으로 된 어미 원숭이 모형 곁에 머물곤 하여, 테리천 어미 원숭이 모형을 분명

자료: http://www.flavinscorner.com/fig4harlow

히 선호하였다. 이러한 실험 결과는 Freud의 욕구감소론적 견해를 지지하지 못했으며, 영아가 주 양육자에 대해 애착을 형성하는 데 신체적 접촉과 즉각적 안락이 중요하다는 것을 입증하였다. 또한 대리모에 대한 애착이 아기 원숭이들의 탐색 행동에 영향을 미치는지를 살펴보고자, 우리 안에 드럼을 치면서 앞으로 행진하는 곰 인형을 놓아두었다. 이때 놀란 아기 원숭이들은 철사 어미 모형이 아니라 테리천 어미 모형에게로 달려갔다. 그러나 이들은 자신의 몸을 테리천 어미 모형에게 문지름으로써 공포를 극복한 뒤엔 호기심을 가지고 곰 인형을 바라보기 위해 몸을 돌렸고, 어떤 아기 원숭이들은 테리천 어미 모형을 떠나 곰 인형에게 접근하기까지 했다.

## 2) 애착의 개인차

영아의 중요한 사회적 과업은 또 다른 인간과 밀접한 정서적 관계를 수립하는 것이다. 이는 애착관계(attachment relationship)를 의미하며 애착대상은 영아가 힘들 때 매달리는 사람, 분리 시 꺼려 하고, 안정감의 근본이 되는 환경을 이리저리 살펴보고 자유롭게 탐색할 수 있게 해주는 사람이다. 애착대상은 주로 어머니가 된다.

　Ainsworth와 Wittig(1969)는 생후 12~18개월경에 애착의 질을 평가하는 낯선 상황 절차(strange situation procedure)를 고안했다. 이 실험 절차는 각 3분으로 구성된 총 8

개의 에피소드로 이루어져 있다. 먼저 낯선 이가 들어와서 어머니에게 이야기를 하고 아기와 상호작용을 한다. 그 다음 어머니가 방을 떠나는데, 이때 아기들은 대개 울음을 터뜨리게 된다. 8개의 상황은 표 4-2에 요약되어 있다. 연구자들은 실험 절차를 통해 세 가지 기준으로 영아의 애착을 안정 애착과 불안정 애착으로 구분하였다. 즉, 영아가 어머니를 탐색을 위한 안전기지로 얼마나 잘 이용하는지, 낯선 이에 대해 어떻게 반응하는지 그리고 어머니와의 분리와 재결합에 대해 어떻게 반응하는지를 평가했다. 안전기지는 영아에게 정서적 지지를 주어 영아가 환경을 자신 있게 탐색할 수 있도록 하는 보육자를 의미한다. Ainsworth는 애착이 분리불안, 낯가림, 환경에 대한 탐색과 밀접하게 관련된다고 주장했다.

안정 애착(secure attachment, B유형)은 전 세계적으로 가장 보편적 유형이다. 안정 애착을 보이는 영아의 행동 특성을 보면, 영아는 어머니를 탐색 활동을 위한 안전기지로 활용하고, 분리 시 불편함을 표현하기는 하지만 심하게 울지는 않는다. 그들은 어머니와의 재결합 시 달려가 안기고 신체적으로 접촉하고자 어머니에게 접근하며 쉽게 달래진다. 또한, 안정 애착아는 낯선 이에게 우호적이며 어머니가 없을 때에는 낯선 이에게 보살핌을 구하기도 하지만, 낯선 이에 비해 어머니를 분명히 선호한다. 이들은 어머니가 떠날 때 싫어하며 어머니가 돌아올 때는 반기고 다시 탐색을 하거나 놀이로 돌아간다.

안정 애착아의 어머니들은 영아의 욕구에 신속하고 적절히, 즉 민감하게 반응한다.

| 표 4-2 | 낯선 상황 절차

| 상황 | 참가자 | 관찰 대상 행동 |
|---|---|---|
| 1 | 어머니, 영아, 실험자 | 실험 상황 설명 |
| 2 | 어머니, 영아 | 어머니가 있는 상황에서 낯선 환경 탐색 |
| 3 | 낯선이, 어머니, 영아 | 어머니가 있는 상황에서 낯선이에 대한 반응 |
| 4 | 낯선이, 영아 | 낯선이와 함께 있는 상황에서 낯선이에 대한 반응 |
| 5 | 어머니, 영아 | 어머니와의 재결합에 대한 반응 |
| 6 | 영아 | 영아가 혼자 남겨졌을 때 분리에 대한 반응 |
| 7 | 낯선이, 영아 | 어머니와의 분리가 계속되고 낯선이와 함께 있을 때 낯선이에 대한 반응 |
| 8 | 어머니, 영아 | 어머니와의 두 번째 재결합에 대한 반응 |

자료: Owens(2002)

민감한 보육자들은 영아의 의사소통을 지각할 수 있고 정확하게 해석하며, 영아의 욕구에 보다 더 즉각적인 반응을 보인다. 생후 1년에 애착의 안정성을 예측하는 요인들을 밝힌 연구(Meins, Fernyhough, Fradley, & Tuckey, 2001)는 생후 6개월 영아와의 놀이 상황에서 어머니가 보이는 민감성의 중요성을 강조하였다. 민감성은 영아의 행동을 지배하는 정신 상태를 정확하게 읽을 수 있는 능력으로서, 이러한 능력이 높았던 어머니들의 자녀들은 생후 12개월에 안정적 애착을 형성하였다. 또한, 안정 애착아를 둔 어머니들은 자신의 아동기 애착관계에 대해 긍정적이고 자율적인 내적 표상을 가지고 있었다(Ward & Carlson, 1995).

불안정 애착은 불안정−저항 애착(anxious-resistant attachment, C 유형)과 불안정−회피 애착(anxious-avoidant attachment, A 유형)으로 구분된다. 불안정−저항 애착아는 분리 전에도 어머니에게 가까이 있으려 하여 탐색을 하지 못한다. 이들은 어머니가 있을 때조차도 긴장하고 불안해 보이며 어머니가 떠날 때 심하게 울고, 어머니가 돌아와서도 잘 달래지지 않는다. 그러나 흥미롭게도 이들은 어머니와의 면대면 상호작용 시에 별로 즐거워하지 않는다. 어머니와의 재결합 시에는 접촉을 추구하지만 동시에 어머니에게 화를 내고 저항하거나 때리거나 밀쳐내는 식의 양가적 행동을 보인다. 이들은 어머니가 떠나기 전에 거의 탐색을 하지 않고 어머니가 돌아온 후에도 놀이를 다시 시작하지 않는다(Schuengel, Van IJzendoorn, Bakermans-Kranenburg, & Blom, 1997). 대략 10%의 아동들이 불안정−저항 애착 유형에 속한다.

이러한 영아는 자신이 어머니를 부를 때 어머니가 올 지에 대해 불확실해한다. 따라서 이들은 어머니와의 분리 시에 매달리고 불안해 한다. 애착 대상의 접근에 대해 불안해하기 때문에, 이들은 자신의 에너지와 관심을 탐색하거나 노는 데 사용할 수가 없다(Bowlby, 1989). 이러한 행동은 어머니의 관심 및 반응 수준이 매우 낮은 것으로 인해 초래되는 경향이 있다(Rosenblum, Mazet, & Benony, 1997). 어머니의 행동 특성은 무반응적이며, 그들은 영아의 울음에 상관하지 않고 반응하지 않는다. 그들은 또한 영아에게 무관심하거나 비일관적이고 부적절한 반응을 보이며, 이러한 반응은 어머니의 정서 상태의 변화에 따라 다르다. 불안정−저항 애착 유형은 거부적이거나, 예측하기 어렵지만 무섭지는 않은 양육행동에 대한 방어적 반응으로 발달한다. 이처럼 고양된 분노행동은 일상적으로 반응을 잘 보이지 않는 양육자로부터 반응을 이끌어내기 위한 과

장된 애착행동의 전략으로 해석되기도 한다. 이러한 어머니 자신의 애착을 살펴보면 그들은 자신의 부모에 대해 수동적 입장을 취하거나 분노심을 가지고 있다.

불안정-회피 애착아들은 재결합 상황에서 어머니에 대한 접근이나 어머니와의 상호 작용을 눈에 띄게 피한다. 어머니와 함께 있을 때, 이러한 영아들은 어머니가 앉아 있는 곳에 대해 무관심하다. 이들은 낯선이와 둘이 남겨질 때도 별로 불편해 하지 않는다. 이들은 어머니가 떠날 때 우는 경우도 있고 혹은 그렇지 않은 경우도 있다. 그들이 울 때 낯선이는 어머니와 마찬가지 정도로 아이를 달랠 수 있으며, 그들은 낯선이에게도 비슷한 행동을 한다. 어머니가 돌아오면 영아는 어머니에게 가까이 가거나 안기지 않 고 고개를 돌리며, 어머니가 자신의 주의를 끌려고 할 때 어머니를 무시하기도 한다. 이 러한 영아들은 자신이 달래지기를 원할 때 어머니가 자신을 밀쳐 내리라는 기대를 하 므로 다른 사람들로부터의 애정이나 지원 없이 살고자 하는 것 같다. 또한 영아의 어머 니들은 영아의 신호에 매우 민감하지 않은 경향이 있다. 연구자들은 영아의 회피적 행 동은 스트레스가 없어서라기보다는 어머니와의 분리에서 받는 스트레스에 대한 전략 을 회피반응으로 보이는 것으로 해석한다. 불안정-회피 애착아를 둔 어머니들은 암암 리에 영아에게 거부적이며, 영아의 흥미거리에 관심을 보이지 않는다. 이러한 유형은 20% 정도에 해당된다.

이러한 세 가지 애착 유형 외에, 비조직적 애착(disorganized/disorientationed attach- ment, D유형)이 보고되고 있다. 비조직적 애착은 저항적 유형과 회피적 유형을 합해 놓은 것과 같은 유형으로, 영아는 어머니에게 접근할 것인지 혹은 회피할 것인지에 대 해 혼란스러워한다. 이러한 영아들은 어머니가 돌아오는 소리를 들었을 때 문으로 아 장아장 걸어가지만, 이내 문과는 반대편으로 되돌아 달려간다. 이들은 어머니에 대해 예측하기 어려운 행동을 한다. 때로는 안정 애착아처럼 어머니에게 행복하게 접근하기 도 하지만, 때로는 어머니를 피하기도 한다. 따라서 이러한 애착은 비조직적인 것으로 고려된다(Main & Morgan, 1996). 이들은 또한 어떻게 반응해야 할지에 대해 혼란스러 워하는 것처럼 보인다. 어머니와의 재결합 시 행동은 멍하고 겁에 질려 있으며 조용하 다(Main & Hesse, 1990). 어머니가 안아 올리면 이들은 올려지는 순간 멍하고 풀이 죽 은 눈빛으로 어머니와의 시선을 피한다. 이러한 애착 유형은 부모로부터 학대, 방임 혹 은 정서적 무시 등 부당한 양육행동을 경험한 영아들에게서 발견할 수 있다. 비조직적 애착아의 어머니들은 자기 자신이 겪은 외상이나 상실감 그리고 이혼, 별거, 사망과 같은 경험으로 인한 비탄을 해결하지 못한 경우가 많다(Lyons-Ruth, Repacholi, McLeod, & Silva, 1991).

이러한 영아들은 어머니를 무서운 존재이자 안도의 근원으로 여기는데(McKenna, 1999), 이는 영아에게 강한 갈등의 동기를 초래한다. 따라서 비조직화되고 접근을 추구하는 동시에 회피적인 행동을 보이는 것은 영아가 이러한 갈등적 경향에서 균형을 취하기 위한 결과일 수도 있다(Carlson, 1998). 어머니는 안전을 위한 유일한 근원이지만, 동시에 무서움의 근원이기도 하다. 5~10% 정도의 영아가 이러한 행동을 보인다.

## 3) 애착의 결과

영아기 애착의 질은 그 당시의 발달과 관련될 뿐만 아니라, 영아기 이후의 발달도 예측해준다. 전자의 예를 들면 영아기의 애착관계는 영아의 정신건강을 촉진하여, 안정 애착을 형성할수록 영아는 새로움과 스트레스에 대해 융통적인 대처 전략을 발휘하였다(Schore, 2001). 후자의 경우, 저소득층 가족들을 대상으로 한 연구(Lyouns-Ruth, Alpern, & Repacholi, 1993)에서 생후 18개월에 측정된 애착의 질은 5세 유아의 행동문

### ◉ 무애착 ◉

무애착(nonattachment)이란 특정한 개인에 대해 지속적 유대관계를 형성하지 못한 상태를 의미한다. 이러한 문제는 영아 주변에 주 양육자가 없어 지속적 유대를 형성할 기회를 갖지 못한 경우에만 발생되는 것으로 알려진다. 영국의 Tizard와 Rees(1975)는 생후 4개월 이전에 보육원에 맡겨져 4세 반까지 그곳에 머물렀던 유아기 아동들을 대상으로 연구를 수행했다. 이 보육원에서 아동들은 양호한 신체적 보살핌, 풍부한 인지적 자극, 운동과 놀이의 기회를 경험하였으나, 친밀하고 지속적인 보육자–아동 관계를 경험하지는 못했다. 2세경까지, 그들은 적어도 일주일에 평균 24명의 보육자들에 의해 보살핌을 받았다. 한 아동은 45명의 보육자들로부터 보살핌을 받기도 하였다. 4세 반경까지, 아동들은 평균 50명의 보육자들의 보살핌을 받았으며, 이때까지 26명의 아동들 가운데 18명은 어떤 누구에게도 깊은 관심이 없었다. 이러한 아동들은 아동기 내내 산만하고 관심추구적 행동을 보였다. 이러한 연구결과를 통해, 애착 형성의 결정적 시기는 4세 반 이전일 수도 있으며, 이때 부모는 아동이 자신과 안정적 관계를 발달시키도록 돕는 데 결정적 역할을 한다는 것을 확인할 수 있다.

제를 예측하여, 영아기에 안정 애착을 형성할수록 유아는 행동문제를 덜 보였다. 특히 또래에게 적대적인 유아들 가운데 71%가 영아기에 비조직적 애착아에 속함으로써, 영아기의 비조직적 애착 유형은 유아기의 또래에 대한 적대 행동을 가장 강력하게 예측하였다.

## 4) 애착 유형에서의 문화적 차이

낯선 상황에서 영아가 보이는 행동은 문화에 따라 다르게 해석된다. 문화권에 따라 양육방법에 차이가 있으므로 미국과 다른 문화에서 자란 영아가 낯선 상황 실험에서 보이는 반응으로 과연 애착의 안정성이나 애착 유형을 측정할 수 있는가에 대한 의문이 제기되고 있다. 예를 들어 미국 중류층 가정의 12개월 된 영아들을 대상으로 한 연구에서 안정 애착아는 54%, 불안정-회피아는 16% 그리고 불안정-저항아는 31%로 나타났다(진미경 · 유미숙, 2005). 그러나 다양한 국가를 포함한 비교문화연구를 보면, 국가마다 안정 애착, 불안정-저항 애착, 불안정-회피 애착의 비율이 다소 다르긴 해도 이 가운데 안정 애착이 가장 보편적 유형임을 알 수 있다(그림 4-3).

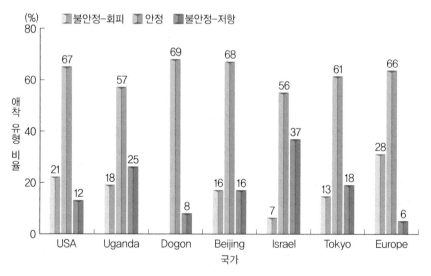

| 그림 4-3 | 국가별 애착 유형의 분포

자료: Van IJzendoorn & Sagi(2008)

## 5) 애착의 가족적 기원

애착의 질을 결정하는 중요한 요인은 영아가 초기 1년 동안 주 양육자로서의 어머니와 상호작용을 하면서 가진 경험이다. 영아-어머니 상호작용 시 어머니가 영아의 신호에 반응하는 정도가 매우 중요한데, 이는 단순히 양적 시간이 아니라 반응적이고 적극적이며 적절하게 행동하는 어머니의 능력을 의미한다. 영아가 생후 1년 동안 안정 애착을 형성하기 위해서는 어머니의 민감성, 협조성, 수용성, 접근가능성, 사교성, 긍정적 정서 표현 등이 요구된다(Calkins & Fox, 1992). 부모의 민감성은 안정적 관계를 발달시키는 결정적 요인으로서(NICHD-Early Child Care Research Network, 1997), 어머니가 영아의 신호에 적절하면서 신속하게 반응할 수 있는 능력과 밀접하게 관련된다. 그 외 애착의 개인차와 관련하여, 영아기의 아버지 역할은 무시되어 왔으나, 최근 들어 아버지가 영아와 함께 하는 시간의 양은 영아의 발달과 밀접하게 관련되는 것으로 알려졌다. 영아-아버지 상호작용에서, 양자 간 동시성(synchrony)이 높을수록 영아는 긍정적 정서를 많이 보이고 아버지에 대해 안정 애착을 형성하는 경향이 있었다(Feldman, 2003).

한편 어머니가 애착의 질에 미치는 영향은 영아의 특성에 따라 달라질 수 있다. 이는 영아의 애착 유형을 결정하는 데 영아가 단지 수동적 역할만 한다고 가정할 수 없음을

영아-아버지 상호작용 시 양자 간 동시성이 높을수록 영아는 긍정적 발달을 경험한다.

의미한다. 앞서 서술하였듯이, 까다로운 기질을 가진 영아들은 어머니의 자녀양육 시 어려움을 가중시켜 다른 영아들에 비해 민감하고 반응적 양육을 경험하기가 더 어려울 수도 있다. 이와 유사한 결과는 12~18개월 영아와 어머니 50쌍을 대상으로 한 영아-어머니 상호작용 상황에서 발견되었는데, 순한 기질을 가진 영아의 어머니들은 그렇지 않은 경우에 비해 영아에게 긍정적 정서를 보다 많이 표현하였다(한지현·이영환, 2005). 동시에 영아의 특성이 애착의 질에 미치는 영향은 보육자의 양육행동에 따라 다르다는 점 역시 간과할 수는 없다. 영아가 무반응적일지라도 이를 극복하여 잘 보살피는 어머니가 있는가 하면 그렇지 않은 어머니도 있기 때문이다.

따라서 애착의 질에는 어머니 특성과 영아 특성이 함께 영향을 미친다고 할 수 있다. 예를 들어, 한 연구에서 생후 8개월에 영아-어머니 상호작용과 영아의 기질을 측정한 후 생후 12개월에 낯선 상황 실험에서 영아-어머니 애착의 질을 측정하였다(Sarah, Mangelsdorf, Jean, McHale, Diener, Goldstein, & Lehn, 2000). 그 결과, 안정 애착아와 비교하여 불안정 애착아는 활동성(activity)과 새로움에 대한 고통(distress to novelty)이 높았고 그들의 어머니들은 보다 더 통제적이었으며, 불안정-회피 애착아는 불안정-저항 애착아에 비해 긍정적 정서가 낮고 두려움이 높았다. 이 연구는 영아의 애착을 예측하는 데 부모와 아동 특성 모두를 살펴보는 것이 중요함을 강조한다.


## ❹ 영아기의 보육

여성의 취업률 증가와 더불어, 생후 초기로서 중요한 의미가 있는 영아기의 보육은 학문적 관심을 지속적으로 받아 왔다. 영아기 보육이 영아에게 미치는 영향과 관련하여, 보육을 시작하는 시점이나 보육의 질은 특히 강조된다. 무엇보다도, 영아가 보육기관을 이용함으로써 부모-자녀 간 상호작용의 기회가 줄어들게 되는데 이는 영아의 애착에 부정적 영향을 미칠 수도 있다는 점에서 우려의 목소리가 높다. 특히 12개월 미만 영아의 보육에 대해서는 보육을 시작한 시기와 보육기관의 질 모두를 고려할 필요가 있겠으나, 이에 대해서는 일관적인 결과를 도출하기가 여전히 어려운 상황이다.

보육 시작 시기와 관련하여, 가정에서 양육되거나 반일제 보육 혹은 생후 12개월 후에 보육을 경험한 영아들에 비해 생후 12개월 이전에 주당 20시간 이상의 전일제 보육을 시작한 영아들 가운데 불안정-회피 애착이 더 많이 발견되었다는 연구결과들이 일관적으로 보고되고 있다(예: Barglow, Vaughn, & Molitor, 1987; Belsky, 1990; Sagi, Koren-Karie, Gini, Ziv, & Joels, 2003). 이처럼 생후 초기에 보육 기관에 맡겨지는 영아들 가운데 불안정 애착, 특히 불안정-회피 애착이 많다는 것은 민감한 시기로서의 영아기 특성상 충분히 가능한 일이다. 생후 첫 1년은 애착관계가 형성되는 시기라는 점에서, 불안정-회피 애착은 이 시기 동안에 충분한 정서적 경험을 하지 못하는 것과 관련되기 때문이다. 그러나 생후 초기에 보육을 경험한 영아들조차도 대부분 안정 애착을 형성하는 것을 볼 때, 보육 경험이 불안정-회피 애착의 직접적 원인이라고 단정하기에는 어려움이 있다. 이러한 이유로 Belsky(1986)는 초기의 전일제 보육을 불안정 애착의 위험 요인으로 간주하되, 이를 하나의 원인이라기보다는 영향 요인이라고 결론지었다. 좀 더 구체적으로, 이른 시기에 보육 기관에 다니는 영아의 경우 어머니의 민감성과 반응성이 낮을 때 불안정 애착을 형성하기 쉽다(NICHD Early child care research network, 1997)고 서술하는 것이 적절할지도 모른다. 그럼에도 불구하고, 생후 초기 애착의 중요성에 기초할 때, 보육 경험이 부모-자녀관계에 미치는 부정적 결과가 아동이 성장하는 과정에서 지속적으로 발견될 가능성만은 간과할 수 없을 것이다.

생후 초기의 보육은 또한 이후의 부정적 발달결과와도 관련하여 많은 연구가 수행되었다. 예를 들어, 생후 첫 1년에 어머니가 취업한 영아의 3세 때 인지적 발달결과는 그렇지 않은 경우에 비해 낮았다(Brooks-Gunn, Han, & Waldfogel, 2002). 또 다른 예로, 생후 초기에 경험한 보육 시간이 많을수록 아동은 4세 반이 되었을 때 보다 높은 수준의 행동문제를 보이기도 하였다(NICHD Early Child Care Research Network, 2002). 이러한 아동이 6학년이 되었을 때, 교사들은 이들이 그렇지 않은 아동들에 비해 보다 많은 외현화 문제를 보인다고 평가하였다. 그러나 흥미롭게도 부모의 양육행동이 초기의 보육 경험보다도 더 지속적이고 강한 예측력을 보임으로써, 보육 경험의 효과는 부모의 양육행동에 비해 그 영향력이 상대적으로 크지는 않지만 어느 정도 지속적임을 알 수 있다. 그러나 영아기 보육 유형과 훗날의 부정적 발달결과가 일관적으로 보고되는 것만은 아니다. 앞서 서술한 연구결과들과 대조적으로 생후 초기에 보육 경험이 적거나 없었던 유아들이 보육 경험이 많았던 유아들에 비해 학급내에서 외현화 문제를 오히려 더 많이 보이거나(Dmitrieva, Steinberg, & Belsky, 2007), 가족의 위험요소가 높은 경우에만 양자간의 관계가 발견되기도 하였다(Côté, Borgeb, Geoffroyc, Rutter, & Tremblay, 2008).

보다 중요한 것은 초기의 보육 경험이라기보다는 낮은 질의 초기 보육이 부정적인 발달결과를 초래한다는 점이다. 많은 연구들은 보육 기관의 질의 중요성을 확인하였다(Howes, 1990; Love et al., 2003). Howes는 보육을 시작한 연령과 보육기관의 질 모두에 대해 체계적으로 살펴보았는데, 낮은 질의 보육이 유아기의 불순응, 부정적 정서성, 적대감 등과 관련되었다. 게다가 생후 12개월 이전에 낮은 질의 보육을 경험하기 시작하였을 때 부성적인 결과는 디옥 더 증가되었다. 반면에, 초기에 경험한 높은 질의 보육은 아동의 긍정적 발달결과와 관련되었다(Belsky, 2003). 국내 연구에서도 영아-교사 간 상호작용과 애착 간의 밀접한 관련성이 발견되어, 교사와 질적 상호작용을 하고 교사의 민감성이 높을수록 영아는 안정 애착을 형성하는 경향이 있었다(김숙령, 2010). 보육교사의 민감성은 또한 영아의 높은 협동심과 관련이 있었으며, 자기중심성, 산만/과잉행동, 공격성 등 외현화 문제행동과 사회적 위축, 불안 등 내면화 문제행동을 낮추었다. 또 다른 국내 연구에서도 보육교사가 영아를 잘 보살피고 가르치고자 하는 행동은 영아의 자조 능력, 자율성, 기초 학습 능력 발달과 다른 사람과 좋은 관계를 맺고 배

---

### ⊙ 자녀 출산 시 아버지 참여와 아버지-영아 간 애착 ⊙

미국의 경우, 1980년대 초반부터 아버지가 자녀의 출산 시 참여하는 것에 대해 점차 수용하기 시작하였고, 아버지의 참여는 점차 영아-아버지 애착의 발달에 중요한 역할을 한다고 믿게 되었다. 이러한 경향은 최근 우리 사회에도 점점 확대되고 있다. 아버지가 신생아에 대해 형성하는 애착관계에 영향을 미치는 중요한 변인은 출생경험에 대한 정서적 특성이다(Parke, 1996). Parke의 연구에 따르면, 분만 중에 적극적으로 참여하고 긍정적 정서를 경험하였던 아버지들은 분만에 참여하지 않았거나 혹은 참여는 했으나 부정적 정서를 경험했던 아버지 집단에 비해 아기가 6개월이 되었을 때보다 높은 애착 점수를 얻었다. 분만에 참여할 때 많은 아버지들은 기쁨과 흥분을 보고하였으며, 이는 애착관계에 긍정적 영향을 미쳤으나, 이와 대조적으로 정서적으로 충격적인 느낌은 애착관계에 부정적 영향을 미쳤던 것이다(Pettit, Brown, Mize, & Lindsey, 1998). 이러한 연구결과를 통해, 분만 시 아버지가 경험한 긍정적 혹은 부정적 정서는 미래의 양육행동에 강력한 촉매제가 될 수도 있음을 알 수 있다.

려하려는 태도와 능력을 키우는 데 도움이 되었다(김지현, 양옥승, 2009).

　보육 경험과 아동의 발달결과간의 관련성에 대한 논쟁이 계속되는 가운데 Belsky (2001, 2006)는 보육의 효과에 대한 관점을 다음과 같이 정리하였다. 가족 요인이 보육 경험보다 아동의 발달에 더 커다란 영향을 미치긴 하지만, 그렇다고 해서 보육이 아동의 사회정서적 발달에 영향을 미치지 않는다는 것은 아니다. 중요한 것은 보육이 아동 발달에 미치는 영향력의 크기나 의미가 불분명한 시점에도 점점 많은 영아들이 어린 나이에 보육 기관에 다니고 있다는 점이다. 아무리 높은 질의 보육 기관일지라도 어린 나이에 이곳에서 많은 시간을 보내는 것은 공격성이나 불순응 행동을 일으키기 쉽다는 점에서, 낮은 질의 보육기관에 다니는 것으로 인한 발달결과에 대해서는 더 이상 언급할 필요가 없을 것이다. 따라서 이러한 불확실성이 남아 있는 가운데 가장 안전한 것은 생후 초기에 부모가 자신의 자녀를 양육하는 것이다. 이를 위해서는 육아휴직과 같은 국가적 정책이 보다 공고히 확립되어야 한다. 동시에, 국가적 차원에서 질 높은 보육 기관을 충분히 확보함으로써 취업이 불가피한 취업모의 영아기 자녀에게 대안책으로서의 긍정적 보육 경험을 제공해야 할 것이다.

# 걸음마기의 부모-자녀관계

걸음마기는 생후 18~36개월의 시기로서, 아동은 이제 보다 활동적으로 주변 환경을 탐색하기 시작한다. 현저한 언어발달은 이 시기의 특징적인 발달특성으로 아동은 의사소통의 기본인 언어를 사용할 수 있게 된다. 아동은 이제 더 이상 아기처럼 보이지는 않으며 점점 독립적으로 되어간다. 이 시기의 아동은 고집 센 행동을 자주 보이고, 이로 인해 '미운 네 살'이라고 불리기도 한다.

## ❶ 발달적 특성

걸음마기 아동은 걷기 시작하고 두 손을 자유롭게 사용하며, 시야가 넓어져 새로운 세계를 보고 자신의 의사를 표시하게 된다. 특히, 발달적 의미에서 중요성을 갖는 배변 훈련을 통해 대소변에 대한 위생적 태도를 갖게 되고, 자신의 의지에 따라 신체를 조절할 수 있다는 자신감도 형성하게 된다. 따라서, 대소변 훈련은 신체적 성장과 신경계의 성장이 충분히 이루어진 이후인 1세 이후에 시작하는 것이 바람직하며, 그 이전에 무리하게 대소변 훈련을 시키는 것은 오히려 역효과를 초래할 수 있다.

이 시기 아동의 행동적 특징은 고집이 세고 부정적이어서 자기 마음대로 되지 않으면 공격적으로 행동하기도 한다. 이때 부모가 일관된 태도로 허용되는 것과 그렇지 않은 것을 분명히 한다면, 아동은 자신이 할 수 있는 것과 할 수 없는 것을 배우게 되어, 자기통제력(self control)이 발달되기 시작한다(Hetherington & Parke, 1993). 아동의 자기주장적 행동이나 반항적 행동에 대한 어머니의 통제 정도는 중요하다. 깊은 사랑으로 아동의 행동을 받아줄 수는 있으나, 무조건적 허용은 아동에게 자기통제력을 기를 수 있는 기회를 주지 못한다. 부적합한 행동은 받아주지 않고 야단을 치고 벌을 주되, 아동의 바람직한 행동은 수용하고 좋은 행동임을 격려한다. 아동이 유사한 행동을 할 때마다 부모가 일관적 태도와 행동을 되풀이해주면, 아동은 공격적 행동을 조절할 수 있는 능력과 동시에 자기 주장을 펼 수 있는 능력을 갖게 된다.

걸음마기의 중요한 발달과업은 자율성(autonomy)을 확립하고, 자기 주장적 독립성을 확립하여 공격적 충동을 억제하고, 이를 조절할 수 있는 능력을 획득하는 것이다. 또한, 원하는 것이 즉시 만족되지 않을 지라도 기다릴 수 있는 능력을 기르는 것이다. 이 시기의 아동은 어머니와 공생적 의존관계에서 어머니로부터 분리되어 개별화가 이루어져야 한다. 어머니가 곁에 없어도 어딘가에 있으며 자신이 원하면 항상 올 수 있다는 것을 믿을 때, 아동은 어머니와 떨어져 있어도 불안을 덜 느끼게 된다. 이러한 믿음을 기초로 아동은 또한 어머니를 새로운 세계를 탐색하는 기초로 삼을 수 있게 된다. 이는 진정한 의미에서 심리적 자아의 탄생(psychological birth)으로서, 이러한 개별화 과정을 통해 아동은 훗날 자율성을 갖춘 개체가 된다(김동일 외, 2004).

## 1) 신체발달

걸음마기 아동은 의도적으로 적절하게 움직이는 능력인 운동조절이 가능해진다. 의식적으로 특정한 신체부분을 사용하기 시작하면서, 아동은 생후 첫 3년 동안 운동조절능력을 급속도로 발달시킨다. 인간의 운동능력 중 가장 독특한 두 가지는 엄지와 나머지 네 손가락으로 원을 만들 수 있는 것과 두 다리로 걸을 수 있는 능력이다. 이 두 가지 능력 중 어느 것도 태어나면서부터 존재하는 것은 아니며, 둘 다 점진적으로 발달된 것이다. 예를 들어, 아동은 처음에는 손 전체를 사용하여 물건을 쥐다가, 다음에는 매우 섬세한 잡기 움직임을 이용하여 엄지손가락과 집게손가락으로 작은 물건을 집게 된다. 아동은 팔, 다리, 발 각각의 동작에 대한 통제력을 얻고 나서, 이러한 동작들을 통합하여 걸을 수 있는 준비를 한다. 이와 같은 과정을 거쳐 걸음마기 아동의 손 통제는 점점 정교하게 되어, 생후 33개월 정도가 되면 보통 원을 제법 잘 그릴 수 있다. 또한, 생후 2년이 되면, 어린 아동은 한 번에 하나씩 계단을 오르기 시작한다. 처음에는 한 계단에

걸음마기 아동의 놀이 모습

한 발을 놓고 다른 한 발을 올려놓은 후, 다음 계단으로 올라가지만, 점차 발을 교대로 하여 올라갈 수 있고, 내려오는 것은 좀 더 나중에 할 수 있게 된다. 생후 2년에 아동은 달리거나 깡충깡충 뛰게 되므로 부모는 그들을 따라 다니느라 지치게 된다. 대개의 아동들은 3세에 한 발로 잠시 동안 몸의 균형을 이룰 수 있고, 깡충깡충 한 발로 뛰기도 한다.

## 2) 인지발달

걸음마기에 가장 두드러지게 나타나는 발달은 언어발달이다. 아동은 첫 단어를 사용한 이후 다음 단계로 여러 단어를 결합하여 문장으로 만들기 시작하며, 처음에는 두 개의 단어만을 사용하다가 점차 세 개, 네 개 등으로 사용하는 단어의 숫자가 증가된다. 첫 번째 이어문, 즉 두 단어로 이루어진 문장은 보통 생후 18~24개월에 나타난다. 아동이 의미 있는 몸짓을 보이는 가운데 첫 단어가 나타나는 것처럼, 첫 번째 이어문 역시 아동의 몸짓과 함께 나타난다. 일단 이어문이 나타나면, 아동의 언어발달은 놀라울 정도로 급속히 진행되어, 그 후 1~2년 사이에 현저하게 복잡한 문장들을 만들어낼 수 있게 된다.

아동이 성장하면서 언어는 점점 더 복잡해진다. 처음에는 시제, 소유격의 어미, 전치사 등을 빠뜨리며, 주어나 동사도 마찬가지다. 그러다가 두개의 기본적 문장관계를 연결하여 보다 더 복잡한 문장구조를 만들어낸다. 생후 20~30개월에 아동은 통사론의 기초를 습득하여 전치사, 접속사, 복수, 과거시제 등을 사용하기 시작하며, 3세가 되면 아동의 언어는 보다 길고 복잡해진다. 아동은 언어의 일부분을 빠뜨리기는 해도, 자신의 생각을 전달할 수 있고 말을 유창하게 한다.

어떤 아동은 생후 8개월에 개개 단어들을 말하기 시작하는 반면, 어떤 아동은 18개월이 되어서야 말을 한다. 또한, 어떤 아동은 3년 혹은 그 이상이 되어서야 이어문을 사용한다. 그러나, 말을 늦게 하는 아동들도 나중에는 그들보다 언어능력이 앞선 아동들을 따라갈 수 있으며, 따라서 복잡한 언어를 말하게 되는 시기의 빠르고 늦음이 훗날의 IQ나 읽기 능력을 예측하지는 않는다. 예외적으로, 수용적 언어[1]가 매우 부진하면서 말을 늦게 하는 아동의 경우는 언어발달과 인지발달 간에 상관관계가 존재한다. 이러한 아동은 언어발달에서 부진하며, 일반적으로 인지발달에서도 그러한 양상을 띠기가 쉽다(Bates, 1993).

언어발달에도 개인차가 많이 나타날 수는 있지만, 생후 2년 6개월에서 3년까지 두 단어를 결합해서 의미 있는 문장으로 말할 수 없을 때는 언어 습득에 이상이 있는지 알아보고 조기에 적절한 조치를 취하는 것이 필요하다. 아이의 언어발달상 문제가 있는 것으로 의심되어 전문가를 찾아가야 할 경우에 해당되는 아이는 다음과 같다.

■ 어느 정도 말을 기대할 연령에서 전혀 말을 하지 않는 아이
■ 자기 연령에 비해 언어의 내용이 부적절한 아이
■ 어느 정도 말을 했으나 일시적으로 또는 영구히 말을 잊어버린 아이

아동의 언어발달은 선천적 기제인 언어획득기제(language acquisition device) 안에 올바른 언어적 자극과 내용이 주어질 때, 바람직한 방향으로 이루어질 수 있다. 즉, 부모와 주변의 인물들이 아동에게 적절하고 모범적인 언어모델이 되어 좋은 언어를 보여주고 아동의 언어에 대해 긍정적으로 보상을 제공해 줌으로써 언어발달은 바람직한 방향으로 진행될 수 있다(박성연 외, 2002).

---

1) 표현적 언어는 말하기와 쓰기를 의미하고 수용적 언어는 듣기와 읽기를 의미함

| 표 5-1 | 걸음마기 언어발달과정

| 월 령 | 발달특징 | 발달에 도움이 되는 지침 |
|---|---|---|
| 12~18개월 | • 실제적인 단어를 사용하기 시작한다.<br>• 표현할 수 있는 단어보다 이해할 수 있는 단어가 더 많다.<br>• "안녕!" 등과 같은 일상적인 표현을 사용한다.<br>• 들어본 소리만 만들어 낸다.<br>• 제스처나 행동으로 자신의 욕구를 표현한다.<br>• 사물에 이름 붙이기에 열중한다. | • 영아가 표현하는 것을 잘 들어준다.<br>• 영아가 사용한 첫 단어를 그대로 유지하면서 영아가 표현하고자 하는 의미를 다시 말해준다. (예: "무우? 아, 물을 먹고 싶구나.") |
| 18~24개월 | • 어휘가 폭발적으로 증가하여 하루에 12개의 단어를 습득할 수도 있다.<br>• 두 단어를 조합하기 시작한다.<br>• 의사소통 시 여전히 제스처나 얼굴표정을 더 많이 사용한다.<br>• 운율이 있는 노래나 라임[2]을 즐긴다.<br>• 신체부위 명칭 서너가지를 말할 수 있다.<br>• 나, 너 등의 단어를 사용하기 시작한다.<br>• 간단한 이야기를 집중해서 들을 수 있다.<br>• 성인의 억양과 행동을 흉내낼 수 있다. | • 영아가 제스처나 표정으로 표현하는 것들을 말로 바꾸어준다.<br>• 그림책을 보여준다.<br>• 영아가 말하는 것을 이해하고 있음을 알게 해 준다.<br>• 여러 가지 상황에서 영아가 어떻게 반응하는지 관찰한다.<br>• 상황에 적합한 반응을 하도록 도와주고 모델링해 준다. |
| 24~36개월 | • 문법과 의미를 변형해서 사용하기도 하고 현재진행형, 복수형을 사용하기도 한다.<br>• 이야기의 흐름을 이해하며 그림책 속의 많은 개념을 이해할 수 있다.<br>• 사람들이 말하는 내용에 관심을 갖게 되어 대화를 주고받을 수 있고 질문을 많이 한다.<br>• 250~300개 단어를 이해할 수 있고 약 50개의 단어를 사용할 수 있다.<br>• 두 단어 말을 사용한다. | • 영아의 이야기를 잘 들어주고 아이가 표현하는 것이 무엇인지 정확히 이해하고 있음을 알게 해준다.<br>• 영아가 좋아하는 그림책을 반복해서 읽어준다.<br>• 영아가 말한 문장을 길게 늘려 다시 이야기해 준다. |

자료: 이영 외(2008)

## 3) 사회정서발달

급속한 인지발달과 더불어 걸음마기 아동은 어른이나 다른 아동들과의 상호작용에서 점점 더 유능해진다. 영아와 비교해 볼 때, 이 시기의 아동은 다른 사람들의 행동을 관찰, 해석하고 모방하며, 다른 사람과의 상호작용에서 순서를 지킬 수 있는 능력이 크게

---

2) 두 단어나 음절의 운이 맞는, 음조가 비슷한 글자

향상된다. 더구나 이 시기의 아동은 다른 사람들, 특히 또래와의 상호작용에 관심이 매우 많아진다.

Erikson은 이 단계를 두 번째 위기의 단계, 즉 '자율성 대 수치심 및 의심(autonomy vs shame and doubt)' 으로 명명하였다. 18~36개월의 아동은 스스로 결정하며 자기를 억제하기 시작한다. 따라서 걸음마기의 중요한 쟁점은 자기조절(self-regulation) 및 자아통제(self-control) 대 외부조절 및 외부통제이다. 이상적으로 첫 번째 발달단계에서 세상에 대한 기본적 신뢰감을 획득했다면, 걸음마기 아동은 이제 자기 자신의 판단을 신뢰하고, 부모의 판단 대신 자신의 판단을 사용하기 시작한다. Erikson은 이 시기의 발달적 과업을 해결하면 '의지' 라는 덕목이 출현한다고 하였다.

걸음마기 아동의 가장 분명한 발달적 변화 가운데 하나는 양육자에게 가까이 있으려는 성향이 감소하는 것이다. 스스로 움직여 다닐 수 있게 되면서 아동은 양육자로부터 쉽게 분리되어 놀고 주변을 탐색하며, 부모나 양육자로부터 과감히 떨어져 꽤 멀리 이동하기도 한다. 또한 아동은 다른 활동을 하다가 좀 더 멀리 가기 전에 양육자에게 되돌아오기도 하지만, 점차 멀리 떨어져서 양육자에게 장난감을 보여주거나 소리를 내기도 한다. 즉, 영아가 어머니와의 신체적 접촉을 필요로 하는 반면, 이 시기의 아동은 점점 심리적 접촉을 필요로 한다. 이러한 심리적 접촉은 신체적 접촉을 요하지 않는 상호작용으로서, 말을 하거나 미소를 보이고 혹은 서로 바라보는 행동을 의미한다. 특히, 부모와 안정적 애착을 형성한 경우, 아동은 훨씬 수월하게 환경을 탐색한다. 아동은 멀리 보이는 양육자의 모습이나 양육자와의 심리적 유대로부터 지지를 얻을 수 있고, 이를 통해 보다 더 독립적으로 성장할 수 있다(박성연 외, 2002).

양육자로부터 떨어져 놀 수 있는 것 외에도, 걸음마기 아동은 어린 영아에 비해 양육자가 일시적으로 떠나 있을 때에도 불안감을 덜 보인다. 실험실 상황에서 잠시 동안 혼자 있게 될 때, 생후 12개월 아동은 어머니가 되돌아오면 강한 접촉을 요구하였던 반면, 생후 18개월 아동은 대부분 간단한 접촉만으로도 곧 안정을 되찾고 다시 놀기 시작한다. 이 시기의 아동에게는 다른 아동들과의 상호작용을 많이 경험하게 하거나 부모가 떠나는 것에 대해 설명해 줌으로써, 아동이 부모와의 분리를 준비할 수 있도록 도와줄 때 훨씬 덜 고통스러워 한다. 이러한 발달적 변화를 통해 걸음마기 아동의 독립심은 점차 발달된다.

걸음마기 아동의 또 다른 특성은 자신이 발견하는 사물에 대해 주위 사람들과 끊임없이 대화하는 것이다. 아동은 지속적으로 사물을 가리키고 그것에 대해 말하며, 그것을 가져와서 다른 사람들에게 보여준다. 아동의 이러한 행동은 두 가지 이유에서 중요하다.

첫째, 이러한 행동은 아동의 일반적인 사회성을 나타낸다.

둘째, 이것은 사회적 인식이나, 혹은 초보적 방법이지만 다른 사람의 생각을 인식할 수 있는 아동의 능력이 향상되었다는 것을 나타낸다. 아동은 자신과 사회적인 의사소통을 하는 상대가 자신을 바라보지 않을 때보다 주의를 기울이고 있을 때 상대에게 더욱 자주 미소를 보이며, 의사소통을 하기 위해서 자신을 받아주는 상대가 필요하다는 것을 인식한다(Scanlon-Jones & Rang, 1989).

걸음마기 아동이 사회적 세계로 나아가는 발달적 변화는 다른 아동들과의 상호작용에 대한 관심이 증가하는 것으로 나타난다. 생후 15~24개월에 아동은 놀이 상대와 상호보완적인 방법으로 놀 수 있는 능력, 즉 상대의 행동방향을 따르는 식으로 반응할 수 있는 능력을 발달시킨다. 이러한 게임은 모방에 기초하여 한 아동이 어떤 행동을 실행하고 다른 아동은 그것을 반복하며, 이러한 과정은 다시 반복되고 아동에게 기쁨을 가져다준다. 걸음마기 아동의 상호작용은 영아에 비해 훨씬 더 복잡하고 긍정적 정서를 경험하게 하므로, 2세 아동은 여러 놀이친구들 가운데 자기가 선호하는 친구를 명백히 구분한다(박성연 외, 2002). 그러나 어린 걸음마기 아동의 상호작용은 대부분 사람 중심적이기보다는 사물 중심적이며, 따라서 두 명의 아동이 동일한 주제를 가지고 함께 노는 경우는 거의 드물다. 그러나, 생후 3년째가 되면서 이들이 공유하는 주제는 좀 더 두드러지게 되며, 바로 이 시기에 혼자 하는 가상놀이(solitary pretend play)와 사회적 가상놀이(social pretend play)가 출현한다(Howes, Unger, & Seidner, 1989). 또래 간 상호작용의 급속한 발달은 유아기와 아동기까지 지속적으로 이루어진다. 유아기가 되면 아동은 놀이상대와 친구를 구별하며, 친구와 보다 많은 상호작용을 하고 친구에 대해 보다 긍정적 정서를 보인다. 그들은 또한 '친구'의 개념을 가지며 사람들이 그들 나름대로의 의도뿐만 아니라 '권리'도 가지고 있다는 점을 이해한다.

걸음마기 아동의 놀이

## ② 보호자로서의 부모

아동이 자라면서, 부모는 지금까지 해 온 자신의 행동이 더 이상 적절하지 않음을 발견하게 된다. 즉, 이전에는 주로 누워있는 아이에게 시간 맞춰 음식을 주고, 기저귀를 갈아주며 자야 할 시간에 재워주는 것이 아이를 보살피는 것의 대부분이었다면, 이제는 걷고 뛰어다니는 아동을 위험으로부터 보호해야 하고 아동의 끊임없는 호기심을 충족시키기 위해 신체적으로나 정신적으로 매우 왕성한 에너지의 필요에 대처해 줘야 한다. 따라서, 이 시기의 부모는 아동을 새로이 지휘하고 상호작용하는 방법을 발견해야 하며 이를 잘 활용해서 능동적이고, 지칠 줄 모르며, 호기심 많은 아동을 잘 이끌어주어야 한다. 부모는 아동이 점차 증대되는 자율성과 보다 확대된 학습능력을 발휘할 수 있도록 안전한 환경을 제공하기 위해 최선을 다해야 하며, 따라서 유리나 못, 또는 부엌용품 등 위험한 환경으로부터 아동을 보호하는 보호자(protector) 역할을 해야 한다.

걸음마기 자녀를 둔 부모는 지금까지의 경험상 아동의 안전에 대해 잘 알지 못하고, 이들을 돌보는 것은 육체적으로 매우 힘든 일이라는 것을 깨닫게 되며, 이전까지 해왔던 보육자의 역할에서 보호자의 역할로 전환하는 데 어려움을 겪을 수 있다. 따라서, 대부분의 가정에서 주 양육자의 역할을 담당하게 되는 어머니들은 사회 활동을 왕성하게 해나가거나 배우자의 필요를 충족시켜 줄, 들어줄 만한 에너지가 부족하고, 경찰과 같이 아동을 늘 감독하고 보호해야 하는 역할로 인해 많은 스트레스를 경험하기 쉽다. 즉, 24시간 내내 자녀를 돌봐주어야 하는 주 양육자는 자녀로부터 해방되고자 하는 마음이 간절하고, 배우자의 요구에 대해 예민하게 반응하기 쉬우므로, 이 시기의 부모는 역할을 분담하여 어느 한 쪽이 너무 지치지 않도록 서로 배려하도록 노력해야 한다.

---

### ⊙ 걸음마기 아동의 안전사고 예방 ⊙

걸음마기는 한마디로 요약하자면 '물불 안 가리는 시기'라고 표현할 수 있다. 아동이 모든 것에 흥미를 느낀다는 것은 좋은 일이지만 불행히도 그 대상에는 전기콘센트, DVD투입구, 부모가 아끼는 장식품, 에어컨 통풍구, 열쇠구멍, 쓰레기, 동물의 배설물 등이 포함된다. 이러한 것들은 아동을 즐겁게 해줄 수 있지만, 사고를 유발할 수도 있다. 따라서 부모는 안전사고를 예방하기 위해서 구급상자를 준비해 두고, 주변을 둘러보아 위험 요소를 제거해야 한다.

- **걸려 넘어지는 것** : 집안을 어느 정도 깨끗이 치운다. 날카로운 모서리에는 보호대를 붙이고, 욕조나 욕실바닥 및 마루에 미끄럼 방지 매트 깐다.
- **독물** : 약이나 유독성 강한 가정용품이 들어 있는 찬장은 모두 자물쇠로 채운다. 구강세정제와 화장품 종류도 아동의 손이 닿지 않는 곳에 두어야 한다. 동물 사료도 치워놓는다. 만일 유해 물질을 먹었다고 생각되면 어떤 조치를 취하기 전에 우선 병원이나 119에 연락한다. 먹으면 토할 수 있는 시럽을 집에 두고 독물을 먹은 경우 토하게 한다.
- **끈** : 커튼과 블라인드의 끈이나 전깃줄은 짧게 줄이거나 못이나 접착테이프를 사용해서 아동의 손이 닿지 않는 곳에 올려놓는다.
- **익사** : 아동을 욕실에 혼자 두지 말아야 한다. 욕조, 어린이 수영장은 물론이고 물통이나 대야도 위험할 수 있다.
- **화상** : 의자, 발판, 사다리를 조리대와 스토브에서 멀리 떨어진 곳에 둔다. 가스레인지에 손잡이 커버를 설치한다.
- **감전** : 전기 콘센트를 모두 덮고, 램프에는 전구를 끼워둔다.

자료: 노혜숙 역(2003)

# ③ 아동의 자율성에 대한 대처

앞서 언급한 대로, 걸음마기는 Erikson이 말한 제2단계, 즉 자율성 대 수치심 및 의심의 단계로서, 자율성을 격려하고 수치심이나 의심에 빠지지 않도록 도와주어야 한다. 아동은 대소변 훈련을 통해 자신이 배변을 자율적으로 할 수 있다는 자신감을 형성할 수 있거나, 혹은 배변을 잘 못하여 자신에 대해서 수치감을 느끼거나 자신의 능력에 대해 의심을 가질 수도 있다. 또한 이 시기 아동은 걸음마를 배우기 위하여 자율적으로 노력하므로 양육자의 지도방법에 따라 자율성을 기를 수 있는 시기이다. 만약 이 시기에 부모의 과보호 등으로 스스로 문제를 해결해 볼 기회를 갖지 못하면 자기능력에 대한 의

---

### ⊙ 떼쓰는 아이 통제하는 법: 타임아웃 ⊙

• **타임아웃이란 무엇인가?**
흔히들 '타임아웃'의 의미를 잘못 알고 있다. 타임아웃은 아동이 자기 방에 들어가서 벌을 서게 하는 것이 아니라, 단지 본격적인 전쟁을 피하기 위해 잠시 열기를 식히기 위한 시간을 말한다. 타임아웃을 적절히 사용하면 아동의 감정 조절을 도와주고 잘못된 행동의 강화를 막을 수 있다. 어린 아동의 경우 타임아웃을 할 때 침대나 놀이울타리 안이라도 혼자 두지 말고 부모가 함께하는 것이 좋다.

• **어떻게 하나?**
집안에서 문제를 일으키면 아이를 현장에서 데리고 나간다. 만일 부엌에서 말썽을 부리면 아동을 거실로 데려가서 진정될 때까지 함께 앉아 있는다. 만일 공공장소나 다른 집이라면 다른 공간으로 데려간다. 아동에게 바라는 행동이 어떤 것인지 이야기 해준다. "안돼! 네가 조용해질 때까지는 돌아갈 수 없어." 아동은 생각보다 이해력이 좋으므로, 말로 설명하고 현장에서 데리고 나오면 알아들을 것이다. 아동이 진정이 되고 조용해지면 돌아가되, 다시 말썽을 부리면 현장에서 다시 데리고 나온다.

• **무슨 말을 할까?**
감정을 인정해 주고("네가 화가 났다는 것을 알아.") 올바른 행동을 가르침으로써(".....하지만 음식을 던지면 안돼"), 간단하게 한마디로 끝낸다. "이렇게 하면 다른 아이들과 함께 지낼 수 없다"거나 "그러면 사람들이 널 싫어한다"는 식의 말은 하지 않는 것이 좋다.

• **하지 말아야 할 것**
"너한테 이렇게 하고 싶지 않아." 또는 "너를 데리고 나와서 슬프단다." 등의 말을 하면서 사과하지 말고, 또 야단치지도 않아야 한다. 침착하게 아동을 현장에서 데리고 나오도록 하며, 아동을 혼자 방에 가두는 것은 안된다.

자료: 노혜숙 역(2003)

심을 갖게 되고 평생 자신감을 갖지 못 할 수도 있다.

걸음마기 아동은 자신이 걷고, 기고, 열고, 닫고, 떨어뜨리고, 밀고, 잡아당길 수 있음에 자부심을 느끼게 된다. 즉, 모든 것을 스스로 하고자 하여 무슨 일이든지 "내가!" 라는 표현과 함께 행동으로 보여주게 된다. 이 경우, 어른이 보기에는 아동의 행동이 불안하고 잘못된 것처럼 여겨지더라도 참을성을 가지고 지켜보는 것이 바람직하다. 부모가 참을성이 없어서 아동이 할 수 있는 것을 대신 해주게 되면, 아동은 부끄러움, 수치감, 의심을 느끼게 되므로 주의하여야 한다.

부모가 자녀를 계속해서 과보호적이거나 비판적으로 대하면, 아동은 주변 세계를 통제할 수 있는 자신의 능력에 대해 의심을 하고 다른 사람에 대해 수치심을 느끼게 되는 어려움에 빠질 수 있다. 그러므로 부모는 따뜻하고 수용적인 양육태도 가운데 어떤 행동은 해도 되고 어떤 행동은 하면 안 되는지에 대한 한계를 정해 주고, 이를 일관적으로 지켜나가야 한다.

## ④ 학습경험의 제공

부모는 걸음마기 아동에게 스스로 할 수 있도록 하는 학습경험을 제공해주는 것이 중요하다. 먼저, 아동은 '자조(自助) 기술' 을 습득해야 하는데, 그 능력이 완벽하게 준비되지 않아도 아동은 스스로 무엇을 해결하고자 하는 욕구가 강하기 때문에 일상생활에 필요한 기본 생활양식을 배울 수 있다. 예를 들면, 음식을 혼자 먹어 보려고 시도하는 아동에게, 먹기 쉬운 음식을 주거나 수저를 줌으로써 혼자서 먹는 법을 배울 수 있도록 도와줄 수 있다. 또한 '옷 입기' 의 경우도, 아동이 다루기 쉬운 간편한 복장을 마련해서 시간이 걸리더라도 혼자 벗거나 입을 수 있도록 해준다. 대소변 훈련은 서두르지 말고 수용적 분위기에서 실시하되, 이를 하나의 학습경험으로 보는 여유가 필요하다.

또한, 걸음마기는 사회적·지적 학습이 필요한 시기로서, 또래와의 상호작용 경험을 충분히 제공해서 사회적 기술을 습득하도록 도와주어야 한다. 언어발달은 생후 1년 반에서 3년 사이에 급속도로 이루어져, 약 20여 개 단어에서 900여 개로 급속한 증가를 보인다. 부모는 이 시기에 친숙한 물건들의 이름 붙이기, 아동의 간단한 언어를 완성시켜주기, 언어사용을 강화하기 등을 통해 모델링을 제공해 주는 것이 중요하다. 언어발달의 속도는 선천적 요인과 후천적 요인이 함께 영향을 미친다. 후천적 요인의 측면에서 볼 때, 아동의 언어발달은 가정에서 사용되는 언어의 양 및 질과 밀접한 관련이 있다. 부모가 끊임없이 이야기를 하고 눈을 맞추며 상호작용을 할 때, 아동의 언어발달은 보다 더 촉진될 수 있다. 성별도 말하는 속도에 영향을 주는데, 대개 여아가 남아보다 언어발달이 빠르다. 또한, 아동이 걷기 시작하거나 활동 범위가 넓어지고, 손위 형제들이 대신 말을 해줄 때 언어발달이 늦어질 수도 있다. 유전적 영향으로 부모가 말이 늦었다면 아이도 늦기 쉽다. 때로는 아동이 말을 하기 시작할 때 집안에 갑작스러운 변화, 예를 들면 양육자가 바뀌거나, 동생이 생기거나, 누군가 아프거나, 부모가 여행을 가거나, 어머니가 직장을 다시 다니기 시작하는 등의 변화가 생기면 퇴보하기도 한다. 이 시기의 아동은 호기심이 많으며, 이러한 호기심은 언어발달과 밀접한 관련이 있다. 아동은 언어사용이 가능해지면서 주변 환경에 대한 개념을 형성하게 되는데, 부모는 안전한 환경에서 다양한 물체와 경험을 제공해서 아동의 지적·사회적 능력의 확장을 최대화 할 수 있도록 도와야 한다.

아동의 독립은 부모의 믿음에 달린 문제이다. 아동은 계속해서 끊임없이 발달한다. 부모는 자녀의 성장에 대해 인내심을 가지고, 서두르지 말고 믿음을 가지면 부모와 자

걸음마기 아동의 자조 기술 훈련

● 대소변 훈련

1. 대소변 훈련에 필요한 옷들

• 기저귀: 요즘 나오는 일회용 기저귀는 너무 흡수가 잘 돼서 젖어도 아이가 잘 모를 수 있다. 천 기저귀는 손이 많이 가지만 아이가 배변한 것을 금방 알 수 있기 때문에 결국 좀 더 일찍 기저귀에서 벗어날 수 있게 한다.

• 대소변 훈련 팬티: 일회용 기저귀와 마찬가지로 흡수력이 매우 좋다. 아이가 배변한 것을 인식하기 시작하고, 변기에 다가갈 때까지 참을 수 있으면, 대소변 훈련이 거의 다 된 것이다.

• 넉넉한 속옷: 아이가 하루에 적어도 3번 이상 변기에 가게 되면 낮에도 헐렁한 내복을 입힌다. 실수를 해도 절대 나무라지 말고, 아무 말 없이 기저귀를 갈아주고 엉덩이를 닦아주고 속옷을 갈아 입힌다.

2. 성공적인 대소변 훈련을 위한 4가지 조건

• 변기 : 크기가 적당하고, 아이가 좋아할 수 있는 모양을 선택한다.

• 인내 : 서두르지 말고, 아이가 용변을 보지 않아도 실망하지 않는다. 아동은 자기 속도로 발달을 진행시킨다.

• 연습 : 긍정적 강화, 보상과 함께 많은 연습이 필요하다.

• 함께 하기 : 옆에 앉아서 아이를 즐겁게 해준다.

걸음마기 아동의 대소변 훈련

자료: 송관재(2003)

너 모두 좀 더 행복해 질 것이다. 아동이 새로운 발전을 보이면 반갑게 맞이하되 참을성을 갖고 다음 단계를 기다려야 한다. 아동이 처음 혼자서 일어설 때처럼 독립을 향한 행보가 갑작스럽고 극적으로 보일 수 있다. 그러나 매일 우리가 미묘한 변화를 눈치 채지 못한다고 해도 아동은 신체적으로 점점 강해지고 발달하므로 부모는 그에 대한 믿음을 아동에게 전해주어야 한다.

---

### ● 걸음마기 아동에게 적합한 활동

#### • 운동신경 발달시키기

대개 부모는 자녀를 교육시키려고 할 때 지적인 교육을 중시하려 한다. 부모는 자녀가 무엇인가를 암기하여 실연하면 "우리아이 똑똑하다."고 흐뭇해 한다. 그러나 피아제의 이론적 입장에서 보면 어린 시절 아동이 가장 먼저 해야 할 일은 운동신경의 발달이다. 아주 어린 아이에게 공을 던지면 공에 머리를 맞은 다음 손을 내젓는 경우가 있다. 이는 눈과 손이 서로 협응이 잘 안되기 때문이다. 공이 날아오는 속도와 거리를 계산하고 그에 맞게 손을 움직이도록 조작할 수 있는 것은 지적 발달에서 가장 기초적인 것이라 할 수 있다. 어린 시절에는 자신의 신체와 감각을 통제할 수 있는 능력을 갖추는 것이 우선적으로 이루어져야 한다.

#### • 상상력 자극하기

어린 아이는 대개 시각적인 것에 기초하여 사고를 한다. 아이와 놀 때 "아빠, 죽었다."라고 하면서 눈을 감고 가만히 있으면 아이는 정말 아빠가 죽은 것처럼 놀라는 시기가 있다. 이러한 현상은 아동이 점차 성장하면서 사라지게 된다. 어린 아이는 시각적인 것, 현재 있는 것만 생각할 수 있지만 지적 발달이 이루어지면 가능한 것, 실제로 경험해 보지 않았던 것도 생각하고 계획할 수 있다. 이러한 능력이 갖추어지면 아동은 "왜?"라는 질문을 하곤 한다. 이때 아동의 상상력과 창의적 사고를 길러 주기 위해 원인을 탐색하는 행위를 장려하도록 한다. 어느 정도 지적 발달이 이루어진 아동, 즉 인지발달과정에서 조작기에 들어선 아동은 "엄마! 그것은 왜 그래?"라는 질문을 많이 한다. 어떤 부모는 이 경우 "넌 몰라도 돼." 혹은 "나중에 크면 알게 될 거야."라고 답해 준다. 그러나, 아동이 의문을 갖고 원인을 탐색할 때 부모는 이를 격려해 주어야 한다. 어른이 볼 때 황당한 질문이라도, 아동의 질문에 친절하게 자세히 설명해 주는 것이 바람직하다. 또한 아동의 상상력을 자극하기 위해 심상을 구성하는 능력을 길러 주어야 한다. 여행을 갈 때 준비물은 무엇을 가지고 가야 하는지, 어디에 가서 어떻게 여가시간을 보낼 것인지를 아동과 함께 계획하고 상상하면서 아동의 상상력을 길러 주는 것이 바람직하다.

자료: 노혜숙 역(2003)

## ⊙ 걸음마기 아동의 떼쓰기에 관한 상담사례 ⊙

**질문**

안녕하세요. 전 현재 23개월 남아와 4개월 남아를 연년생으로 키우고 있습니다. 23개월 첫째 아들의 소유욕 때문에 너무 힘듭니다. 모든 육아서를 보면 이맘 때쯤 소유욕이 강해진다 하는데, 울 아들은 그 강도가 너무 세서 친구들과 어울리지를 못합니다. 저희 집에 친구가 와서 자기 물건 만지면 내꺼라고 다 뺏고 소리지르거나 웁니다. 그 친구가 물건을 안 주면 꼬집거나 때리기도 하구요, 또 반대로 친구네 집에 가서 자기가 맘에 드는 장난감이 있으면 혼자만 가지고 놀려고 하고 다른 친구가 만지면 소리 지르고 자기 물건도 아닌데도 그러네요. 그리고 병원이나 놀이터에서도 유모차나 자전거를 타고 있을 때 또래 애들이 오면 자기 물건 만질까봐 경계를 미리부터 하구요. 근처에 오기만 해도 자기 물건 만지는 줄 알고 소리를 질러요. 본인이 원하지 않는 일은 죽어도 안하려고 하는 경향이 많아요. 그리고 엄마 물건에 아빠가 손대는 것 싫어하고 아빠 물건에 제가 손대는 거 싫어하구요. 분노발작노 심한 편인 것 같아요. 일례로 놀이터 가고 싶어 하는데 안가면 그 자리에서 30분동안 울고 불고 난리치고. 가끔 백화점에서도 이유없이 바닥에 주저앉아 떼쓰기도 하고. 그럴 때마다 무관심하라고 해서 요구는 끝까지 안 들어줬어요. 한번 안 되는 것은 안 된다고 하는 편이구요. 제 아이처럼 지나친 소유욕도 발달과정 중에 나타나는 자연스러운 현상인건가요? 아니면 제 아이에게 어떤 원인이나 스트레스가 있기때문에 그걸 소유욕과 물건에 대한 집착으로 나타내는 것인지요? 이런 소유욕은 시간이 지나도록 자연스럽게 기다리는 게 좋을까요? 그렇지 않으면 계속해서 훈육하고 가르쳐야 할까요? 현명한 방법이 없을까요?

**답변**

안녕하세요, 어머님. 아이의 강한 소유욕과 집착, 이것이 충족되지 않을 때 보이는 공격적인 행동들, 고집과 강한 기질, 떼쓰는 행동 등으로 인해서 많이 고민하시고 애태우셨을 마음이 느껴지네요. 아이들은 만 2~3세 무렵부터 자아가 발달하면서 '내 것'을 강조하고 싶어합니다. 그래서 '내가', '내꺼' 등 자신을 나타내는 말을 하고, '내가 할 수 있어' 처럼 자신의 모습이나 행동, 능력을 나타내는 말을 많이 쓰면서 자신에 대한 지식을 넓혀가고, 언어발달이 빠르게 이루어지면서 자신의 의사를 표현하려고 합니다. 이로 인해 이 시기의 아이들은 고집이 세고 부정적이며, 자기 뜻대로 되지 않으면 상대방을 때리거나 꼬집는 공격적 행동을 나타내기도 합니다. 이때 부모가 일관된 태도로 허용되는 것과 안 되는 것을 분명히 얘기해 주면, 아이는 자신이 할 수 있는 것과 없는 것을 구분하는 '자기 통제력'을 기를 수 있게 되고, 부모와 떨어지려고 하는 독립심이 발달해갑니다. 그리고 자신이 발견하는 사물에 대해서 주변 사람들과 끊임없이 대화하려고 하여, 끊임없이 사물을 가리키고 말하며, 가져와서 보여주려고 합니다. 이런 행동은 아이의 사회성을 나타내 주기도 하고, 초보적이지만 다른 사람의 생각을 인식할 수 있는 능력이 생겨났음을 말해주기도 하지요. 따라서 현재 아이의 행동들은 이러한 발달단계를 거치는 과정에서 나타나는 모습으로 볼 수 있습니다. 다만 아이의 소유욕이 지나치면 이후의 또래관계나 일상생활에 적응할 때 여러 가지 어려움을 초래할 수 있습니다. 이 시기에 반응적이고 지지적인 부모님의 양육태도는 아이의 자기통제력을 잘 발달하게 해줍니다. 자기통제력은 부모님의 적절한 감정반영과 제한설정을 통해 기를 수 있습니다. 예를 들어, "○○가 △△를 갖고 싶은가 보구나.", "○○가 지금 화가 났구나"와 같이 아이가 느끼는 감정을 먼저 읽어주신다면, 아이는 "엄마, 아빠가 내 마음을 알고 계시구

(계속)

나."라는 이해받고 수용되는 경험을 하게 됩니다. 다른 사람으로부터 자신이 충분히 수용받고 있음을 느낄 때, 아이들은 자기 자신을 충분히 수용할 수 있게 되고, 그때 자신의 욕구를 조절할 수 있는 힘도 생기게 됩니다. 다음으로 제한 설정 방법은, 아이의 감정을 읽어준 뒤, "그렇지만 △△는 혼자만 갖고 놀 수는 없어.", "친구를 때리는 것은 안 돼."와 같이 단호하게 이야기하며 아이의 행동을 제한합니다. 그리고 제한을 설정하실 경우, 일관적인 태도를 유지하는 것이 매우 중요합니다. 만약, "△△는 지금 사줄 수 없어."라고 하신 후, 아이가 심하게 울고 떼를 써서 할 수 없이 갖고 싶어 하는 물건을 사준다면, 아이는 "내가 심하게 울고 떼를 쓰면 엄마가 내 말을 들어주시는구나."라고 오해할 수 있습니다. 그렇다면, 아이는 유사한 다른 상황에서도 심하게 울고 떼를 쓰겠지요. 이처럼 아이의 행동에 적절하게 제한을 설정하시면, 아이는 자신의 욕구를 지연하거나 참는 것을 배우게 됩니다. 이때, 아이에게 "○○가 규칙을 잘 기억하고 지켰구나."라고 격려해 주시고, 규칙을 기억하도록 반복적으로 이야기해 주어야 자신의 행동을 통제하고 바람직한 행동을 늘려갈 수 있습니다. 가장 중요한 것은 어머니의 다정하면서도 단호한 양육행동입니다. 이 무렵에 나타나는 아이의 자아통제력은 이후 유아기를 거쳐 초등학생, 청소년이 될 때까지 지속될 수 있답니다.

자료: http://www.dasomcai.com

# 6장 유아기의 부모-자녀관계

만 3~5세에 해당하는 유아기는 전 단계보다 다소 완만한 변화를 보이긴 하나 신장과 체중은 꾸준히 증가한다. 활동반경이 커지면서 가정에서 벗어나 생활영역이 주변으로 확대되고 또래관계가 중요하게 된다. 주도적으로 활동하는 것을 학습하고 성취감을 즐기는 이 시기 아동의 사고는 아직 자아중심적인 관점에서 이뤄지는 전조작기이지만, 언어발달이 급속히 이뤄지고 상징을 사용하는 등 지적 발달이 활발하게 이뤄진다. 그러나 부모의 잘못된 판단에 의한 과열된 조기교육은 아동의 건강한 발달에 문제를 가져올 수도 있는 시기이다. 부모의 민주적 양육태도를 기초로, 적절한 칭찬과 무시의 훈육을 통해 아동은 바람직한 행동을 나타낼 수 있다.

## ❶ 발달적 특성

유아기 아동은 신체적으로 완만하지만 꾸준하게 성장한다. 여러 가지 운동능력과 조직 능력을 갖추게 되며 특히 대근육뿐 아니라 소근육을 사용하는 운동기술 능력이 크게 증진된다. 유아기 아동의 사고는 여전히 자아중심적이고 전조작적 사고의 지배를 받는다. 어휘가 급속하게 늘고 언어적 발달이 현저하게 나타나면서 자기 주장이 강해지고 자아의식을 갖게 됨으로써, 아동은 좀더 자율적이고 독립적이 되어간다. 의사소통 기술이 향상되고 다른 사람들의 생각과 감정도 점차 잘 이해하게 된다. 생활영역이 가정 밖으로 확대되고 사회화 과정이 진행되면서 부모와 가족 이외의 놀이를 통한 또래와의 상호작용 안에서 많은 학습이 이루어진다.

## 1) 신체발달

유아기 아동은 생후 3년 동안의 급속한 발달과 비교할 때 신장 및 체중의 변화는 다소 완만한 변화를 보이는 대신에, 운동기술 및 지적인 면에서는 발달과정상 중요한 변화가 나타난다. 외모는 아기의 통통한 모습에서 점차 살이 빠지고 팔과 다리가 길어지면서 아기 티를 벗어나게 된다. 복부근육이 발달함에 따라 3세 아동의 전형적 모습인 배불뚝이의 모습에서 몸통이 더 길어지고 날씬해진다(Papalia, Olds & Peldman, 2001). 머리는 아직도 상대적으로 큰 편이지만 신체비율이 계속 어른스러워짐에 따라 나머지 신체부분들도 커진다. 외형에서 남녀차이는 크게 나타나지 않으나 부분적으로는 상당한 개인차와 성차를 보인다. 남아는 근육이 더 많은 반면, 여아는 지방조직이 더 많은 경향이 있다. 사춘기가 될 때까지 남아가 보통 신장과 체중에서 지속적으로 약간 우세하다가, 사춘기 때에는 여아가 남아보다 더 커지고 1~2년 후에 다시 남아가 더 우세해진다.

아동의 외모 변화는 중요한 몇 가지 내적 발달을 반영한다. 근육과 골격이 성장하여 아동은 더욱 강해진다. 연골조직은 전보다 더 빠른 속도로 뼈로 바뀌고 뼈는 더 단단해져서 아동의 외양이 더 튼튼해지고 내부기관도 보호된다. 대뇌와 신경체계가 성숙하면서 함께 일어나는 이러한 변화들로 말미암아 대근육 운동기술과 소근육 운동기술이 모두 발달한다. 또한 호흡계와 순환계의 기능이 증진되어 체력이 증가하고 면역체계가 발달하면서 아동은 더욱 건강해진다.

출생 후 약 6~7개월이 되면 유치가 나기 시작하며, 대개 만 5~6세가 되면 유치가 빠진 자리에 영구치가 나기 시작한다. 유치가 나면 젖은 헝겊으로 이와 잇몸을 깨끗이 닦아 충치를 예방해야 한다(강인언 외, 2009). 아이가 손가락을 빠는 경우, 만약 4세 이후에도 손가락 빨기가 계속되면 위 앞니가 튀어나오고 아래 앞니는 안으로 기울어져 위아래 이 사이의 공간이 넓어지게 될 수 있으므로 손가락을 빨지 않도록 주의해야 한다(임성남, 2001).

다른 발달에 비해 두뇌의 발달이 빠르게 이루어져 두뇌의 무게는 30개월에 1,050g으로 성인의 두뇌무게의 76%를 차지하게 되고, 5세 말에는 1,242g 정도로 성인 두뇌의 약 90%에 이른다(박성연, 2006). 이 시기의 정상적 신체발달을 위해서 유아는 충분한 영양을 섭취하고 규칙적인 수면을 취하는 것이 중요하다. 특히 성장호르몬이 분비되는 밤 10시에서 새벽 2시 사이에는 자녀가 숙면을 취할 수 있도록 취침지도를 잘 해주어야 한다.

## 2) 운동발달

이 시기의 아동은 혼자서 자유롭게 뛰고 달릴 수 있게 되고 이에 따라 다양한 운동에 관심을 갖고 몰두하게 된다. 운동을 할 수 있다는 것은 눈과 손과 발의 협응 능력이 발달했다는 것을 의미하며 이러한 능력은 연습을 통해서 더 잘 발달할 수 있게 된다. 자전거 타기, 수저의 사용, 혼자 옷을 입고 벗기, 가위 사용하기 등의 행동도 점차 잘 할 수 있게 된다. 운동 능력에서 성별의 차이는 선천적 차이보다는 연습의 차이에 기인하며, 이런 이유로 어려서부터 운동을 할 수 있는 기회와 자극을 더 많이 제공받고 격려 받는 남아가 여아보다 운동능력이 더 나은 것으로 여겨진다. 특히 유아의 놀이 활동에서 여아는 실내에서 하는 놀이를 즐기나 남아는 밖에서 할 수 있는 거친 놀이를 더 좋아하는 것도 이유가 될 수 있다. 운동을 잘하는 아이는 또래 간에 인기가 좋으며 이것은 아이의 자아존중감을 높여주므로 아동은 운동하기를 즐거워한다.

유아기 아동이 운동을 잘하면 자존감이 높아지고 인기아도 될 수 있다.

우리 사회에서는 다양한 작업을 하기 위해 손을 사용할 때 오른손을 더 많이 쓰는 것이 보편적이다. 아동은 태어나서 처음에는 양손을 다 사용하다가 3세경부터 자신이 사용하기 편한 손을 주로 사용하는 경향을 보이며 초등학생이 되면 왼손을 우세손으로 쓰는 경우는 10% 정도에 불과하다. 이것은 인간의 대뇌발달에서 왼쪽이 우세하기 때문이며, 특히 주변에서 왼손잡이를 보기 힘든 것은 부모들이 가능하면 오른손을 쓰도록 장려하기 때문이다. 오른손잡이가 일반적이라고 여기는 우리 사회에서는 적어도 글씨는 오른손으로 쓸 수 있도록 하는 것이 일상생활을 하는 데 더 편리하다. 그러나 강제로 고치기보다는 본인이 불편함을 깨닫고 스스로 고치거나 양손을 다 사용할 수 있도록 설명해주는 부모의 지혜가 필요하다.

아동의 활동이 증가하고 그들의 생활반경이 확대되면서 사고의 위험이 늘 따라다니므로 안전사고에 주의를 기울여야 한다. 아동은 끊임없는 호기심으로 주변을 탐색하고 새로운 행동을 시도하는 경향이 많으므로 이들의 호기심을 억제하지 않으면서 사고를 방지하기 위해서는 부모의 세심한 주의와 관심이 요구된다.

## 3) 인지발달

3~6세에 아동은 인지, 지능, 언어, 그리고 학습에 더욱 유능해진다. 유아기 아동은 사고와 행동에서 상징을 사용하는 능력을 발전시킬 수 있고 연령이나 시간, 공간과 같은 개념들을 더욱 효율적으로 다룰 수 있게 된다(Papalia et al., 2001). 이 시기 아동은 Piaget의 인지발달단계의 두 번째 단계인 전조작기에 속한다. 전조작기는 감각운동기 이상으로 중요한 단계이다. 왜냐하면 아동은 지각과 행위뿐만 아니라 사고에 의해서도 배울 수 있고, 또한 자신의 행동을 반성해 봄으로써 학습할 수 있기 때문이다.

아동은 행동하기 전에 사고를 시도하고 이때 상징을 사용하기도 하지만 아직 아동의 사고는 논리적이지 못하다. 즉, 어떤 상황에 직면했을 때 행동으로 나타내기 전에 상황에 대한 그들의 사고는 아직 단편적이며, 통합적으로 사건을 이해하고 조작하여 행동하는 능력은 부족하기 때문이다. 아동은 추상적 개념을 거의 이해하지 못하고, 사실과 공상 간의 차이도 구별하지 못하며, 구체적 사실에 대해서만 생각을 할 수 있다. 한 방향으로만 생각을 하기 때문에 반대로 다시 되돌리면 원상태가 된다는 가역성도 생각하지 못한다. 아직까지 모든 일의 중심에 자신을 놓고 자신의 관점에서 상황을 인식하는 자아중심성을 보이긴 하지만, 소위 탈중심화(decentration)가 일어나는 시기로 또래와의 사회적 활동에 참여하면서 점차 자신의 관점에서 벗어나 남의 관점을 이해하기 시작한다. 즉, 자신이 생각하는 것과 다른 친구가 생각하는 것이 반드시 동일하지는 않다는 것을 깨닫기 시작한다. 그러나 아직 '내 것' 이 감정의 강력한 초점이 된다. 기억능력이 향상되고 이에 따라 미래의 지능에 대한 예측도 가능하다.

인지발달과 더불어 이 시기에는 언어발달이 두드러지게 나타난다. 아동은 주변 세계를 받아들이고 자신의 것으로 소화해 내는 과정에서 언어의 영향을 받는다. 언어를 사용할 뿐 아니라 말 그 자체의 특징과 가능성을 알기 시작하며 이것은 읽기의 첫 단계가 된다. 3세가 되면 아동의 언어는 점점 더 확장되어 사용할 수 있는 어휘의 수가 증가하며 문장이 길어지고 복잡해진다. 즉, 아동은 두 단어 이상으로 구성된 문장으로 의사를 전달할 수 있게 되며, 복수형과 과거시제를 사용하고 나, 너, 우리 사이의 차이점을 알게 된다. 4세부터는 주고받는 회화가 가능해 지는데, 이때 아동이 사용하는 문장은 평균 4~5단어로 구성되며 명사보다는 동사를 더 많이 사용한다. 5세에는 복잡한 문장을 만들고 숨은 뜻을 이해할 수 있게 된다. 5~6세에 아동은 6~8개 단어로 구성된 문장을 사용한다. 이 시기의 아동은 간단한 단어를 정의할 수 있고 반대말 몇 가지는 알게 된다(Papalia et al., 2001).

한편, 3세부터는 사회적 언어(social speech)가 발달하게 된다. 사회적 언어란 말하는 사람보다는 다른 사람에 의해 이해되는 것으로 다른 사람의 요구를 고려하고 그들과의 의사소통을 확립하고 유지하기 위해 사용된다. 그래서 사회적 언어는 다른 사람의 언어형태나 행동에 맞추어 사용해야 한다. 3세경에 의사소통을 하기 위한 주의력이 발달하면서 아동은 오해를 정정하고 명확하게 말하는 방법을 익히게 된다. 또한 발음과 문법이 크게 개선되고, 같은 또래간의 대화가 상당히 증가하며, 통제 도구로서 언어를 사용하는 일이 많아진다. 4세경에는 상대방의 수준을 고려하여 말해야 한다는 사실을 알기 때문에 어린 아기에게 말할 때는 단순하게 말하거나 천천히 말함으로써 대화방식을 조정하기도 한다. 5세가 되면 상대방이 아는 내용에 맞추어 대화를 조정하며, 자기가 알거나 관심을 가지고 있는 내용에 대해 상대방과 편안하게 대화를 주고받을 수 있게 된다(Owens, 1996).

## 4) 사회정서발달

사회화란 자신이 소속된 사회의 한 일원으로 그 사회가 요구하는 가치관을 따르고 적절한 행동을 나타낼 수 있도록 변화해 가는 것을 의미한다. 생후 3년째가 되면서 아동은 놀이에서 또래친구와 주제를 공유하면서 함께하는 경우가 늘어나는데, 바로 이 시기에 혼자 하는 가상놀이(solitary pretend play)와 사회적 가상놀이(social pretend play)가 출현한다(Howes & Unger, 1992). 유아기에 또래간 상호작용은 급속도로 발달되어 아동기까지 지속적으로 이루어진다. 유아기가 되면 아동은 놀이상대와 친구를 구별하며, 친구와 보다 많은 상호작용을 하고, 친구에 대해 보다 긍정적 정서를 보인다. 그들은 '친구'의 개념을 갖게 되며 사람들이 그들 나름대로의 의도뿐만 아니라 '권리'도 가지고 있다는 점을 이해한다.

아동은 이제 부모의 보호에서 점차 벗어나 자신의 욕구를 적절하게 조절하고 표현하면서, 주변을 탐색하고 필요한 것을 실행하면서 독립심을 배워 나가게 된다. 자신을 돌봐주던 애착대상과 자연스럽게 분리되어 아동은 그들의 관심영역을 가족에서 또래 및 주변인물로 확대해 나가게 된다. 아동은 또한 다양한 정서를 느끼고 표현할 수 있다. 부모는 아동이 분노, 공포, 걱정, 질투, 좌절 등과 같은 바람직하지 못한 감정을 적절하게 표현하고 잘 해소할 수 있도록 해주고, 동시에 기쁨과 애정, 호기심 등과 같은 바람직한 감정 또한 잘 표현하고 이러한 감정을 잘 유지할 수 있도록 도와준다. 자신의 정서를 적절히 통제할 수 있다는 것은 사회성 발달의 중요한 기초가 된다.

## ❷ 양육자로서의 부모

유아기 부모의 영향력은 아동의 활동반경이 가정에서 점차 사회로 확대되면서 이전 단계에 비해 다소 줄어들게 되지만 부모는 유아의 가장 가까이에 있는 모델로서 여전히 중요하다. 유아기 아동을 둔 부모는 권위 단계(authority stage)에 해당되며 이 시기의 자녀는 다양한 기술을 숙달하려는 노력을 나타낸다. 이러한 발달적 변화와 더불어 행동의 옳고 그름, 적절성과 부적절성 등을 결정하는 것이 부모역할의 핵심으로 부각된다. 따라서 부모는 자녀가 자아존중감을 잃지 않으면서 자율성을 발달시킬 수 있도록 간단한 일을 스스로 하게 하고, 위험한 것과 해서는 안 되는 것에 대해 때와 장소, 방법 등에 따라서 행동을 제한할 필요가 있다(김명희, 2006).

특히 유아기의 부모는 양육자로서의 역할이 중요하다. 유아기에는 걸음마기처럼 주의 깊은 감시를 필요로 하지는 않지만 여선히 안진한 환경과 부모의 적절한 보호가 중요하다. 이제 부모는 단순히 먹이고, 입히며, 위험에서 보호하는 차원을 넘어 자녀가 건강하게 자랄 수 있도록 안전한 환경과 가정의 정서적 분위기를 잘 조성해 주어야 한다. 아동은 스스로 문제를 해결할 수 있는 능력이 점차 발달되어 가므로 부모는 지나친 간섭보다 일관성 있는 규칙을 제시하여 부모-자녀간의 신뢰감과 애정이 증진되도록 노력해야 한다(박성연 외, 2003).

부모역할을 적절하게 소화하고 좋은 부모가 되기 위해서는 부모가 어떤 양육태도를 보이는가가 중요하다. 부모의 양육태도는 부모의 성장과정에서 겪은 경험, 소속 사회의 문화적 배경이나 사회계층 등에 따라서도 다르게 나타날 수 있다. Baumrind(1973)는 부모가 자녀에게 어떤 양육태도를 취하느냐에 따라 유아의 행동이 다르게 나타날 수 있음을 강조하면서 부모의 양육행동을 크게 세 가지로 구분하였다. 부모의 세 가지 양육행동 유형과 그에 따른 아동의 행동 특성은 다음과 같다.

### ■ 권위주의적 양육행동

권위주의적(authoritarian) 부모는 자녀가 원하는 것에 둔감하고 무조건 복종하길 원하며 권위적 제재를 가하는 것이 보편적이다. 상하관계가 엄격하여 부모는 자녀가 불복종을 한 경우 신체적 체벌을 사용하기도 한다. 규칙에 대한 설명 없이 절대적으로 따르기를 강요하므로 이런 부모를 둔 아동은 자신감이 결여되어 있고, 그 결과 친구관계에서 리더가 되지 못하며 사회적 관계에서 불안감을 보인다.

■ 허용적 양육행동

허용적(permissive) 부모는 자녀를 하나의 인격체로 대해야 한다고 믿고 그들의 자율감을 전적으로 인정한다. 부모는 권위를 갖고 있지 못하며 자식에게 이상적 모델이 되지도 못한다. 가정의 규칙이나 규율도 없고 자녀의 요구를 대부분 수용하기 때문에 이러한 부모를 둔 유아는 대부분 미숙하고 사회적 책임감도 낮은 것으로 나타난다.

■ 민주적 혹은 권위 있는 양육행동

민주적 양육행동은 권위주의적 양육행동과 허용적 양육행동이 적절하게 잘 조화된 바람직한 양육행동이다. 부모는 자녀의 자율성을 존중해 주고, 자녀가 지켜야할 규칙을 논리적으로 설명하고 이해시킨다. 민주적 양육을 받으며 자라나는 유아는 책임감이 강하고 유능하면서 독립적 성향을 나타낸다.

한편 Maccoby와 Martin(1983)는 Baumrind가 구분한 양육행동 유형을 다소 변형하였다. 그들은 '요구 혹은 통제 수준'과 '수용/거부 혹은 반응성 수준'이라는 두 가지 차원을 고려하여 크게 네 가지의 양육행동으로 구분하였다. 요구 혹은 통제의 수준은 부모가 자녀의 행동을 통제하려는 정도로서, 즉 자녀를 엄격하게 통제하는가 혹은 자녀에게 많은 자율성을 허용하는가를 의미한다. 수용/거부 혹은 반응성의 수준은 부모가 자녀에게 나타내는 애정의 정도로서, 부모가 온화하고 다정한가 혹은 냉정하고 무심한가를 의미한다. 이러한 두 가지 차원에 따라 크

유아기는 안전한 환경과 부모의 적절한 보호가 필요하다.

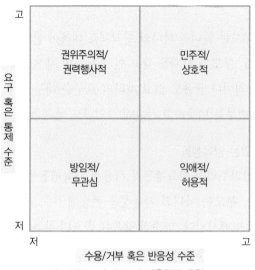

| 그림 6-1 | 부모의 양육행동 유형

자료: Maccoby & Martin(1983)

게 네 개의 유형으로 구분되는데, 그들 가운데 권위주의적, 허용적, 민주적 양육행동 유형은 바움린드의 세 가지 양육행동 유형과 거의 일치한다. 단, 그들은 네 번째로 방임 혹은 무관심(혹은 무시나 냉담) 유형을 새롭게 제안하였다(그림 6-1).

이상에서 분류한 부모의 양육행동은 자녀의 성별, 자녀 수, 부모의 연령 등에 따라 다르게 나타날 수 있다. 우리나라의 경우 아들에 대해, 자녀 수가 많을 경우에 권위적 부모가 되기 쉬운 반면, 부모의 연령이 많을수록 허용적인 태도를 보인다. 국내외 연구들을 종합하여 살펴본 결과(박성연·도현심, 2002), 부모는 아동의 연령과 자아통제수준에 적절하고 단호한 제한을 설정함과 동시에 반응적 양육을 함으로써 아동에게 자신감, 자율성, 타인에 대한 긍정적 감정 등을 고취시킬 수 있는 것으로 나타났다.

한편, 유아기 부모는 자아개념 발달의 촉진자가 되어야 한다. 자아개념은 경험을 통하여 습득한 자기 자신에 대한 개념으로 주위에서 자신을 중요한 사람으로 인정해줄 때 긍정적 자아개념을 형성하게 된다. 자아개념 발달에서 중요한 요인이 되는 자아존중감의 발달은 성취감과 자율감에 기초하여 형성되며 이는 부모의 양육행동에 따라 달라진다. 자아존중감이 높은 아동의 부모는 일정한 환경 내에서 자녀에게 자유를 허용하고, 따뜻하게 수용하는 경향을 보인다. 그러므로 자녀의 긍정적 자아존중감을 위해서 부모는 자녀를 수용하고 존중하며 안정된 환경을 제공해 주도록 노력해야 한다.

아동은 신체성장과 근육발달이 진행되어 점차 자신의 몸을 스스로 조절할 수 있게 되면서 주도적으로 행동하고자 하며 주변에 대해 호기심을 갖게 된다. 자신이 할 수 있다는 긍정적 사고는 자신에 대한 긍정적 자아개념을 형성시켜 주므로, 부모는 자녀가 새로운 환경을 주도적으로 탐색하려 할 때 도와주고 지지해 주어야 한다. 아동의 끝없는 질문에 적절히 응답해 줌으로써 아동의 지적 호기심도 충족시켜주도록 한다.

부모는 훈육자로서 자녀의 행동을 조절하기 위해 해야 할 일과 해서는 안 될 일을 명확하게 가르쳐야 하고 이때 자녀를 바르게 훈육하기 위해 상과 벌을 올바르게 사용하도록 해야 한다. 특히 만 5~6세는 우리 나이로 미운 일곱 살에 해당되는데 부모와의 강한 애착관계에서 벗어나 지금까지와는 다르게 행동하기 시작하는 시기이다. 인지능력이 발달하지만 비논리적이고 비체계적인 사고에 매달리면서 융통성이 없는 시기이다. 제1 반항기라고도 하는 이 시기를 잘 넘기기 위해서는 부모의 지혜가 필요하다. 우선 독립하고 싶어 하는 자녀의 마음을 인정하고, 인내심을 갖고 그들의 표현을 들어준다. 그러나 아이가 원하는 것을 무조건 다 들어주라는 것은 아니다. 만약 아이가 억지를 부릴 때 그것이 왜 불가능한지, 대체물은 없는지 아이와 대화를 나누는 것이 좋다. 특히 유아기는 도덕적 가치관이 형성되는 시기이므로 무엇이 옳고 무엇이 그른지의 기준을

---

**유아기 부모를 위한 구체적 양육 실제**

- 자녀의 행동을 방해하지 않으면서 감독한다.
- 자녀의 주도성을 위협하지 않으면서 한계를 정한다.
- 민주적 양육방법을 사용한다. 즉, 추론, 설명, 반응과 적절한 통제를 조화롭게 사용한다.
- 귀납적 훈육방법을 사용한다. 즉, '무슨' 행동을 했느냐(결과)보다 '어떻게' 했느냐(과정)에 더 초점을 둔다.
- 아이가 싫어하는 처벌보다는 자연스럽고 논리적인 결과를 낳게 하는 방법을 사용한다.
- 긍정적 자아개념을 길러준다.
- 스스로 시도하는 행동과 환경을 탐색하는 행동을 많이 할 수 있도록 해준다.
- 아이에게 날마다 책을 읽어준다.
- 아이의 끊임없는 질문에 귀 기울이고 반응해 준다.
- 학습에 도움이 되는 적절한 놀이재료를 제공한다.
- 또래와 놀고 반응할 수 있는 기회를 제공한다.

자료: Hamner & Turner(2001)

분명하게 제시해 주는 것이 필요하다. 유아기는 호기심이 왕성하고 여러 가지를 시험해 보는 시기이다. 그러므로 부모는 자녀의 자아가 성장하는 긍정적 시기라는 인식을 가지고 명령하고 지시만 하기보다 '이건 어때?', '이렇게 할까?' 등의 제안이나 대화를 시도하려고 노력함으로써 갈등을 줄일 수 있다.

부모는 자녀를 훈육할 때 '기준'을 설정하고, '한계'도 설정하도록 한다(김신옥·민혜경 역, 2004). '기준'이란 자녀가 목표로 하는 것이며, 또 부모가 성취하도록 격려해야 하는 것을 말한다. '제한'은 자녀가 하지 말아야 할 것이 무엇인지를 의미하는 것으로, 제한사항은 행동하기를 피하라는 것이다. 따라서 부모는 제한사항을 자녀가 지키도록 적극적으로 지도해야 한다. 특히 자녀를 훈육할 때 '기준'과 '제한'을 함께 사용하는 것이 효과적이다. 즉, '기준'을 설정할 때, 자동적으로 '제한'이 설정되는 내용으로 정하는 것이 바람직하다.

- 너는 나에게 진실을 말해야 한다(기준).
- 너는 나에게 거짓말을 하면 안 된다(제한).
- 너는 네 동생을 부드럽게 다뤄야 한다(기준).
- 너는 네 동생을 때리거나 다치게 해서는 안 된다(제한).

훈육은 다음과 같은 다섯 단계의 과정을 갖는다.

- 기대: 자녀에게 무엇을 기대하는지를 말한다. 그리고 자녀가 하지 말아야 할 것도 말한다.

---

1. '기준'의 예
   - 밥 먹은 후에 반드시 이를 닦아라.
   - 정직하게 말하라.
   - 다른 사람과 나눠라.
   - 하겠다고 말한 것은 반드시 행하라.
2. '제한'의 예
   - 난폭하게 굴지 말아라.
   - 네 방이 엉망으로 어질러 있는 채로 두고 가지 말아라.
   - 버릇없게 하지 말아라.
   - 지각하지 말아라.

■ **이유**: 부모가 자녀에게 그렇게 말하는 이유를 대략적으로 설명한다.

■ **결과**: 훈육을 따랐을 때와 그렇지 않았을 때 갖게 될 결과를 분명히 말해 준다.

■ **합의**: 앞으로 일어날 일에 대해 합의를 구한다.

■ **후속 지도**: 부모가 기대하는 대로 반응을 얻을 수 있도록 확실하게 다짐해 둔다.

자녀를 기르다 보면 언제 어떻게 칭찬하고, 꾸중을 할 것이냐를 고민하게 되는 경우가 많다. 부모가 일상생활에서 사용할 수 있는 칭찬기술은 다음과 같다.

첫째, 작은 것부터 칭찬해준다. 일상생활에서 자그마한 것을 잘 해내거나 사소하지만 나쁜 버릇을 고쳤을 때 즉시 해주는 칭찬이 큰 효과를 본다. 특히 결과 뿐 아니라 과정에 가치를 둔 칭찬을 해 줄 때, 아동은 자신의 노력을 거쳐 나온 결과가 칭찬을 받는 행동이라는 것을 깨닫게 된다.

둘째, 일관성을 지킨다. 칭찬이나 야단 모두 상식적이고 합리적인 수준에서 일관성이 있어야 하며, 특히 부모의 의견이 일치 되어야 한다.

셋째, 체벌이나 비교는 자제한다. 가능하면 야단은 적게 하고, 야단을 칠 경우에도 형제나 친구와 비교하는 것은 피해야 한다.

---

◉ **훈육의 예** ◉

- (기대) 나는 네가 친구와 놀다가 저녁밥 먹기 전인 7시까지는 들어올거라고 기대한다. 늦게 돌아오지 않을 거지?
- (이유) 너는 너 스스로 들어오는 시간을 정하기에는 아직 어리다. 그리고 엄마, 아빠는 너의 안전을 생각한단다.
- (결과) 만일 네가 7시까지 들어오면 엄마, 아빠는 너를 신뢰하게 될 것이고, 앞으로 네가 늦게 들어온다 해도 덜 걱정할 것이다. 만일 네가 시간을 안 지키고 늦게 들어온다면 다음부터는 외출을 허락하지 않을 거다.
- (합의) 7시까지 집에 들어올 거지?

● 훈육, 이렇게 해보세요

1. 칭찬할 때

- 그 자리에서 즉시 칭찬한다.
- "참 잘했어요!"라고 말한다.
- 칭찬하는 이유를 말해준다.
- 상을 준다.
- 부모가 바라는 행동을 구체적으로 알려준다.
- 사랑과 칭찬의 신호를 만들어 몸으로 표현한다.
- 결과보다 과정을 중시한다.
- 선물도 독이 될 수 있다.
- 부모가 일관성 있게 칭찬해야 한다.
- 스스로 한 일에 대해 더욱 많이 칭찬한다.
- 하지 말라고 한 일을 하지 않았을 때도 칭찬은 필수이다.

2. 야단치기 전에

- 감정적으로 화를 내지 않는다.
- 지나간 일을 끄집어내지 않는다.
- 아이의 잘못된 행동에 대해서만 야단친다.
- 형제자매를 비교하지 않는다.
- 야단치는 목적이 분명해야 한다.
- 아이의 인격을 비난하거나 무시하지 않는다.
- 고쳐야 할 바람직한 방향을 제시한다.
- 절대 때리지 않는다.
- 시간을 정해놓고 야단친다.
- 아이의 생각을 들어본다.

## ❸ 또래관계의 기초 형성

유아기에 이루어야 할 중요한 과업 가운데 하나는 또래친구들과 좋은 관계를 맺는 사회성을 익히는 것이다. 걸음마기에는 또래와 같이 있어도 함께 하지 않고 각자 따로 놀지만 유아기에는 또래와 상호작용을 하면서 점차 친구와 우정을 보이기시작한다. 아동의 놀이는 자신의 신체에 대한 파악과 조작능력을 이해하는 생후 1년 내의 자신세계 놀이(autocosmic play), 걷고 말하고 사물을 인식하기 위해서 오관을 사용하는 것이 기쁨이 되는 생후 2년째의 미시세계 놀이(microsphere play), 사회적 상호관계를 놀이로서

아동은 친구와 공통의 놀이를 하면서 점차 우정관계를 기른다.

터득해 나가는 2세 이후 취학 전까지의 거시세계 놀이(macrosphere play)로 구분할 수 있다. 유아기는 거시적 놀이를 통해 친구와 놀면서 사회의 현실을 파악할 뿐 아니라 나아가서는 그들이 속하고 있는 문화를 이해하게 된다. 그들은 또래관계 내에서 어떻게 문제를 해결해야 하는지, 왜 다른 사람의 입장에 서서 생각해 봐야 하는 지를 배우게 되고, 다양한 행동모델을 보면서 여러 가지를 배우게 된다(Papalia et al., 2001).

친구관계는 교제, 친밀감, 안정과 같은 긍정적 측면뿐만 아니라, 갈등·경쟁·배반과 같은 부정적 측면도 포함하고 있다. 친구관계는 친사회성, 지원 및 친근감과 같은 긍정적 기능을 통해 아동의 자아존중감을 향상시키며 사회적 적응을 돕기도 하지만(Berndt, Hawkins & Jiao, 1999), 갈등·경쟁 및 지배와 같은 부정적 친구관계의 경험은 학교생활에서의 부적응이나 비행행동과 같은 반사회성과도 관련이 있다(Dishion, Eddy, & Spracklen, 1997). 친구와의 접촉을 통해 아동은 가정 이외의 주변에 관한 지식을 얻게 된다. 친구는 부모 및 형제와 맺게 되는 수직적 관계와 비교해 볼 때 수평적이고 상호적인 관계를 갖게 해준다. 그러므로 아동이 경험할 수 있는 세계는 친구관계를 통해 더욱 확대된다.

유아기의 친구관계에 관한 연구는 많이 진행되어 오지 못한 편이다. 이 시기의 친구관계는 아동기에 비해 상대적으로 덜 중요하고, 유아는 친구를 일시적 놀이상대로 여기며, 학령기가 되어서야 친구에 대한 진정한 이해를 할 수 있게 되므로 유아기의 친구관계는 안정적이지 못하고 덜 분화되어 있다. 그러나 이러한 주장을 반박하는 학자들은 유아기에도 친구관계를 형성하며 정기적으로 또래들과 접촉하는 대부분의 아동은 적어도 한 명의 친구와 친구관계를 맺는다고 하였다. 친구관계의 특성을 교사 보고를 통해 살펴본 한 국내연구결과(신유림, 2004)에 의하면, 4~5세 유아들의 친구관계는 긍정적 기능과 부정적 기능으로 분화되어 있고, 친밀한 상호작용은 사회성 발달을 긍정적으로 촉진시켜주지만, 공격성과 위축성은 친구 사이의 긍정적 관계를 맺는 데 장애가 되는 요인이 되었다. 또한, 친구관계가 아동발달에 미치는 영향은 아동이 경험하는 친구관계의 특성에 의해 중재되었다. 특히 남아에 비해 여아는 배타적인 것으로 나타났는데, 이는 남아가 포괄적인 친구관계를 갖는 반면, 여아는 한 명의 가장 친한 친구에게 집중되어 친밀한 대화와 개인적 정보를 나누는 점에 기인할 수 있다. 친구와의 접촉은 또한 성역할 획득에 커다란 역할을 한다. 남아는 남자 친구와 놀면서 남성에 알맞은 역할을 배우고, 여아는 여자 친구로부터 여성적 역할을 획득하므로 친구는 아동의 성역할 개념 형성에 중요하다(조복희 외, 1999).

아동의 친구관계는 부모의 양육행동에 따라 다르게 나타난다. 즉, 부모와 따뜻하고 적극적인 관계를 갖는 유아는 친구사이에서 인기가 많다. 반면, 부모와 불안정하게 애착된 유아는 거칠고, 무시를 잘하고, 우울해 하는 경향이 있으며, 매력적이지 못한 사회·정서적 행동을 나타내는 경향이 있고, 그 결과 또래 사이에게 비인기아가 된다. 따라서 부모는 자녀에게 어떻게 친구와 노는 것이 좋을지를 가르쳐 주고 친구를 사귀는 방법을 가르쳐 줌으로써 자녀의 친구관계에 도움을 제공할 수 있다(Papalia et al., 2001).

## ④ 조기 교육의 실태와 문제점

유아기는 Erikson이 말하는 주도성 대 죄책감의 시기로 이때 아동은 자신이 주도적으로 활동하는 것을 학습하면서 성취감을 즐기므로 능동적으로 목표를 설정하고 이를 실천하는 데 즐거움을 느끼는 시기이다. 아동이 자신의 주도성을 따르지 못하게 될 경우에는 자신이 독립적으로 되고자 시도하는 것에 대해 죄책감을 느끼게 된다. 따라서 학습을 가르치는 과정에서 부모는 아동의 이러한 심리를 잘 알고 이에 맞게 적절하게 이끌어 주어야 한다. 또한 유아기는 지적·정서적·사회적 능력을 발달시킬 수 있는 기초를 마련하는 시기로서, 환경과의 경험을 통해 학습이 이루어진다. 따라서 부모는 자녀의 흥미와 능력에 적합한 풍부한 학습경험을 제공함으로써 전인적 발달을 도모해 주어야 한다.

유아교육의 가장 주된 목표는 아동의 전인발달, 즉 신체, 정서, 사회, 언어, 인지발달이 조화롭게 이루어지도록 도와주는 것이다. 그러나 이러한 유아교육의 목적은 오늘날 조기교육의 열풍 속에서 점차 설 자리를 잃어가고 있다. 우리나라에서 일컫는 조기 교육이란 초등학교 입학 전이나 후에 주로 학원이나 가정에서 이루어지는 특기/과외교육과 같은 조기 사교육을 의미하는 경향이 있다. 이는 아동의 발달 단계적 특성이나 능력에 적절한 교육이라기보다는 인지적 자극을 중심으로 한 과도한 학습자극을 의미한다(우남희 외, 2005). 특히 교육이 사회적 성공이나 지위 또는 계층의 상승이동을 위한 수단으로 인식되어져 왔고, 조기교육을 통해 생의 초기부터 하나 또는 둘밖에 안되는 자녀를 잘 키워보고자 하는 부모들의 열망은 사회계층 및 교육수준에 관계없이 높게 나타나고 있다(이기숙, 2002). 아동발달적 측면에서 볼 때, 아동의 적성과 재능을 일찍 알아내어 그에 따른 적절한 교육을 시키는 것은 바람직한 일이다. 그러나 현재 우리나라에서 이뤄지고 있는 조기 교육은 아동의 능력에 맞는 적절한 교육이 아니라 무조건 빨리만 시작하면 된다는 단순한 논리에다, 학원에만 보내놓으면 교육이 저절로 이루어지는 것처럼 생각하는 부모의 안이한 태도, 그리고 아동을 통한 돈벌이를 교육보다 더 중시하는 상업화된 교육이 어우러져 있기 때문에 문제이다(우남희, 2002).

최근 초등학교 입학 전에 학원을 수강한 아동의 수가 계속적으로 증가하는 추세이다. 예를 들면, 2003년도 전체 사교육비는 13조 6천억으로 매년 2조 원씩 커지는 추세인 것으로 나타났고, 그 중 유아 전문 학습지의 시장규모는 약 8~9천억 원 정도로 이러한 학습지 시장도 매년 규모가 확대되고 있는 추세이다. 교육대상의 연령도 점차 하향화되고 있는 추세이다. 전국을 대상으로 한 연구결과(이기숙 외, 2002)에 따르면, 약 86%의 유아들이 사교육을 받고 있으며, 특히 1, 2세의 영아들 조차도 교육을 받고 있는 것으로 나타났다. 영유아가 받는 사교육의 가지 수는 2001년에는 2가지(30.3%), 1가지

(28.8%)로 나타났으나, 2007년에는 4가지(25.0%), 5가지(20.9%)로 2,3배 이상으로 사교육의 가지 수가 많아진 것으로 나타났다(김보림·엄정애, 2007). 다른 연구(권정윤, 2007)에서도 2가지 이하(33.5%)의 사교육을 받는 유아보다 3~4가지(33.6%), 5가지(32.7%) 받는 유아의 수가 현저하게 높아진 것으로 나타났다. 취학 전 유아가 조기 사교육에 소모하는 시간은 1주일에 평균 6회로 4.8시간의 교육을 받고 있는 것으로 나타났다(김지경, 2004). 특히 유아교육에 대한 연간 공적 투자비가 OECD국가의 평균 이하(11/18)로 보고되고 있어(OECD, 2009), 이러한 공교육으로서의 국가의 책무성 부족함은 유아교육이 사교육 체제로 방치되어 초중등 교육보다 더 높은 사교육 의존을 초래하게 하였다(우남희 외, 2009).

이처럼 조기 사교육의 과열현상이 나타나면서 이에 대한 우려가 심각하게 제기되고 있다. 먼저 많은 학부모들이 조기 사교육으로 인한 가장 큰 문제점으로, '일찍부터 아동에게 많은 부담감을 주는 것'으로 응답하고 있으며(황혜신, 2003), 많은 연구자들 또한 교육적으로 부적합한 조기 특기 교육을 받음으로써 인지적·정서적·사회적 발달에 오히려 치명적인 문제를 가져올 수 있음을 경고하고 있다(이기숙, 2002). 더욱이 인지 교육을 중심으로 한 조기 교육은 아동의 발달단계를 고려하지 않고 부적절한 학습 자극을 가하는 것으로서 그들에게 정신적 스트레스를 야기할 수 있으며, 이러한 스트레스는 뇌의 신경회로 중 스트레스 관련 부분의 조절력에 손상을 주고, 더 나아가 면역기능 및 기억력 저하 등의 문제를 일으킬 수 있다(신의진, 2002). 특히 너무 일찍부터 인지과제를 부여하거나 너무 많은 자료나 교구를 부여할 경우 뇌발달에 심각한 부정적 영향을 미칠 수도 있다(김유미, 2009). 청소년의 행동문제를 유아기의 무절제한 조기 교육 경험에 원인이 있다고 분석하는 일본 소아정신과 임상의들의 주장(이정남 역, 1999)을 우리도 간과해서는 안 된다.

많은 부모가 조기교육에 대한 허와 실을 제대로 인식하고 있는 것으로 응답하지만 실제 자녀에게 조기 교육을 시킬 과목을 선정하고 결정할 때는 이러한 인식이 별로 영향을 미치지 않는 것으로 나타나며, 더욱이 조기 교육에 대한 생각에서 자신을 바라보는 잣대와 다른 사람을 바라보는 잣대가 다른 이중적 생각을 가지고 있는 것으로 나타났다. 즉, 자신의 경우는 조기 교육의 문제점과 상관이 없다고 생각하는 반면, 다른 이들은 조기교육 열풍에 휩쓸려 따라가고 있으므로 문제점이 많다고 응답하여 인식과 실제

- 아동의 정보처리방식이 부정적으로 변화
- 과도한 비디오 시청이나 학습경험 등으로 주의산만 촉진
- 자기주도성의 저해
- 스트레스로 기억 담당하는 해마의 위축
- 학습에 대한 부정적 태도 형성
- 정서지능의 저하
- 발달단계에 비해 난이도 너무 높은 과제 도입시 좌절감 경험

자료: 김유미(2009)

간에 큰 차이를 보인다(황혜신, 2003).

특히 우리나라의 조기 교육은 주로 학원이나 학습지를 통해 시행되고 아동의 재능이나 동기와는 무관하게 선행학습을 위한 정답 맞추기나 단순 암기와 같은 기능 교육으로 진행되면서, 학습자 자신의 동기가 결여된 채 기계적인 학습을 강조하여 부모의 요구에 따라 이루어지고 있기 때문에 커다란 효과를 기대하기 어려우며, 오히려 어린 아이들에게 학습에 대한 부정적인 태도와 이미지를 심어주고 더 나아가 다양한 정서 및 행동장애를 불러일으키기도 한다(김유미, 2009).

조기 사교육이 유아의 인지적 · 정서적 · 사회성 발달에 어떠한 영향을 미치는지를 구체적으로 알아보고자, 317명의 유치원 원장들을 대상으로 그들의 인식을 분석한 결과는 다음과 같다(우남희 외, 2005). 첫째, 인지적 측면에서, 조기사교육을 받은 유아가 또래보다 뛰어난 특기나 재능을 보인다고 생각하지 않는다는 응답을 통해, 조기 사교육이 부모들이 기대하는 만큼의 학습효과를 내지 못하는 것으로 보인다. 이는 조기 사교육이 아동의 흥미나 소질을 위해 장기간에 걸친 후원과 배려에서 이루어지는 것이 아니라 '유행적 특성'이 있어 지속기간이 매우 짧기 때문으로 여겨진다. 특히 과도한 조기 사교육으로 인한 능동적 경험의 부족은 유아로 하여금 스스로 계획을 세우고 그에 따라 활동하는 것에 대한 자신감을 잃게 만들며, 교사나 부모 등 누군가가 이끄는 대로 생활하는 수동적 태도를 발달시키는 것으로 생각된다.

둘째, 정서적 측면에서 살펴보면, 과도한 조기 사교육을 받는 유아들은 스트레스를 많이 받고 그로 인해 쉽게 짜증을 내거나 신체적 증상을 나타내기도 한다. 이들은 주의

가 산만하고 끈기가 부족하며 조급한 성향을 보인다. 이는 부모가 다른 아이들에 비해 '더 빨리', '더 많이' 가르치려는 경향에서 그 이유를 찾아볼 수 있다. 마지막으로, 사회성의 측면에서, 과도한 조기 사교육을 받은 유아들은 주변 사람들에 대한 지나친 의식이나 자기과시 경향을 보이며, 타인에 대한 배려가 적고 이기적 성향을 보이는 것으로 나타났다. 이는 부모들의 경쟁 심리를 만족시켜 주기 위해 아동이 눈에 보이는 결과만 중시하게 되어, 잔꾀를 부리거나 자신의 성취욕구 충족만을 생각하는 이기적 성향을 갖게 되는 것으로 추론할 수 있다.

위에서 나타난 과도한 조기 사교육의 부정적 영향을 줄이기 위해서는 지나친 사교육이 하루 속히 정리되고 올바른 교육으로서의 공교육이 보다 강화되어야 할 것이다. 특히 조기 교육의 내용이 아동의 발달특성을 기초로 하고 있는지와 조기 교육이 누구에 의해 행해지는가를 고려해야 한다. 가장 좋은 교사는 부모임을 명시하고, 혹 취업모의 경우 어머니를 대체할 수 있는 어른의 질에 대한 검토도 이뤄져야 할 것이다. 아울러 아동의 발달특성을 고려한 조기 교육의 프로그램 개발이 시급하다.

## ❺ 조기 영어 교육의 현황과 문제점

1982년 초등학교에 영어특별활동이 도입된 것을 시작으로 1997년에는 초등학교 3학년 정식 교과목으로 채택되어 초등학교에서 영어교육을 의무화하였다. 2006년 단계적으로 영어수업 실시학년을 하향화하려는 움직임도 있었으나, 2008년 초등학교 3학년부터 영어교육을 하는 것으로 최종 확정되었다(김순환·이기숙, 2008). 특히 세계화의 물결과 함께 정부가 영어몰입식 교육정책을 표방하면서 취학 전 유아를 대상으로 하는 외국어 교육에 대한 관심도 가속화되고 있지만 조기영어 교육이 아동발달에 미치는 영향에 대한 연구들이 아직 합의된 결과를 보이지 못하고 있는 실정이다. 이에 따라, 조기영어교육의 장·단점에 대한 객관적 정보, 효과성에 대한 체계적 근거, 명확한 교육의 신념 등이 없는 상태로 고액의 교육비를 부담하면서도 불안한 마음으로 조기영어 교육을 실시하는 부모는 증가하고 있는 실정이다(양옥승 외, 2001 ; 황혜신, 2003).

외국어 교육은 영유아들의 발달상 적합하지 않다는 지적에도 불구하고, 유치원이나 어린이집에서는 영어 교육을 실시하지 않으면 원아모집이 이루어지지 않을 정도로 조기 영어 교육이 확대되고 있다(우남희 외, 2009). 영어 교육을 받는 유아의 비율에 대한 조사에 따르면 1992년에 5.7%, 1996년에 35.4%(우남희·이종희, 1996), 2007년에 59.0%(김보림 외, 2007)로 급속하게 증가하고 있는 것으로 보고되고 있다. 통계청(2008)의 발표를 보면, 2007년 사업체 현황에서 교육서비스업이 전년 대비 4.8% 증가하였는데, 특히 외국어학원이 가장 큰 폭인 24.6%로 성장하였다.

이처럼 유아영어 교육에 대한 관심이 증대되면서 많은 영어교재와 사설학원이 범람하고 있고, 영어 교육을 실시하는 유치원도 증가하면서 어린 유아들의 영어 교육으로 인한 부작용에 대한 우려의 목소리가 높은 것이 사실이다. 그러므로 유아교육기관에서 영어 교육을 담당하는 교사의 질은 매우 중요하다. 유치원에서 영어 교육을 담당하고 있는 교사는 크게 한국인 방문교사, 원어민 방문교사, 담임교사의 세 가지 유형으로 나뉜다(김순화·이기숙, 2008).

첫째, 한국인 방문교사는 출판사에서 교재와 함께 파견된 교사들로 유아 교육에 대한 기본적 지식이 없는 경우가 대부분이며 계약기간이 지나면 다른 교사로 교체될 가능성이 높은 단점을 갖는다.

둘째, 원어민 교사의 경우는 수요에 따른 공급이 부족한 상황에서 무자격강사의 문제가 제기될 수 있다.

셋째, 담임교사가 영어를 가르치는 경우에는 대학 교육과정에서 유아영어를 다루지 않기 때문에 이들 담임교사들이 교육과정과 통합된 유아영어 교육을 실시하는데 부담을 갖게 되며, 전공자가 아니기에 영어 발음상의 문제로 부담을 갖게 될 수도 있다.

한편 조기영어 교육을 위한 영어유치원을 표방한 유아영어학원을 보내는 어머니들을 조사한 결과(이율이·양성은, 2009), 이들은 우리 사회를 영어 필수사회로 인식하고 조기 교육으로 영어를 중요시하여 자녀가 또래보다 조기에 영어구사능력을 성취하여 경쟁에서도 우월하기를 기대하였다. 또한 이들은 자녀의 영어구사능력을 위해 영어유치원의 예비반을 등록하고, 필기 중심의 교육과정에 따르며, 자녀의 과제와 시험을 위한 부가적인 노력도 병행하고 있었다. 어머니들은 영어유치원의 과제수행과 발표준비를 위해 시간, 노력, 경제적 지원을 적극적으로 투자하고 이를 통해 대리만족을 느끼고 있었다.

이상에서 살펴본 것처럼 우리나라에서 현재 진행되고 있는 조기 영어 교육은 교육관, 교육자, 교육내용, 교육환경 등에 문제가 많음을 알 수 있다. 특히 경쟁을 조장하는 학습 위주로 진행되고 있어서 조기 영어 교육 또한 다른 조기 사교육과 마찬가지로 과도하면 병리적 발달을 유발할 가능성이 있음이 보고되고 있다(신의진, 2002; 우남희, 2002).

그러므로 유아 영어 교육의 현황에 대해 우리는 다음 몇 가지에 대한 검토가 이루어져야 될 것이다. 첫째, 유아에게 발달적으로 가장 적절한 것이 무엇인지 고려되어야 한다. 즉 유아의 발달단계에 적합한 교육적 기회가 신체발달, 인지발달, 사회정서발달 등을 아우르는 통합적 교육으로 이루어져야 한다. 둘째, 유아의 학습을 저해하는 동기부재의 경쟁적 선행학습은 지양되어야 한다. 셋째, 유아에게 적합한 물리적 환경, 발달영역을 통합하는 교육내용, 교사의 전문성 등에 대한 평가가 이루어져야 한다.

> ## ⊙ 아이가 어린이집의 식사시가에 갖는 스트레스에 대한 상담사례 ⊙
>
> ### 질문
> 57개월(6세)된 남아입니다. 외동이구요, 어린이집을 다닌 지 9개월이 다 되었습니다. 적응도 잘하고 잘 다니는 편인데 편식으로 점심시간을 싫어합니다. 좋아하는 반찬만 잘 먹고, 싫은 반찬은 눈물을 흘리며 참고 먹는다고 합니다. 선생님이 조금이라도 먹어야 한다고 해서 먹는데, 자꾸 눈물이 나고 이것 때문에 어린이집에 다니기 싫다고 합니다.
>   그냥 아이가 원하는 대로 두어야 하는지, 선생님의 적당한 강요가 있어야 하는지 궁금합니다. 부모의 입장에서는 이대로 지켜보고 스스로 이겨내야 한다고 생각하지만, 아이가 스트레스를 받으니 어떻게 해야 할 지 망설여집니다. 조언 부탁드립니다.
>
> ### 답변
> 유아기는 식습관을 형성하는 시기입니다. 아이의 편식으로 인해 많이 속상하신 것 같습니다. 아이들의 편식은 3~5세 사이에 가장 많이 나타나며, 이런 편식 습관은 성인기까지 이어질 수 있기 때문에 유아기 때 바로 잡아주는 것이 가장 좋습니다. 편식의 원인에는 여러 가지가 있습니다.
>   신체적인 이유(씹는 맛이나 감촉, 냄새 등이 맞지 않음)나 심리적 원인(먹을 것을 강요당하거나 구토, 복통 등의 불쾌한 경험, 동생이 태어났을 때, 부모에게 관심 끌기 등)으로 인해 편식행동을 보일 수가 있습니다. 아이의 편식 원인이 심리적인 것으로 생각되시면 충분한 애정과 관심을 보여 주셔야 합니다. 그러나 편식의 가장 주된 원인은 엄마의 양육태도에 있다고 합니다. 이유기 때 한 가지 종류의 음식만 지속적으로 먹인 경우, 엄마가 싫어하는 음식을 먹이지 않아 맛에 대한 경험부족 및 인스턴트 음식들도 편식을 유발할 수 있습니다.
>   편식 습관을 고치기 위한 방법으로 엄마의 역할이 크겠지만, 어린이집 교사가 엄마와 합심하여

(계속)

아이의 편식을 고칠 수 있을 것으로 생각됩니다.

첫째, 무조건 먹이려 하지 말고, 먹지 않는다면 과감히 치워버리고, 배가 고프다고 해도 식사 때가 되기 전까지는 밥을 주지 않는 방법입니다. 처음에는 먹지 말라고 하니 아이는 신이 나겠지만, 언젠가는 스스로 식사시간에 대한 개념을 알 수 있게 될 것입니다. 엄마나 교사가 따라다니면서 아이에게 음식을 먹이는 것은 아이의 나쁜 행동을 더욱 강화하는 방법이 될 수 있습니다.

둘째, 아이가 좋아하는 음식과 싫어하는 음식을 잘게 썰어 함께 요리하는 방법입니다. 아이가 자신이 좋아하는 음식은 잘 먹는다고 하니, 이 방법을 사용하는 것도 좋을 것으로 생각됩니다.

셋째, 식사 전후에는 간식을 피하는 것이 좋습니다. 단맛에 길들여지면 아이들은 더욱 밥을 먹지 않게 되고, 혀의 감각을 버릴 수도 있기 때문입니다. 만약 아이가 간식을 너무 좋아한다면, 밥을 먹은 후에 얼마만큼 먹기로 약속하는 방법도 있습니다.

넷째, 아이가 싫어하는 반찬을 먹으면 칭찬을 해 주거나, 스티커나 별표 등의 보상을 해 주는 방법입니다. 이것이 잘 진행되면 싫어하는 음식의 양을 점차로 조금씩 늘려 가는 겁니다.

다섯째, 아이와 편식의 부정적인 면들에 대해 이야기를 나누는 방법입니다. 편식을 하면 키도 크지 못하고, 똑똑해 지지도 못한다는 등의 이야기를 하실 수 있습니다. 또한 아이가 좋아하는 어른(스타 또는 위인들)이 있다면, "네가 편식을 하면 OO처럼 되지 못한단다."라는 이야기를 해 주시는 것도 좋은 방법입니다.

자료: http://www.dasomcai.com

# 7 장

# 학령기의
# 부모-자녀관계

학령기는 초등학교에 다니는 시기로 생활의 중심이 가정에서 학교로 이전된다. 신장과 체중의 변화는 꾸준하게 이뤄지는데, 일부 성장이 빠른 아동은 2차 성징을 경험하면서 급격한 신체변화가 나타나기도 한다. 논리적이고 귀납적 사고가 나타나기는 하나 아직은 구체적 문제에 국한된다. 대부분의 아동은 학교생활에 잘 적응하면서 근면성을 발달해 간다. 그러나 잘 적응하지 못하면 열등감을 느낄 수도 있고, 심하면 친구 사이에서 따돌림을 당할 수도 있다. 점차 친구와 교사의 영향이 커지지만 부모는 인생의 선배로서 사회생활의 든든한 조언자와 격려자의 역할을 담당한다.

## ① 발달적 특성

학령기의 신체적 변화는 전 단계에 이어 비교적 완만하게 나타나지만 초등학교 고학년이 되면 성장이 빠른 아동에게는 사춘기의 특징과 함께 급격한 신체변화가 눈에 띄게 나타나게 된다. 신체변화에서 개인차가 크게 나타나며, 이러한 외적인 신체차이는 종종 아동의 자아존중감에 영향을 미치기도 한다. 학교생활의 다양한 학습기회를 통하여 지적 발달이 급속하게 진행되고, 구체적 문제에 대해서는 상당히 논리적이고 귀납적인 사고를 할 수 있게 된다. 또한 이 시기에는 사회가 요구하는 기본적 기술을 습득함으로써 근면성이 발달하며, 학교생활을 통한 사회적 관계가 확대되면서 또래집단의 영향력이 점점 커지게 된다.

## 1) 신체발달

학령기에도 느린 속도이기는 하나 신장과 체중은 꾸준하게 증가한다. 아동의 신체발달은 부모로부터 물려받은 유전적 요인과 영양 및 운동과 같은 후천적 요인의 상호작용에 의해서 나타난다. 일례로, 북한과 우리나라 아동의 평균 신장과 체중을 비교해 보면, 북한 아동이 신장과 체중 모두 현저하게 낮게 나타난다. 예를 들어, 북한의 7세 아동의 평균 신장은 남한에 비해 12cm가 작은 것으로 알려져 있다. 성장기의 획기적 영양공급이 없으면 사춘기에는 20cm까지도 벌어질 수 있다고 추정된다(이재연, 2003).

오늘날 우리나라 아동의 체격은 과거에 비해 많이 좋아진 것으로 나타나지만 체격이 좋아진 것에 비해 체력은 오히려 약해진 것으로 보고되는 데 아동의 잘못된 식습관이 그 주요 원인으로 지적되고 있다. 즉, 인스턴트 음식의 급속한 보급에 따라 아동이 이런 음식을 선호하게 되면서 불균형적인 영양섭취 결과 비만아동의 비율이 늘고 있다. 평균 체중의 120%를 넘을 때 과체중 혹은 비만이라고 간주되며, 비만아동은 비만어른이 될 가능성이 30%가 넘는다는 데 문제의 심각성이 있다.

한편 우리나라 초중고교생을 조사한 '2009학년도 학교건강검사 표본조사 결과' (교육과학기술부, 2010)에 의하면 키 성장속도는 느리고 비만학생 수는 크게 늘어난 것으로 나타났다. 비만학생은 전년도 대비 2% 증가했고, 표준체중의 50%를 초과하는 고도비만학생 비율도 2008년 0.8%에서 1.1%로 증가했다. 이러한 비만의 주된 원인은 인스턴트식품과 운동부족 뿐 아니라 학생들 사이에 퍼지고 있는 '단맛중독증' 도 연관성이 크며, 이는 학업스트레스와 관련이 깊은 것으로 보고된다. 즉, 성인은 비교적 스트레스 해소법이 다양한데 학생들은 주로 컴퓨터 게임이나 군것질로 스트레스를 풀고, 주변에 학생들을 유혹하는 군것질거리가 너무 많아 단맛중독에 빠지기 쉽기 때문이다. 반면 저체중 비율 학생도 5%를 넘는 것으로 보고되고 있어서 체중의 편차가 심하게 나타난다. 저체중 아동이 나타나는 이유로 대중스타들의 지나치게 마른 체형을 이상시하는 잘못된 신체관을 따르면서 무리한 다이어트를 한 결과가 한 원인일 수도 있고, 다른 한편으로는 저소득층 아동의 열악한 영양 상태에 기인한다고 생각된다.

신체발달은 개인차가 많아서 어느 정도의 범위 안에 나타나는 차이는 크게 신경 쓰지 않아도 되지만, 또래집단에 비해 지나치게 차이를 보일 때는 의학적 도움이 필요한 것

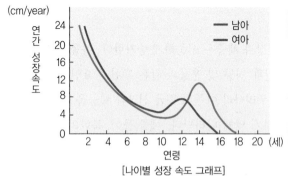

| 연 령 | | 정상 인간 성장 속도 (cm/year) |
|---|---|---|
| 출생기~1세 | | 연간 18~25cm |
| 1세~2세 | | 연간 12~13cm |
| 2세~사춘기 이전 | | 연간 5~6cm |
| 사춘기 급성장 | 남자 | 연간 7~12cm |
| | 여자 | 연간 6~11cm |

[나이별 성장 속도 그래프]　　　　　[성장 단계별 성장 속도의 변화]

| 그림 7-1 | 나이별 성장속도 그래프
자료 : www.keyclinic.com

은 아닌지 유의할 필요가 있다.

특히 자신의 신체에 대한 만족 여부는 아동의 자아존중감에 영향을 미쳐, 자신의 신체에 만족하지 못하면 자신은 물론 친구관계에서도 부정적인 관계를 맺기 쉽다. 이러한 점에서, 비만아동은 친구에게 놀림을 받는 경우가 많고, 대부분의 아동이 친구로서 사귀기를 꺼려하는 경향이 높다. 따라서 아동이 건강하고 적절한 신체조건을 갖추기 위해서는 영양분을 골고루 섭취할 수 있도록 가급적 기름기가 많은 인스턴트 음식을 줄이고 신선한 재료로 만든 음식을 골고루 섭취하도록 장려해야 한다(박응임 외, 2002).

## ◉ 단맛중독 자가진단법 ◉

다음 중 3개 이상 해당 시 단맛중독으로 판단한다.

☐ 하루라도 과자, 빵, 인스턴트 커피 등 단 음식을 안 먹으면 집중이 안 되고 말을 할 수 없다.
☐ 스트레스를 받으면 초콜릿, 과자 등 단것을 먹어야 해소된다.
☐ 예전과 비슷한 수준으로 단것을 먹고 있는데도 만족스럽지가 않다.
☐ 습관적으로 단 음식을 찾거나 옆에 단 음식이 있으면 배가 불러도 꼭 먹는다.
☐ 빵, 면, 떡 등을 한 번 먹기 시작하면 남기지 않고 배부를 때까지 먹는다.
☐ 주위 사람들이 "단 음식을 너무 많이 먹는다."고 지적하거나 스스로 군것질을 많이 한다는 자책감을 느낀 적이 있다.
☐ 항상 다이어트를 하지만 금방 다시 살이 찐다.

한편, 학부모들의 자녀 키에 대한 기대치는 상당히 높은 편으로 서울 강남지역 초중생 학부모를 대상으로 '성장 스트레스' 설문조사에 따르면, 남자는 180.6cm, 여자는 166.7cm를 성인의 이상키로 생각하며 이는 국내 성인남녀의 평균(2007년 20~24세 조사결과)인 175.0cm, 161.9cm를 웃도는 기대치이다.

통계청(2010)의 '2009년 생활시간조사'에 따르면, 토요일 격주 수업제가 도입되어 학습시간이 줄었음에도 불구하고 초등학생의 평일 학교 학습시간과 학교 외 학습시간은 각각 4시간 42분과 3시간 6분이었다. 우리 사회가 점점 더 지나친 경쟁 위주의 사회가 되면서 방과 후 대부분의 시간을 학원공부나 컴퓨터게임 등 수동적인 활동에만 할애하여 운동부족의 결과 또한 체력저하의 원인으로 여겨진다. 스트레스가 많은 학생은 정신건강이 나쁘며 가족관계 등에서 삶의 질이 떨어지는 것으로 나타났다. 조기학습으로 인한 뇌신경 발달은 정신적 성숙과 성조숙증으로 이어져 사춘기를 빨리 나타나게 하고, 이것이 아이의 키가 자라는 데 방해가 되며, 아이를 정신적으로 민감하고 비위가 약한 성격으로 만들 수 있다고 경고하고 있다. 그러므로 아동에게 공부를 강조하는 대신 운동할 시간을 늘리도록 노력해야 한다. 운동은 심리적 압박감, 긴장감, 좌절감, 불안감 등을 감소시키고 엔도르핀처럼 스트레스를 낮추는 생체물질의 분비를 늘이게 된다. 또한 운동은 뇌의 발달에 결정적 영향을 미치는데, 즉 운동이 신체의 산소 소비능력을 향상시키고 이것이 아이의 학습능력을 높여서 수학 및 읽기 실력의 향상을 나타내게 한다. 따라서 수업시간에 짬을 내어 가볍게 뛰거나 체조를 하면 어린이들의 집중력이 개선되므로 수업 중이라도 간단한 스트레칭을 함께 하는 교사의 배려가 요구된다.

한편 신체발달은 성에 따라 차이가 난다. 태어날 때부터 남아가 여아보다 약간씩 더 빠른 발달을 보인다. 그러나 초등학교 고학년이 되면 여아가 남아보다 사춘기를 더 빨리 경험하면서 이런 경향이 역전되어, 여아가 남아보다 신체적으로 더 성숙한 모습을 보인다. 그러나 남아가 사춘기가 나타나면서 다시 여아는 신체적 우위를 빼앗기고 만다.

급격한 신체적 변화와 함께 아동은 성에 대한 강한 호기심을 갖게 된다. 오늘날 우리 주변에는 성적 자극이 너무나 무분별하게 배포되어 있어서 성적 자극에 대해 호기심을 갖는 아동 연령이 점점 더 낮아지고 있다. 그러므로 아동에게 적절하고 꼭 필요한 구체적 성교육이 예방차원에서 이뤄질 때 그릇된 성관계로 야기될 수 있는 위험을 막을 수 있으며, 성에 대한 올바른 판단력을 갖고 책임 있는 행동을 실천할 수 있도록 도움을 줄

- **먼저 모범을 보인다.**
  자녀는 부모의 태도나 행동을 보고 배우므로 부모가 서로 위하고 사랑해주는 부부관계를 보여주는 것이 중요하다.

- **성에 관한 긍정적 태도를 갖는다.**
  부모는 자녀에게 성에 대한 이야기를 할 때 에이즈, 성병, 강간, 혼전임신 등 부정적 요소만을 말하며 겁을 주는 경우가 많다. 성관계란 사랑의 표현이고 자신이 일생을 같이 하는 사랑하는 사람과의 관계로 아름다운 행위이며 행복과 관계되는 긍정적 면도 이야기해준다.

- **성교육을 일찍부터 실시한다.**
  성교육을 시작할 가장 적절한 시기는 3~5세이다. 아동이 자연스러운 호기심을 보일 때 부모가 자연스럽고 정확하게 가르쳐 주면서 연령에 적합한 교육을 해 나간다면 자녀는 사춘기 이후에도 성문제를 자연스럽게 느끼고 적절한 방법으로 소화하고 표현할 수 있게 된다.

- **자녀의 감정을 존중해 준다.**
  자녀의 고민이나 질문이 불합리하고 어리석게 보이더라도 성실하게 답해줄 때 자녀는 부모를 믿고 자신이 겪는 문제에 대해 부모에게 도움을 청할 것이다.

- **성문제를 결혼과 연결시킨다.**
  성관계는 평생을 함께 할 반려자를 만날 때까지 참고 기다리는 것이 나중에 인생의 기쁨이 될 수 있음을 가르친다.

자료: 박응임 외(2002)

수 있을 것이다. 특히, 아동의 성에 대한 호기심을 적절하게 충족시켜 주고 성문제를 예방하기 위해서는 현재 초등학교 고학년을 대상으로 실시하고 있는 성교육 대상연령을 더 낮춰서 실시해야 할 것이다.

신체발달과 함께 아동기의 운동 능력 또한 연령의 증가와 함께 향상된다. 운동 능력에 성차가 나타나서 남아가 여아보다 빨리 달리고, 높이 뛰어오르며, 공을 보다 멀리 던질 수 있는 체력을 가지고 있다. 그러나 이러한 성차는 대부분 성별에 따른 기대 및 훈련의 차이에 따라 유동적으로 달라질 수 있는 것으로 보인다. 아동은 운동을 통해 또래 친구와 신체적 단련을 하고, 함께 경기를 하면서 규칙을 지키고 합심하여 최선을 다하고, 결과에 깨끗이 승복하는 스포츠맨십을 익히게 되는데 이것이 도덕성 발달 및 사회정서발달의 중요한 기초를 이룬다.

아동은 운동을 통한 규칙을 지키면서 도덕성이 발달된다.

## 2) 인지발달

아동이 초등학교에 들어갈 무렵이 되면 비록 눈에 보이는 구체적 사물이나 사건에 국한되기는 하지만, 체계적으로 사고하고 추론하는 능력이 발달하기 시작한다. 그래서 Piaget는 이 단계를 구체적 조작기라고 명명하였다. 구체적 조작기의 아동은 보존 개념 (conservation), 가역성(reversibility), 탈중심화(decentration) 등을 획득한다. 예를 들어, 물을 담은 용기가 달라진다 해도 물의 양은 동일하다는 보존개념 및 다른 용기에 부어진 물을 이전 용기에 다시 담으면 원래의 모양으로 되돌아간다는 가역성을 획득하게 된다. 또 자신의 관점에서 바라보고 생각하는 것을 다른 이들도 동일하게 생각할 것이라는 자아중심성을 벗어나서 보는 이의 관점에 따라 물체의 모습이 달라질 수 있다는 탈중심화가 이뤄지는 시기이다.

한편, 자녀가 초등학교에 들어가게 되면 많은 부모들은 자녀의 지적능력이 어느 정도인지, 그것이 학업성취도에 어떤 영향을 미치는지 궁금해 하면서 흔히 지능지수라고 부르는 IQ(Intelligence Quotient)를 그 기준으로 삼는 경우가 있다. 그러나 IQ는 1905년 프랑스 학자인 Alfred Binet가 프랑스 교육부로부터 정규학교 과정에 적응하지 못하는 아동들을 판별해내기 위해 처음 고안한 것을 미국의 Terman 교수가 1916년 대규모 집단을 대상으로 표준화·일반화시켰고, 우리나라에서도 이를 받아들여 사용해 온 것이다. 지능지수는 지적 연령을 실제 연령으로 나눈 값에 100을 곱한 수치이다. 이는 학교성적을 극히 일부만 예견해 줄 수 있을 뿐이므로 확대 해석해서는 안 된다. 지능이란 복합적 요인에 의해 좌우되며, 이러한 측면에서 1971년 미국 대법원은 각종 시험 때 지능지수를 사정기준으로 정하는 것을 불법화했다.

Gardner(1983; 1998)는 다중지능이론(theory of multiple intelligence)에서 지능은 지능검사가 측정하는 언어능력, 수리력, 공간지각력의 3개 지능 외에 지능검사가 측정할 수 없는 5개 지능, 즉 음악적, 신체운동적, 대인관계적, 자기이해력 및 자연주의적 지능을 갖는다고 하였다. 그는 전통적인 검사를 통해 다른 아동들과 비교한 점수로 지능을 측정하는 것이 아니라 개개 아동이 나타내는 능력이나 결과물을 직접 관찰함으로써 지능을 평가하였다. 이 중 어느 한 영역에서의 지능이 높다고 해서 다른 영역의 지능이 높은 것이 아니기 때문에 그는 지능을 재능과 유사한 개념으로 보았는데, 모든 사람이 동시에 모든 면에서 다 높은 점수를 나타낼 수는 없지만 대다수의 사람이 각 지능을 적절한 수준까지 발달시킬 수는 있다고 하였다.

한편 학령기에는 지적 발달과 함께 도덕성 발달에서도 변화가 나타난다. 도덕성이란 개인이 다른 사람과의 관계에서 지켜야 할 사회집단의 규칙이나 인식을 뜻하는 것으로 옳고 그른 것을 구별할 수 있는 능력을 말한다. Piaget(1962)는 아동이 놀이를 할 때 놀이의 규칙을 어떻게 받아들이고 지키는지를 관찰하여 도덕적 사고를 도덕적 실재론

| 표 7-1 | Gardner가 제시한 지능의 8요인

| 지능의 요인 | 정 의 | 활용되는 분야 |
|---|---|---|
| 언 어 | 언어 의미 이해 및 사용능력 | 글쓰기, 면접, 번역 |
| 논리-수학 | 수의 조작, 논리적 문제해결 | 과학, 의학, 경영 |
| 공 간 | 환경, 공간 내 사물간이 관계 판단력 | 조각가, 도시계획 |
| 음 악 | 음율을 지각하고 창작하는 능력 | 작곡, 지휘 |
| 신체운동 | 민첩하고 정교하게 움직이는 능력 | 춤, 운동, 수술 |
| 대인관계 | 남을 이해하고 의사소통하는 능력 | 가르침, 연극, 정치 |
| 자기이해 | 자신을 이해하는 능력 | 상담, 영적인 리더 |
| 자연주의 | 종을 구별하는 능력 | 사냥, 낚시, 농사, 요리 |

자료: 박성연(2006)

(moral realism; 도덕적 타율성)과 도덕적 자율성(moral autonomy)의 두 단계로 나누어 설명하였다. 4세 이전 아동은 놀이의 규칙에 대해 관심이 없지만, 4세 이후부터 아동은 규칙에 관심을 나타내기 시작하여, 4~7세에는 행위의 옳고 그름을 결과에 의해 판단하며 행위의 의도를 고려하지 못하는 도덕적 타율성을 갖는다. 반면, 7~10세 정도가 되면 도덕적 타율성과 도덕적 자율성이 같이 나타나면서 점차 행위자의 의도가 도덕 판단의 기준이 되어, 규칙은 바뀔 수도 있고 사회적 협약이라는 것을 인정하게 된다. 10세가 넘으면 보다 더 성숙한 도덕적 자율성 발달이 이루어져서 다른 사람의 기준이 아닌 자신의 주관적 기준에 의거하여 잘잘못을 평가하고, 결과보다 의도나 과정을 중시하게 된다. 즉, 누구의 칭찬을 받기 위해서가 아니라, 스스로 옳다고 생각되는 행동(예: 보는 사람이 없어도 함부로 길에 쓰레기를 버리지 않는 행동)을 하게 된다.

## 3) 사회정서발달

아동이 초등학교에 입학하게 되면 그들의 사회적 환경은 급격히 변하게 되고, 가정 밖에서 보내는 시간이 매우 많아진다. 그들의 활동중심지는 학교가 되며 학교에서 사귄 친구가 아동의 성장 발달에 매우 중요한 의미를 갖게 된다. 아동은 친구를 통해 사회생활에 필요한 여러 방법을 터득하고, 자신이 속한 문화의 가치관과 행동규범을 획득하면서 점차 사회화가 이루어진다.

아동이 유치원을 졸업하고 초등학교에 들어가게 되면 대부분의 아이들은 2주 안에는 곧 새로운 환경에 익숙해지고 즐겁게 새로운 생활에 적응하게 되지만 일부 아동은 심하게 학교가기를 싫어하며 부적응 행동을 보인다. 이들 중 상당수가 분리불안장애를 보이고 이들은 교실에서 행동이 산만한 공통점을 보이면서 틱장애나 주의력결핍/과잉행동장애(ADHD)를 나타내기도 한다. 교사가 이를 지적하면 겁을 먹거나 친구를 사귀지 못해 외톨이가 되고 더욱 등교를 거부하는 악순환에 빠질 수도 있다. 이들은 대부분 자기가 원하는 것을 모두 즉각적으로 들어주는 환경에서 자라서 학교의 규칙을 따르는 데 참을성이 없고 고통스러워하며, 항상 자신이 최고라 여겨졌기에 친구와의 경쟁에서 많은 스트레스를 받게 된다. 부모는 2주 정도는 아이에게 '학교는 재미있는 곳'으로 느낄 수 있도록 격려해 주어야 한다. 그러나 2주가 지나도 등교거부가 계속된다면 학교에

아동은 친구관계를 통해 사회생활에 필요한 것을 배우게 된다.

도움을 청하여 부모와 교사가 협력해서 문제해결에 노력해야 한다. 부모가 담임에게 양해를 구하여 1주일쯤 아이교실에 함께 들어가 아이에게 안심을 시킨 뒤 점차 복도에서 지켜보는 식으로 거리를 두면서 아이의 적응을 돕도록 한다. 또 틱현상을 보이면 담임이나 친구가 놀리지 않도록 해줄 것을 부탁해야 한다. 대부분의 아이들은 이러한 과정 속에서 점차 학교생활에 적응하게 되지만, 만약 부적응행동이 사라지지 않고 심해진다면 전문가의 도움을 받도록 해야 한다. 특히 상태가 안 좋은 경우라면, 심리검사와 상담 등을 통해서 문제의 원인을 찾아 해결하도록 노력하는 것이 중요하다. 적극적인 문제해결에 노력을 기울이지 않아서, 초기에 해결될 문제를 심각하게 만들지 않도록 해야 할 것이다.

한편 자신이 남과 다르다는 것을 인식하게 되면서 발달되는 자아개념은 연령의 증가와 함께 간단하고 구체적인 개념에서 점차 복잡한 개념으로 발달되는데, 이 시기의 아동은 주로 신체적 특징이나 겉으로 나타나는 행동특성으로 자신을 묘사한다. 자아개념은 자아존중감과 밀접한 관련을 갖는다. 자아존중감이란 자신을 긍정적이고 가치 있는 존재로 인식하는 개념으로 주변인의 수용과 인정으로부터 형성된다. 학령기 아동의 자아존중감은 학교생활과 친구관계의 성공여부를 결정짓는 중요한 의미를 갖는다. 즉, 자아존중감이 높은 아동은 친구와 원만한 관계를 유지하며 친구가 따르는 지도자가 되어 독립적이고 창의적 능력을 발휘할 수 있으나, 자아존중감이 낮은 아동은 자신을 쓸 모없는 인간이라 여겨 솔선해서 행동하지 못하며 새로운 과제에 불안감을 나타낸다. 자아존중감은 부모와의 관계에서 비롯될 수 있어, 부모가 자녀의 행동을 인정하고 격려해 주면 높은 자아존중감을 갖게 되나, 반대로 부모가 칭찬에 인색하고 자녀의 잘못된 면만을 꾸짖으면 낮은 자아존중감을 갖게 된다.

아동은 또한 자신의 성별에 따라 사회가 기대하고 요구하는 역할이 달라진다는 것을 깨닫기 시작한다. 성역할(sex role)은 생물학적 요인도 영향을 주지만 부모의 양육태도나 대중매체 등에 의해서도 영향을 받는다. 생물학적 성(sex)에 따라 기대되는 역할이 엄격하게 구분되었던 성역할 고정관념(sex role stereotype)은 최근에 점차 주어진 상황에 따라 요구되는 역할을 적절하게 잘 수행하는 것을 바람직한 것으로 여기는 양성성(androgyny) 개념으로 대치되고 있다.

한편, 정신과 의사나 심리학자들 간에는 과거에 큰 관심사였던 IQ에 대한 관심은 약화된 반면 '사회적 정신연령'에 대한 관심이 고조되고 있다. 즉, 상대방의 기분을 정확히 파악하고 자신의 기분을 상대방에게 적절히 표현하는 능력인 '정서지능지수'에 관심이 쏠리고 있다. 즉, 한 인간이 머리가 좋다는 것은 지적 능력이 우수함은 물론 사회적응 능력 역시 높아야 한다는 것을 강조한다. 심리학 박사인 Coleman(1995)은 자신의 저서인 '정서지능(emotional intelligence)'에서 높은 IQ가 학업이나 사회적 성공에 있어서 중요하다는 것은 환상이며, 인생의 성공에서 IQ는 20% 내외의 영향을 미칠 뿐이고, 오히려 EQ(emotional quotient)의 영향이 더 크다고 주장하였다. EQ란 사람의 정서지능(EI)을 지수화하여 높고 낮음을 객관적으로 표준화시켜 평가하는 개념이다. 즉, 기억력이나 추리력도 중요하지만, 책상 앞에 오래 앉아 있을 수 있는 지구력, 주의 집중력, 유혹에 대한 저항력과 같은 자신의 정서와 감정을 통제하는 능력이 학업성과에 큰 영향을 미친다는 것이다. 그는 정서지능을 자기 인식, 자기조절, 자기 동기화, 타인의 정서 인식, 대인관계 능력 등의 다섯 가지로 분류하였다.

한편, Mayer와 Salovey(1997)는 정서지능이란 '정서를 지각하고, 사고를 도울 수 있도록 정서를 생성 표현하고, 정서와 정서지식을 이해하고 정서적, 지적 성장을 증진하도록 정서를 반영적으로 조절하는 능력'이라고 하였다. 이는 정서가 아동의 사고를 보다 지적으로 만들고 아동의 정서에 대해 지적으로 사고하게 한다는 것을 의미한다. 그들은 정서지능에 대해 첫째, 자신과 타인의 감정을 표현하고 평가할 줄 아는 능력, 둘째, 자신과 타인의 감정을 효과적으로 조절할 줄 아는 능력, 셋째, 자신의 삶을 계획하고 평가하기 위해 감정을 활용할 줄 아는 능력이라고 정의하였다. 이러한 EQ를 길러주기 위한 부모의 역할이 강조되고 있는데, 이를 위해서는 무엇보다도 부모 자신이 감정을 조절할 수 있어야 한다. 또한, 자녀로 하여금 자신의 감정을 표현하고 다른 사람의 감정을 이해할 수 있도록 격려해 주면서, 부모는 자녀와 어떤 패턴의 대화를 나누고 있는지 늘 점검하는 노력을 가져야 한다. 정서지능에 포함된 대부분의 기술은 교육에 의해 증진될 수 있으며, 이를 가정에서 자연스럽게 시작한 후 교육기관에 입학한다면 더욱 효율적일 것이다.

## ② 격려자로서의 부모

학령기는 사회생활의 범위가 확대되고 부모의 영향력이 상대적으로 줄어드는 시기이기 때문에, 부모는 자녀가 부모를 인생의 선배로 여기고 조언을 얻을 수 있도록 든든한 조력자 및 격려자의 역할을 담당해 주어야 한다. 즉, 부모는 아동의 신체적 양육에서 점

---

### ⊙ 정서지능의 구성요소 ⊙

- **자기인식**: 자기 자신을 의식하고 인식하며 자신의 삶, 특히 자신이 가지고 있는 감정을 인지하는 것으로 다음 단계로 나아가기 위한 토대가 된다.
- **자기조절**: 자신의 기분과 감정을 제대로 파악하고 조절하는 능력이다. 스트레스 상황에서도 과민해지지 않고 차분하며, 불안한 감정으로부터 자신을 효과적으로 방어할 수 있으며, 부정적 감정상태를 신속하게 치유하는 능력을 의미한다. 이렇게 함으로써 동기유발능력이 형성된다.
- **동기화**: 부지런하고 끈기 있게 한 가지 과제에 몰입하여 낙담하지 않고 무 언가가 잘못되었을 때도 용기를 잃지 않고 일을 추진하는 능력을 말한다.
- **공감적 이해력(감정이입능력)**: 타인이 느끼는 것을 공감하고 이해하는 능력으로, 동정심과 다소 유사하나 동정심은 타인과 함께 느끼고 괴로워하며 연민의 감정을 교감하는 반면, 공감적 이해력은 스스로 타인의 입장이 되어 느낄 수 있는 능력이다.
- **대인관계능력**: 타인과 훌륭한 관계를 유지하며, 이러한 대인관계를 통해 삶의 기쁨을 느끼고 사람들과 함께 살아가는 능력이다.

차 심리적 양육에 더 중점을 두어야 한다. 아동의 능력이 발달하고 아동이 개별성에 대해 느끼기 시작하면서, 아동의 부모에 대한 순응성은 감소하는 반면, 또래에 대한 순응성은 증가하기 시작한다. 다시 말해, 학령기는 부모통제에서 점차 자기통제로 이행하는 과정 중에 있으며 부모와 자녀는 서로 행동을 조절하는 상호통제과정을 거치게 된다. 상호통제과정 중에는 부모는 앞에 나서지 않으면서 자녀를 감독하고 지도하며 지원해 주어야 한다. 또한 자녀와 직접 상호작용할 때는 시간을 효과적으로 활용하여 질적인 시간을 갖도록 하는 한편, 아동 스스로 자신의 행동을 감독하고 적절한 행동기준을 택하여 부모의 도움이 필요할 때를 아는 능력을 강화시켜 주어야 한다(박성연, 2006).

학령기 아동은 학교와 사회라는 새로운 사회생활 속에서 낯선 교사, 또래 및 그들에게 받는 평가 등으로 불안을 느끼게 된다. 이때 잘 적응하면 자신감을 갖지만 실패를 하게 되면 좌절감을 느끼게 되므로, 부모는 특히 친구관계에 관심을 갖고 격려자로서의 역할을 수행해야 한다.

한편, 학령기 자녀를 둔 부모는 자녀의 끊임없는 질문에 응답하는 과정을 통해, 그리고 기술 습득을 돕는 과정을 통해, 자신이 지닌 세계관과 가족의 가치를 자녀에게 전달

---

### ⦿ 학령기 부모를 위한 구체적 양육 실제 ⦿

- 지지적 양육방법과 귀납적 훈련방법을 사용한다.
- 상호간에 이해할 수 있는 합리적 기준을 설정한다.
- 효율적 의사소통방법을 사용한다.
- 내 자녀가 많은 어른과 또래의 평가에 노출되어 있기 때문에 자아개념에 쉽게 상처를 받을 수도 있다는 것을 알아야 한다.
- 성취를 위한 압력보다는 자녀의 노력에 격려와 지지를 보내준다.
- 부모의 관심이나 기준을 강요하지 말고 자녀의 여가활동에 대한 관심을 격려해 준다.
- 자녀가 어떤 활동을 하는지, 친구들은 어떤 지를 관심 있게 살펴보고 지도해 준다.
- 가정 안과 바깥 모두에서 학습 경험과 기회를 제공해 준다.
- 또래집단의 규범과 수용성을 인정하되 관심과 지도를 멈추지 않는다. 사소한 문제에 지나치게 민감해 하지 않는다.
- 사춘기 동안 자녀의 행동기준이 성인에서 또래로 변화한다는 것에 대해 인내심을 가져야 한다.

자료: Hamner & Turner(2001)

해 주는 역할을 담당하게 된다. 이 시기의 부모는 자녀에게 세상을 해석해 주면서 그러한 설명 과정에서 자녀가 자아개념을 형성하도록 돕고, 자녀에게 사회에 적응하며 살아가는 적절한 기술과 삶의 목표와 가치를 가르친다. 자녀가 질문을 할 때(예: "왜 사람들은 서로 싸워요?"), 부모는 자신의 가치관을 검토하면서, 자신의 가치와 관점을 명확하게 전달해야 한다. 이러한 측면에서, Galinsky(1987)는 이 시기를 설명단계(interpretation stage)라고 명명하였다.

이 시기에는 부모의 훈육방법에 변화가 나타난다. 이전에는 자녀를 잘 교육시키기 위해서 주의를 딴 곳으로 옮기기, 격려, 위험, 무시, 매 등을 사용했으나, 이제는 조금 더 고차원적으로 자녀의 마음을 움직여야만 하고 그러기 위해서는 적절한 훈육방법에 대한 신중한 연구가 요구된다. Spencer Jonson은 현명한 부모가 되려는 사람에게 '1분 엄마'라는 이상적 역할 모델을 설정하고 세 가지 행동의 실천을 제시한다. 즉, 1분 목표를 설정해 구성원들이 원하는 것을 서로 알게 하고, 아이가 잘하는 행동을 찾아내 1분 칭찬을 하며, 용납이 안 되는 행위엔 1분 훈계를 하되 이 세 단계의 기본을 사랑 위에서 실천하라고 말한다. 칭찬이나 훈계를 한 후 반드시 필요한 것은 사랑한다는 말과 따뜻한 포옹이다. 각 단계별로 1분 밖에 걸리지 않는 짧은 시간이지만 아이가 느낀 당시의 감정은 평생을 간다(김혜승 · 김자연 역, 2010).


## ③ 근면성의 발달

학령기는 Erikson의 발달단계 중 4단계인 근면성 혹은 열등감의 시기이다. 아동은 무엇인가를 산출해내기 위해 가능한 모든 노력을 다할 수 있을 만큼 에너지가 많기 때문에 생산적 일에 에너지를 쏟음으로써 매우 활동적이며, 자신이 속해 있는 사회에서 통용되는 여러 기술을 습득하는 시기이다.

Erikson은 학령기를 자아성장의 결정적 시기라고 보았다. 학령기에 부모나 교사 그리고 중요한 타인들이 아동의 생각과 감정을 신뢰하고 존중해 주면 아동은 믿을 만한 사람, 중요한 사람이라는 긍정적인 자아개념을 갖게 된다. 반면, 아동의 부족한 점과 실수를 지적하고 나무라면 쓸모없는 사람, 가치 없는 사람이라는 부정적 자아개념을 갖게 된다. 학령기는 비교적 독립적이고 자신에 대한 책임이 증가하여 자신의 행동을 스스로 평가하고자 하므로, 부모는 긍정적 자아개념을 형성시키기 위해 아동의 장점을 발견하여 인정해 주고 격려해 주어야 하며, 아동의 흥미와 능력에 맞도록 과제를 제시하여 작은 일에서 큰 일에 이르기까지 성공할 수 있는 경험을 많이 하도록 도와주어야 한다. 뿐만 아니라 자신에 대한 부정적 평가를 최소화하도록 노력해야 한다. 이 시기에 학교나 가정으로부터 주어진 과제를 성공적으로 끝마치고 부모와 교사, 또래로부터 인정을 받게 되면 매사에 더 열심히 하려는 근면성을 발달시키게 되고 긍정적 자아개념을 형성하게 된다. 근면성의 발달을 위해서는 부모의 태도가 중요하다. 아동에게 적절한 수준의 과제를 제시하여 성공의 경험을 갖도록 해주고 실수를 하더라도 격려를 보내면서 수용해 주어 열등감을 갖지 않도록 해야 한다.

또한 이 시기는 성취감에 대한 욕구가 강하게 나타나서 어떻게 해서든지 실패를 피하고 성공을 맛보려는 욕구가 강한 시기이다. 이때 아동이 성공적 경험을 갖지 못하면 열등감에 직면하게 된다. 실제적으로 성인기의 작업과 일에 대한 태도와 작업습관의 대부분은 이 시기에 형성된다. 학령기 근면성은 대표적으로 학교생활에서 학습에 대한 태도 및 성취에 의해 평가받게 된다. 특히 학교에서 좋은 성적을 받고 좋은 상급학교에 진학하는 것이 성인이 되어 성공할 수 있는 밑거름이 된다고 생각하는 우리나라의 상황에서 학습은 매우 중요한 의미를 갖게 된다. 그 결과 부모들의 학습 성과에 대한 지나친 기대는 부모나 아동 모두에게 커다란 스트레스를 가져다 준다. 아동에 따라 각각 학습방법이 다르므로 부모는 '동기유발'의 제공과 '불안' 제거의 두 가지를 명심해야 한다. 즉, 동기가 낮으면 학습 경험이 흥미롭지 않거나 성공할 기회가 충분치 못할 것이다. 반면에 불안수준이 낮을 때 대다수의 아이들은 높은 불안수준의 아이들보다 어려운 과제를 더 잘 수행할 수 있다(강영자 외 역, 1997).

인간은 선천적 호기심을 갖고 태어나므로 새로운 것을 하나하나 알아 가면서 호기심이 만족되면 즐거운 일이며, 공부 역시 이러한 원리로 진행된다면 즐거운 것으로 받아들일 수 있다. 그러나 공부를 즐거운 것으로 생각하지 않는 이유는 교육방법에 문제가 있기 때문이다. 즉, 아동의 호기심을 자극하지 못하기 때문이며, 그 원인은 학습방법에 문제가 있거나 교재가 재미없기 때문이다. 그렇다면 어떻게 학습해야 공부가 재미있을까? 먼저 부모가 자녀의 입장이 되어 학습자의 시각을 가지고 자녀에게 올바른 학습

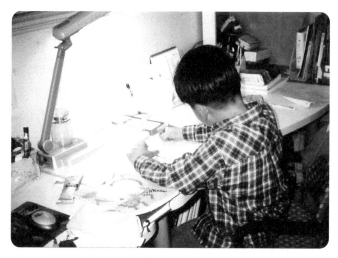

학령기의 근면성은 학업에 대한 태도 및 성취에 의해 평가되기도 한다.

지도를 해주는 것이 필요하다. 그러기 위해서 부모가 학습에 대한 의욕과 심정을 충분히 이해하고 지지해준 뒤 다음 Box에 제시된 6단계의 방법을 자녀에게 활용해 보도록 하자.

한편, 학령기가 되면서 부모와 자녀 모두 초등학교라는 새로운 영역으로 그들의 관심이 바뀌게 된다. 먼저 부모는 자녀가 학교에서 많은 시간을 보내야 한다는 사실을 인지하고, 그에 따라 자녀에게 많은 영향을 주는 교사나 친구와 좋은 관계를 유지할 수 있도록 자녀의 학교생활에 적극적인 관심을 가지고 적절한 지도를 해주어야 한다. 특히 방과 후 자녀가 어떻게 해야 시간을 적절하게 잘 보내는 것인 지에도 관심을 기울여야 한다. 한편 아동은 교사에게 인정받고 싶어 하고, 또래관계를 잘 유지하여 인기를 얻고 싶어 하며, 좋은 성적을 통해 이러한 인정을 얻고자 한다. 아동기에는 또래관계가 확대되고 그들의 인정이 중요하므로, 아동은 또래로부터의 수용을 매우 중시하게 되며, 또래문화에서 요구하는 기술을 배우고자 한다.

또한 부모는 학교 이외에도 자녀에게 다양한 학습경험을 제공해 주도록 하여 가정 밖에서의 집단활동을 통한 학습 기회를 갖게 도와주어야 한다. 아동에게 생생한 학습의 기회를 제공해주는 현장 견학과 여행은 최상의 학습 기회가 될 것이다. 아울러 가정 내에서는 자녀에게 자발적이며 능률적으로 공부하는 습관을 길러 주고, 발달특성에 맞추

- **1단계: 시각 바꾸기**
  학습자료에 접근하는 태도를 수동적 학생의 입장에서 능동적 교사의 입장으로 바꾸어 보는 단계이다. 학생일 때는 잘 보이지 않았던 주요 부분이 먼저 눈에 띄게 되고, 내용을 잘 이해해 보려고 노력하는 자신을 발견할 수 있을 것이다.

- **2단계: 훑어보기**
  공부할 내용을 자세히 읽기 전에 전체적 흐름과 윤곽을 파악하는 단계이다. 머리말, 차례, 각 단원의 큰 제목, 작은 제목, 작은 제목 밑의 한두 줄을 중심으로 훑어보기를 반복하면 학습내용의 전체적 맥을 잡을 수 있 게 된다. 특히 예습에 활용하면 효과가 배가 된다.

- **3단계: 질문 만들기**
  스스로 호기심을 발동시켜 이해력을 향상시키는 단계이다. 제목을 질문으로 바꾸면 글의 핵심 내용을 부각시켜 파악할 수 있게 되고, 학습내용을 읽기 전에 질문에 대한 답을 나름대로 생각해 보면 내용이 더욱 머리에 쏙쏙 들어오게 된다.

- **4단계: 질문에 대한 답을 찾으면서 읽기**
  질문에 관련된 요점이나 중심개념에 밑줄을 긋는 등의 별도의 표시를 하고 질문에 대한 답이 책에 나와 있지 않으면 자기 말로 내용을 정리해 보거나 참고도서를 찾는 방법이다. 모르는 것은 교사에게 질문해보는 것도 좋은 방법이다.

- **5단계: 외우기**
  핵심내용을 기억할 수 있게 저장하는 단계이다. 무작정 반복해서 외우기보다는 읽은 내용을 조직화하고 요점을 자신의 말로 바꾸어 본다. 암기할 내용을 노래로 만들거나 도표를 이용하는 등 끊임없는 노력이 필요하다.

- **6단계: 복습**
  공부한 기억을 되살려가며 전체적 흐름을 다시 한 번 되새겨 보는 단계이다. 인간은 누구나 잊는 것이 자연스러운 현상이며, 이를 막는 방법은 반복학습과 복습이다.

어 학습의욕을 일으킬 수 있는 적절한 과제를 제공해 준다. 이때 TV나 비디오, 컴퓨터 등 다양한 학습매체를 효율적으로 사용할 수도 있지만, 최근 이들 매체에 대한 중독이 심하여 여러 부작용이 늘고 있으므로 효율적인 사용에 주의를 해야 한다. 특히 책을 멀리하면서 책 읽는 것을 두려워하는 아동이 급증하고 있는 실정이다. 소아 정신과 전문의들은 "어린이가 읽기를 게을리 하면 뇌 발달이 지체될 뿐 아니라 충동적이고 우발적인 행동을 자주하게 된다. 반면에 독서를 하는 동안에는 일반적인 생각보다 한 단계 높은 고차원적 사고인 '상위인지(metacognition)'를 하기 때문에 사고력이 발달하게 된

주말농장과 같은 현장체험은 아동에게 좋은 학습의 기회를 제공한다.

다."고 한다. "책을 읽는 동안 연상, 기억, 추론, 이해작용 등 뇌의 다양한 기능들이 활성화되며 어린이 정서에도 긍정적인 영향을 끼친다."고 하며 독서의 중요성을 강조하고 있다.

## ④ 집단따돌림

친구관계가 중요한 시기에 친구로부터 반복적으로 따돌림을 당하는 것은 매우 괴로운 일이다. 이러한 양상은 소집단이 형성되기 시작하는 유아기부터 나타나며 학령기가 가장 괴롭힘이 많이 나타나는 시기이다(박성연, 2006). 우리나라 초·중학생을 대상으로 한 조사에서, 한번이라도 친구들로부터 따돌림을 당한 적이 있다는 아동의 비율은 25~50%로 나타났고, 친구를 따돌린 적이 있다는 비율 또한 이와 비슷하게 나타나 아동에게 따돌림 현상이 상당히 심각한 수준임을 알 수 있다(중앙일보, 2005. 03. 14). 특히 김길임·심미옥(2002)의 연구에서 초등학교 1학년과 2학년 학생의 18%가 가해 경험이, 34%가 피해 경험이 있는 것으로 나타났다. 또 다른 연구(심미옥, 2003)에 따르면 약 9%의 초등학교 1학년 학생이 또래 괴롭힘의 가해 경험이 있고, 약 10%의 초등학교

1학년 학생이 또래 괴롭힘의 피해 경험이 있는 것으로 나타나서 어린 연령에서도 집단 따돌림 현상이 심각함을 알 수 있다.

어른들의 개입이 필요하고 심각한 후유증을 남길 수 있는 소위 '왕따' 라고 불리는 집단따돌림은 일주일에 한 번 이상의 빈도로 자주 일어나고, 동등한 친구관계가 아니라 힘의 논리에 의해 이뤄지며, 특정한 친구가 아닌 집단에 의해 일어나고, 심각한 폭력을 동반하는 경우를 말한다. 집단따돌림의 방식으로는 '무시하거나 같이 놀아주지 않는다', '욕하고 놀리거나 망신을 준다', '시비를 건다', '다른 사람과 못 놀게 한다', '하기 싫은 일을 억지로 시킨다', '돈이나 물건을 빼앗거나 감춘다', '때리거나 힘겨루기를 한다' 등 다양한 형태를 보인다.

집단따돌림을 당하는 피해자는 심신장애가 있거나, 지적 능력과 체격이나 체력이 떨어지는 아동들이며, 외형적으로 평범하더라도 튀는 행동(잘난 척, 예쁜 척, 착한 척, 돈 많은 척, 공부 잘하는 척, 짱인 척)을 하거나, 남을 무시하고 이기적으로 행동할 경우에 해당된다. 반면, 집단따돌림의 가해자는 힘이 세거나, 인기가 있거나, 성격적으로 짓궂은 아동인 경우가 많다. 이들은 장난으로 혹은 힘을 과시하기 위해 또래를 따돌리고, 따돌림을 받지 않거나 따돌림에 대한 보복으로 다시 따돌림을 시도한다. 집단따돌림 현상에 대해 교사는 '우리 반에는 집단따돌림이 없다' 고 낙관하는 경우가 80%가 넘는다. 더욱이 당하는 학생에게도 문제가 있다고 여기고 있어 문제해결을 더욱 어렵게 만들고 있다. 집단따돌림 현상의 원인은 피해자와 가해자인 아동에게만 있는 것이 아니라, 지나친 학업성적 위주의 경쟁 분위기, 일방적 가치관 강요 등에도 원인이 있다.

그러므로 부모는 자녀가 각자의 개성을 존중하고 남이 나와 다를 수 있다는 사실을 받아들이며, '나는 나요, 너는 너 자체' 로 의미가 있으므로 상대를 있는 그대로 인정하도록 교육해야 할 것이다. 또한 자녀가 3척(잘난 척, 가진 척, 예쁜 척)의 습관을 고치도록 지도하며, 만약 따돌림을 받으면 교사나 부모에게 도움을 청하도록 해야 한다(박응임 외, 2002). 집단따돌림에서 가장 중요한 능력은 사회적 기술이다. 그러므로 또래 괴롭힘 피해아동을 위한 예방과 치료개입 시 또래의 지지를 높일 수 있는 방안으로 또래와 잘 어울리고 또래관계에 잘 대처할 수 있는 능력을 키우는 사회기술 훈련이 필요하다(심희옥ㆍ신유림, 2009).

초등학교에서 일어나는 집단따돌림의 수준은 어른의 기준에서 볼 때 지극히 사소한 것일 수도 있고, 쉽게 해결할 수 있으며, 가해자와 피해자의 역할이 쉽게 역전될 수도 있는 것으로 보인다. 그러나 아직 마음이 여린 초등학생들은 작은 일에도 쉽게 상처를 받을 수 있고 그 작은 상처가 깊은 골이 되어 발달상 많은 장애를 초래할 수도 있음을 명심해야 한다. 그러므로 집단따돌림의 문제는 피해아동에 대한 사후적 개입뿐만 아니라 잠재적 가해·피해아동을 포함하는 예방적 측면에서 포괄적이고 통합적인 접근이 이뤄져야 한다.

한편, 초등학교 고학년 무렵부터 나타나는 학교폭력 또한 심각한 상황으로 보고되고 있지만 일선 학교에서는 이를 드러내 놓고 해결하기보다는 감추기에 급급한 실정이다. 학교에서는 교사의 승진과 직결되는 인사고과에서 불이익을 우려하여 이를 알고서도 쉬쉬하는 경우가 많고 부모 또한 무관심과 방관을 보이는 경우가 많다. 교육부가 2004년도 전국 초등학교 4학년부터 고등학교 3학년까지 575만여 명을 조사한 결과, 폭력 피해를 당했을 때 가족에게 도움을 요청하는 학생은 31%에 불과했다. 28%의 학생은 친구나 선배에게 도움을 청했고, 10명 중 1명은 혼자 고민했다. 폭행당한 뒤 알리지 않은 이유는 '일이 커질 것 같아서(33.6%)', '이야기해도 소용없어서(22.9%)', '대단한 일이 아니어서(18.7%)', '보복당할 것 같아서(6.5%)', '무응답(18.4%)' 등으로 나타났다. 예민한 사춘기 아동들은 학교폭력을 본인에게는 평생을 좌우하는 심각한 문제로 받아들이지만, 교사나 부모는 '애들은 맞으면서 자란다'라는 잘못된 인식으로 미온적

---

### ◉ 자녀가 집단따돌림을 당한다는 신호 ◉

- 학교에 가기 싫어하고 지각을 자주 한다.
- 전학을 보내 달라고 하며, 자퇴하거나 검정고시를 보겠다고 한다.
- 쉽게 화를 내고 부모나 형제에게 공격적 태도를 보이기도 한다.
- 원인을 잘 설명하지 못하는 상처가 몸에 여러 군데 나 있다.
- 물건을 자주 잃어버리고 학용품이나 소지품이 파손되는 경우가 자주 있다.
- 예전보다 용돈을 더 요구하고 때로는 부모 몰래 돈을 훔치기도 한다.
- 사람 만나는 것을 피하고 혼자 있으려고 한다.
- 특별한 이유 없이 성적이 떨어진다.

자료: 홍현주(2005)

으로 대처하고 있어 아동이 자유롭게 상담할 수 있는 전담창구가 절실한 실정이다(중앙일보, 2005. 03. 16).

1. 만약 내 자녀가 집단따돌림의 가해자라면 어떻게 해야 할까?
   - 그럴 수도 있는 일 정도로 무시하거나 지나치지 않는다.
   - 자녀가 따돌림을 당한 친구의 입장에 대해서 생각해 보게 한다.
   - 건강한 친구관계와 책임 있는 행동에 대해서 교육한다.
   - 자녀를 혼내거나 벌주는 것만이 문제해결은 아니다.
   - 괴롭혔던 친구에게 자녀가 직접 사과하도록 한다.
   - 자녀의 잘못된 행동이 반복된다면 전문가를 찾는다.

2. 만약 자녀가 집단따돌림의 피해자라면 어떻게 해야 할까?
   - 우선 부모 자신의 복잡한 감정을 다스린다.
   - 따돌림을 당한 자녀를 비난하지 않고 어려움을 공감해 준다.
   - 담임교사를 비난하거나 책임을 요구하는 대신 문제해결에 도움을 구하고 협력한다.
   - 자녀가 당한 어려움의 정도와 경위를 정확하게 파악한다.
   - 가해 아동이나 학교에는 냉정하고 이성적으로 대응한다.
   - 등교거부, 전학, 자퇴는 신중하게 선택한다.
   - 문제해결의 목적은 가해 아동의 처벌이 아니라 재발 방지와 자녀의 올바른 성장임을 명심한다.
   - 개인적 차원에서 해결되지 않을 때에는 주변의 전문기관이나 시설에 도움을 구한다.

**질문**

안녕하세요? 무척 고민하다가 이렇게 몇자 적습니다. 저는 직장에 다니고 저희 딸은 초등 5학년입니다.

저는 아이가 자신감이 너무 없어서 고민입니다. 그리고 친구들이 자기를 왕따시킨다고 생각하고, 반장선거에 나갔는데 한 표 밖에 얻지 못했다면 속상해 합니다. 이 일로 친구들에게 인기가 없다면서 더욱 위축되어 있습니다.

담임선생님 말씀으로는 너무 조용하다고 하는데 본인 자신은 에너지가 너무 많은데 그것을 발산하지 못하니까 자꾸 스트레스을 받는다고 해요. 앞에 나와서 노래를 불러도 앞을 똑바로 쳐다보지 않고 고개를 숙입니다. 어떻게 할까요?

**답변**

딸아이가 또래에게 인기가 없고 자신감이 부족하여 속상하시겠어요. 이전에는 가족과의 관계가 절대적으로 중요했던 반면, 초등학교 고학년이 되면서 아동에게 점차 또래와의 관계가 더욱 중요해지고, 아동의 전반적인 발달에 있어서도 또래관계의 영향력이 더욱 커진답니다. 특히, 아동의 자아개념이나 자아존중감은 또래관계로부터 많은 영향을 받게 되지요. 예를 들어, 아동이 또래관계에 만족하지 못할 때 자신에 대해서도 부정적인 생각을 가질 수 있답니다.

아동의 1) 또래관계 향상과 2) 자신감 향상을 위해 어머님께 도움이 될 만한 몇 가지 양육방법을 소개해 드릴게요.

첫째, 부모님과의 관계가 또래와의 관계의 원형이 된답니다. 아동은 가정에서 부모님과의 관계를 통해 관계를 형성하고 유지하는 방법을 배우게 되지요. 부모님과 적절한 관계를 형성한 아동이 또래와도 적절한 관계를 형성하기 쉽답니다. 따라서 부모님께서 아동과 함께 즐겁게 놀이하고, 속 깊은 이야기를 나누는 시간을 자주 가지세요. 이때 아동이 자신의 모습을 솔직하고 편안하게 부모님께 표현할 수 있도록 격려해 주세요. 또한 이러한 시간을 통해 아동이 부모님으로부터 사랑받고 있으며 자신이 소중한 존재임을 느낄 수 있도록 도와주세요. 예를 들어, 딸에게 자주 '사랑한다'라고 이야기해 주시면서 따뜻하게 안아줌으로써 관심과 사랑을 적극적으로 표현해주세요.

둘째, 아동에게 또래와 어울릴 수 있는 기회를 많이 만들어 주셔서 아동이 또래관계를 향상시킬 수 있도록 도울 수 있답니다. 또래와 어울리는 경험을 통해 아동은 또래와 어떻게 관계를 맺어야 하는지 자연스레 알게 되지요. 예를 들어, 친구들을 자주 집으로 초대해서 아동이 또래와 자주 어울릴 수 있도록 해주세요. 또한 아동이 적은 수더라도 또래와 깊은 우정을 경험할 수 있도록 도와주십시오.

셋째, 자신감 향상은 아동이 자신의 모습을 있는 그대로 수용하는 것에서부터 시작하므로 아동이 자기 자신을 있는 그대로 수용하고 자신을 자연스럽게 표현할 수 있도록 도와주세요. 또한 아동이 자신의 장점을 발견하도록 격려하고 칭찬을 많이 해줌으로써 아동이 스스로를 긍정적으로 바라볼 수 있도록 도울 수 있답니다.

마지막으로 아동이 자신에 대한 이해를 높이고 건강한 자아상을 확립하며 자신을 틀 안에 가두지 않고 있는 그대로의 모습을 편안하게 표현할 수 있도록 돕기 위해, 필요하다면 전문적인 아동상담을 받아보실 수도 있으리라 생각됩니다.

자료: http://www.dasomcai.com

# 청소년기의 부모-자녀관계

사춘기로 시작되는 청소년기는 성적으로 성숙해지고 생리적으로 급성장하며 정서적으로 질풍노도의 시기로 표현된다. 이 시기는 아동기에서 성인기로 옮겨가는 과도기이며, 아동도 어른도 아닌 어중간한 상태에서 급속한 신체적 성장으로 인하여 심리적 불안정과 불균형으로 상당한 긴장과 혼란을 경험한다. 특히 우리 사회의 경쟁적 대학입시로 인한 교육현실에서 청소년과 그들의 부모가 경험하는 스트레스 수준은 상당히 심각하여, 부모-자녀관계에서 많은 갈등이 예견되는 시기이다.

## ❶ 발달적 특성

청소년기에는 급격한 신체적 변화, 성적 성숙과 더불어 인지적 · 정서적 변화가 일어난다. 이 시기에는 자아정체감의 확립, 성역할 습득, 진학 및 진로 선택 등의 발달과업을 수행해야 한다.

### 1) 신체발달

청소년기는 생후 첫 2년의 영아기 다음으로 성장속도가 눈부시게 빠른 시기로, 2차 성징의 출현과 더불어 아동의 모습을 벗어나 어른으로 되어가는 과도기적 시기이다. 신체발달에서 가장 두드러지는 특징은 신장, 체중, 골격의 급속한 성장으로 이를 청소년기 성장급등(adolescent growth spurt)이라 일컫는다. 여아의 경우 남아보다 2~3년 빠른 11세경에 사춘기가 시작되며 골반이 넓어지고, 피하지방의 증가로 여성다운 체형으로 변하며 이로 인해 체중이 늘어나며, 남아는 어깨가 넓어지고 근육이 발달한다. 이 시기의 성장급등은 내분비선과 호르몬의 변화로 일어나며, 중요한 역할을 하는 내분비선은 뇌하수체, 성선 그리고 부신이다. 뇌하수체 전엽에서는 신장과 체중의 변화를 조정하는 성장호르몬이 분비되고, 성선은 성호르몬의 생성과 유출을 자극하는 기능을 한다. 사춘기 발달에 중요한 역할을 하는 남성호르몬은 안드로겐이며 여성호르몬은 에스트로겐이다. 호르몬의 분비로 급격한 신체적·성적 성숙이 이루어지면, 여아는 초경이 시작되고, 남아는 목소리가 변하며 얼굴에 수염이 나고 몽정을 경험하게 된다. 이 시기에 여성은 여성다운 체형으로, 남성은 남성다운 체형으로 바뀌면서 성차가 뚜렷이 나타나며 개인차가 존재한다. 신장과 체중의 급격한 변화와 발달의 개인차는 청소년에게 자신의 신체에 대한 관심을 높여주고, 성적인 성숙은 새로운 행동과 자아상의 변화를 가져다 준다.

오늘날 청소년은 이전 세대보다 빠른 속도로 성장하여, 보다 일찍 성인의 신체구조를 갖는 성숙의 가속화 현상을 경험한다. 우리나라의 경우 1962년에는 평균 초경 연령이 14.9세였으며, 1986년에는 13.9세, 1996년에는 13.2세로 낮아져, 오늘날에는 초등학교 고학년의 경우 상당수의 여아가 초경을 경험하는 것으로 나타났다. 이처럼 여아의 초경 연령이 점점 낮아지는 성숙의 가속화 현상은 영양섭취로 신장과 체중이 증가하였으며 인터넷과 같은 대중매체를 통하여 감각기관으로 유입되는 성적 자극과 긴장의 증가 등의 환경적 요인으로 설명된다. 부모는 이러한 변화가 자연스럽고 건강한 신체적 발달과정이라는 사실을 청소년에게 인식시키는 것이 중요하다. 이 시기의 신체발달 정도는 개인차가 큰 시기로 이는 청소년이 자기를 보는 시각과 타인들이 청소년을 보는 시각에 영향을 주어 사회적 능력에 영향을 미친다. 일찍 성숙하기 시작하여 일찍 성장을 끝내는 청소년들도 있고, 늦게 성숙하기 시작하여 성숙의 종결도 늦은 청소년이 있다. 즉, 조숙아와 만숙아들은 성숙속도에 따라 다른 심리적 사회적 환경을 경험하고 행동에 대한 기대도 다르다. 그러나 청소년에게 있어 더욱 중요한 요인은 조숙과 만숙의 차이가 아니라 자신의 발달속도를 스스로 어떻게 지각하는가이다. 일반적으로 사춘기의 시작이 남성이 여성보다 2년 더 늦게 나타나며 성숙속도는 여아보다 남아의 발달에 더 큰 영향을 준다. 조숙한 남성은 동년배의 여성들과 잘 어울리고 운동능력도 유리하고 사회가 인정하는 방향으로 변하고 있다는 확신을 갖고 있어 불안을 적게 느끼며 집단 지도자가 되는 경우도 많은 것으로 나타났다. 반면에 늦게 성숙하는 남성은 그 기대에 맞게 더 오랫동안 어린애같은 행동을 할 수 있으며 운동이나 여성의 관계에서 인정을 받기 어렵고 성숙에 대한 불안감이 있는 것으로 나타났다. 그러나 여성에게 있어서 조숙과 만숙에 의한 차이는 훨씬 적게 나타나고 연구결과도 일치하지 않는다. 이는 사회적 기대에서 남성이 조숙하다는 것은 사회적 역할에서 힘세고 용기 있는 것을 의미하나 여성에게는 사회적 역할에 대한 기대가 명확하지 않아 부모나 주변인의 지지와 격려 그리고 지도에 더 많은 영향을 받아 조숙과 만숙의 차이가 적게 나타나는 것으로 보여진다.

급격한 신체변화를 겪는 청소년은 자신의 신체적 용모에 많은 관심을 갖게 되면서, 신체변화에 예민해지고 자신의 신체상(body image)에 불만족스러워한다. 신체상이란 자신의 신체에 대한 태도와 느낌으로, 자기 스스로에 대한 평가뿐만 아니라 다른 사람의 반응에 의해서도 크게 좌우된다. 즉, 신체상은 다른 사람과의 비교를 통한 사회적 거울에 의해 반영된다. "청년은 바로 신체 그 자체이다."라는 말이 있듯이 이 시기는 특히 신체에 집착하는 시기로 신체변화에 큰 관심을 갖으며 신체상을 형성한다. 청소년들은 이러한 신체 생리적 변화에 적응하기 위하여 자신을 다시 정의해야 하며 자신을 다시 발견해야하는 문제에 직면하게 된다. 특히 요즘 사회의 외모지상주의 현상은 청소년들에게 자신의 신체적 변화에 더욱 민감하게 반응하여 그릇된 가치관에 집착하게 하여 건강한 발달을 저해할 수 있다. 예를 들면 청소년기 신체변화로 인한 체중 증가는 날씬한 몸매를 이상적으로 여기는 사회적 현상에서 더욱 신체상에 불만족하게 되어 체중에 대한 집착과 과도한 체중조절로 이어질 수 있다. 이는 거식증이나 폭식증같은 식이장애의 원인이 되기도 한다. 현대사회에 청소년들은 자신에 대해 가장 마음에 들지 않는 점으로 신체상을 가장 많이 지적하였다(Harter, 1990). 이는 청소년기는 급격한 신체적 변화가 일어나기 때문에 자신의 신체적 불만족이 가장 심한 시기이며, 이것은 자아개념에 영향을 미칠 뿐만 아니라 주위 사람들의 인식도 달라지게 한다. 일반적으로 여아가 남아보다 더 부정적인 자아상을 갖는다. 따라서 여아들은 자신의 신체에 대해 비판적이고, 자신이 덜 매력적이라고 생각하며, 체중과 체형에 대해 불만족하는 경향이 높다. 이는 남아에 비해 여아의 경우 외모에 가치를 더 많이 두는 사회적 분위기에 기인하는 것으로 추측된다. 일반적으로 신체상은 자존감과 정적 상관관계가 있어 자신의 용모에 만족하는 청소년은 자신에 대해서도 긍정적 개념을 가지는 경향이 있다.

## 2) 인지발달

청소년기의 인지발달은 아동기에 비해 양적인 면에서 지적 과업을 훨씬 쉽고, 빠르며, 효율적으로 성취할 수 있고, 질적인 면에서는 추상적·가설적·연역적 사고와 은유에 대한 이해가 가능해진다. 이 시기의 인지발달은 Piaget가 분류한 감각운동기, 전조작기, 구체적 조작기, 형식적 조작기 중 마지막 단계인 형식적 조작기에 해당된다.

형식적 조작기의 사고의 특징은 첫째, 추상적 사고가 가능하여 추상적 개념도 이해할 수 있다는 것이다. 예를 들어 A 〉 B이고 B 〉 C이면, A 〉 C라는 논리적 추론의 경우, 구체적 조작기의 아동은 A, B, C의 사물을 구체적 요소로 보아야 문제해결이 가능하나, 형식적 조작기의 청소년은 추상적 개념만으로도 문제를 해결할 수 있다. 구체적 사물을 사용한 논리적 조작이 가능한 아동기와는 다르게 추상적 개념을 사용하여 논리적으로 사고할 수 있고, 가능성을 받아들여 가설설정 능력이 나타나 가설적 문제를 다룰 수 있다.

둘째, 가설적·연역적 사고가 가능하여 사고는 점점 더 풍부해지고 융통성 있게 된다. 예를 들면 아동은 문제 상황에서 한 가지 가능한 설명을 생각해내면 곧 그것을 사실로 받아들인다. 반면에 청소년은 가설이 임의적이라는 것을 알고 모든 가능한 설명들을 체계적으로 연구한 다음 가장 나은 설명을 선택한다. 즉, 청소년은 인지적 조작에 의해 계획을 세워 일련의 가설을 순서대로 시험하면서, 문제를 해결해 나간다.

셋째, 체계적이고 조합적인 사고가 가능하여 둘 이상의 변인들의 효과를 고려하여 모든 가능한 조합들을 고려하여 문제를 체계적으로 검증해 나간다. 청소년은 주어진 과제를 해결하기 위하여 사전에 계획을 세워 체계적으로 해결책을 시험한다. 즉, 형식적 조작기의 청소년은 문제해결을 위한 모든 가능성에 대해 체계적으로 시험해 보면서 과제를 풀어간다.

마지막으로, 이상주의적 사고가 가능하다. 구체적 조작기의 아동은 구체적 사실에만 국한하여 제한된 사고를 하는 반면, 청소년은 자신과 타인의 사고를 객관화시켜서 그 내용과 논리를 깨닫고 평가할 수 있다. 그 결과 구체적 현실의 인지적 한계로부터 벗어나 이전에 상상할 수 없었던 가능성의 세계를 생각한다. 청소년은 미래에 대한 조망능력이 커지면서 장래에 대해 계획하고 걱정하는 데 많은 시간을 보낸다. 이러한 청소년의 이상적 특성으로 자신과 다른 사람에 대해 기대하는 특성에 대해 사고하기 시작하며 이상적 부모상과 그 기준에 의해 부모를 비교한다. 자신이 생각하는 이상적 기준에 맞추어 자신과 다른 사람을 비교하기도 하며, 자신의 미래 가능성에 대해 상상하게 된다.

## 3) 사회정서발달

청소년기는 급격한 신체변화를 경험하면서, 자신의 외모와 행동에 몰두하게 되고, 다른 사람도 자신에게 관심이 있다고 생각하여 자신과 타인의 관심사를 제대로 구분하지 못하는 자아중심성에 빠진다. 이로 인해 자신은 아주 특별한 사람이라고 여기는 개인적 우화(personal fable) 현상과 자신이 마치 무대의 주인공이 된 것처럼 행동하는 상상적 관중(imaginary audience) 현상이 나타난다. 이는 자신을 우상화하고, 타인을 상상적 관객으로 여기는 현상으로, 자신만이 특별한 존재이고 자신의 감정이 특이하고 유일하다고 생각하여 일기를 쓰며 그 일기에 자신의 사고, 경험, 애착과 좌절을 기록하고 이에 심각한 의미를 부여하기도 한다. 즉, 청소년이 만든 이야기는 자신을 주인공으로 하며, 개인적이고, 현실성이 결여되어 있다는 의미에서 우화이다. 또한, 다른 사람의 관심을 지나치게 의식하여, 그들이 모두 자신의 행동을 평가할 것이라는 생각에서 자신의 행동과 옷차림에 지나친 관심을 갖고 또래의 관심이나 반응에 예민하게 신경을 쓴다. 상상적 관중은 시선 끌기 행동, 즉 다른 사람의 눈에 띄고 싶다는 욕망에서 나온다.

10대는 똑같은 옷차림을 하면서 다른 사람과 달라지길 원한다.
자료: 주간조선(2005년 4월13일자)

Elkind(1978)는 청소년의 자의식이 강하고 대중 앞에서 유치한 행동을 하는 것은 상상적 관중 현상 때문이라고 지적하였다. 청소년기의 이러한 문제들은 아직 자아중심성에서 벗어나지 못하였기 때문에 나타난다. 그러나 성숙해짐에 따라 사회적 상호작용으로 인해 모든 사람은 각기 다른 관심사가 있다는 사실을 이해하고, 상상적 관중을 진짜 관중으로 대체하면서 자아중심적 사고는 사라진다. 최근의 청소년기 자아중심성에 관한 연구들에 의하면 Elkind(1985)는 이를 형식적·조작적 사고의 결과라고 믿는 반면, 다른 학자들은 전적으로 인지적 현상만은 아닌 부모로부터의 심리적 독립에 따른 갈등이 방어적 행동으로 표현된 것이라는 관점을 제시하고 있다. 그리고 상상적 관중은 가설적으로 사고할 수 있는 능력과 가설적 상황에서 다른 사람들의 반응을 예측할 수 있는 능력의 산물이라고 주장한다. 그러나 청소년 후기에 이르면 자아중심성은 사고가 성숙되어짐에 따라 자신의 충동을 적절히 조절하게 되고 다른 사람들과의 사회적 경험이 증가하면서 점차 사라지게 되어 정서적으로 성숙하게 된다. 정서적 성숙을 나타내는 정도는 첫째, 문제를 회피하지 않고 어떠한 현실이라도 직시할 수 있게 되며, 둘째, 자기의 주관을 객관적으로 평가하는 능력이 발달하며, 셋째, 자기능력의 한계를 인정하여 더욱 노력하여 이를 극복할 수 있게 되며, 넷째, 현재와 미래에 대한 자신의 생활을 설계할 수 있는 상태로 구분할 수 있다.

## 4) 자아정체감 발달

일반적으로 아동기까지는 자기 자신에 대하여 심각한 의문 없이 지내오다 청소년기가 되면서 자신과 관련된 문제로 고민과 갈등이 발생한다. 따라서 이 시기를 Allport는 자기에 대한 새로운 탐색기(age of renewed exploration of self)라 하였고, Erikson은 정체감 위기(identity crisis)라고 하였다. 청소년기의 가장 근본적이고 어려운 문제는 '나는 누구인가?'라는 물음이다. 이 시기의 '나는 누구인가? 무엇을 할 것인가? 미래의 나는 어떻게 될 것인가?' 등의 자아탐색은 자아정체감을 형성하기 위한 과정이다. 자아정체감은 그 용어가 여러 가지 의미를 갖고 있어 한 마디로 정의하기는 어렵지만, 확고한 자아정체감을 지닌 사람은 개별성, 총체성, 계속성을 경험하게 된다. 개별성(individuality)은 비록 가치나 동기 또는 관심 등을 타인과 공유하더라도 자신은 타인과 분리된 개인으로 자각하여 자신은 독특하고 특별하다는 인식을 의미한다. 계속성(self-perceptual consistency)은 시간이 경과하여도 자신은 동일한 사람이라는 인식, 즉 어제의 나와 오늘의 나는 같은 사람이며 이를 토대로 미래의 가능한 자신의 모습을 탐색하게 된다. 따라서 자아정체감은 자신이 타인과 구별될 수 있는 독자성, 일관성, 통일성이며 또한 과거 현재 미래의 연속성을 유지하는 것이라고 할 수 있다(Mussen, Conger, & Kagan, 1970).

Erikson은 청소년기의 발달과업을 자아정체감 형성 대 정체감 혼미로 개념화하였다. 자아정체감은 일생을 통해 형성해야 할 문제이지만, 청소년기는 정체감 형성의 결정적 시기로 정체감 위기를 경험한다. 자아정체감 형성이 청소년기에 중요한 과업으로 대두되는 이유는 다음과 같다(서봉연, 1998).

첫째, 사춘기 동안의 급격한 신체적 변화와 성적 성숙으로 인해 청소년은 자의식이 강해지고 신체 내부에서 여러 가지 충동이 일어난다. 특히 이전에 전혀 경험해 본 적이 없는 성적 충동은 이들이 대처해야 할 가장 중요한 문제이다. 사춘기 동안에 발달된 생리적·내분비적 기능의 변화로 본능적 욕구인 원초아가 강해진다. 이때 자아는 초자아와 원초아 간의 균형을 유지하기 위해 자아확장(strong ego)을 이루어야 하므로, 청소년은 필연적으로 자아정체감 문제에 직면하게 된다.

둘째, 청소년기는 아동기에서 성인기로 옮겨가는 과도기로 아동도 어른도 아닌 어중간한 존재이기 때문이다. 신체적으로는 이미 성인으로 성장하였으나 경제적·정서적으로는 여전히 부모에게 의존한다. 그러나 나이와 체구에 걸맞게 부모로부터 독립하고 사회적으로 책임 있는 행동이 요구되면서, 청소년은 자신의 위치와 역할을 어떻게 규정해야 할 것인지에 대해 고민하지 않을 수 없다.

셋째, 청소년기는 선택과 결정의 시기로 진학문제, 전공선택의 문제, 이성문제, 교우관계 등 스스로의 선택이 요구되는 상황에 직면한다. 이전처럼 전적으로 부모나 주위 어른들에게 의존할 수 없게 되면서, 그들은 스스로 이러한 선택과 결정을 위해 여러 가지 가능성을 점검해 보고, 자기 자신에 대해 진지하게 생각하는 탐색의 시간을 필요로 하게 된다.

마지막으로, 인지능력의 발달 때문이다. 청소년은 구체적 사고에서 벗어나 추상적 사고를 할 수 있고, 사고는 현실적 구속을 벗어나 가능성의 세계로 확대된다. 청소년의 시간적 조망 또한 현재에 국한되지 않고 과거와 미래로 확장된다. 이러한 인지능력의 발달은 자신의 위치, 역할, 능력 등을 검토해 보는 자신에 대한 탐색과정에도 영향을 미친다. 이와 같은 자기 탐색과정은 자아정체감 확립을 위한 필연적 요인으로 작용한다.

Marcia(1966; 1991; 1994)는 정체성 탐색 위기를 경험했는지 여부와 주어진 과업의 수행 여부를 중요한 요소로 파악하고 위기(crisis)와 수행(commitment)의 두 차원의 조합을 통해 자아정체감을 네 범주로 나누었다. 여기서 위기란 자신의 정체감에 대해 재평가하는 기간을 의미하고, 수행은 계획, 가치, 신념 등에 대해 능동적으로 의사결정하는 상태를 의미한다.

## (1) 정체감 혼미

정체감 혼미(identity diffusion)는 청소년들이 삶의 목표와 가치를 탐색해보려는 시도조차 하지 않으며 자신의 미래를 계획하고 설계하려는 욕구도 없는 상태를 말한다. 이는 가장 낮은 정체감 탐색 과정으로, 그대로 놔두면 부정적 정체성으로 빠져들 위험이 있다. 이들은 부모와 어린시절에 애착관계가 없거나 거부당한 것으로 느끼는 경우가 많으며 자아존중감이 낮고 흔히 혼돈과 공허감에 빠져 있다. 정체성 혼미는 청소년 초기에 많이 나타나지만 일정한 직업을 갖지 못하거나 지속적으로 일하지 못하는 성인에게도 찾아볼 수 있다. 문학에서 볼 수 있는 정체감 혼미의 고전적인 예는 셰익스피어의 햄릿왕자이다.

## (2) 정체감 유실

정체감 유실(identity foreclosure)이란 충분한 자아정체성의 탐색 없이 지나치게 빨리 자신의 신념이나 직업선택 등의 삶의 목표와 가치를 확립하고 몰입한다. 다시 말하면 내적으로는 정체성의 위기를 경험하지 않았으면서 마치 정체성이 확립된 것처럼 행동하는 것을 의미한다. 이들은 갈등해보지 않고 부모나 사회적 역할 모델의 가치나 기대 등을 그대로 수용하여 그들과 비슷한 선택을 한다. 이러한 청소년은 겉으로는 안정적인 것처럼 보이지만 성인기에 뒤늦게 정체감 위기를 경험하게 되면서 계속 방황하게 된다.

## (3) 정체감 유예

정체감 유예(identity moratorium)란 현재 삶의 목표와 가치에 회의하고 있는 위기의 상태에 있으나 여전히 불확실한 상태에 머물러 구체적인 과업을 수행하지 못하는 것을 말한다. 자아정체감 성취가 너무 어렵기 때문에 청소년들이 스스로를 찾기 위해 일종의 타임아웃의 기간을 갖는 것을 의미한다. 자아정체감 형성을 위해 다양한 역할, 신념, 행동 등을 실험하고 있으나 아직 의사결정을 못한 상태이다. 이 지위에 속하는 청소년들은 안정감은 없으나 가장 적극적으로 정체성을 탐색하기 때문에 시간이 흐르면 자아정체감을 확립할 수 있다.

## (4) 정체감 성취

정체감 성취(identity achivement)란 정체감 위기를 성공적으로 극복하여 신념, 직업, 정치적 견해 등에 대해 스스로의 결정을 할 수 있는 상태를 말한다. 정체감이 성취된 청소년들은 확고한 개인적 정체감을 갖게 되고, 현실적으로 안정되어 있으며 자아존중감이 높고 스트레스에 대한 저항력도 높다. Marcia는 정체감 성취나 정체감 유실의 경우에는 의사결정을 할 수 있기 때문에, 양자 모두 자아정체감 위기를 해결한 것으로 본다.

청소년은 개인적 감정을 이성과 나누면서 자아정체감이 발달해 나간다.
자료: 서울신문(2005년 4월 13일자)

## ❷ 상담자로서의 부모

청소년기는 수많은 변화를 겪으며 적응해 가는 과정에서 문제행동이 발생할 가능성이 높으므로 이 시기의 부모역할은 중요하다. 부모는 부모로부터 독립하고 정서적 의존에서 벗어나고자 하는 청소년 자녀에게 더 이상 아동기의 부모-자녀관계를 그대로 유지할 수 없게 됨에 따라 부모역할을 조정해야만 한다. 청소년의 급속한 신체적 성장은 부모의 체벌이나 통제를 어렵게 하며, 청소년은 형식적 조작사고의 발달로 인하여 부모가 제시하는 규칙이나 가치관의 모순을 발견하여 부모의 권위에 도전하게 된다. 또한 부모로부터 하나의 독립된 인격체로 대우받길 원하며, 독립을 추구하고 일방적 간섭과 통제가 아닌 동등한 입장에서 의사소통하길 원하므로 부모-자녀 간 갈등이 심화될 수 있다. 특히 다음과 같이 현대의 급속한 사회 변화는 청소년과 부모 간의 관계를 더욱 어렵게 만든다(Smell & Eastman, 1991).

첫째, 청소년기의 연장은 부모의 부양책임과 청소년의 의존기간을 자동적으로 연장시키면서 부모는 더 많은 부담을 느낀다.

둘째, 급격한 사회변화로 인한 수많은 정보와 다양한 가치들은 청소년이 성인의 역할을 준비하는 것을 더욱 어렵게 한다.

셋째, 부모들이 청소년 자녀를 교육하는 데 도움을 받을 수 있는 지원망이 거의 없고, 친척과 친지들로부터 고립된 경우가 많다.

넷째, 인터넷의 일상으로 인한 게임중독, 흡연, 음주, 약물남용, 10대 임신 등 청소년의 문제행동이 증가함으로써 부모들에게 지나친 걱정을 끼치는 동시에 대중매체는 청소년문제를 지나치게 부각시키는 경향이 있다. 뿐만 아니라 전문가들로부터의 상충된 조언은 부모들을 더욱 혼란스럽게 만든다. 많은 청소년들은 부모로부터 독립하고 싶어 하는 동시에 자신이 실제로 얼마나 부모에게 의존하고 있는지를 깨달으면서 끊임없이 갈등을 느낀다. 청소년의 이러한 이중적 감정은 종종 부모 자신의 양면성과도 일치한다. 청소년 자녀를 둔 부모는 자녀가 독립하기를 원하는 동시에 그들이 계속해서 의존해주기를 바라기 때문에 종종 그들에게 '이중적 메시지'를 전달한다.

일반적으로 부모-자녀 간의 갈등은 사춘기 자녀의 생물학적 변화, 논리적 추론과 같은 인지적 변화, 독립심과 정체감을 수반하는 발달적 변화와 부모의 중년기 위기를 포함한 신체적 · 인지적 · 사회적 발달적 변화가 맞물려서 갈등을 심화시킨다. 이시기의 부모들은 몇 가지 점에서 청소년기 자녀와 대조되는 경험을 하게 된다.

첫째, 부모와 자녀 모두 신체적 변화를 경험하지만 변화의 방향은 정반대이다. 부모는 서서히 체력의 저하를 실감하고 신체적 매력이나 성적 매력이 감소되지 않을까 불안해하는 반면에 청소년 자녀들은 빠른 신체적 성장과 성적 성숙으로 일생에서 가장 매력적으로 보일 수 있는 시기에 도달하게 된다.

둘째, 시간 조망측면에서 청소년들이 미래에 대한 계획을 세우고 다양한 가능성을 탐색하는 시점인 반면에 부모들은 그들의 미래가 제한되어 있고, 변화의 폭의 크다지 않다는 것을 자각 한다. 동시에 그들의 노화한 부모를 바라보면서 자신에게 남은시간이 어느 정도 인지를 가늠하기 시작한다.

셋째, 힘이나 지위 같은 요인에서도 대조를 보이는데 청소년기의 자녀들이 지위를 얻고 힘을 축척해가고 있다면, 부모들은 힘과 지위를 점차적으로 잃어 가는 시점에 있다. 그 증거로서 대부분 중년기 성인들은 직업적 고원 상태(occupational plateau)에 도달한다. 그들은 젊은 날에 포부나 계획과 실제적 성취 사이에 존재하는 차이를 인식하고 그것을 극복할 수 있는 대안을 찾으려고 노력한다. 그러나 청소년들은 앞에는 직업선택과 배우자 선택 등이 있으므로 그들에게 선택은 무한한 것처럼 보인다. 이 시기는 청소년기 자녀들에게는 무한한 가능성의 시기이지만 부모에게는 젊은 날에 선택한 결과를 책임으로 감수하지 않으면 안 되는 시기로 인식된다. 이와 같이 맞물리는 발달적 정체감문제는 청소년과 부모 사이의 갈등을 더욱 증가시킨다. 각자 자신의 문제에 사로잡혀 있는 부모와 청소년 양자는 서로 상대편이 자신을 이해하려고 노력하지 않는다고 불평한다. 이 시기 동안 부모–자녀 간의 갈등은 때론 청소년 자녀보다는 부모들의 정신건강을 더 크게 위협하며 특히, 청소년자녀와 동성인 부모들이 더 많은 어려움을 겪는 것으로 나타났다(Steinberg & Steinberg, 1994). 즉, 딸의 어머니와 아들의 아버지가 더 큰 심리적 괴로움을 겪고 결혼생활에 대한 만족이 적을수록 더 강한 정체감 위기에 직면한다. 자신의 직업에 몰두하고 만족하는 부모나 행복한 결혼생활을 하고 있는 부모들은 이러한 문제에 어느 정도 잘 대처할 수 있다. 특히 높은 자기존중감을 지니고 있는 부모들은 청소년 자녀에게 더 많은 자율성을 부여하고 더 효과적인 의사소통을 할 수 있으며, 청소년들이 부모가 허용되는 자율성의 정도에 만족할 때, 부모에 대한 도전이나 반항은 현저하게 감소되므로 부모는 더 적은 스트레스를 경험하게 되는 것으로 나타났다((Steinberg & Steinberg, 1994).

그러나 우리나라는 입시 위주의 교육에 따른 과도한 학습시간과 사교육 증가는 청소년의 여가시간과 다양한 활동경험의 기회를 제공하지 않아 전인적 발달을 어렵게 하여 많은 스트레스를 경험한다. 이시기의 대부분의 갈등은 주로 학교성적, 친구관계, 귀가시간, 용돈 사용, 부모에 대한 불복종, 이성문제, 과도한 인터넷사용 등에 관한 것이다. 이러한 갈등들은 부모로부터 독립을 추구하는 자녀의 욕구를 반영하는 것일 수도 있고, 부모의 입장에서 보면 자녀가 기존 사회규범을 따르도록 가르치려는 노력을 반영한 것일 수도 있다. 또한 청소년기 동안 부모와 청소년은 서로 다른 욕구와 관심사로 인해 함께 보내는 시간이 감소하고, 부모와 자녀관계는 보다 덜 애정적이며 덜 긍정적인 관계로 되어간다. 따라서 이전과는 달리 청소년기 동안 부모-자녀 간의 갈등이 빈번해질 수 있으며 이러한 갈등은 청소년의 부적응을 유발할 수 있다(Silverberg & Steinberg, 1990)

부모-자녀 간의 갈등을 해결하는 효율적 접근법은 민주적 양육방식으로, 가족의 중요한 의사결정에 자녀를 참여시키고, 동등한 입장에서 의견을 존중해 주며, 합리적이고 일관성 있는 규칙을 적용하고, 10대들이 하는 일에 관심을 보이는 동시에 지원해 주는 것이다. 민주적 양육방식은 적절한 지도, 온화함과 수용을 통해 자녀들의 성장 가능성을 믿고 자녀의 독립적 의사결정을 존중해 준다. 따라서 이러한 양육은 자녀의 성취와 자존감을 촉진시키며 긍정적 부모-자녀관계의 형성을 돕는다. 부모가 청소년의 자율성을 인정해 줄 때 청소년은 자연스럽게 독립심을 발달시킨다. 부모는 청소년에게 혼란과 갈등을 유발하는 문제에 대해 조언과 협조를 적절히 제공해 주며, 그들을 독립된 인격체로 대우하여 부모로부터의 정서적 독립을 지원하고 명령 하달식의 일방적 대화가 아닌 동등한 입장에서 대화를 나누어 청소년의 자율성 발달을 도와주어야 한다. 부모는 청소년의 발달적 특징을 이해하고, 민주적인 양육행동을 하는 것이 바람직하다.

청소년기의 주된 부모역할은 상담자로서의 역할이다. 유능한 상담자는 내담자와 긍정적 의사소통을 하듯이, 청소년기 자녀를 둔 부모는 부모-자녀 간 갈등을 해결하기 위해 효율적인 의사소통 방법을 익혀야 한다. 의사소통은 정보의 언어적 교환 이상의 것을 의미한다. 의사소통에서 중요한 것은 태도 요인으로서, 상대방에 대한 신뢰, 감정이입, 자신의 생각이나 감정을 자유롭게 표현할 수 있는 분위기, 다른 사람의 생각이나 느낌을 진지하게 듣는 자세 등이다. 비효율적 의사소통은 부정적이고 방어적인 경향이 있다. 이러한 의사소통은 부모의 우월감, 지나친 통제, 독단, 욕하기, 비난 등을 포함한다. 일반적으로 부모는 자녀를 지나치게 비판하여 자녀의 죄책감을 유발하며, 그 결과 청소년은 낮은 자존감과 고립감을 경험한다.

효율적 의사소통은 나-전달법(I-message)이다. 나-전달법은 상대방을 방어적으로 만들지 않고서 자신의 생각이나 감정을 솔직하게 표현하는 의사소통 기술이다 (Gordon, 1988). 나-전달법에는 네 가지 구성요소가 있다. 첫째, 자녀의 행동에 대한 객관적이고 비판적이지 않은 진술, 둘째, 그 행동이 부모에게 미치는 구체적 영향, 셋째, 부모가 그것에 대해 느끼는 감정, 마지막으로, 자녀가 그 문제점을 어떻게 해결하기를 바라는가 하는 것이다. 나-전달법에서 중요한 것은 다른 사람의 말을 경청하는 능력이다. 로저스(Rogers, 1980)는 우리가 다른 사람들의 말을 경청하지 않는 주된 이유는 그들을 판단하려는 경향이 있기 때문이라고 하였다. 따라서 적극적 경청은 다른 사람의 말을 비판적으로 듣지 않으며, 자신이 들은 내용을 확인하는 의미에서 객관적 피드백을 제공하는 것을 포함한다.

---

## ◉ 청소년을 위한 부모 역할 ◉

- 청소년은 모순되고 예측할 수 없는 행동을 하고 있지만, 이러한 행동이 매우 정상임을 이해해 준다.
- 자녀의 단점을 끄집어내거나 그들의 사생활을 침해하지 않아야 한다.
- 사춘기의 자녀에게 자부심을 느끼게 하고 독립심을 길러주어야 한다.
- 불만과 불안을 이해해 준다.
- 복종을 강요하지 않는다.
- 잘못을 고치려고 너무 서두르지 않는다.
- 잔소리와 설교는 금물이다.
- 장황한 이야기를 피한다.
- 아이들의 인격을 속단하지 않는다.
- 상처를 건드리지 않는다.
- 모순된 이야기를 하지 않는다.
- 앞일을 너무 서두르지 않는다.

자료: 정영진(1996)

### ❸ 또래관계

청소년 시기는 부모의 영향력이 줄어들면서 또래의 영향력이 커진다. 주위의 성인들이 동일시 모델이 되지 못하는 경우, 청소년들이 모방해야 할 유일한 대상은 또래들이다. 또래가 청소년이 의식해야 할 유일한 타인이 되면서, 때로는 비행의 분위기가 조성되어 별다른 죄의식 없이 서로가 서로의 비행을 부추기게 되기도 한다. 이는 청소년 자신의 행동을 통제하는 힘이 내부에 있는 내면화된 자아가 아니라 외부에 있는 또래이기 때문이다. 또래집단의 규준에 맹종하여 소속감과 안정감을 느끼려는 청소년들일수록 자아정체감이 혼란되어 있으며, 이들은 어떤 특정 집단에 소속되는 경험을 통해 정체감 혼미가 주는 불안감을 줄이려 한다. 청소년기에 특정 집단에 소속함으로써 자신의 정체감을 찾아가는 일은 자연스러운 현상이다. 다만 어떠한 집단에 소속되는가는 중요한 문제이다. 부모는 가족원으로서 소속감을 지닐 수 있도록 평소에 가사일이나 집안 행사에 자녀를 참여시키고, 그들에게 성인이 된다는 것은 자신의 삶에 책임을 지는 것은 물론 가족원으로서의 책임이 있다는 사실을 인식시킬 필요가 있다.

청소년기의 시작과 함께 개인의 사회적 관계는 급속도로 확대되는데 특히 학교에서 보내는 시간이 길어지면서 청소년들은 또래집단에게 더 많은 영향을 받게 되는데 그

청소년기의 또래관계는 정서적 안정감을 제공하고 긴장을 해소해 준다.
자료: 동아일보(2005년 4월16일자)

기능은 다음과 같다. 청소년기의 또래관계는 각종 정보와 놀이문화를 공유하고 사회적 규범을 배우는 학습장으로서 중요하며, 자아정체감을 형성해 나가는 데 기준집단으로서의 중요한 역할을 한다. 그럼에도 불구하고 우리 사회에서는 대학입시 위주의 경쟁적 문화가 형성되면서 또래관계로부터 배울 수 있는 사회적 학습의 중요성을 간과하는 것에 그치지 않고 오히려 부정적 인식을 갖고 있다. 그러나 또래관계는 청소년발달에 중요한 요인이므로, 이에 대한 부모의 올바른 지도가 요구된다.

또래관계는 부모-자녀관계와는 달리 평등한 관계이므로, 주고 받는 상호호혜의 경험이 균형 있게 조화될 필요가 있다. 부모가 인식하는 좋은 친구의 개념은 상호호혜적 관점에서 생각해 보면 보다 합리적이고 객관적인 결론을 이끌 수 있을 것이다. 도움을 주는 친구가 있으면 도움을 받는 친구도 필요하다. 자기보다 우월한 친구들만 사귄다면 결국 부러움이나 열등감 속에서 살게 되는 결과를 낳을 수도 있으며, 반면에 자기보다 열등한 친구들만 사귄다면 교만이나 우월감을 갖게 되기 쉽다.

부모는 자녀가 친구관계에서 배울 수 있도록 준비시키고 격려해 주는 것이 필요하다. 신뢰감과 안정감 그리고 겸손한 태도 등을 지니고 있으면, 어떤 친구에게서나 배울 수 있고 도움을 줄 수 있는 생활이 가능하다. 유아기부터 자녀를 인정하고 신뢰하면서 개방적으로 대해주면, 자녀는 자라서 친구를 사귈 때도 자신에게 유익한 방향으로 친구를 선택하고 관계를 이끌어 나가게 된다. 인간에게는 자신에게 실제로 유익한 것을 식별하는 능력이 있는데, 인정받고 신뢰받는 가운데 자신감과 안정감을 가질수록 이러한 식별능력이 제대로 발휘되지만, 주위 사람에게 간섭과 통제를 받고 신뢰를 받을 수 없을 때, 좌절하고 정서적으로 불안정하여 자신에게 유익한 것을 판별하는 능력이 제대로 발휘될 수 없다. 따라서 부모는 자녀가 사귀는 친구들에 대해 일단 자녀의 선택을 인정해 주는 것이 필요하며, 다만 자녀에게 염려되는 점은 객관적으로 진지하게 대화하고 선택은 자녀에게 맡기는 것이 좋다. 이렇게 될 때 자녀도 또래관계에서 자신에게 유익한 선택을 할 수 있게 된다.

# ❹ 청소년 비행

## 1) 비행 청소년의 특성

청소년 비행은 가출이나 성행위와 같은 사회적으로 용납되지 않는 행동에서부터 강도나 절도와 같은 범죄행위에 이르기까지 그 범위가 상당히 포괄적이다. 법적인 관점에서 청소년 비행은 두 가지 범주로 나뉜다. 한 가지 범주는 우범 청소년으로 무단결석, 가출, 성행위, 부모님 말씀 안 듣기 등 범죄로 간주되지 않는 행위를 하는 청소년이다. 두 번째 범주인 비행 청소년은 절도, 강간 등 범죄로 간주되는 행위를 하는 청소년을 뜻한다. 일반적으로 미성년 범죄자는 보통 성인 범죄자와는 다르게 취급되며, 재판절차는 원칙적으로 비공개로 진행되고 처벌도 보다 관대하다.

Erikson(1968)은 청소년 비행을 이 시기의 발달과업인 역할정체감을 성공적으로 해결하지 못한 결과로 해석하였다. 유아기, 아동기 또는 청소년기에 자신의 행동이 사회기준이나 부모의 기대에 부응하지 못함을 깨달으면 부정적 정체감을 형성하게 되어 비행 청소년의 길로 접어들게 된다. 따라서 그는 청소년 비행을 비록 부정적 정체감일지라도 일종의 정체감을 형성하려는 시도로 파악하였다. 청소년의 비행은 자기통제능력의 결여 및 판단력 부족과 밀접한 관련이 있어, 비행 청소년은 사회적으로 허용되는 행동과 허용되지 않는 행동을 구별하지 못할 뿐만 아니라 이를 구별한다고 하더라고 충동적 성격이 강하여 자기통제력이 부족하다. 또한 일반적으로 충동적이고 파괴적이며 의심이 많고 적대적·반항적·독단적인 성향이 있으며, 화를 잘 내고 자기통제가 부족하다(Ashford, Sales, & Reid, 2001). 청소년 비행과 관련된 특성에는 자아통제력 및 자주성 결여, 심한 열등감, 지나친 공격성, 부정적 자아개념, 배타적 불신감, 비사회성 또는 반사회성, 지나친 외향성, 신경증적 경향 등을 들 수 있다. 특히 자아통제력 결여와 자주성 부족은 대표적 요인으로 손꼽는다. 비행 청소년은 다음과 같이 네 유형으로 구분된다(Offer, Ostrov, & Marohon, 1972). '충동적' 비행 청소년은 아무 생각 없이 행동하고 자제력이 없으며, '감정이 메마른' 비행 청소년은 수동적이고, 무감각하며, 고독하다. '자기도취적' 비행 청소년은 자기 자신에게만 관심이 있고, 자신이 상처받았다고 느끼며, 자존감을 지키는 유일한 방법은 자신에게 상처를 입힌 사람에게 보복하는 것이라고 여긴다. '우울한' 비행 청소년은 자신의 내적 갈등의 고통에서 벗어나기 위해 범죄를 저지른다.

일반적으로 비행 청소년의 부모들은 지나치게 허용적이거나 권위주의적으로 자녀를 양육하는 경향이 있다. Snyder와 Patterson(1987)의 연구에 의한 청소년 비행에 영향을 주는 가족생활의 특징은 다음과 같다.

첫째, 청소년이 해도 좋은 일과 해서는 안 될 일에 대한 일관적인 규칙이 없다는 것이다.

둘째, 부모의 감독이 소홀하여, 부모는 자녀가 어디서 무엇을 하는지, 무슨 생각을 하고 있는지에 무관심하다.

셋째, 자녀 훈육에 일관성 없이 감정적으로 반응한다. 그리고 바람직한 행동을 칭찬하기보다는 바람직하지 못한 행동을 처벌하는 경향이 많다.

넷째, 가족문제나 위기를 효율적으로 해결하는 능력이 부족하다.

## 2) 청소년 비행의 유형

### (1) 음주와 흡연

대부분의 청소년들은 음주를 어른스러운 일로 여겨 시작하게 되며, 그 이후에는 어른들과 똑같은 이유로 계속 음주하게 된다. 즉 불안과 긴장을 덜고 인생에 즐거움을 더하고, 힘든 문제들로부터 도피하기 위해 술을 마신다. 보통 10대들은 적당히 마시는 편이며 알코올로 인한 문제는 없는 편이지만, 때론 주체할 수 없을 정도로 음주를 하여 다른 문제행동을 유발하기도 한다. 특히 우리나라는 술과 담배를 구입할 수 있는 연령을 법으로 제한하고 있지만, 준법정신의 결여로 인해 우리나라 청소년의 음주경험은 미국보다 높은 것으로 보고되고 있다(문화체육부, 1997). 한편 부모 및 또래와의 관계는 청소년의 음주행위에 영향을 미친다. 과도한 스트레스, 애정결핍, 부모와의 불안정 애착과 대화 부족, 알코올중독의 전력이 있는 가족의 청소년들이 음주를 하는 경향이 높다. 또래집단 역시 중요한 역할을 하여 술을 마시는 집단에 노출되고 또래집단의 압력에 약한 청소년들이 음주문제를 일으킬 확률이 높다. 쉽게 싫증을 내고 끊임없는 도전과 활동을 추구하며 노력에 대한 즉각적 대가를 바라는 성격 특성은 부정적 음주행위와 관련이 높으며, 자존감이 낮고, 충동적이며, 책임감이 없고, 반항적이며, 학업성취에 별로 가치를 두지 않은 청소년은 음주를 하는 경향이 높다. 다양한 대중매체를 통해 흡연이 건강에 해롭다는 내용이 보도됨에도 불구하고, 청소년의 흡연율은 급격하게 증가하고 있는 추세이다. 청소년은 호기심, 성인생활의 모방, 또래집단에의 동조성, 생활 스트레스 등으로 인해 흡연충동을 경험하지만, 특히 성인이나 또래집단의 흡연행동을 관찰하는 과정에서 흡연충동을 가장 많이 경험한다. 이러한 흡연충동은 곧바로 첫 번째 흡연경험으로 이어지며, 대개의 경우는 의식적으로나 무의식적으로 누적되어 일정한 기회에 흡연행동으로 이어진다. 흡연은 한 번 시작하면 그만두기가 무척 힘들다. 많은 사람들이 담배를 끊으려고 애쓰지만, 성공하지 못하는 경우가 많다. 담배를 끊으려고 시도할 때, 청소년들이 경험하는 금단현상으로는 가슴이 두근거리고, 진땀이 나고, 손발이 떨리고 쥐가 나며, 어지럽고 주의집중이 잘 안 되고, 짜증이 나며, 신경질적이 되고, 불안하고, 참을성이 없어지고, 잠이 안 오는 등 여러 가지 증상이 나타난다. 담배의 주 성분인 니코틴은 흥분제이면서 진정제 역할을 하여, 담배를 피우면 정신이 번쩍 들면서 동시에 긴장이 풀어진다. 그러나 이러한 즐거움은 비싼 대가를 치르게 한다. 흡연은 고혈압과 심장병을 유발하고 폐기종, 만성 기관지염과 같은 호흡기질환을 초래하며, 폐암의 위험에 노출되게 한다. 이러한 점에서 흡연은 느린 동작의 자살이라고까지 표현되기도 한다.

## (2) 약물중독

일반적으로 중독은 어떤 활동에 지나치게 몰두하는 경향으로 쾌락의 추구, 즉 정상적인 생활이 제공해주지 못하는 과도한 쾌락의 추구로서 쾌락을 추구하는 중독물질 없이는 기능할 수 없는 어떤 특별한 경험에 의존하는 것을 의미한다. 그 결과, 중독은 특정 물질, 관계 또는 행동에 몰두하고 특정 물질의 이용 또는 행동유형에 대한 통제력을 상실함으로써 다른사람들로 하여금 통제력의 상실과 그 효과들에 대한 부정적인 결과들에 대해 염려하게 한다. 약물중독은 약물사용에 대한 강박적 집착, 스스로의 의지에 대한 자기조절 불능, 해로운 결과가 있을 것을 알면서도 강박적으로 사용하는 상태를 말하며 매우 심한 심리적·신체적 의존상태이다. 청소년의 약물중독의 원인은 매우 다양하다. 즉, 호기심으로, 친구와 어울리기 위해, 자신의 위치를 한번 평가해 보고 싶어서, 약물의 세계가 어떤가를 경험해 보기 위해, 주변 압력이나 개인적인 문제로, 자아의 손상과 가치 판단력이 결핍되어, 전통·가치·문화·권위 등의 주변상황에 저항되는 수단으로, 허무와 권태로부터 향락을 추구하고 싶기 때문 등을 들 수 있다. 건전하고 정상적인 사고를 지닌 사람은 대부분 몇 번의 경험을 거친 후 그 같은 행위가 의학적·법적·사회적으로 허용되지 않는다는 것을 인식하기 때문에 약물남용을 중단한다. 그러나 현실도피나 환각을 목적으로 약물을 남용하는 사람들은 이를 중단하기 힘들다. 일반적으로 중독에 빠진 청소년은 우울증이나 낮은 자존감과 같은 정서적 문제를 지니고 있거나 대인관계에 어려움이 있고, 소외를 경험하며 정당한 자기주장이나 자기표현을 잘 하지 못하거나 이전에 다른 중독 경험이 있는 경우가 많다. 이들은 의존적·강박적·수동공격적인 성격 특성을 지니며 일반적인 스트레스 상황에 잘 대처하지 못하는 특성을 지니는 경향이 있다. 청소년이 약물중독에 빠지는 것은 개인적인 요인으로 인성결함을 들 수 있다. 예로부터 사람들은 신체적 고통을 덜거나 삶에 활기를 불어넣기 위해 약물을 사용해왔다. 인성결함은 역기능적인 가족관계, 건전한 역할모델의 결핍, 모순적인 부모의 기대, 애정 결핍 등에 의해 형성될 수 있다.

인간은 태어나면서부터 다양한 욕구충족을 원하는 무의식적이고 비합리적인 충동에 의해 압력을 받는다. 이러한 무의식적인 충동은 성장함에 따라 사회화되며, 각 단계별로 충족되거나 통제되어야 할 욕구가 있는데 그 욕구를 충분하게 충족하지 못하였거나 통제하지 못하는 사람들은 약물에 중독될 가능성이 높다. 또한 부모의 부적절한 양육방식과 건전하지 못한 생활태도 등이 약물중독에 영향을 미칠 수 있다. 청소년의 학교생활에 대한 만족도, 학교부적응, 또래집단 요인도 약물중독과 밀접한 관련이 있는 것으로 나타났다. 학교생활에 불만족하는 경우, 학업성적에서 열등의식을 갖거나 낮은 학교성적, 학교생활의 부적응, 약물사용에 대한 또래집단의 압력과 호의적인 태도 등도 청소년의 약물남용이나 중독문제를 심화시키는 요인이 되는 것으로 나타났다.

그러나 약물사용이 청소년에게 문제가 되는 이유는 이른 나이에 약물을 남용하기 시작하고, 단순한 호기심 충족이나 또래들의 압력 때문에 약물을 복용하게 되기 때문이다. 이는 자아정체감을 형성해야 하는 시기에 신체적·정신적 발달에 손상을 입어 정체감 혼란을 초래할 수 있으며 반사회적 성격, 수치심과 죄의식, 의존심 확대 등의 낮은 자존감을 형성할 수 있다. 약물사용은 급변하는 사회환경에 적응하는 데 도움이 되고, 긴장을 줄이며 권태로운 삶에 활기를 줄 뿐만 아니라, 가혹한 현실에서 도피하게 해 준다. 그러나 개인적 만족을 위해서 또는 일시적 적응을 위해서 약물을 사용할 경우, 습관적 중독으로 인해 정상적 생활이 불가능해지며, 치명적 병으로 목숨을 잃게 될 수 있다. 청소년의 약물남용에 대한 자료에 의하면(오정근, 2005) 여성 청소년의 약물사용 경험이 큰 폭으로 증가하고 있는 경향을 보이고 약물의 종류로 술 담배의 경험은 증가한 반면, 수면제 각성제, 마약 등의 약물사용은 감소하는 경향을 보였다. 특히 중학생의 술과 담배의 남용비율이 증가하는 현상이 나타나 최초의 음주시기는 중 1과 중 2가 가장 많았으며 현재 담재를 피우고 있는지에 대해 일반청소년은 80.4%가 '한 번도 피워본적이 없다' 로 나타난 반면에 위기청소년은 40.0%가 '매일 피우고 있다' 로 나타났다(국가청소년위원회, 2007).

### (3) 인터넷 중독

청소년에게 인터넷은 일상생활의 도구이고 의사소통의 장으로 풍부한 정보접근이 가능하도록 한다 학업에 필요한 다양한 정보를 제공하는 유용한 도구이며 휴식과 놀이의 장소이며 교류의 장이다. 정보화 사회가 급속하게 진행되면서 인터넷사용으로 인한 게임중독, 음란사이트접촉 등의 역기능적인 문제가 나타나면서 심각한 사회적 문제로 대두되고 있다. 인터넷 중독은 Goldberg가 '인터넷 중독장애(Internet Addiction Disorder, IAD)' 라는 용어로 언급하면서 제기되었는데 일반적으로 '병리적이고 강박적인 인터넷 사용' 으로 규정하고 있다. 이는 정신의학적 입장에서 충동조절장애의 하나로 규정하면서 집착, 내성 및 금단, 일상생활에서의 지장 등이 핵심준거나 진단기준으로 제시되고 있다(이영하, 2003). 인터넷 중독이란 인터넷에 반복적으로 접속하지 않았을 때 불안, 초조감과 같은 정서적 금단현상과 내성으로 인해 인터넷에 몰입하게 되어 학업 소홀과 같은 현실생활의 어려움을 갖는 것을 말한다(남영옥, 2005). 인터넷을 사용하는 청소년이 모두 인터넷 중독에 빠지는 것은 아니다. 인터넷 중독도 다른 중독과 마찬가지로 개인의 성격 특성이나 적응과 관련된 요인과 무관하지 않아 청소년이 자아존중감, 자기통제력과 대인관계 효능감이 낮을수록, 사회적으로 고립감을 심하게 느낄수록, 충동적이고 스릴과 모험을 추구하고 즐기는 성향일수록 그리고 우울할수록 인터넷중독에 더 쉽게 빠진다(남영옥, 2005; 위지희 · 최규만, 2004). 즉, 충동적인 청소년은 현실세계에서 장래의 더 큰 만족을 추구하기보다는 가상세계에서 즉각적인 만족을 추구하는 경향이 있어 인터넷 중독에 더 쉽게 빠진다. 또한 인터넷 중독 수준이 높은 집단은 낮은 집단에 비해 부정적인 대인관계 성향을 가지며, 그 해결방안으로 인터넷을 주로 이용하는 경향을 보이기도 한다(이소희 외, 2005). 또한 인터넷은 몰입의 즐거움을 주며 몰입을 통하여 현실의 문제들에서 잠시나마 벗어날 수 있게 해줄 뿐만 아니라 현실에서 부족한 것을 가상의 세계에서만은 채울 수 있다는 만족감을 느끼게 해준다. Watters(2003)는 현실 속에서 자신을 편안하게 드러내지 못하는 특성을 지닌 사람들이 익명성을 바탕으로 인터넷이라는 가상공간 안에서 자신을 솔직하게 드러내게 된다고 하였다. 즉, 인터넷의 익명성은 사람들로 하여금 현실 생활 속에서의 구속과 억제와 통제로부터 벗어날 수 있다고 느끼게 해준다. 이러한 익명성이 인터넷상에서의 폭력과 음란물을 난무하게 만들고, 지나치게 인터넷에 집착하게 하는 요소로 작용하기도 한다. 특히 현실에서 자신의 분노를 숨기고 살았던 청소년의 경우에는 온라인 게임을 통하여 강력한 힘을 얻어 공격성을 발휘할 수도 있다. 또한 Young(2000)은 현실에서 이해받지 못하고 외로운 사람들이 충족되지 못한 욕구를 가상공간을 통해 충족시키고자 한다고 지적한 바도 있다. 사회적으로 억압되고 관계의 폭이 좁은 사람들일수록 인터넷을 통해 관계를 유지하고자 함으로써 인터넷 중독에 걸릴 위험성이 더 높다. 즉, 현실세계의 어느 집단에도 심리적으로 소속되지 못하여 외로움과 이질감을 느끼는 경우에 사이버 공간을 통해 비로소 공동체에 속한 것 같은 느낌을 받게 된다는 것이다. 특히 부모의 부부관계가 원만하지 않을수록, 부모의 양육행동이 거부적이고 통제적이며 일관성이 없을수록(류진아·김광웅, 2004), 부모와 자녀간의 신뢰감이 더 낮고 가족지지를 받지 못할수록(정경아·한규석, 2001), 부모의 부적절한 관여와 통제가 심할수록(강민철·오익수, 2002; 조춘범, 2001) 인터넷에 중독될 위험이 더 높아진다. 그러므로 부모의 감독과 통제가 부적절하고, 부모의 인터넷에 대한 태도가 부정적이며, 가정 내에서 부모와 자녀 간의 관계가 소원하거나 문제가 있는 경우에 청소년들은 인터넷 중독에 빠지기 쉽지만, 부모의 양육행동이 긍정적이고 민주적인 경우에는 인터넷에 중독될 위험은 낮아진다(조춘범, 2001).

인터넷 사용이 생활에 항상 부정적인 영향을 미치는 것만은 아니어서 고립된 사람들의 사회적 관계를 증진시켜 주는 순기능도 가지고 있지만 인터넷이 사회활동을 대치함으로써 사회적 참여를 감소시켜 심리적 고립감과 소외감을 증대시킬 수도 있다.

Kraut(1998)는 이를 '인터넷으로 인한 모순(Internet Paradox)'이라고 표현하였다. 인터넷 중독현상에 대해 청소년 보호위원회(2004)가 1,856명의 청소년을 대상으로 실시한 조사에서 나타나는 결과를 보면, 인터넷 이용 청소년의 50% 이상이 공부에 집중하지 못하고, 수면부족, 시력저하, 신체피로를 느끼며, 17.4%는 성격이 나쁘게 변한다고 보고하였다(국민일보, 2005. 1. 18).

일상생활에서 나타나는 인터넷 중독의 일반적 영향은 다음과 같다(이현아, 2004)

- 인터넷을 하지 않는 동안에는 불안하고 초조해지고, 인터넷을 할 생각만 한다.
- 처음에 의도했던 것보다 항상 더 오래 인터넷을 하게 된다.
- 인터넷 사용으로 수면시간이 현저하게 줄어들고 생활주기가 교란된다.
- 만성 피로감, 눈의 피로, 시력저하, 근골격계의 장애가 온다.
- 불규칙적인 식사로 영양실조가 나타날 수 있고, 운동부족과 과식으로 체중 증가가 있을 수 있다.
- 인터넷을 하기 위해 다른 일을 미루거나 포기한다.
- 인터넷을 하기 위해 친구나 가족에게 거짓말을 자주 한다.
- 인터넷 사용에 방해를 받으며 몹시 화를 내거나 때로는 부모에게 반항한다.
- 인터넷을 하느라 중요한 약속을 어기거나 공부나 직장 일을 소홀히 한다.
- 인터넷 사용으로 학업성적이 저조해지고 학교를 그만두기도 한다.
- 친구를 만나지 않고 취미활동에도 관심이 없다.
- 가족과 보내는 시간이 줄어들며 가족과도 소원해진다.

## (4) 청소년과 성

최근 우리 사회에서는 다양한 서구문화의 유입과 젊은 세대의 자유로운 사고방식에 따라 성적 가치관과 성경험도 개방적이고 적극적으로 변해가고 있다. 이러한 가운데 청소년들의 성 행동이 점차 대담해 지면서 각종 문제를 야기하고 있어 사회적 관심이 증가하고 있다. 특히 일부 청소년들은 유흥비 마련을 위하여 성인들의 성문화를 그대로 모방하는 성매매 현상까지 나타나고 있어 문제의 심각성을 더해주고 있다. 청소년 성매매는 10대 청소년이 금품을 받고 성인과 성관계를 맺는 매매춘의 일종으로 인터넷과 같은 각종 매체의 발달로 인해 돈을 매개로 한 미성년자와 성인과의 성적인 결합 및 만남을 뜻한다(조성연 외, 2000). 즉, 청소년 성매매란 청소년의 성을 대가로 금전을 주고받으며 팔고 사는 행위를 말하는데, 여기에는 성을 판 청소년과 청소년의 성을 산 상대방이 존재한다. 이는 청소년들로 하여금 자존감을 떨어뜨리고 금전만능주의나 쾌락주의에 쉽게 빠지게 함으로써 청소년 발달에 부정적인 영향을 미친다. 국가청소년위원회(2007)가 일반청소년과 위기청소년을 대상으로 한 청소년 유해환경접촉 종합실태조사를 실시한 결과, 청소년이 성매매를 하는 이유로 일반청소년은 성에 대한 호기심과 욕구라는 답변이 가장 높았고, 위기청소년은 사고 싶은 것을 사려면 돈이 필요하기 때문이라는 답변이 가장 높게 나타났다. 따라서 청소년 성매매는 단순한 금전적 이유뿐만 아니라 청소년기의 발달적 특징으로 인한 성적 호기심도 중요한 발생요인이 된다. 또한 또래의 영향력으로 친구의 부추김이나 소개, 청소년 성매매에 대한 허용적 문화 등이 청소년 성매매의 중요한 요인이다. 청소년기는 자신과 비슷한 과정을 경험하는 또래를 통해 심리적 인정과 지지를 얻음과 동시에, 친구로부터 행동을 함께 하도록 동조·압력을 받는 경우가 많다. 그러므로 청소년 성매매 행위의 결정과정에서 비행을 경험하는 친구가 많을수록 성과 관련된 문제에 노출될 경향이 큰 것으로 나타났다(황주희, 2004). 이들은 경제적 과소비와 외모를 통해 정체성을 형성하고 또래에게 인정받는 것을 가장 중요시 하며, 자유로운 개방적 성의식을 토대로 성을 놀이와 교환의 수단으로 간주하는 것으로 나타났다. 특히 우리사회의 어린 여자를 선호하는 남성들의 왜곡된 성문화, 소비자본주의, 인터넷 등이 원조교제를 유도하는 주요 요인으로 나타났다.

우리 사회에서 청소년의 성적 비행문제와 관련 깊은 또 다른 요인은 인터넷으로 음란 사이트 접속, 음란채팅, 사이버성폭력 등이다. 특히 인터넷 공간에서 여과 없이 쏟아지는 각종 음란물은 성에 대한 올바른 지식과 가치관이 확립되지 못한 청소년에게 그릇된 성 가치관을 심어 주어 성적 비행 행동을 야기할 가능성이 높다. 대부분의 청소년이 성에 대한 사전 지식이 없이 성인용 음란물을 접하였을 때는 정신적 충격을 받거나 모방하려는 욕구가 발생한다. 그러나 이러한 음란물은 대부분이 정상적 내용보다는 왜곡된 성지식과 변태적 성행위를 다루고 있어, 청소년으로 하여금 성에 대한 그릇된 가치관을 형성하고 이를 모방하려는 행동을 하게끔 한다. 특히 여학생의 경우 성에 대해 강한 혐오감을 갖게 할 수도 있다는 점에서 우려가 된다. 따라서 청소년의 성적 비행을 예방하기 위해서는 올바른 성교육이 반드시 이루어져야 하며, 더불어 성적 피해를 당하

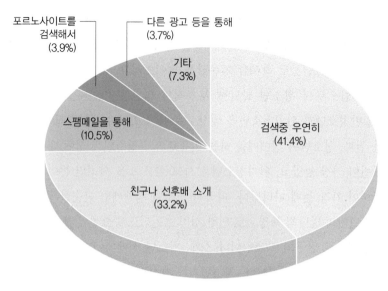

포르노사이트를
검색해서
(3.9%)

다른 광고 등을 통해
(3.7%)

기타
(7.3%)

스팸메일을 통해
(10.5%)

검색중 우연히
(41.4%)

친구나 선후배 소개
(33.2%)

| 그림 8-1 | 인터넷 음란사이트를 접속하는 주된 경로(2010)
자료: 한국여성인권진흥원(2010)

지 않도록 예방하는 교육도 함께 이루어져야 한다. 또한 성폭행을 당한 청소년에게도 빠른 시일 내에 신체적 · 정신적 고통에서 회복되어 앞으로의 삶을 긍정적으로 살 수 있도록 도와주어야 한다. 왜냐하면 그들은 신체적, 정신적 상처를 받게 되어, 그 정도가 심한 경우에는 미래의 인생을 포기한 채 탈선의 길을 걸을 수 있기 때문이다. 또한 10대의 임신은 많은 문제를 유발 한다. 임산부와 태아 모두에게 심각한 건강문제를 일으킬 가능성이 있으며, 미혼모 자신은 미래에 힘든 삶을 살게 되는 경우가 많다.

## (5) 10대 미혼모

10대 미혼모는 가정과 사회로부터 소외되기 쉽고 죄책감과 심한 정서적 갈등 및 건강상의 문제들을 겪기 쉬우며, 학업과 직업 선택에 많은 제약을 받고 박탈을 경험하기도 한다. 그리하여 10대 미혼모는 건강, 학업 지속 여부, 직업선택, 결혼 가능성 여부, 자녀 양육 또는 입양결정 등과 관련된 문제들에 직면하게 된다.

10대 출산과 관련하여 가장 치명적인 문제는 임신과정 및 출산과정에 따른 신체적 · 정신적 건강 등의 보건문제이다. 10대 미혼모는 예기치 못한 임신으로 인해 심리적 불안과 공포, 수치심을 느끼고, 신체적 부담으로 인한 비의료적 낙태시술을 시도함으로써 이들 스스로가 감당하기에는 너무나 큰 부담감 내지 중압감을 느낀다. 또한 10대 미혼모는 학업포기로 인한 학교 중도탈락, 취약한 근로조건을 가진 직업에 종사하는 등 경제적이고 사회적으로 매우 취약한 위치에 처하게 된다. 따라서 다수의 10대 미혼모들은 가족과의 결별, 기본적인 생활유지와 관련한 경제적 문제, 산전·산후관리, 자녀 출산 및 양육, 사회적고립 등 복합적인 문제를 지닌다. 이러한 10대 미혼모의 문제는 당사자 개인을 넘어서 사회에도 영향을 미친다. 즉, 10대 미혼모가 겪는 문제에 대해 경제적 지원 및 주거지원, 학업과 직업 및 부모교육, 아동입양 등 다각적인 측면에서의 문제해결 접근이 필요한데, 이로 인해 높은 사회비용이 발생되고 결과적으로 사회복지비의 지출이 증가되는 문제를 초래한다.

10대 미혼모의 경우에는 임신기간과 출산과정, 그리고 출산 후 1년까지 미혼모뿐만 아니라 출산한 자녀까지 건강상태가 위험할 수 있다 이들은 성과 임신에 대한 정보부족 및 임신 초기의 부주의로 인한 불충분한 영양섭취, 임신합병증 등으로 인해 산모의 건강을 위협하기도 한다. 또한 10대 미혼모들은 심리적으로 '실패 신드롬'에 빠지는 경향이 많은데, 이는 10대 임신에 따라 동반된 정신적 스트레스에 의해 강화된 것이다. 이러한 심리적 '실패 신드롬'은 중단되기 어렵고 가족불안 및 사회문제를 야기하며 그로 인한 좌절과 분노는 다시 아동학대나 방임을 유발할 뿐만 아니라, 아이에 대한 죄책

---

### ◉ 10대 임신을 예방하기 위한 지침 ◉

- 누군가가 "나를 진심으로 사랑한다면 성관계를 가져도 된다."라고 말하더라도 그것을 경계해야 한다.
- 성행위는 결코 사랑의 담보가 될 수 없다.
- 피임법을 사용하지 않고 성관계를 갖는 것이 결코 낭만적인 것은 아니다.
- 상대방에게 "안돼."라는 말은 구두로 하는 완벽한 피임법이다.
- 남성이 자신감을 갖기 위해 여성을 이용하려는 남성 우월주의 사람들에게 상처를 입고 타인을 착취하는 수단이다.
- 10대 여성을 임신시킨 남성의 대부분은 결국 그들을 버린다.
- 남성의 사랑을 받지 못한다면 자신은 아무것도 아니라고 생각하는 여성은 사랑을 받은 후라고 해서 결코 대단해지는 것은 아니다.
- 남녀관계에서 가장 중요한 요소는 사랑, 존경, 보살핌, 유머감각, 상대방의 몸과 마음을 구속하지 않는 정직한 대화이다.

자료: Gordon & Everly(1985)

감을 느끼고 심지어 자살을 유도하기도 한다.

　　10대 미혼부 역시 이른 시기의 임신과 그로 인해 뜻하지 않게 아버지로서의 책임을 져야 하는 일이 부담으로 작용하여, 심리적인 압박과 더불어 아이에 대한 책임을 회피하려는 결과를 낳기도 한다. 실제로 10대 미혼모가 미혼부에게 임신 사실을 알릴 경우, 대부분의 미혼부들은 출산을 원하지 않아 유산시키기 바라고, 출산하는 경우에는 아기에 대해 입양을 권유하는 경향이 있다.

### (6) 자 살

2009년 자살 사망률은 10만 명당 21.5명으로 OECD 평균 11.1명과 비교해 볼 때 1위를 차지하고 있으며, 특히 청소년 자살이 202명으로 2008년 대비 47%로 급증하였다. 최근 2004~2009년의 최근 5년 동안 724명의 청소년이 자살하였으며 이중 고등학생 69%, 중학생 28% 초등학생이 2%를 차지하였다. 자살의 원인은 가정불화가 가장 많았으며 이어서 우울증, 성적 비관순으로 나타났다. 이와 같은 통계결과들을 볼 때 청소년층의 자살은 지난 10여 년 동안 꾸준히 증가해 왔으며, 오히려 청소년 인구의 감소 정도를 고려한다면 폭발적으로 증가하고 있다고 볼 수 있다. 자살사고는 자살기도나 완성된 자살보다 훨씬 더 높은 비율로 나타나다. 자살생각이나 자살충동을 갖고 있다고 하여 모두 자살을 기도하거나 감행하는 것이 아니므로 죽고 싶다는 비율은 상대적으로 높다. 청소년의 자살 충동경험은 초등학생 19.9%, 중학생 34.0%, 고등학생 33.7%나 되었다(전국 교원노조 보건위원회, 2007). 자살충동의 원인은 부모나 가족과의 갈등이 44%로 가장 많았고, 이후 성적 부진, 이성교제 순이었다. 특히 우울할 때 주로 혼자서 해결한다는 학생이 43%로 나타나 상당수 학생들이 외부의 도움을 받지 못하고 있는 것으로 나타났다(SBS뉴스, 2007. 6. 8). 이러한 결과는 입시 위주의 교육제도에서 우리나라 청소년들이 학업과 성적으로 인한 심적 부담감이 극심할 뿐만 아니라 부모나 가족과의 갈등과 친구관계로 인한 문제도 상당한 수준이어서, 이로 인해 매우 극단적인 방법으로 자살을 택할 수 있다는 것을 보여주는 것이다. 청소년 집단의 자살이 증가하고 있다. 무엇이 그렇게 많은 젊은이들로 하여금 인생을 견딜 수 없게 만드는가? 청소년기에 겪게 되는 불안과 좌절에서 벗어나기 위해 자살이라는 극단적 행동을 한다고 주장하는 사람이 있는가 하면, 오늘날 우리 사회의 경쟁적 분위기, 즉 좋은 성적을 얻어야만 좋은 대학에 들어가고, 좋은 직장을 얻어야만 안정된 생활이 보장된다는 압박감 때문이라고 말하기도 한다. 일반적으로 자살을 기도하는 사람들은 대체로 외롭고 소외되었으며, 따돌림을 받는다고 느끼고 부모와 친구들로부터 사랑받지 못한다고 생각한다. 많은 경우, 자살기도는 정말로 죽기를 원해서가 아니라 자신의 괴로움을 극적인 방법으로 표현하는 것이라고 볼 수 있다. 자살기도는 관심과 도움을 구하는 필사적 탄원의 표시지만, 종종 도움을 받기도 전에 사망하게 된다.

　대부분 성인들이 절망 때문에 자살하는 것과는 달리 청소년들은 우울이나 충동성 때문에 자살을 기도한다. 선행연구를 토대로 청소년기 자살은 몇 가지 위험요인과 관련이 있다(Atwater, 1996). 우울장애나 약물남용과 같은 정신병리적 문제, 가족 내 자살시도 경험이 있는 경우, 부모의 거부나 가족붕괴 등의 가족갈등, 사랑하는 사람과의 이별, 오랜 기간의 적응문제, 문제해결력 부족 및 낮은 자존감, 연예인의 자살을 미화시키는 대중매체, 극약이나 흉기를 쉽게 구입할 수 있는 인터넷 매체 등이 위험요인이다. 자신의 생명을 스스로 끊으려는 청소년들이 위험에 처하지 않도록 돕기 위해 우리는 무엇을 할 수 있는가? 자살을 시도하는 사람은 아무도 모르게 조심스럽게 자살을 계획하지만, 대부분의 경우 행동으로 옮기기 전에 여러 가지 위험신호를 보낸다. 다음은 청소년에게 자살기도에 앞서 흔히 나타나는 위험신호이다(Papalia, olds, & Feldman, 1989).

- 가족이나 친구들로부터 점진적으로 위축되고 고립되어 간다.
- 죽음과 내세 혹은 자살에 관해 이야기한다.
- 아끼던 소유물을 남에게 준다.
- 학업성적이 떨어진다.
- 몸에 이상이 없는데도 신체적 이상을 호소한다.
- 무력감, 좌절감, 불안감, 우울증에 시달린다.
- 평상시보다 훨씬 적게, 혹은 훨씬 많이 먹거나 잔다.

이상과 같은 위험신호가 보이면, 다음과 같은 특별한 주의가 필요하다(Santrock, 1998).

- 경보신호를 무시하지 않는다.
- 만약 자살이라는 주제에 관해 이야기하기를 원한다면 피하지 말고 조용히 들어준다.

■ 기겁을 하거나 비난을 하는 등 혐오스런 반응을 보이지 않는다.
■ "모든 일이 다 잘 될거야."와 같이 거짓 확신을 준다든가, "매사에 감사할 줄 알아야지"라는 진부한 말을 늘어놓지 않는다.
■ 전문적 도움을 청하도록 설득한다.

# 형제자매관계

# 9 장

가족의 범위와 크기가 축소된 현대 핵가족에서 아동이 맺게 되는 가족 내 인간관계는 크게 수직적 관계인 부모-자녀관계와 비교적 수평적 관계를 나타내는 형제자매관계로 대별해 볼 수 있다. 그러나 지금까지의 많은 연구들이 부모자녀관계에 치중해 왔으며, 형제자매관계는 이론적 · 실제적 측면에서 상대적으로 많은 연구가 진행되어오지 못하였다. 형제자매관계는 부모-자녀관계와는 다른 유일하고 고유한 영향력을 가지며, 현대사회의 변화와 함께 가족의 범위와 구성원 수가 축소되면서 그 중요성이 강조되고 있다. 이번 장에서는 형제자매관계가 아동에게 어떤 의미를 가지고 있는지를 살펴보고, 형제자매관계의 특성, 형제자매관계에 영향을 주는 요인 및 긍정적 형제자매관계를 위한 부모행동 등에 관해 살펴보고자 한다.

## ① 형제자매관계의 특성과 중요성

형제자매란 일반적으로 생물학적 혈연관계를 맺고 서로에게 관심을 갖고 상호작용하는 상호적 · 호혜적 관련이 있는 사람을 말한다. 일생 동안 서로에게 신체적 · 정서적인 접촉을 통하여 영향을 미치며, 사회화의 대리인으로 서로에게 최초이자 가장 강력한 또래관계를 제공하는 관계이다(전귀연 · 임주영, 2006).

일찍이 형제자매간의 상호작용에 대한 연구가 부족하다는 지적이 있었음에도 불구하고(Irish, 1964), 이를 주제로 한 연구는 그다지 활발히 진행되지는 못하였다. 1980년을 전후하여 일련의 연구들(Abramovitch, Corter & Lando, 1979; Abramovitch, Corter & Pepler, 1980; Baskett & Johnson, 1982; Dunn & Kendrick, 1982; Lamb 1978; Pepler, Abramovitch & Corter, 1981)은 실험실과 가정에서 직접적 관찰방법을 통해 함

께 많은 시간을 공유하는 학령기 전의 형제자매관계 안에서 나타나는 상호작용을 살펴보고자 하였다. 이러한 연구들은 부모−자녀관계에서 나타나는 상호작용과 형제자매 간 상호작용의 질이 서로 다르다는 것을 지적하였고, 특히 부모에 대한 관심과 형제자매에 대한 관심에 차이가 있다고 보고하면서, 아동의 발달과정에서 형제자매관계가 차지하는 중요성을 강조하였다.

국내연구에서도 김상희(1982; 1985; 1990)와 이경희(1990)는 유아기 아동들을 대상으로 형제자매간의 상호작용과 모방행동을 관찰을 통해 살펴본 결과, 전체 관찰시간의 90%에 해당하는 높은 수준으로 형제자매가 함께 있으면서 상호작용을 나타내었고, 형제자매간에 긍정적 행동이 많이 발견되었다. 특히 동생은 윗형제를 모방하고 윗형제의 시작행동에 적극적이고 긍정적으로 반응함으로써 윗형제가 동생의 사회적 경험과 학습에 매우 커다란 영향력을 갖고 있으며, 동생은 형제자매 간의 우호적 관계를 유지하는 데 중요한 역할을 담당하였다.

오늘날 급속한 사회·문화적 변화는 크게 세 가지 측면에서 형제자매관계의 중요성을 부각시키고 있다.

형제자매관계는 아동의 발달에서 매우 중요한 역할을 담당하고 있다.

첫째, 가족의 크기가 축소되고 평균자녀수의 감소로 인해 형제자매간에는 상호의존성의 증대와 깊은 유대감이 형성된다.

둘째, 생활영역의 확대와 수명의 연장에 따라 독신이 되었을 때 형제자매들은 더 깊은 유대관계를 형성할 수 있고, 이혼과 재혼에 따른 지리적 이동이 있을 때에도 형제자매는 함께 의지할 수 있는 존재이다.

마지막으로, 부모가 사망하였거나, 혹은 생존하고 있어도 적절한 부모의 역할을 수행하지 못하는 경우에(스트레스, 실직, 결혼생활의 긴장 등) 형제자매는 서로를 지지해주는 체제를 구축하게 된다.

'2009년 생명표' 보고에 의하면, 한국인의 평균 기대수명은 남자 77세, 여자 88.8세로 증가하였고(통계청, 2010) 이혼율은 세계 1위로 급부상한 반면, 자녀 수가 1.15명(보건복지부, 2009)으로 대폭 감소되어 형제자매관계의 상대적 중요성이 점차 증대되고 있음을 알 수 있다.

형제자매관계는 정지되어 있는 것이 아니라 생의 주기에 따라 다른 유의미한 관계와 마찬가지로 변화 발전하게 된다. 유아기에는 서로에게 동료로서의 지속적인 지원을 제공하면서 상호작용하고 장난감 이외의 옷, 방, 부모의 관심 및 중요한 가족 경험을 공유한다. 학령기에 들어가면 가족 이외의 사람들과 관계가 넓어지는데, 이때 형제와의 경험에서 배운 기술들이 사용된다. 청소년기의 형제자매관계는 겉보기에는 모호한 것처럼 보이나 학교문제, 성문제 및 여러 문제로 고민할 때 서로에게 조언자 및 상담자 역할을 하게 된다. 성인기에는 왕래나 접촉은 빈번하지 않으나 서로에게 지지자이자 격려자로서의 역할을 제공한다. 노년기에 자녀들이 떠나고 배우자가 사망하였을 때 서로에게 지지자가 되고, 다시 빈번한 접촉을 통하여 과제를 재정립하여 생의 초기에 그들이 공유했던 것처럼 생의 마지막 경험을 공유하기도 한다. 이처럼 형제자매는 인간의 삶 동안 가장 오래 지속되는 관계로 평생을 함께 한다고 볼 수 있으며, 형제자매관계를 통하여 인간이 경험할 수 있는 모든 관계의 원형들을 연습하고 시험해 보는 장을 제공받게 된다(전귀연 외, 2006).

특히 아동기의 형제자매관계는 이후에 나타나는 것보다 매우 강하게 맺어져 있는데, 이는 생의 다른 주기보다 이 시기가 형제자매들이 직접적으로 접촉하면서 서로 경쟁하고 가족 내의 자원을 공유하는 시기이기 때문이다. 아동기의 형제자매관계는 우정과 정서적 지지, 양육의 위임, 원조와 봉사의 내용을 갖는데, 구체적으로 살펴보면 다음과 같다(Goetting, 1986).

첫째, 이 시기는 형제자매관계의 중요한 과업인 우정, 사랑, 편안함을 가장 잘 채워주는 시기로서, 특히 동성이면서 연령차이가 없는 형제자매에게서 강하게 나타난다.

둘째, 부모가 자녀를 버렸거나 무능력한 경우에 형제자매가 부모역할을 수행하기도 하며 이것은 전통적으로 윗형제가 여아일 때 더 잘 적용된다.

셋째, 형제자매 각각이 부모와의 관계에서 문제가 생길 때 형제자매는 서로를 변호하면서 중재를 해주거나 부모의 행동을 예견하고 해석하여 형제자매가 힘을 합하여 부모와 협상을 벌이기도 한다. 부모가 책임을 다하지 못할 때에는 형제자매가 대신 서로에게 필요한 자원을 제공해 주기도 한다.

최근 가족이 다양화됨에 따라 동일한 부모를 가진 친형제(full sibling, biological

sibling), 둘 이상의 자녀가 부모 가운데 한 명의 부모를 생물학적으로 공유하는 이복(異腹)·이부(異父)형제(half sibling), 생물학적으로나 법적으로 서로 아무런 관계가 없는 형제로 전혼 관계에서 자녀가 있는 남성이 역시 전혼 관계에서 자녀가 있는 여성과 재혼할 때 이들이 각각 출산하여 데리고 온 자녀들과의 관계인 계형제(繼兄弟)관계(step sibling), 한 개인이 가족 안에 법적으로 입양되었을 때 이루어지는 입양형제(adoptive sibling), 혈육이나 법적 기준보다 요구 또는 관습에 기초한 형제로 가족으로 받아들여지는 비가족 구성원인 의형제(fictive sibling) 등으로 구분할 수 있다(전귀연 외, 2006).

한편, 형제자매관계를 어떻게 이해하는가는 학자들에 따라 다음과 같이 다양한 이론으로 설명될 수 있다(Daniel & Plomin, 1985).

첫째, 정신분석이론에서는 형제간의 경쟁으로 가족갈등이 발생할 수 있으나, 아동이 동성부모를 이성부모의 애정에 대한 경쟁대상으로 보다가 이것이 사회에서 용납되지 않음을 알고 동성부모를 동일시하는 것처럼, 동성형제를 동일시하면서 형제관계를 긍정적으로 발전시켜 나가게 된다고 설명한다.

둘째, 학습이론에서는 형제자매관계의 발달과정을 조건화와 모델링으로 설명하면서 부모의 긍정적인 반응을 얻기 위해 부정적 관계보다는 긍정적 관계를 선택하게 되며, 특히 윗형제를 모델로 동생이 모방하므로 윗형제의 성에 따라 오빠를 둔 여동생은 남성적으로, 누나를 둔 남동생은 여성적으로 행동하기 쉽다고 하였다.

셋째, Piaget학파들은 형제자매관계의 특정한 면(양육·애착·의사소통·가르침 등)을 인지적 측면으로 설명하였다. 즉, 형제자매는 서로에게 부족한 부분은 인지하고 이를 보충하고자 노력하면서 서로의 관계를 유지해 나가는 보충적(complementary)인 관계로 보고 있다.

넷째, 생태학적 이론에서는 형제간의 애착과 결속이 얼마나 강하게 연결되어 있느냐에 따라 형제자매가 서로에게 긍정적인 도움을 줄 수 있으냐가 달라진다고 설명하고 있다.

다섯째, 생물심리학적 관점에서는 출생 후 생물학적 요인(병, 신체적 손상 등)과 함께 태내환경의 차이에 따라 같은 부모를 가짐에도 불구하고 형제자매간에는 차이가 나타날 수 있다고 보았다.

마지막으로, 가족체계 연구에서는 형제자매관계는 부모자녀관계와 마찬가지로 가족이라는 체계의 하부 조직체계로서 부모의 양육태도 및 주위 환경으로부터 영향을 받게 되며, 이때 형제자매에게 주어지는 지위 및 경험의 차이에 따라 다양한 호칭(labeling)을 얻게 되는데, 특히 이들 중 약한 형제가 잘못된 가족체계에 의해 희생양이 될 수도 있다고 보고 있다.

## ② 형제아와 외동아

형제가 아동발달에 중요하다고 강조되면서 반대로 형제가 없는 외동아의 발달은 어떻게 나타날 지가 많은 학자들의 관심사가 되어왔다. 1980년대 초까지 외동아에 대한 이론적 접근은 지속적으로 외동아가 비정상적이고, 바람직하지 못한 인성과 사회적 행동을 갖는 것으로 여겨져 왔다. 그러나 최근 들어 여러 이유로 자녀를 적게 갖는 경향이 높아짐에 따라 외동아의 비율이 급증하면서 이들에 대한 관심이 증가하기 시작하였다.

특히 중국은 인구조절의 정책적 의도에 따라 1979년 '1자녀 정책'을 도입한 이후 인권침해라는 비판에도 불구하고 인구폭증에 대한 우려의 대책으로 이를 고수해 왔다. 그러나 중국의 '1자녀 정책'은 젊은층 인구가 급감하고 노인인구의 상대적 급증으로 인한 인구고령화에 따른 노동인구의 감소로, 2050년에는 60세 이상 연령층 1명을 1.6명의 노동 연령층이 부양해야 하는 중국 경제를 위협하는 시한폭탄으로 부상했기 때문에 최근 '1자녀 정책'의 완화방안을 논의하고 있는 것으로 보고되고 있다. 특히 31년간의 '1자녀 정책'의 결과, 남아선호사상이 강한 중국에서 여아 100명당 남아 120명의 심각한 성비 불균형과 함께 청소년 등 젊은 세대들이 이른바 가정에서 '소황제'로 자라나 나약하고 개인주의적인 성향을 보여 사회적인 문제가 되고 있다(연합뉴스, 2009. 05. 11; 조선일보, 2010. 09. 13).

그러나, 외동아와 관련된 141개의 문헌고찰 연구 결과를 종합한 연구(Falbo & Polit, 1986)에서 외동아는 형제아와 다르지 않으며, 오히려 더 지적이고, 사교적이며, 학교에서의 문제행동도 적은 것으로 보고되었다. 즉, 형제유무에 따른 아동의 인성발달은 차이가 없는 것으로 나타나며, 성취동기는 외동아집단이 형제아집단보다 오히려 높다고 하였다. 이는 부모가 자녀와 가지는 상호작용의 성격 및 양에 의해 설명될 수 있는데,

즉 외동아는 부모가 높은 관심을 갖고 자녀의 성취를 보다 많이 기대할 것이며, 성취를 보상받을 기회를 더 많이 가지기 때문이다.

외동아와 형제아의 학업적 자기효능감과 학교적응에서의 차이를 비교한 국내 연구 결과(김미숙, 2006)에서도 외동아가 학업적 자기효능감과 학교적응 모두에서 더 높은 성취를 나타냈으며, 외동아와 형제아 두 집단의 학업적 자기효능감과 학교적응 상호작용의 효과는 유의한 차이가 없는 것으로 나타났다. 또한 외동아가 사회적인 기술이나 또래수용에서도 형제아와 차이가 없는 것으로 보고되고 있다(박성연, 2006).

특히 외동아는 연령이 증가함에 따라 형제아보다 더 유리한 위치에 놓이게 되는데, 이는 외동아가 동료와의 관계를 더 적극적인 자세로 경험하고 부모의 계속적인 주의를 독점함으로써, 형제아의 형제경험에서 얻게 되는 관계능력의 우세함이 점차 줄어들거나 제거되기 때문이다.

외동아의 어머니가 형제아보다 더 보호적이며 복종적 태도를 취할 것이라는 일반적인 생각에도 불구하고 우리나라의 외동아에 대한 이러한 긍정적인 평가는 중국 외동아에 대한 평가와는 상반되는데, 이는 두 나라 간의 외동아를 갖는 동기가 다르기 때문이라고 볼 수 있다. 즉, 중국에서는 부모가 국가의 강요에 의해 외동아를 갖게 된 반면, 우리나라는 자발적 동기를 가지고 부부 간 합의에 의해서 외동아를 갖는 것으로 결정하기 때문이다. 즉, 자녀를 많이 낳고 싶어도 가질 수 없는 중국 부모들은 자연히 외동아에게 과보호적이 되기 쉽다. 그러나 우리나라의 경우는 자발적으로 외동아 낳기를 선택했기 때문에 부모는 외동아를 보다 잘 키우는 데 많은 관심을 갖고 있어서, 외동아가 갖게 되는 문제점을 미리 예측하여 일찍부터 자녀의 바람직한 사회정서발달을 위해 다양한 경험의 기회를 제공하고자 노력하게 된다. 또한 또래친구나 친척들을 접할 기회를 많이 제공하여 외동아의 부정적 측면을 최소화하고 긍정적 측면을 높인 결과일 것이다.

## ③ 형제자매관계에 영향을 미치는 요인들

한 가정에서 많은 시간을 함께 보내는 유아기의 형제자매관계는 매우 긴밀하다. 형제 간에는 적대감이나 경쟁심도 나타나지만, 대부분 형제자매간의 상호작용은 우호적이다. 즉 서로에게 애착을 형성하고, 놀이상대로서 서로를 좋아하는 것과 같은 긍정적인 측면이 더욱 강하게 나타난다(Hetherington & Parke, 1993). 형제자매관계는 특히 형제의 출생순위, 성, 성구성, 연령터울 등에 따라 다르게 나타난다.

## 1) 출생순위

형제자매는 각자의 출생순위에 따른 역할이 분담되어 있어서 이에 따라 각자의 위치에서 기대되어지는 행동을 나타낸다. 형제자매 관계에서 출생순위에 따라 주로 나타나는 역할은 크게 세 가지이다.

첫째, 교사와 학생의 역할이다. 윗형제가 교사 역할을 하면서 역할모델이 되며, 동생은 모방자로서 학생의 역할을 하는 경향이 있다.

둘째, 지휘감독자와 부하의 역할이다. 윗형제가 동생을 거느리며, 동생은 복종하는 역할을 하게 된다. 이 경우 성별요인도 관련되어 남아가 지휘감독자의 역할을 더 잘 수행한다.

마지막으로, 보호자와 의존자의 역할이다. 윗형제는 대리부모의 역할을 하면서 동생을 돌본다(이지선, 1994). 그러므로 윗형제는 책임감이 강하고, 자신의 유리한 위치를 지키기 위해 둘째보다 계획성이 높으며, 사고방식에 있어 조직적이며 종합적이다. 그에 비해 둘째 이하의 아이는 분석적인 경향이 있다(Somit, Arwine & Peterson, 1996).

그러나 오늘날 우리 사회의 부모는 소자녀만을 출산하므로 형제자매가 한두 명에 불과하거나 심지어 없는 경우가 많아서 출생순위로 인한 아동의 행동 특성은 점차 약화되어 가고 있다.

## 2) 성

3세 이후에서 나타나는 성 항상성(sex-consistancy) 개념의 발달은 성에 따른 형제자매의 행동에 차이를 낳게 한다. 아동의 성별에 따라 남아와 여아 간 형제자매관계의 질에 대한 지각에 차이가 있는 지 살펴본 결과, 여아가 남아보다 형제에게 온정과 친밀감을 높게 지각하고 있는 것으로 나타났다(이재연·이완정, 2006).

### 3) 성 구성

형제자매 간의 성에 따른 행동은 특히 그들 간의 성 구성 형태에 따라 크게 영향을 받게 된다. 맏이 남아와 맏이 여아 모두 동성의 동생을 둔 집단이 이성의 동생을 둔 집단보다 동생에게 온정, 친밀감을 더 높게 지각하는 것으로 나타났으며, 남아와 여아 모두 여아를 손위 형제로 두었을 경우 주변인과의 관계를 긍정적으로 지각하는 정도가 높았다(이재연 외, 2006).

동생의 행동은 윗형제의 행동을 모델로 발달된다.

동성형제는 성 유형화(sex-typing)에 도움이 되므로 동성형제간에는 긍정적 사회행동이 점차 증가하고, 혼성인 경우에는 부정적 사회행동이 증가하는 반면 모방행동의 빈도는 감소하게 된다. 형제자매간의 성구성은 성역할 개념의 획득에도 영향을 미쳐서, 한 가정에서 형제자매가 같은 성으로만 구성되어 있을 때는 그 문화에서 지지하고 있는 성역할의 구분을 비교적 잘 받아들인다. 즉, 형제만 있는 경우는 보다 남성적이고, 자매만 있는 경우는 보다 여성적 성격을 띠게 되는 경향이 높게 나타난다. 반면, 남아와 여아가 섞여서 구성된 경우에는 성역할 개념이 덜 뚜렷하며, 때로는 성별 간의 경쟁이 나타날 수 있다. 특히 윗형제의 행동을 모델로 동생의 행동이 발달되므로 오빠를 둔 여아는 더 남성적인 행동을, 누나를 둔 남아는 더 여성적인 행동을 하기 쉽다.

### 4) 연령터울

형제자매의 연령터울이 짧은 경우는 부모의 차별적 대우가 더 빈번하고, 그 결과 형제 간 갈등이나 적대감, 부적응이 더 많이 나타난다. 그러나 형제자매의 연령터울이 짧은 경우에는 또래들과 같이 서로 동등한 관계를 형성하므로 형제자매와의 상호작용에서 획득한 기술들은 아동의 조망수용능력과 도덕적 성숙 및 다른 아동과 관계를 맺는 능력에 기여하고 바람직한 적응에 영향을 준다(Stormshak, Bellanti & Bierman, 1996).

특히 2~4년의 연령차는 형제자매관계에서 가장 많은 경쟁심을 유발하는 것으로 여겨지며, 남자 형제들에게서 특히 심한 반면 자매는 비교적 원만한 관계를 유지한다. 한편, 연령차가 적을 경우 서로를 잘 이해하여 부모와의 관계에서 금기로 되어 있는 것도 그들끼리는 잘 통하는 것으로 보인다(조복희 외, 1999).

우리나라의 경우 형제간 터울이 3~4년이던 과거에 비해 점차 1~2년으로 터울이 줄고 있는 추세인 반면, 늦둥이 출산이 점차 증가하고 있어 앞으로 터울이 거의 없거나 터울이 지나치게 큰 경우도 형제관계 연구의 한 요인이 될 것으로 예측된다(박성연, 2006).

## 5) 어머니의 차별행동

형제자매관계의 질에 아동의 기질도 다소 영향을 미치는 것으로 보이나(김은지, 1996), 기질보다는 부모자녀관계와 부모에 대한 애착이 더 큰 영향을 미친다(장휘숙, 2008). 형제자매관계를 살펴볼 때는 가족 내의 한 아동만이 아닌 형제 각각을 함께 고려해야 한다. 특히 아동의 나이가 어릴수록 집에서 어머니와 보내는 시간이 길고 상호작용도 빈번해지므로 어머니가 형제 각각을 어떻게 대하느냐에 따라 형제자매관계의 질이 결정된다.

어머니와 두 명의 형제자매 사이의 다양한 관계와 이러한 관계가 아동의 발달에서 갖는 중요성은 다음과 같다(Dunn, 1988; Dunn,1991).

■ 동생이 생기기 직전과 직후에 어머니가 첫째와 어떤 관계를 맺고 있었느냐와 특히 이때 첫째의 정서적 상태가 중요하다. 동생이 생기면서 첫째는 혼란의 징후를 나타내는데 이는 모-자녀 간 상호작용의 변화에 기인한다. 즉, 어머니의 관심이 감소되고, 처벌적이고 제한적인 태도는 증가하며, 의사소통과 상호작용의 빈도가 감소하는 경향이 높게 나타나는데, 이러한 변화로 인해 첫째는 혼란에 빠지게 된다.

■ 첫째가 동생이 생기기 이전부터 어머니와 어떠한 관계를 맺고 있었느냐에 따라 동생과의 관계가 달라진다. 즉, 어머니와 함께 한 놀이의 양이나 어머니의 관심의 정

도, 어머니의 금지적 태도와 대립의 빈도 등에 따라 달라진다. 어머니와 친밀한 관계가 있었던 경우에는 동생이 생기면 자신의 애정을 강탈당한 것으로 생각하여 동생에게 적대적이 되며, 반면에 어머니와 적대적 관계에 있었던 경우에는 동생에게 따뜻하게 대하며 특히 어머니가 동생을 낳고 우울해 하고 피곤해 하면 형제자매관계는 우호적으로 나타난다.

- 첫째는 어머니가 동생에게 더 애정적 관계를 갖고, 더 친밀하고, 더 놀아준다고 느낄 때 동생에게 적대감을 갖게 된다.
- 첫째가 어머니의 차별적 태도에 대해 더 민감하게 느낄수록 정서적 불안을 느끼며 형제에게 적대적 태도를 나타낸다. 어머니의 차별적 태도에 대한 민감성은 14개월 된 동생을 가진 30개월의 유아에게서도 이미 발견된다.
- 형제자매관계를 중재할 수 있는 방법으로 어머니가 형제관계를 지지하고 장려해 주며 형제 각각의 장점, 행동, 의지 등을 설명해 주는 것이 중요하다.

## ❹ 발달단계에 따른 형제자매관계

### 1) 유아기

유아기는 아동의 급격한 발달이 이루어지는 시기이므로 연령의 변화에 따라 어머니의 양육태도에서 많은 변화가 나타난다. 부모가 어느 한 쪽을 더 좋아하고 다정하게 대하는 것은 출생순위보다는 가정의 상황에 따라 다르다. 즉, 어느 가정에서는 첫째를 더 애정적으로 대하는가 하면, 다른 가정에서는 둘째를 더 애정적으로 대하기도 한다(도현심 · 이희선, 2003). 이러한 차별적 양육행동은 아동의 연령이 변화함에 따라 그들의 발달수준이 달라지므로 이에 맞추기 위해 다르게 나타나는 것으로 볼 수 있다. 따라서 아동의 수준에 따라 불가피하게 나오는 차별적 행동을 아동이 이해할 수 있도록 어머니가 형제자매 각각에게 충분한 설명과 함께 아동의 수준에 맞는 객관적 애정태도를 보이는 것이 중요하다. 어머니가 합리적 태도로 양육하면 형제자매는 온정적이고 친밀해지며, 권위주의적으로 통제하면 갈등적이고 권력적인 형제자매관계를 나타내게 된다(하지연, 2008).

## 2) 학령기 및 청소년기

유아기 아동을 대상으로 한 연구들은 이들이 형제자매관계에 대해 응답할 수 없는 제한점으로 인해 주로 그들을 관찰하거나 어머니의 응답에 의존해 오고 있다. 이에 비해, 학령기에는 형제자매에 대한 그들의 생각을 표현할 수 있고, 특히 아동이 형제자매에 대해 주관적으로 어떻게 생각하느냐가 형제자매관계의 질을 결정하는 데 중요하기 때문에, 아동을 직접 면접하거나 형제관계의 질에 대한 설문지를 응답하게 함으로써 연구가 수행되어 왔다.

3, 6, 9, 12학년 아동들을 대상으로 하여 형제자매관계의 질을 살펴본 Buhrmester와 Furman(1990)에 의하면, 첫째, 형제자매관계는 연령의 증가와 함께 더 평등적이고 균형을 이루게 되면서 그들 간의 권력/지위의 구조에서 변화를 보였다. 즉, 동생은 나이가 들수록 능력을 갖게 되고 더 독립적이 되면서 형제자매간의 발달적 지위가 유사하게 되어 형제자매관계는 조화를 이루고 평등적이 된다. 반면, 첫째는 부모자녀관계와 또래관계에서는 가질 수 없었던 권위를 형제자매관계에서 갖고 있었으나 동생의 능력이 증가함에 따라 이를 포기해야 하는 상황에 처한다. 바로 이러한 상황으로 인해, 동생의 윗형제에 대한 적대감은 연령에 따라 감소하는데 반해, 윗형제의 동생에 대한 적대감은 감소하지 않게 된다.

둘째, 형제자매는 연령의 증가와 함께 그들의 관계가 덜 긴밀해진다. 학령기 이후의 형제관계는 유아기 아동의 형제자매관계에 비해 상호작용이 감소되면서 그들 관계의 끈이 다소 느슨해지는데, 이는 학령기 이후 점차 아동의 관심이 가족에서 또래관계로 이행되고 이것이 청소년기가 되면 이성관계에 대한 관심이 커지면서 형제자매 간의 심리정서적 긴밀함이 약해지기 때문이다. 그러나 형제자매간의 동료적 관계가 감소함에도 불구하고, 청소년기가 되어도 형제자매 간의 애착은 여전히 남아 있다.

셋째, 형제자매와의 경험은 부분적으로 가족구조 내의 아동의 지위에 의해 결정된다. 형제간의 나이차가 클수록 윗형제는 발달단계상 가족으로부터 벗어나려고 하는 반면, 동생은 윗형제를 동일시하려고 접근을 더욱 더 시도한다. 그러나 연령차이가 큰 경우가 적은 경우보다 형제자매관계가 우호적이고 동성 간이 혼성 간보다 따스함과 친밀감이 높았다.

넷째, 유아기와 학령기의 형제자매관계의 질은 청소년기의 경우보다 아동의 인성에 미치는 영향력이 더 크다. 형제의 영향력은 그들의 긴밀도 및 터울과 연관되고, 형제자매간의 차이를 낳게 하는 것은 형제자매간의 지배와 보호와 같은 보충적 측면인데, 이것은 발달 초기에 더 발달하기 때문이다.

## ❺ 긍정적 형제자매관계를 위한 부모 행동

온정적이고 친밀한 형제자매관계는 아동에게 긍정적인 영향을, 형제갈등과 같은 부정적인 상호작용의 경험은 아동의 특성에 부정적인 영향을 미치게 된다(박영애·전귀연, 2009). 이러한 형제자매관계의 질에는 부모자녀관계와 부모에 대한 애착이 큰 영향을 미치는 것으로 나타나며, 특히 어머니가 합리적인 태도로 양육하면 형제는 온정적이고 친밀해지며 권위주의적으로 통제하면 갈등적이고 권력적인 형제관계를 나타낸다(하지연, 2008).

부모는 자녀들이 형제자매관계를 긍정적으로 잘 유지하면서 지낼 수 있도록 다음과 같은 사항을 실천하도록 노력해야 한다.

- 부모는 각 아동을 하나의 개체로 대우해 주어야 한다. 아동 각각이 가지고 있는 관심과 기술을 격려하고 지원해 주어야 하며, 이는 각 자녀의 수행능력에 대한 기대를 각각 달리해야 함을 의미한다.
- 형제자매 간의 비교를 피해야 한다. 아이들은 비교를 당할수록 상대와 더욱 더 경쟁적이 된다. 부모가 비교를 안할수록 아이들에게 발전 가능성이 많아지며 질투심이 일어날 가능성은 적어진다.
- 부모는 자신의 시간을 조직하여 각 자녀의 욕구에 부합할 수 있도록 해주어야 한다. 이는 각 자녀에게 동일한 분량의 시간을 가져야 한다는 의미는 아니며, 질적 측면에서 각 자녀에게 알맞은 관심과 노력을 기울이면서 최선을 다해야 한다는 의미이다.
- 부모는 각 자녀들이 자기 자신만의 소유물을 가지고자 하는 마음을 존중해 주어야 한다. 이는 아동이 공유개념을 갖기 전에 소유경험을 필요로 하기 때문이다. 예를

들어, 계속적으로 동생과 장난감을 분담할 것을 강요받는 윗형제는 관대한 태도를 발달시키기가 어렵다.

■ 형제자매간의 싸움에 부모가 너무 관여하기보다는 아이들의 수준에 따라 적절히 중재하는 것이 좋다. 부모의 부적절 개입은 형제자매 간의 갈등을 스스로 해결하는 방법을 배우는 기회를 박탈하는 것이 되어 오히려 형제자매간의 싸움을 더 부추기는 결과를 낳을 수 있다. 만약 형제자매가 대립하고 있다면 다음과 같은 방법으로 화해시키도록 하자. 우선 자녀 개개인은 각각 다르며 따라서 아이들 각자가 자신의 생각을 가지고 행동한다는 것을 이해해야 한다. 즉, 자녀들의 관점, 이해, 감정, 목적 등을 점검해야 한다. 다음으로 자녀가 앞으로 만나게 될 충돌을 원활하게 조절하며 처리하는 방법을 생각해야 한다. 이를 위해, 자녀들이 상호간에 동의를 하도록 만든다. 자녀들이 동의한 사항이 무엇이든지 자녀 각각의 관점에서 문제를 다룰 필요가 있다.

■ 형제자매간의 경쟁은 당연한 것으로 생각해야 한다. 형제자매 간에 말다툼, 경쟁, 싸우는 것 등은 무엇인가가 잘못되었음을 의미하지는 않는다. 관련된 아이들이 자신의 생각이 무엇인지를 명확하게 밝히고 상호간에 구체적인 합의를 만들어 내면 이 과정은 잘 마무리될 것이다. 이를 위해서는 싸움을 조정하는 명확한 규칙을 아이들과 함께 만드는 것이 도움이 된다. 아이들에겐 정의감이 있기 때문에 규칙이 정해지면 따르게 되어 있고 문제해결 시 처음에는 한 아이가 불만을 가진다 해도 전체적으로 아무런 문제가 없게 된다.

■ 부모는 형제자매 모두를 공평하게 사랑한다는 것을 알려준다. 형제자매간의 경쟁은 각각의 아이가 부모의 마음 속 가장 좋은 자리를 차지하기 위한 싸움에서 비롯되는 경우가 많다. 그러므로 부모는 아이들이 모두 각각의 개성과 장점 및 단점을 지닌 가치 있는 존재라는 사실을 알려주어야 한다. 형제자매 각각은 가정에서 자신의 위치를 갖고 있는 각각의 존재로서 중요한 가족의 일원임을 알려주고, 그러기에 각각을 모두 사랑한다는 사실을 깨닫도록 충분히 알려주어야 하며, 자녀가 편애를 느끼지 않도록 노력해야 한다.

**질문**

4, 5학년된 연년생 아들 둘을 둔 엄마예요. 큰아이가 7~8살부터 동생과 싸우기 시작했어요. 큰 아이가 화도 잘 내고 동생한테 거칠게 말하고, 소리치고 때리기도 해요. 매사에 동생을 경쟁상대로 생각해서 공부를 할 때도 동생은 못 들어오게 하고, 동생이 배우는 것에 자기는 그 나이 때 그런 공부를 안 시켜줬는데 동생은 왜 시켜주느냐고 따진 답니다. 두 동생(친동생과 사촌동생이 동갑임)이 자기보다 키가 더 커지면서부터 거칠어진 것 같아요. 큰 애가 심각하게 "엄마 키가 커진다고 동생이 형이 되는 것은 아니지요?"하고 물어본 적이 있어요. 그러나 한편으로는 세상에서 자기 동생이 제일 귀엽고 사랑스럽다고 하면서 엄청 위해 주고 때론 엄마보다 디 챙기기도 해요. 반면에 작은 아이는 아기 때부터 손아귀 힘이 세요. 형이 6살 때 형 멱살을 잡고 벽에 몰아부치니 형이 꼼짝을 못하더군요. 그래서 형제간 서열을 잡아주려고 둘을 안방에 밀어 넣고 "맘대로 동생한테 해봐."했더니 동생을 확 잡아 놓더군요.

아이들이 크면서 싸움이 잦아졌는데 제가 6남매 중 막내여서 작은 아이의 심정을 잘 알아서 억울하게 형한테 당할 때 동생 편을 들어주고 동생 보는 앞에서 형을 혼냈었어요.

이제는 동생이 매사에 형을 곤경에 처하게 고자질을 잘해요. 둘이 싸우다가 부모가 보이면 동생이 울면서 약자인 체 해서 형이 많이 혼났어요. 또 할머니나 할아버지는 형이니까 잘해야 한다고 혼내시고, 아빠도 동생이 잘못한 게 분명한데도 형을 혼내서 형이 마음을 많이 상하고 분을 삭히기 어려워해요.

제가 잘못을 깨닫고 둘째에게 아무리 해도 너는 형이 될 수 없으니 형의 권위에 도전을 말라 해도 이 녀석이 형을 사사건건 누르려 하고 형이 무슨 말을 해도 다 반박하고 나서니 옆에서 보는 사람도 속이 뒤집혀지네요. 아마 작은아이는 그게 습관으로 자리를 잡은 것 같습니다. 형뿐 아니라 누구의 말이든 걸고 넘어지네요. 어떻게 두 아이를 바로 잡아줘야 할지 가르쳐 주십시요.

**답변**

계속되는 형제간의 싸움에 고민이 많이 되셨겠네요. 한살차이라 아이들에게 형과 아우의 경계가 확실하지 않았나봅니다. 특히 아우가 힘이 세고, 키도 더 크고, 형이 형으로서 잘 못한다고 꾸중받는 것을 보았다면 아우는 자신이 형보다도 낫다고 생각하고 형의 권위에 도전할 수 있습니다. 그렇게 되면 형은 억울하고 자신감이 없어지면서, 자신의 힘을 거칠게 말하고 소리를 지르는 등 부정적인 방법으로 표현하게 되는 것이지요.

형제가 위험할 정도로 심하게 싸우는 경우가 아니라면 부모는 자녀들이 싸우는 상황을 슬그머니 떠나서 둘이 해결할 수 있도록 해주시는 것이 좋습니다. 그러나 개입이 필요할 때는 먼저 각 자녀의 마음('동생에게 형처럼 보이고 싶은 마음', '형을 이기고 싶은 마음')을 존중해 주세요. 자녀들이 동등하게 부모님께 이해받고 있다고 느낄 때 격한 감정에서 한발 치 물러 날 수 있게 됩니다. 그런 의미에서 형제 간에 마찰이 일어날 때마다 비판하고 옳은 것을 가르치려고 하기보다는(이미 여러 번 들었을 것입니다) 싸우고 있는 이유를 충분히 파악하시고 각 자녀들의 감정이 어떨지 헤아려 주시는 것이 싸움 중재뿐 아니라 각 자녀들의 긍정적인 발달에 훨씬 효과적입니다.

형에게 칭찬을 자주해 주세요. 동생이 그런 모습을 보는 것도 좋으리라 생각됩니다. 작은 성공에 대한 알맞은 수위의 칭찬을 통해 형에게 자신감을 갖게 해주시고, 권위를 세워주세요. 또한 동

(계속)

생이 형과 사이좋게 지내는 모습을 보일 때에 칭찬해주시는 방법도 좋습니다.

　마지막으로 형과 아우가 자신의 기분을 이야기하고 서로의 마음에 대해 공감할 수 있도록 가족이 함께 형제의 싸움에 대해 대화해 보는 시간을 갖는 것도 좋을 것입니다. 아이들은 자신들이 받은 만큼 다른 사람에 대해 공감해주고 배려하고 사랑할 수 있습니다. 어머님께서 먼저 실천하시면 좋은 진전이 있으리라 생각됩니다.

자료: http://www.dasomcai.com

# 아동학대

아동학대는 인류의 역사와 더불어 끊임없이 존재해 온 현상이며, 현대사회에서도 사회적 문제로 다루어지고 있는 범죄이다. 그러나 가정이라는 사적인 공간에서 발생한다는 특수성 때문에 이를 알면서도 공공연하게 묵인되어 온 것이 우리의 현실이다. 특히 우리나라는 유교사상의 영향으로 체벌을 훈육의 한 수단으로 삼아 부모는 자녀를 훈육할 때 매를 들 권리가 있다고 생각하였다. 이러한 부모의 체벌은 아동학대라는 측면보다는 자녀가 잘못했기 때문이라고 합리화하는 경우가 많았다.

단순히 신체적 폭력을 넘어 언어적, 정신적으로 자녀를 방치하거나 괴롭힐 때 사용하는 말로 방임(neglect)과 학대(abuse)가 있다. 1961년 미국 콜로라도 대학의 소아과 의사인 Kempe는 우연과 실수가 아닌 고의에 의해 신체적으로 심각한 손상을 입은 아이들이 보이는 특징에 '피학대아 증후군(battered child syndrome)'이라는 용어를 사용하여 정의하였다. 최근 들어 부모로부터 방임되고 신체 및 정신적으로 학대받는 아이들이 전 세계적으로 증가하고 있으며, 심지어 친부모와 계부모로부터 성적 학대까지 당하는 경우도 발생하고 있다. 한편, 고의적으로 자녀를 학대하는 부모도 많지만, 학대를 하면서도 그 행동이 학대인지도 모른 채, 부모-자녀관계에서 일어날 수 있는 대수롭지 않은 행동으로 여기기도 한다. 따라서 어떠한 양육행동이 적절하지 못하며 그러한 행동이 학대까지 이어질 수 있는지를 파악하는 일은 매우 중요하다.

한편, Bowlby는 양육자와의 온정적이고 지속적인 관계는 인생 전반에 걸쳐 심리적 건강과 안정을 향상시킨다고 설명하였으며, 양육자와의 안정적인 애착은 이후의 친밀한 관계, 자기이해, 심지어 정신병리에까지 장기적인 영향을 미치게 된다고 하였다. 이는 아동이 지속적인 사랑을 받으며 아동을 가치 있는 존재로 존중해 주는 환경 속에서 성장할 때 자신에 대해서 긍정적인 인식을 할 수 있으며, 자신에 대한 긍정적인 인식은 타인과의 관계를 건강하고 원만하게 이끌 수 있음을 강조한 것으로 볼 수 있다. 이러한 맥락을 고려할 때, 사랑을 제공해 주어야 할 가정과 양육자에 의해 학대 경험을 하게 된 아동은 부모와의 애정적인 관계, 아동 자신에 대한 자아개념, 아동의 정서상태 등 아동의 발달과정에서 심각한 부정적 영향을 받을 수 있다.

학대는 그 자체만으로 아동에게 치명적인 심리적 문제를 일으킨다. 학대를 받은 아동은 우울, 불안, 심한 위축 등과 같은 내재화 문제(Bolger & Patterson, 2001; Gibb et al., 2001)와 공격성, 비행, 품행장애 등의 외현화 문제(Dodge, Pettit, Bates, & Valente, 1995), 다양한 성격장애(Johnson, Cohen, Brown, Smailes, & Bernstein, 1999), 섭식장애(Kent & Waller, 2000), 낮은 학습 성취, 낮은 자존감 및 부정적인 자아개념(김아다미, 2001; 김양미, 2000), 자살관념 및 자살행동 등으로 고통을 받는다고 알려져 왔다. 또한 이러한 부정적인 영향들은 학대의 심각성과 정도에 따라 이후 성인기의 적응에도 지속적인 문제를 일으키게 하며(Giant & Vartanian, 2003), 학대 받은 경험을 자신의 자녀에게 대물림하기도 한다(Coohey & Braun, 1997). 이와 같은 연구들은 학대경험이 아동의 심리적·신체적 부적응에 직접적인 영향을 미치고 있음을 시사한다.

한편, 1999년 3월 제네바에서 열린 아동학대예방에 관한 회의에서, 세계보건기구(WHO)는 아동학대를 '아동양육에 책임을 지고 있거나, 신뢰관계에 있거나 권위를 가진 사람에 의한 모든 형태의 신체적·정서적인 가혹한 처사, 성학대, 방임 또는 보호의 태만 및 상업적이거나 다른 형태의 착취로서, 그 결과 아동의 건강·생존·발달 및 존엄성에 실제적인 해를 끼치거나 그러한 가능성을 초래한 것'으로 정의하고 있다. 즉, 아동에게 가해진 실제적인 해 이외에 잠재적인 해까지 포함하는 보다 포괄적인 정의로 표명하고 있다.

이렇듯 아동학대에 관한 정의가 다양하고 구체적이며 포괄적인 내용을 담고 있는 것은 아동학대가 시대와 공간을 초월하여 우리 사회에 존재해왔음을 드러내는 것이다. 과거에는 아동학대가 가정 내 문제로 은폐되었고, 지금도 수많은 아동들이 가정 내에서 신체적·정서적·성적 학대와 방임 등으로 고통을 받고 있는 사례들이 매스컴을 통해 드러나기 시작하면서부터 보호받지 못하고 있던 아동에 대한 인식의 변화와 함께 아동보호에 대한 사회적 개입의 필요성이 지적되기 시작하였다.

1979년 '세계 아동의 해'를 시작으로 범세계적으로 아동에 대한 시각이 전환의 계기를 맞게 되면서 아동복지에 대한 사회적 관심 또한 높아지기 시작하였다. 특히 아동에게 치명적으로 심리적·신체적 발달의 장해를 초래하는 아동학대는 더 이상 가정 내 문제로 방치할 수만은 없다는 사회적인 각성이 일어나고 있다. 이에 우리나라에서도 1985년 '아동권익 보호신고소'가 설치되고, 1989년에는 '한국 아동학대 예방협회'가 조직되는 등 학대받는 아동에 대하여 사회적인 관심이 높아지고 있다. 또한 최근에는 UN에서 '아동의 권리에 관한 협약'을 채택하고, 우리나라도 이에 비준함으로써 좀 더 실제적이고 구체적인 관심을 갖게 되었다.

개정된 「아동복지법」은 1999년 12월 7일자로 정기국회를 통과하였고, 2000년 1월 개정되어 7월부터 시행되었는데(한국이웃사랑회, 2001), 개정된 법에는 아동학대에 대한 정의와 금지유형을 명확히 하고 있으며, 아동학대 관련 사항이 16개 조항에 이르는 등 많은 변화가 이루어졌다. 그 내용에는 아동의 신체에 손상을 주는 학대행위, 성적 수치심을 주는 성희롱, 성폭행 등의 학대행위, 정신건강 및 발달에 해를 끼치는 정서적 학대행위와 함께 자신의 보호감독을 받는 아동을 유기하거나 의식주를 포함한 기본적 보호, 양육 및 치료를 소홀히 하는 방임행위가 학대에 포함됨을 명시하고 있다. 이것은 아동학대나 방임을 '가정 내 문제' 혹은 '부모가 자기 자식을 어떻게 하든 제삼자가 상관할 바 아니다.'라는 개념에서 벗어나 사회나 국가도 아동권리 증진 및 아동양육문제에 적극적으로 개입하겠다는 방향으로 변화되기 시작한 것이다(장화정, 2004).

이러한 변화와 함께 전국의 아동보호전문기관에 신고접수된 아동학대 신고건수는 2002년도 4,111건, 2003년도 4,983건, 2004년도 6,998건, 2005년도 8,000건으로 계속해서 증가하고 있다(중앙아동보호전문기관, 2006). 이는 아동학대의 객관적인 사례 수가 늘고 있다고 생각할 수도 있겠지만, 우리 사회에서 아동학대 및 발견에 대한 사회적 인식의 변화로 인하여 가족뿐만 아니라 이웃에서, 지역사회에서 아동을 보호하기 위한 신고조치가 빠르게 일어나고 있음을 보여주는 것이라고 할 수 있다. 한편 국가정책의 변화로 2000년 전국 16개 광역시 및 도에 17개 아동학대예방센터가 설치된 이후, 2009년에 전국 45개의 시도 아동보호전문기관이 설립되어 운영되고 있다(조경자 외, 2010).

# ❶ 아동학대의 정의 및 유형

## 1) 정 의

아동학대는 연구자에 따라 다양하게 정의되고 있으며, 시대와 문화적 배경에 따라서도 서로 다른 기준과 범위를 가지고 사용되어 왔으므로 한마디로 정의를 내리기는 쉽지 않다. 아동학대의 정의는 그 사회에서 인정하고 있는 양육방식이라는 근본적인 문제와 관련이 있다. 또한 부모의 역할에 최소한의 기대수준을 설정하고, 부모의 권위가 어느 수준에서 제한되어 있는지를 결정하는 것과 관련이 있다(Valentine, Acuff, Freeman, & Andress, 1984). 따라서 아동학대를 정의하려면 문화적으로 용인된 아동양육에 대한 규범을 알아야 하고, 그 지역 사회의 기준과 전문적 지식이 필요하다. 즉, 아동학대의 정의는 시대와 문화적 배경에 따라 달라질 수 있으며, 연구하는 학자들의 관심사에 따라서도 달라질 수 있다. 또한 동일한 사회일지라도 계층, 관련 분야에 따라서도 다르게 정의 될 수 있다(Corby, 1993). 그러므로, 학대란 정해진 행동이 아니고 시대의 흐름이나 문화적인 차이에 의해 달라질 수 있으며, 규범 또는 표준에 의하여 정의되고, 사회의 계층 또는 문화적 배경에 의하여 정의될 수 있다.

  아동학대를 정의하는 데 있어 첫째의 딜레마는 '학대행위가 고의적이냐 아니냐'를 구별하는 것이고 두 번째 딜레마는 '실제로 손상을 가져왔는가 그렇지 않은가'를 살피는 데 있다. Kempe가 피학대아 증후군(Battered-Baby-Syndrome)이라는 용어를 사용한 이래 아동학대의 대상과 유형은 점차 확대되어 왔다. 미국의 아동보호서비스법 시안에 의하면 '아동학대와 방임이란 만 18세 미만의 아동이 그의 부모나 후견인으로부터 신체나 정신 또는 복지상태에 위해나 위협을 받고 있는 상황'으로 정의하고 있다. 최근 개정된 보건복지부가 마련하고 있는 아동학대 관리지침에서는 아동학대를 '보호자를 포함한 성인에 의하여 아동의 건강 및 복지를 해치거나 정상적 발달을 저해할 수 있는 신체적·정신적·성적 폭력, 가혹행위 및 아동의 보호자에 의하여 이루어지는 유기와 방임'으로 정의하였다(보건복지부 중앙아동보호전문기관, 2010).

## 2) 아동학대의 유형

아동학대는 신체적 학대(physical abuse), 정서적 학대(emotional abuse), 성적 학대(sexual abuse), 방임(neglect) 등 네 가지 유형으로 나뉜다(보건복지부 중앙아동보호전문기관, 2010).

신체적 학대란 보호자가 아동에게 신체적 손상을 입히거나 또는 신체적 손상을 입도록 허용한 우발적 사고를 제외한 모든 행위를 포함한다. 신체적 손상이란 구타나 폭력에 의한 멍이나 화상, 찢김, 골절, 장기 파열, 기능의 손상 등을 말하며 또한 충격, 관통, 열, 화학물질이나 약물과 같은 다른 방법에 의해서 발생된 손상을 포함한다.

정서적 학대란 아동에게 가해진 신체적 구속, 억제 혹은 감금, 언어적 또는 정서적 위협, 기타 가학적 행위를 포함한다. 아동의 인격 · 존재 · 감정이나 기분을 심하게 무시하거나 모욕하는 행위, 명백하게 아동에게 가해진 잔혹하고 학대적인 부당한 대우를 포함하며 신체적 혹은 성적 학대에 대한 위협이나 위해 행위, 고의적 · 반복적으로 아동에게 의식주를 제공하지 않는 행위, 아동에게 부당한 노동을 강요하거나 상업적으로 아동을 이용하는 행위를 말한다.

성적 학대란 성기나 기타의 신체적 접촉을 포함하여 강간, 성적 행위, 성기 노출, 자위행위, 성적 유희 등 성인의 성적 충족을 목적으로 아동에게 가해진 신체적 접촉이나 상호작용을 말한다.

방임이란 보호자가 고의적 · 반복적으로 아동에 대한 양육 및 보호를 소홀히 함으로써 아동의 건강이나 복지를 해치거나 혹은 정상적인 발달을 저해할 수 있는 모든 행위를 말한다. 방임에는 의료적 처치의 거부 등 신체적 방임, 유기, 장시간 아동을 위험한 상태로 방치하는 등의 부적절한 감독, 교육적 방임, 정서적 방임 등이 있다.

## (1) 신체적 학대

신체적 학대는 아동에게 고의적으로 신체적 손상을 입히는 모든 경우를 말한다. 구체적으로 손, 발, 주먹 등의 몸이나 여러 가지 도구에 의해 신체적 고통을 당하는 상태를 말한다. 구타나 폭력에 의한 멍, 화상, 찢김, 골절, 장기파열, 기능의 손상 등이 포함된다. 또한 아동의 신체에 상해를 주는 학대행위에는 때리기, 흔들기, 화상 입히기, 물어뜯기, 질식시키기 등이 포함되며, 이로 인해 아동은 멍이나 화상, 골절, 뇌 손상을 일으키며 심한 경우에는 죽음에 이를 수도 있다.

　일반적으로 영아기와 학령기 아동에게 신체적 학대가 더 많이
발생한다. '흔들려진 아기 증후군(shaken baby syndrome)'은 신
체적 학대로 인한 것으로서 영아에게 가장 흔하게 나타나는 증세
이다. 이 증후군은 영아를 심하게 흔들 때 나타나는 것으로 학대
의 증거를 겉으로 남기지 않고 심한 손상을 야기한다. 영아는 머
리가 몸에 비해 크고 무거우며 목 근육이 약하기 때문에 흔들리게
되면 뇌에 출혈이 생기거나 타박상, 실명, 정신지체, 골절, 발작과
심지어 사망에까지 이르게 된다(조경자·이현숙, 2010)

　신체적 학대는 한 번의 사건으로 발생하거나 오랜 세월을 두고
지속적으로 발생할 수도 있다. 아동학대와 부모의 신체적 체벌 사
이의 명확한 구분은 힘들며 문화에 따라 허용 정도가 다르다. 한
국 사회에서는 훈육의 이름으로 거의 대부분이 체벌을 허용하는

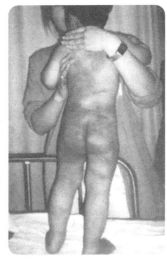

아동학대는 아동에게 심각한 발달상
의 장애를 초래하여 비정상적으로 성
장하게 될 가능성을 증가시킨다.

경향이 있다. 그러나 비록 부모나 보호자가 훈육을 목적으로 한다고 하여도 아동에게
신체적인 손상을 입히는 체벌은 학대에 포함된다(이순형, 2004).

## (2) 정서적 학대

정서적 학대는 다른 학대에 비해 정의를 내리기가 매우 어렵다. 정서적 학대는 정신적
학대 혹은 심리적 학대라고도 불리며, 아동의 심리와 정서에 폭력을 가하는 것을 말한
다. 정서적 학대는 자녀에게 무관심하게 대하는 상태를 넘어서 의도적으로 말과 행동
으로 차별이나 멸시, 증오, 위협, 무시 등을 하는 상태를 말한다. 아동의 정신건강 및 발
달에 해를 끼치는 학대행위로서 부모가 아동에게 사랑과 애정을 지속적으로 주지 않거
나 소리 지르는 것, 욕하는 것 등이 포함된다. 또한 아동에게 협박을 가하고, 언어적 공
격을 일삼고, 경멸·모욕감·수치심을 주거나 감금하는 등의 적대적이며 거부적인 처
우형태, 부모의 편애로 인해 차별을 받거나 부모의 화풀이 대상이 되는 경우도 정서적
학대에 포함된다(Burnett, 1993). 이 유형은 눈에 띄지 않는 사적 공간인 가정 내에서
발생하며 부모의 태도와 관련된 유형이어서 학대에 관한 보고가 가장 취약하다. 정서
적 학대는 독립된 형태의 학대이기도 하지만 한편으로는 신체적, 성적 학대에 수반되

는 경우가 많다. 신체적, 성적 학대를 받은 아이들은 그 충격과 고통이 너무나 심하기 때문에 정서적 학대를 받은 것이나 다름없기 때문이다(이창구, 2001).

## (3) 성적 학대

성적 학대는 성인이 신체 및 도구를 사용하여 아이의 성기를 강제로 손상시키거나, 아이가 성인의 성기에 접촉하도록 강요당한 상태를 말하며 애무, 강간 등의 직접적 접촉 외에 음란물 보여주기, 성기노출 등이 포함된다. 이러한 성적 학대는 대부분 여아에게 발생하고, 학대자들의 약 78% 정도는 아동이 잘 알고 있는 사람(예: 의붓아버지, 사촌오빠 등)에 의해 행해진다(중앙아동보호전문기관, 2009). 신체적 학대가 우발적으로 급작스러운 분노의 표출에 의해 일어나는데 반해, 성적 학대는 흔히 계획적으로 이루어진다. 성적 학대는 오랫동안 감지되지 않을 수도 있다. 성적 학대가 은밀하게 이루어지고 어린이, 특히 어린 유아들은 가해자의 행동이 어떤 의미를 지니는지 모를 수 있기 때문이다.

## (4) 방 임

방임은 부모나 기타 아동의 복지에 책임이 있는 사람이 고의적·반복적으로 아동양육 및 보호를 소홀히 함으로써 아동의 건강과 복지를 해치거나 정상적인 발달을 저해할 수 있는 모든 행위를 포함한다. 방임은 보호감독을 받는 아동을 유기하거나 의식주를 포함한 기본적 보호양육 및 치료를 소홀히 하는 학대행위로서, 적절한 음식·의복·의료적 보호 등과 같은 아동의 필수적인 욕구를 충족시키지 않는 것을 의미한다. 방임은 신체적 방임, 교육적 방임, 정서적 방임 및 유기 등으로 구분될 수 있다. 신체적 방임은 아동에게 의식주를 제공하지 않거나 필수적인 의료조치를 취하지 않으며, 기타 유해한 환경에 장시간 방치하는 행위로서 가장 빈번히 발생하는 방임의 형태이다. 교육적 방임은 아동에게 교육의 기회를 제공하지 않거나 무단결석을 허용하는 것이 포함되며, 아동에게 무신경하여 마음에 상처를 입히거나 불안, 위축, 산만, 분노 등의 정서를 조장하여 정서발달을 위협하는 상태이다. 유기는 아동을 고의적으로 버리는 것으로 방임의 극단적인 형태이다(이순형, 2004). 방임의 유형 중 정서적 방임은 가장 감지하기 어렵다. 정서적 방임은 부모가 아동의 심리적 요구와 성정에 기본적으로 관심이 없거나 반응적이지 못한 것이다. 이는 고의적일 수도 있고, 부모들이 아동의 요구를 알아채지 못하거나 알더라도 어떻게 해야 할지 모르기 때문일 수도 있다. 안아주기, 입맞추기, 쓰다듬어 주기, 대화, 감정의 표현과 같은 정서적 자극의 결핍은 발달 지체를 초래할 수 있다.

## ❷ 아동학대의 원인

### 1) 아동 자체의 특성

인간관계의 상호작용에 관한 연구가 이루어지면서 아동학대 및 방임에서도 자녀가 가진 특성이 방임과 학대를 유발시키는, 즉 능동적 방아쇠 기능을 한다고 밝혀졌다 (Bonardi, 2000). 이는 일반적 아동발달의 특성에 대한 이해와 더불어 특별한 행동양식을 보이는 아동에 대한 인식이 필요하다는 것을 말한다. 일반적으로, '표적이 되는 아동', 즉 특별나고 남과 다르며, 지나치게 활동적이거나 수동적이고, 학대자가 증오하는 사람을 연상시키거나, 학대자가 싫어하는 결점을 가지고 있거나, 장애아나 조산아 등과 부모에게 신체적·정신적·경제적 부담이 되는 아동들은 건강한 아동들보다 학대받기 쉽다. 다음과 같은 특성을 지닌 아동의 경우 학대가 발생하기 쉽다.

- 다른 아동들보다 더 울고, 더 부정적인 행동을 하는 아동
- 순종하지 않거나 비협조적인 아동
- 신체적으로 매력적이지 못한 아동
- 똑똑하지 못한 아동
- 극성스러운 아동
- 까다로운 아동
- 자주 아픈 아동
- 겁이 많거나 약한 아동
- 성인이 싫어하는 누군가를 닮은 아동
- 심하게 우는 아동

- 원치 않는 임신으로 인해 출생한 아동
- 비정상적 관계에서 출생한 아동
- 미숙아, 기형아
- 질환을 앓고 있는 아동

## 2) 학대하는 부모의 특성

부모의 심리적 스트레스는 부모와 관련된 대표적 위험요인으로서, 우울증·사회로부터의 도피·분노·공격성과 같은 부모의 정서적 불안정, 낮은 자존감, 미성숙, 엄격하고 비현실적 기대감, 타인에 대한 과도한 의존성 등이 포함된다. 또한 높은 수준의 불안감, 스트레스를 받은 상황에서 통제력의 부족, 낮은 수준의 사회적 지지, 따뜻함과 애정보다는 아동을 비난하는 경향이 강한 부모들이 아동학대의 위험요인에 포함된다. 모든 부모는 아동을 학대할 잠재성을 가지고 있지만, 실제 아동을 학대하느냐 하는 것은 자녀를 부모의 소유물로 생각하고, 체벌이 자녀훈육에 적합한 방법이라고 믿으며, 아동발달에 대한 이해가 적고, 경제적 어려움에 처해 있으며, 불안정한 성격과 건강하지 못하고, 결혼만족도가 낮고, 원하지 않은 자녀이며, 자신의 부모로부터 학대를 받았던 경험이 있는 경우에 그 가능성이 더 크다. 성인이 다음과 같은 특성을 지닐 때 학대가 발생하기 쉽다.

- 스트레스에 견디는 능력의 부족 또는 과도한 스트레스
- 부적절감과 낮은 자아개념
- 약물이나 알코올 남용
- 심각한 만성질환, 정신질환 또는 정신지체
- 충동자제능력 부족
- 어린 나이에 부모가 된 경우

## 3) 환경적 상황의 특성

환경영역에서 아동학대와 관련된 원인은 가족과 지역사회 환경에서의 폭력, 심한 처벌, 결혼 부조화, 이혼에 대한 계속적 위협, 빈곤이나 물질적 자원의 부족, 실업, 부조화

된 사회적 지지 관계망 등을 들 수 있다. 또한 한부모 가족이 양쪽 부모가 모두 있는 가족보다 종종 높은 수준의 스트레스와 어려움을 겪기 쉽기에 아동학대의 위험이 높으며, 빈곤이 아동을 학대의 위험에 빠지게 할 수 있는 가장 높은 빈도의 위험요인으로 나타났다(Mcculloug & Wall, 1994). 지역사회와 관련된 학대의 원인이 되는 특성으로, 접근성이 떨어지고 경제적으로 도움받기 어려운 의료 및 보육시설의 부족, 지속적이지 못한 도움들, 부정적인 이웃관계, 사회문화적 차별 등이 있다. 다음은 환경적으로 학대를 초래할 수 있는 위기의 상황들이다.

- 질병, 사고 또는 사망
- 경제적 어려움
- 부부 갈등
- 실직
- 한부모가족, 이혼 가족, 재혼 가족 등 가족 구조의 특성
- 사회적 고립

## ❸ 학대 받은 아동의 특성

부모로부터 학대 받은 아동은 심각한 발달상의 장애를 초래하여 대부분의 경우 신체적·지적·사회적·정서적 등 발달의 전 영역에서 발달이 지체되거나, 비정상적으로 기능하게 된다. 일반적으로 학대받은 아동들은 공통된 손상을 나타내며, 동시에 학대의 유형과 정도, 발달단계와 성에 따라서 각각 다른 손상이 나타날 수 있다(Morley & Godbold, 1999).

학대 받은 아동이 나타내는 공통적인 정서적 특성은 대체로 두 가지 유형으로 양극적 현상을 보인다. 그들은 매우 무기력하고 반응이 없으며 불안해하거나 또는 이와 반대로 도전적이고 반항적이며 파괴적이다. 이러한 특성은 친구 및 가족관계에서 그대로 나타나 원만한 인간관계를 맺지 못하고 취업, 결혼 등에서 적응 장애를 나타낸다. 또한 이들은 학대하는 부모에게 또 다른 벌을 받을까봐 부모의 잘못을 인정하지 못하고 억압하는 원시적 방어기제를 사용하기도 한다. 즉, 나쁜 부모상을 부정하여 다른 사람에

게 투사하고 자신은 좋은 부모를 가졌다는 공상을 하기도 한다. 한편, 신체적 손상은 주로 신체적, 성적 학대로 나타나는데, 상처·골절·탈골·멍·화상 등의 상흔이 있으며 정도에 따라 영구적 장애로 남는 경우도 있다. 또한 신체발달 기능 손실로 인해 발달지연, 중추신경계 장애, 언어발달 장애를 유발된다. 성적 학대의 경우는 몸의 움직임이 부자연스러우며, 성기와 항문 부근에 멍이나 찢긴 상처가 있다. 또한 성병의 감염에 따른 가려움과 기타 독특한 증상이 나타나고, 사춘기 소녀의 경우 임신의 징후를 보이기도 한다. 뿐만 아니라, 정서적으로 의기소침하고, 무감각하며, 말이 없고, 잠자기를 두려워하고, 신체적 활동의 참가를 꺼리며, 지속적 친구관계를 유지하기가 매우 어렵다. 또한 결혼 후에는 부부생활에 부적응 현상을 나타내는 경우가 있고, 성적 학대를 견디지 못해 가출하고 그 이후 비행을 저지르는 경우가 많아 건강한 아동기 및 청소년기를 보내기가 어렵다.

다음은 학대경험이 건강한 아동의 발달에 부정적인 영향을 미치는 예로서, 학대경험이 아동의 우울과 불안에 미치는 영향과 자기인식에 미치는 영향을 살펴보고자 한다.

## 1) 학대 경험이 아동의 우울과 불안에 미치는 영향

학대의 경험은 그 자체만으로도 아동의 심리적 발달에 치명적인 문제를 일으킬 수 있다. 즉, 아동기에 애착문제나 학대를 경험한 경우 불안정한 아동기를 보내며, 성인기에 불안정한 대인관계를 형성할 가능성이 높고, 우울증이나 갈등적 상황을 받아들이지 못하고 파괴적 행동으로 대처할 가능성이 높다(Styron & Janoff-Bulman, 1997). Sternberg 와 동료들(1993)은 가정 내 폭력을 경험한 8~12세 아동을 대상으로 불안과 문제행동에 관한 연구에서 폭력을 직접적으로 경험한 아동의 불안과 문제행동이 높은 점수를 나타냈음을 보고하였고, Kaufman과 Ciccetti(1989)는 5~11세의 학대아동과 일반아동을 대상으로 캠프 프로그램 활동에서의 아동들의 사회정서발달을 비교한 결과, 학대 받은 아동은 자긍심과 친사회적 행동은 낮았고, 공격성과 위축된 행동은 높게 나타냈다고 보고하였다.

이렇듯 학대 경험을 가진 아동들은 외면적으로 과잉, 공격적 행동을 보이며 특히 학대의 유형, 정도 및 빈도와 아동의 성향 등에 따라 학대로 인한 분노가 내면화되면 우울, 수동성, 기가 죽어 있음, 감정이 없음, 신뢰감 부족 등의 모습을 보이게 된다. 학대

받은 아동들은 대부분 버림받는 것과 애정을 잃는 것으로부터의 두려움으로 우울과 불안을 표출하며, 스스로의 삶에 대한 통제를 상실한 데 대한 분노를 억누르기 위해 위축을 사용해 도피하기도 한다(황은수, 2006). 우울감 혹은 무기력 등은 아동을 자신의 환경에 대한 통제력을 신뢰하지 못하고 자살시도 등 삶에 대한 극단적 비관으로 몰고 갈 수 있으며, 이후 생애에서도 지속되어 청소년기 및 성인기의 생활에 큰 영향을 줄 수 있다. 이처럼 아동학대는 아동의 건강한 미래를 위해 근본적으로 원인을 이해하고 예방해야 하며 발생 시 신속하고 적절하게 대처해야 할 매우 중요한 영역이다.

## 2) 학대 경험이 자기인식정서에 미치는 영향

자기인식정서는 수치심과 죄책감을 표현하는 용어이다(Tangney, 1996). 수치심과 죄책감은 개인과 대인간 수준에서 모두 중요한 정서로 가장 사적이고 친근한 경험을 통해 도덕적 정서로 발달하고, 도덕적 과실이나 오류를 경험할 때 자기(self)와 관련된 판단을 평가하고 수정하는 데 중요한 역할을 한다. 따라서 수치심 또는 죄책감의 경험은 우리의 행동을 주도하고 스스로 자신이 어떤 사람인가 인식하는 데 영향을 미치며, 타인과의 관계에서 경험되는 우리 자신에 대한 인식에도 영향을 미친다. 죄책감과 수치심은 부모와의 생애초기의 대인경험을 통해서 발달한다(Tangney & Dearing, 2002). 그러므로 사랑과 보살핌을 제공하는 중요한 타인들로부터의 거부경험은 수치심을 유발하는데 중요한 요인이 되고(Lewis, 1987), 수치심과 죄책감은 모두 우울, 불안, 낮은 자존감과 관련이 있다(Harder & Lewis, 1987).

Bowlby는 수치심은 아동기 초기에 중요한 타인과의 상호작용에 의해 비롯될 수 있음을 시사하였는데, 따라서 부모와의 적대적이고 거부적인 관계를 경험하게 되는 학대경험은 수치심이나 죄책감을 유발시킬 수 있는 중요한 요인임을 가정할 수 있다. 성인을 대상으로 자신의 부모와의 상호작용 경험에 대한 연구결과(Gilbert, Allan, & Gross, 1996), 성인의 수치심은 부모의 강압적 양육행동, 부모의 무관심한 양육태도, 강압적이고 일관되지 못한 양육방식과 관련이 있었다. 이러한 결과는 어린 시절 부모나 중요한 타인에 의해 비롯되는 학대의 경험은 성인이 되어도 자신에 대한 부정적 태도를 형성하게 되고, 비도덕적인 특성을 띠며, 대인관계에서도 어려움을 겪을 가능성이 높음을 시사한다.

## ❹ 아동학대의 현황

우리나라 아동학대 현황 조사는 대부분 일부 지역이나 대상으로 이루어지거나 병원 기록에 근거하여 이루어진 것이어서 실상을 제대로 파악하기란 쉬운 일이 아니다. 「아동복지법」에 기초하여 2000년부터 아동학대 전담기관인 아동학대 예방센터가 전국적으로 설치되면서 학대 신고건수는 크게 증가하고 있으나 아직 신고가 충분히 이루어지지 않고 있는 것으로 여겨진다.

우리나라 아동학대 실태를 2009년 아동보호전문기관에 신고 접수된 사례에 기초한 분석자료를 통해 살펴보면 다음과 같다(보건복지부 중앙아동보호전문기관, 2010).

### 1) 학대아동의 사회인구학적 특성

아동학대 사례로 판정된 아동의 성별은 여아가 50.8%, 남아가 49.2%로 크게 차이나지 않는 것으로 나타났다. 연령별로는 만 10~12세가 26.1로 가장 많았고, 다음으로는 7~9세가 22.0%로 초등학교 학생이 전체 학대아동의 48.1%를 차지하고 있는 것으로 나타났다. 학대아동의 가족유형을 살펴보면, 부자가정이 28.4로 가장 많았고, 다음으로는 일반가정이 28.1%, 모자가정이 16.2%로 많았다. 부자가정과 모자가정, 그리고 미혼부와 미혼모가정을 합하면 전체 학대아동 가족의 46.9%가 한부모가정 내에서 학대가 이루어지고 있는 것으로 나타났다. 학대아동의 주된 특성을 살펴보면, 반항, 충동, 공격성, 거짓말, 도벽 등과 같은 적응·행동 특성이 전체의 40.5%로 나타났고, 다음으로는 주의산만, 과잉행동, 오락중독 등과 같은 정서·정신건강 특성이 28.9%로 많은 비중을 차지하였다. 이러한 학대아동의 특성은 전문적인 치료와 개입을 요하는 문제이며, 이를 해결하기 위한 사회적 지원프로그램이 필요하다.

### 2) 학대행위자의 사회인구학적 특성

학대행위자의 성과 연령을 살펴보면, 남성이 여성의 약 1.6배 정도 더 많이 학대하는 것으로 나타났고 연령은 40~49세가 45.1%, 30~39세가 31.7%로 30, 40대에서 주로 학대가 이루어지고 있는 것으로 나타났다. 학대행위자와 학대아동과의 관계는 주로 친부모에 의한 학대가 가장 많은 것으로 나타났고(78.7%), 성적 학대는 부모외에 타인에 의해 더 많이 이루어지고 있는 것으로 나타났다. 학대행위자의 특성을 살펴보면, 낮은 소득수준과 불안정한 직업군에 있는 경우가 많았으며, 양육태도 및 양육방법의 부족(31.6%), 사회·경제적 스트레스 및 고립(24.0%), 중독 및 질환문제(13.3%) 등이 학대의 중요한 원인으로 나타났다. 이러한 결과는 학대행위가 개인보다는 환경적 요인으로부터 비롯되는 것으로 학대행위자 프로그램개발 및 서비스 지원이 사회적 차원에서 고려되어야 함을 시사한다.

### 3) 아동학대 사례 유형

아동학대 사례는 유형별로 신체학대, 정서학대, 성학대, 방임, 유기로 구분하여 중복학대를 구분하지 않고 각각의 학대유형에 포함시켜 살펴본 결과, 방임(35.2%), 정서학대(34.1%), 신체학대(25.1%), 성학대(5.1%), 유기(0.5%)의 순으로 나타났다. 일반적으로 방임은 다른 학대유형에 비해 심각하게 인식되지 않고 있으나, 방임은 보호자가 아동에게 반복적으로 양육과 보호를 소홀히 함으로써 아동의 정상적인 발달을 저해하는 매우 위험한 요인이 되므로 간과해선 안 된다.

### 4) 아동학대 발생 장소 및 빈도

대부분의 학대는 아동에게 보호와 휴식의 장소가 되어야 할 가정 내(87.2%)에서 이루어지고 있는 것으로 나타났다. 이 외에 아동학대가 발생한 장소는 복지시설이 3.5%, 집 근처 또는 길가가 2.9%, 어린이집 1.2% 등의 순으로 나타났다. 아동학대의 발생빈도는 피해아동의 절반 이상이 거의 매일 또는 2~3일에 한 번 꼴로 학대를 받고 있는 것으로 나타났다.

## ❺ 학대 받은 아동을 위한 사회적 대처

아동학대가 가정과 사회를 위협하는 문제임이 인식되면서, 아동학대를 한 가정 내에서 벌어지는 사적인 문제로만 보기에는 너무나 큰 피해가 있음이 여러 사례를 통해 밝혀지고 있다(이재연, 2000). 앞 장에서도 언급했듯이, 아동학대는 가정에서 자녀를 양육하는 부모가 아동의 권리나 인권을 존중하기보다 아동을 단순히 부모의 소유물로 생각하는 전통적 분위기와 잘못된 자녀양육태도, 부모의 개인적 특성 및 가정 내 존재하는 다양한 문제가 상호작용한 결과로 나타나는 현상으로 볼 수 있다. 따라서 가정 내의 복합적 요인들로 인해 아동학대가 발생된다는 점을 고려하고, 아동학대에 영향을 미치는 여러 요인을 밝혀냄으로써, 아동학대를 조기에 발견하고 신속한 전문적 개입을 통해 이러한 요인들을 감소시킴으로써 아동학대를 예방하는 것이 매우 중요하다.

아동보호전문기관에서는 다음과 같은 절차에 따라 아동학대에 대처한다.

- **신고접수**: 위급한 사례라고 판단되는 경우 12시간 이내에 현장 조사를 실시해야 하며 매우 급한 경우에는 가까운 경찰서나 파출소에 협조를 요청하기도 한다.
- **현장조사**: 피해아동에 대한 신변보장과 안전조치를 취하고, 학대 여부를 확인하기 위해 현장조사를 실시한다. 경찰과 동행하기도 한다.
- **배치**: 아동의 학대 상황에 따라 원가정보호, 일시격리보호, 장기보호, 입원치료 등의 조치를 취한다.
- **수사의뢰**: 성적 학대, 심각한 신체적 학대나 방임이 의심될 때는 수사의뢰를 할 수 있다. 그러나 보호자가 구속될 경우 가정해체로 이어지므로 신중한 검토를 요한다.
- **서비스 계획 및 제공**: 가족 보존 서비스, 개별상담, 부부상담, 가족상담, 부모교육 등의 서비스를 제공한다. 또한 지역정신보건센터 등과 연계하여 알코올 중독이나 정신질환 등의 치료서비스를 제공하며 아동을 위한 상담치료서비스를 제공한다.
- **사후관리**: 가족의 안정유지 및 학대의 재발을 예방하기 위해 종결된 사례를 6개월 간 전화상담이나 직접방문 등을 통해 점검한다(조경자 외, 2010).

## 1) 학대아동의 부모를 위한 중재

최근 보고된 조사결과에 따르면, 아동학대가 일어나는 가족관계에서 가장 많이 나타나는 문제는 '부부갈등(29.4%)'이었고 '경직된 상호작용(28.3%)'이 다음으로 많이 나타났다(한국이웃사랑회, 2000). 따라서, 학대 받은 아동의 부모에게 가족간 효율적 의사소통 방법, 갈등관리 등의 전문적 교육과 훈련이 이루어진다면 아동학대 문제를 보다 효과적으로 대처할 수 있을 것이다. 아동학대 상담사례를 분석한 결과에서는, 아동학대가 일어나는 가정의 55.6%의 부모가 자녀양육기술이 미숙한 것으로 나타났고, 부적절한 간섭(21.5%), 아동에 대한 비현실적 기대(8.5%) 등이 있었다(이재연, 2000). 따라서, 부모에게 자녀양육과 관련된 지식 및 기술을 교육함으로써 자녀양육의 기술결여로 인한 가정 내 문제를 예방할 수 있을 것이다. 학대 부모를 위한 중재프로그램은 부모 자신의 만성적 자신감 결여와 정신병리를 치료하는 것에 목표를 두고 부모의 사회적 고립을 이겨나가도록 도와주고, 긍정적 자녀양육방법을 가르쳐주며, 아동에 대한 잘못된 개념을 알려줌으로써 아동학대 재발을 방지하고 학대 받은 아동과 부모 간 신뢰회복에 도움을 주어야 한다. 방법적 측면으로 지지적 정신치료, 상담, 부모교육, 집단치료, 가족치료, 가정방문 및 직접적 도움을 주는 것 등이 있다(Rankin & Elizabeth, 1999).

## 2) 학대아동을 위한 중재

학대를 자주 경험하는 아동일수록 부모에 대한 태도가 부정적임이 나타났다. 계부모일수록 아동은 부모를 더 부정적으로 보고 있고, 부모를 대하는 태도가 부정적일수록 부모와 아동 간의 관계가 어렵다고 보고되었다. 그 중 성학대를 경험한 아동들은 부모에 대한 태도가 극도로 부정적임이 나타났다(한국이웃사랑회, 2000). 아동이 부모에게 의지하며 신뢰로운 관계를 형성해야 하는 중요한 시기에 학대의 경험이 있는 아동은 가장 믿는 사람에게서 신뢰감을 형성하지 못하고 사람과 세상에 대한 불신을 형성하게 된다. 또한 학대아동은 자신에 대한 평가에서 부정적 태도를 가지는 경향이 있는데, 이러한 아동에게 방과 후 상담 프로그램 및 학업지원 프로그램을 통해 보다 직접적인 도움을 제공하는 것이 필요하다. 이는 학업성취를 도울 수 있을 뿐 아니라 부모와 긍정적 관계를 맺고, 자신감을 갖도록 돕는 유익한 기회가 될 수 있다. 이와 더불어, 학대아동이 처한 환경적 실조를 보상해 주어야 하며, 성인에 대한 공포와 불신감을 바꾸어 주기 위해 놀이치료나 집단치료와 같은 중재 프로그램의 실시를 위한 국가적 지원이 필요하다.

## 3) 외국의 아동학대 예방과 대처방안

아동학대를 예방하고 통제하기 위한 법적 조치로서 「아동학대 방지법」을 제정하는 것은 당면한 사회적 노력의 하나가 될 것이다. 세계적으로 아동학대 신고를 포함한 아동학대 방지가 법적으로 보장되어 학대받고 있는 아동의 발견, 개입, 치료, 예방을 위한 법적 조치가 활성화되고 있는 나라는 미국, 영국, 프랑스, 스웨덴, 노르웨이, 핀란드, 벨지움, 이탈리아, 브라질, 이스라엘, 우루과이, 캐나다, 호주, 말레이지아 등이다. 이들 가운데 비교적 아동학대에 대한 국가개입이 강화되었고 국민의 신고체제가 의무화되어 있는 미국과 영국 그리고 대만의 법적 조치 내용을 살펴보면 다음과 같다(이사라·이주연·한세영, 2009).

### (1) 미국의 아동학대 방지를 위한 법적 조치

미국의 「아동학대신고법」은 1962년을 전후해서 입법화되었는데, 이는 아동학대에 대한 의료적·사회사업적인 연구조사 노력의 결과였다. 미국의 「아동학대신고법」의 제정을 위한 모델은 미국아동국(U.S. Children's Bureau), 미국박애협회 아동과(Children's Division of the American Humane Association), 미국의학협회(American Medical Association), 주정부협의회(Council of State Goverment)에서 제출한 4개의 모델이 있었으며, 이 중에서 미국아동국의 모델을 중심으로 5년간의 토론을 거친 후 하와이, 워싱톤 D.C., 버진 아일랜드(Virgin Island)를 제외한 모든 주에서 「아동학대신고법」이 입법화되었다. 이렇게 하여 모든 지역에서 하루 24시간 신고체제가 갖추어졌으며 신고를 하지 않은 사람들을 구금 또는 벌금형에 처할 수 있게 되었다.

이와 같은 노력의 결과로 1974년 연방정부의 아동학대예방 및 치료법(Federal Child Abuse Prevention and Treatment Act)이 제정되었다. 이에 따라 보건·교육·복지성 내에 국립 아동학대 및 방임센터(National Center for Child Abuse and Neglect)가 설치되었다.

### (2) 영국의 아동학대 예방대책

1989년, 잉글랜드와 웨일즈의 「아동법」은 학대받는 아동을 보호하기 위한 국가의 법적 개입을 가능하게 하였다. 「아동법」에 규정된 아동학대의 위험에 처한 아동의 보호는 지방정부의 사회복지국에서 담당하며 다른 관계부서인 보건국, 보호관찰국, 교육국, 경찰 및 민간단체들이 포함되고 있다. 지방정부는 보호를 필요로 하는 아동에 관한 신고를 받은 상황에 대해서 조사해야할 법적인 의무를 지닌다.

　지역아동보호위원회(Area Child Protection Committee)가 아동보호에 관련된 정책을 개발하고 관련 기관들에 대한 학대로부터 아동을 보호하기 위한 상호협력을 담당한다. 전국 차원에서는 중앙정부의 모든 아동학대 관련부서의 고위 공무원으로 구성된 아동학대 관련부서협의체(Inter-Departmental Group on Child Abuse)가 아동보호 관련 사항에 대한 정례회의를 개최한다. 지역적으로는 각 지방정부 사회복지국이 학대의 위기에 처해있다고 생각되는 해당지역의 모든 아동들을 등록시킨다. 관련 부서 간 협의 하에 등록된 아동들의 보호를 위한 협조체제가 이루어지고 있다.

　영국 보건후생성은 아동학대 관련 연구조사 프로젝트를 확대하고 전문사회사업가들을 위한 아동학대의 평가와 전국의 의사 및 수간호사로부터 보고된 성적 학대에 대한 진단을 위한 실무지침서를 작성하였다. 경찰은 법원의 영장을 받기 전에도 지정된 기간 내에 아동의 거처에 개입하여 아동을 임의 동행할 수 있는 긴급개입권을 확대하고 있다. 교육성은 모든 지방교육 당국에 지침서를 발간하고 아동학대예방의 일차적인 책임을 지방 사회복지국이 지고 있으나, 전국아동학대예방협회(National Society for Prevention of Cruelty to Children)와 경찰 또한 학대아동의 보호에 관한 법적인 책임을 지고 있음을 명시하고 있다.

　영국의 모든 공립학교에서의 체벌은 금지되어 있으며, 공적 법인에 의해 재정적 지원을 받는 시립학교에서도 체벌이 금지되고 있다. 또한 아동보호시설에서의 체벌, 음식의 박탈, 부적절한 의복을 입히거나 잠을 재우지 않는 것 등이 금지되고 있다. 잉글랜드와 웨일즈에서 아동유괴를 예방하고 조치하는 중앙행정부서는 대법관실 내의 아동유괴국이며, 민간기관으로서 유괴아동을 위한 전국협의회(National Council for Abducted Children)가 있다. 1984년에 「아동유괴법」(Child Abduction Act)이 제정되었다.

## (3) 대만의 아동학대 예방대책

대만의 아동학대 예방을 위한 정부와 민간단체의 노력은 우리보다 약 2년 정도 앞선 1987년부터 중화아동기금(Chinese Children's Fund)의 주도하에 시작되었다. CCF는 홍보의 해(1988~1989), 행동의 해(1989~1909), 참여의 해(1990~1991), 조사의 해

(1991~1992), 입법화의 해(1992~1993) 등의 착실한 5개년 계획을 성공적으로 추진하였고, 마지막 5차년도인 1993년에 아동학대 예방과 치료를 위해 14만 명의 서명을 받아 기존의 「아동복리법」을 개정하는 데 성공하였다.

1973년에 제정되고 1993년에 개정된 대만의 「아동복리법」에서는 아동을 만 12세 미만으로 소년을 만 12세 이상 18세 미만으로 규정하고 24시간 핫 라인 시스템(Hot-line System; 兒童保護電線 080-422110)이 운영되고 있으며, 지역사회 사회복지관 및 아동보육시설에서 학대받은 아동을 위한 일시 보호를 실시하고 있다.

## ◉ 성적 학대를 예방하기 위한 교육 ◉

성적 학대의 예방과 교육은 대부분의 교사나 부모들에게는 가르치기에 편안하지 않을 뿐 아니라 어떻게 접근해야 할지모르는 어려운 주제일 수 있다. 성적 학대를 예방하기 위해서는 어린 아동에게도 자신의 신체는 자신의 것이며 누구든지 이상한 방법으로 아동의 신체에 접촉하려 하는 사람에게는 비록 그들이 믿는 가까운 사람일지라도 '안 돼요' 라고 말할 수 있다는 것을 알려주어야 한다. 그들에게 성인이 한 행동은 자신의 잘못이 아니라는 것과 대부분의 어른들은 아이들을 해치지 않는다는것도 알려 준다. 특히 성적 학대와 관련하여 아동들이 학대를 중지시키는 방법과 신뢰할 만한 성인에게 자신의 경험을 털어놓도록 가르쳐야 한다. 교육을 할 때 유의사항은 교육내용이 아동의 연령과 발달수준에 적절한 것이어야 한다는 것으로 교육내용은 다음과 같다.

• **자신과 타인의 신체의 소중함을 알게 한다**: 신체의 특정한 부분은 아주 소중하고 개인적인 것이므로 다른 사람이 함부로 보거나 만지지 않게 해야 한다. 이러한 일을 당했을 경우 즉시 부모나 믿을 만한 성인에게 이야기하도록 한다.

• **자기주장을 할 수 있도록 한다**: 성인에게 순종해야 '착한' 어린이라고 여겨진다. 그러나 성인이 하는 일이나 요구가 잘못될 수 있으며 이런 경우 거부할 수 있어야 한다.

• **용납되는 행동과 그렇지 못한 행동을 알려 준다**: 성적 안전에 대해 학습하지 않으면 성폭력적인 행동도 일종의 애정표현으로 받아들일 수 있다.

• **긍정적 자아개념을 기른다**: 긍정적 자아개념을 지니고 있는 유아는 자신이 부당하게 취급되는 것에 대해 저항할 수 있다.

• **유아에게 낯선 사람에 대한 불필요한 두려움이나 불신을 주지 않도록 배려한다**: 대부분의 성인이 신뢰할 수 있는 사람이라는 것을 알려준다.

자료: 조경자 · 이현숙(2010)

# 아동발달과 가족환경

오늘날 우리 사회에는 다양한 가족환경이 존재하고 있다. 맞벌이 가족과 더불어, 양친 부모 가족 이외에 부모의 이혼, 사망, 가출, 실직 등으로 가족해체가 일어나면서 생긴 한 부모 가족 혹은 조부모 가족이 있으며, 재혼 가족도 존재한다. 또한 저소득으로 여러 가지 자원이 부족한 빈곤 가족이 있다. 최근에는 결혼이주여성이 이룬 다문화 가족과 북한이탈주민으로 구성된 북한이탈주민 가족 등 가족 내 여러 문화가 공존하는 가족형태가 증가하고 있다. 마지막으로 특수한 어려움과 필요를 가진 장애아동이 있는 장애아 가족을 생각해볼 수 있다. 본 장에서는 각 가족환경별 개념을 설명하고 현황 및 특성을 살펴보았다. 또한 경우에 따라 현행 지원방안을 다루었다.

## ① 맞벌이 가족

### 1) 개 념

맞벌이 가족은 결혼한 부부가 모두 직업을 가지는 가족형태를 말하며, 구조적으로는 확대가족일 수도 있고 핵가족일 수도 있다. 여성들은 경제적 요인 이외에도 자신의 직업이 좋아서, 자아성취감을 위해서, 자신의 경력을 계속 만들어가고 싶어서, 새로운 경험을 해보기 위해서, 권태와 외로움 그리고 좌절이나 우울 등을 피하기 위해서 직업을 선택하게 된다.

## 2) 현 황

취업모의 증가는 일하는 여성에 대해 보다 수용적인 사회의 태도, 여성들이 일할 수 있는 기회의 증가, 가정경제적 요구의 증가 등 여러 가지 요인과 관련되어 있다. 국가승인 통계의 일종인 주택금융수요실태조사에 의하면, 2008년 조사 시 맞벌이 가구는 28.3%로 나타났다. 가구주 직업별로 전문직이 24.4%, 사무관리직이 29.9%, 기술/기능직이 32.6%, 자영업이 40.2% 등 고른 분포를 보였다. 연령별로는 2,30대가 30.9%, 40대가 38.7%, 50대가 34.4%로 유사한 비율을 보였고, 60대 이상은 10%로 나타났다(한국주택금융공사, 2008).

## 3) 어머니의 취업과 아동발달

어머니의 취업이 아동에게 미치는 영향은 아동의 발달단계와 관련지어 살펴볼 수 있다. 영유아기 시기에는 특히 부모의 정성스럽고 따뜻한 보살핌을 충분히 받는 것이 중요하며, 이것이 결핍되었을 때 이후 자녀의 건강한 성장이 위협받을 수 있다. 이러한 이유로 어머니의 취업이 영유아 자녀의 인지적, 정서적 발달에 부정적 영향을 미친다는 주장이 제기되기도 하였다. 그러나 연구에 따르면 어머니와 영아 간의 정서적 유대가 어머니의 취업으로 인해서 반드시 약화되는 것은 아니다(Belsky & Isabella, 1987). 이는 취업모의 경우 가정에서 시간적 여유가 있을 때 가사일 등 다른 활동을 하기보다는 자녀와 질적인 시간을 가지려 노력하기 때문으로 보인다. 실제로 취업모가 자녀와 보내는 시간을 비취업모가 자녀와 보내는 시간과 비교했을 때, 그리 큰 차이를 보이지 않았다(Huston & Aronson, 2005). 어머니의 취업과 영유아 아동발달에 관한 국외연구를 종합해보면, 어머니의 취업 자체가 자녀발달에 부정적인 영향을 미치는 것은 아니며, 자녀에게 제공되는 보육의 질과 아버지의 양육참여와 같은 요인들이 함께 고려되어야 한다(Siegler, DeLoache, & Eisenberg, 2010). 관련 국내연구에 따르면, 맞벌이가정에서 아버지의 양육참여도가 높을수록 영유아의 사회정서적 적응의 수준이 높은 것으로 나타났다. 또한 취업모가 직장일로 인해 부모 역할수행에 방해가 된다고 느끼는 정도가 크고 동시에 아버지의 양육참여도가 낮은 경우에 영유아 자녀의 사회정서적 적응이 낮게 보고된 반면, 취업모의 역할갈등이 크더라도 아버지가 적극적으로 양육에 참여하는 경우에는 영유아의 사회정서적 적응에 문제가 없는 것으로 나타났다(최연화 · 조복희, 2009).

아동기 자녀를 둔 맞벌이가정의 경우, 아동발달에 긍정적 영향과 부정적 영향 모두가 보고되고 있다. 긍정적인 측면으로는 맞벌이가정 아동의 높은 학업성취를 들 수 있다. 초등학생을 대상으로 한 국외연구에 따르면, 취업모의 아동들이 전업주부의 아동들보다 학교에서 더 높은 성취도를 보였다. 학업성취뿐 아니라, 심리사회적인 측면에서도 취업모의 아동들이 비취업모의 아동들 보다 더 자기주장적이고 독립적인 것으로 나타났다. 일반적으로 맞벌이가정에서는 어머니의 취업으로 인해 아버지뿐만 아니라 아동도 가정 내에서 더 많은 역할과 책임을 지게 되는 경우가 많은데, 이러한 역할분담을 통해서 자녀들이 더 독립적이 되는 것으로 보인다. 한편 어머니의 취업은 남녀아동에게 다른 효과를 갖는 것으로 보고되고 있다. 여학생의 경우 취업모의 자녀가 사회적으로 더 유능하고, 직업선택의 면에서도 성 고정관념을 덜 보이는 것으로 나타났다. 이는 맞벌이가정의 부부가 평등하게 부모역할을 나누어 수행하고 민주적으로 자녀를 양육하는 것과 관련된 것으로 보인다. 그러나 남학생의 경우에 맞벌이가정의 아동이 공격성 등의 문제행동을 더 보였는데, 이는 맞벌이가정에서 자녀에 대한 부모의 감독이 소홀해지는데 그 원인이 있는 것으로 생각된다(Siegler et al., 2010). 특히 하류층 가정의 남아들의 경우에는 어머니의 취업이 부자관계에 부정적인 영향을 미쳤는데, 이들은 아버지가 아버지로서의 역할을 제대로 해내지 못하여 어머니가 고된 일을 하게 된다고 생각하고 아버지를 덜 존경하는 것으로 나타났다(김경은 · 정옥분, 1998).

청소년기 자녀를 둔 어머니는 노령화에 대한 관심과 더불어 다가오는 빈 둥지(empty nest) 시기를 대비해야 하는 입장에 처하게 된다. 일반적으로 빈 둥지 시기에 비취업모가 취업모에 비해 심리적으로 더 어려움을 겪는 경향을 보이는데, 이는 자신의 모든 인생을 자녀와 가정에 헌신한 비취업모가 그에 따른 상실감을 더 크게 경험하기 때문이다. 이러한 이유 때문에 비취업모는 자녀를 지나치게 간섭하고 통제할 가능성이 높다. 그러나 청소년기는 심리적 독립성을 추구하는 시기로 누군가 자기를 보살펴 주는 것을 간섭으로 받아들일 수 있으므로 모자녀 간의 갈등이 커질 수 있다. 또한 비취업모는 자녀가 자신의 뜻에 따라주지 않거나 자신의 기대와 다른 반응을 보일 경우 자신의 인생이 허무하다고 느낄 수도 있다. 이에 비해 취업모의 청소년기 자녀는 상대적으로 부모의 간섭을 덜 받는 것으로 느낄 수 있으나, 부모의 감독이 소홀하기 쉬워 자녀가 자율성이 없는 경우 학업에 소홀해지는 등 부정적인 영향이 있을 수 있다(손승영, 1995).

## 4) 맞벌이 가족의 특성

### (1) 부부관계

남편과 아내가 동시에 직업을 갖는 경우에 부부는 모두 자아실현의 욕구를 충족하고, 사회적 지위를 갖게 되며, 가정경제에 기여하는 자기만족과 행복감을 경험하게 된다. 특히 취업모는 남편 이외의 수입원을 가짐으로써 가정의 경제적 수준이 향상되고, 경제력을 따로 갖는 데서 심리적 안정감을 느끼며, 자신의 능력을 신뢰하게 되고, 스스로 자신의 인생에 책임을 진다고 느끼기 때문에 자아존중감이 높아지는 긍정적인 측면이 있다.

그러나 맞벌이를 하는 부부는 사회관계망 내에서, 가족 내에서, 직업의 역할 내에서 균형을 맞추어야 하는데 이 과정에서 스트레스가 유발되기 쉽다. 맞벌이 가족의 어머니는 취업에 따른 새로운 역할과 함께 자녀양육과 가사노동이라는 이중의 부담을 감당해야 한다. 그와 동시에 남편에게도 가사노동과 자녀양육의 분담이라는 새로운 역할이 요구된다. 만약 부모 공동양육에 대한 인식을 공유하지 않는다면, 맞벌이 가족 내에서 새롭게 부여된 역할에 대한 남편과 아내의 인식차이는 역할갈등의 문제를 야기할 수 있다. 즉, 어머니가 직장과 가정을 양립하는데 따른 부부 역할 과중, 성역할 기대의 불일치, 시간부족과 관련된 스트레스 등의 문제가 발생한다. 연구에 따르면 가정 내 아내의 역할 부재에 따른 불만족이 많은 경우는 스트레스가 더 많았던 반면, 아내역할의 많은 부분에 대해 남편과 다른 가족구성원이 능동적으로 대처하는 경우에는 긴장이 완화되고 스트레스도 적은 것으로 나타났다(White, Brinkerhoff, & Booth, 1986). 또한 어머니의 취업동기가 경제적인 이유인 경우 직업만족도가 낮고, 아버지가 전통적인 성역할 태도를 갖고 있어서 어머니의 취업에 반대하거나 비협조적인 경우에 취업모의 스트레스가 과중된다(조정문, 1995).

아내가 일을 하는 경우 남편과 다른 가족구성원의 협조는 맞벌이가정의 긴장과 스트레스를 중재해 주는 중요한 요인이다. 그러나 이러한 지원의 부족 등으로 스트레스를 통제할 수 없는 상황이 될 경우에는 결혼생활의 위기가 발생할 수 있다. 결혼생활의 갈등은 보통 배우자가 실패했거나 타인의 욕구를 돌봐주지 못할 때 나타난다. 또한 서로의 관계와 목표에 대해 조율이 이루어지지 않는다면 갈등이 생기게 되고 배우자에 대해 분노나 적개심을 초래할 수 있다. 결론적으로, 맞벌이가정에서 부부는 역할의 재조정을 위한 역할확장 과정을 반드시 거쳐야 한다.

## (2) 자녀양육

맞벌이가정에서 가장 커다란 관심사는 자녀를 어떻게 돌보는가 하는 것이며, 이는 때로 어머니 취업 여부를 결정하는 가장 큰 변수가 되기도 한다. 특히 36개월 미만의 자녀를 둔 맞벌이가정의 경우 자녀양육상의 어려움이 많다. 취업모는 자녀와의 상호작용, 수유 및 배변 훈련 등 신체적·정신적으로 감당하기 벅찬 역할을 맡게 된다. 따라서 맞벌이 가족의 부모들은 직장생활에 지장이 없을 만큼 유연성 있는 시간 운영, 가계에 부담이 되지 않을 만큼의 보육비용, 믿고 맡길 만한 보육기관과 프로그램을 요구하게 된다. 국내외 많은 연구자들은 취업모와 비취업모의 양육스트레스를 비교하였는데, 그 연구결과는 매우 비일관적이다. 즉, 취업모의 양육스트레스가 더 높다는 결과가 있는가 하면, 반대로 비취업모의 양육스트레스가 더 높다는 결과도 보고되었다. 또한 두 집단 간 차이가 없다는 결과도 나타났다. 그러나 연구에 의하면 취업모의 양육스트레스는 배우자 지지와 관련되어 있다. 배우자의 지지가 높을수록 취업모의 양육스트레스가 낮았으며(김기원 외, 2010), 배우자의 지지는 가족이나 동료, 보육시설과 같은 기타 사회적 지지원보다도 취업모의 양육스트레스를 완화시키는데 더 효과적인 것으로 나타났다(허순금, 2006).

맞벌이가정의 증가는 전통적인 어머니 역할과 아버지 역할에 대한 재정립을 필요로 한다. 전통적인 아버지 역할은 물질적인 자원을 제공하는 것에 국한되어 이해되었으나, 오늘날에는 물질적인 자원과 함께 정신적인 자원을 제공하여 자녀발달에 보다 적극적으로 기여하는 '생산적인 아버지 역할(generative fathering)'로 그 개념이 확대되었다(Snarey, 1993). 실제로 대다수의 아버지들은 자녀양육에 대한 관심과 욕구를 갖고 있는 것으로 보인다(황순영 외, 2005).

## ❷ 한부모 가족

### 1) 개 념

한부모 가족이란 양친 중의 한쪽과 그 자녀로 이루어진 가족을 말하는데, 그 발생배경에는 이혼, 사별, 별거, 유기 등의 여러 가지 이유가 있다. 한부모 가족을 지칭하는 말로 그동안 편부모 가족, 모자가정/부자가정, 편친 가족, 모자세대/부자세대, 결손가족 등의 용어가 사용되었으나, 이러한 표현은 '문제가정'이라는 부정적인 의미를 내포하고 결손의 의미를 강하게 드러낸다. 따라서 긍정적인 인식의 변화를 위해서 '한부모 가족'이라는 용어가 사용되고 있다(이소희 외, 2003).

### 2) 현 황

통계청자료에 의하면, 한부모 가족의 총 가구 수는 1985년에 957만 1,000가구에서 2005년에 1,588만 7,000가구로 증가하였다. 최근 20년간 한부모 가족의 수가 점진적으로 증가한 가운데, 전체가구 대비 한부모가구의 비율은 비슷한 수준을 유지해왔다(1985년 8.9%, 2005년 8.6%). 그러나 한부모 가족의 형성요인은 시대에 따른 변천을 보여주는데, 한부모 가족 형성요인별 현황(표 11-1)을 보면 지난 20년간 '사별'은 감소한 반면(1985년 52.2%, 2005년 36.6%), '이혼'은 크게 증가하였다(1985년 5.9%, 2005년 29.1%)(통계청, 2005).

### 3) 이혼과 한부모 가족

이혼은 부모와 자녀 각각에게 다른 영향을 미치고 이혼 후 가족들은 일련의 적응과정을 거치게 된다. 부모의 경우 이혼을 함으로써 문제에서 벗어났다는 안도감을 느끼고 이혼을 하면서 맞게 되는 삶의 전환기를 개인성장의 기회로 삼을 수 있다. 그러나 동시에 이혼을 개인의 실패로 생각하거나 우울을 경험하기도 한다. 이러한 심리적인 변화와 더불어, 그 당사자들은 사회적 관계망의 변화, 부모-자녀관계의 변화와 같은 사회적 차원에서의 변화와 함께 거주지, 직업 등을 포함한 경제적인 변화를 경험한다. 한편

| 표 11-1 | 한부모 가족 형성요인별 현황 (단위: 1,000가구, %)

| 연도 | 총 가구 수 | 한부모가구 | | | | | 한부모가구 비율 |
|---|---|---|---|---|---|---|---|
| | | 유배우 | 사별 | 이혼 | 미혼 | 계 | |
| 1985 | 9,571 | 254(30.0) | 443(52.2) | 50(5.9) | 101(11.9) | 848(100) | 8.9 |
| 1990 | 11,355 | 227(25.5) | 498(56.0) | 79(8.9) | 85(9.6) | 889(100) | 7.8 |
| 1995 | 12,958 | 216(225) | 526(54.8) | 124(12.9) | 94(9.8) | 960(100) | 7.4 |
| 2000 | 14,312 | 252(22.5) | 502(44.7) | 245(21.9) | 122(10.9) | 1,124(100) | 7.9 |
| 2005 | 15,887 | 328(23.9) | 501(36.6) | 399(29.1) | 142(10.4) | 1,370(100) | 8.6 |

자료: 통계청(2005)

부모의 이혼으로 인해 자녀는 자신을 주로 양육하는 부모의 체계와 다른 한쪽 부모의 체계로 이루어진 두 개의 가족체계에 속하게 된다. 이러한 변화에 적응하는 데 대개 1~3년의 기간이 소요되는데, 초기에는 높은 수준의 스트레스를 경험하고 강렬한 감정 표출을 하다가 점차 새로운 가족체계에 적응하게 된다(Bigner, 2006).

연구에 의하면 부모 이혼에 대한 자녀의 적응에는 몇 가지 요인이 영향을 미친다.

첫 번째 요인은 부모가 이혼할 당시 아동의 연령이다. 유아기 아동은 공격적인 행동을 통해 관심끌기를 하거나 배변 훈련을 끝낸 후에 실수를 하는 것과 같은 퇴행현상을 보인다. 학령기 아동은 학교성적이 하락하거나 또래관계에서 문제를 나타내며 버림받았다는 느낌을 갖기도 한다. 청소년기 자녀는 비행문제를 보이거나 부모와 심각한 갈등을 겪으며 버림받음, 거절, 우울감을 느낀다. 그리고 청소년기에는 두 부모 사이에서 충성심 갈등을 경험하는데, 부모 사이에 갈등과 적대감이 클수록 자녀가 느끼는 심리적 어려움도 커진다.

두 번째 요인은 사회적 지지망이다. 부모가 갖고 있는 사회적 지지의 자원은 부모 이혼에 따른 스트레스로부터 아동을 보호하는 역할을 한다.

세 번째 요인은 이혼과 한부모 가족에 대한 사회의 태도로, 이혼가정에 대한 사회적 편견은 이혼 후 가족의 적응을 더욱 어렵게 만드는 장애요소이다(Bigner, 2006).

## 4) 모자녀 가족

여성 한부모가 호소하는 가장 큰 생활상의 어려움은 경제적인 어려움이다. 대부분의 모자녀 가족은 주 수입원인 아버지의 부재와 함께 소득이 감소되거나 없어지면서, 어머니가 소득과 생계유지를 위해 직업전선에 나서게 된다. 문제는 많은 모자녀 가족의 어머니들이 낮은 학력수준을 보이고 따라서 취업할 수 있는 직업이 주로 저소득 영역이라는 점이다. 한국여성개발원의 조사에 따르면, 여성 한부모의 교육수준은 무학과 국졸이 80% 이상을 차지하였고, 종사하는 직종 또한 일용직 근로자와 영세 자영업이 80%를 넘고 있었다(조흥식 외, 2002). 모자녀 가족은 절대소득이 낮음에도 불구하고 친인척의 도움을 받거나 외부로부터 받는 지원이 거의 없는 실정으로 어머니의 건강이나 생존전략에 따라서 빈곤가족으로 전락할 소지를 가지고 있다. 특히 최근 증가하고 있는 이혼으로 인한 모자녀 가족일 경우, 양육비 수급의 불확실성으로 인하여 자녀양육에서 빈곤문제가 심각한 것으로 나타나고 있다. 이러한 모자녀 가족의 빈곤문제는 경제적 어려움에 그치는 것이 아니라 가족 구성원의 사회정서적 측면과 가족관계에도 부정적인 영향을 미칠 수 있다. 따라서, 모자녀 가족의 경제적 자립을 위한 대책과 지원이 절실히 요구된다.

대부분의 여성 한부모는 부양자로서의 역할은 물론 자녀에게 아버지로서의 역할도 해야 하는데서 긴장과 스트레스를 받게 된다. 이 과정에서 어머니는 점차 권위주의적인 양육방식으로 변화되는데, 이것이 자녀의 성장과 적응에 반드시 부정적인 것만은 아니다. 모자녀 가족의 어머니는 자녀에게 기대하는 역할에서도 변화를 보이며, 특히 나이가 많은 자녀에게 친구 내지는 파트너의 역할을 기대하면서 재정적 문제를 상의하거나 정서적 지지를 원한다. 이러한 어머니의 높은 의존이 자녀에게 어떤 영향을 미치는 지에 대해 연구자들마다 의견이 다르다. 일부 연구자들은 자녀가 역할혼란을 경험하고 이것이 병리적인 문제로 발달할 가능성이 많다고 주장한 한편, 다른 연구자들은 자녀가 어머니와 오히려 더 깊은 친밀감과 우정을 형성하는 기회로 여겼다고 보고하였다(Bigner, 2006).

모자녀 가족 자녀의 적응에 대한 많은 연구들은 이들이 일반 가족의 자녀에 비해 더 많은 문제를 갖고 있다고 보고한다. 가정내 아버지의 부재는 자녀에 대한 감독 소홀로 이어지고 이로 인해 자녀는 보다 쉽게 문제행동에 빠지게 된다. 또한 아버지의 부재로 인해 자녀는 동일시의 대상을 상실하며, 사회적 통념과 편견에서 오는 압박감과 열등 감을 경험한다. 이렇듯 자녀가 부적응하는 경우 이것이 모자녀 가족 내 긴장과 갈등의 원인이 되기도 한다.

이밖에 여성 한부모는 배우자와의 이별 전후에 겪는 갈등과 같은 정서적 어려움, 사회인식의 문제, 사회에서의 지위 및 관계 변화에 따른 어려움을 경험한다(김익균, 2003).

## 5) 부자녀 가족

부자녀 가족의 아버지는 경제적 안정과 자녀양육, 가사노동 및 기타 사회활동 등 다양한 역할을 혼자 수행해야 하는 상황에 놓여있어 많은 스트레스를 경험하게 된다. 아버지가 자녀를 양육하고 자신의 생활을 영위할 수 있을 만큼의 소득과 안정성이 보장되는 직업이 없을 경우, 자녀가 질적으로 좋은 양육환경을 제공받기가 어렵고 생활상의 여유를 가지기란 불가능할 것이다. 지금까지 부자녀 가족에 대한 사회적 관심은 모자녀 가족에 비해 적었다. 이는 부자녀 가족의 수가 모자녀 가족의 수보다 적을 뿐 아니라, 부자녀 가족은 모자녀 가족에 비해 경제적으로 자립하기 쉽다는 인식 때문이다(전재일 외, 1999). 그러나 부자녀 가족은 경제적 문제, 자녀양육과 가사역할에 대한 부담감, 심리적 불안감뿐만 아니라 실업, 알코올중독 등의 문제까지 더해져 모자녀 가족과 같은 힘든 상황에 처해있다.

모자녀 가족과 마찬가지로 부자녀 가족의 경제적 어려움도 심각한 것으로 나타나고 있다. 남성 한부모의 62.8%가 경제적 문제를 생활상의 큰 어려움으로 호소하였으며, 저소득 부자녀 가정의 경우 아버지의 98.1%가 고졸 이하의 학력을 가졌고 중졸 이하인 경우 72%가 일용노동 등 저소득 직종에 종사하는 것으로 나타났다(정윤남, 2002). 이는 부자녀 가족의 상당수가 아버지의 저학력과 저소득으로 인해 경제적으로 빈곤한 상태에 처해 있음을 말해준다. 한편 남성 한부모는 자녀양육과 가사일 둘 다를 감당할 수 있는 직업을 찾기 때문에, 직업선택의 기회가 적어지고 이직의 가능성도 높아져 여러 가지 문제가 복합적으로 파생되는 것으로 보인다. 아버지가 직장에 있는 동안 자녀를 보육시설에 맡기는 경우 양육비가 증가할 뿐만 아니라, 그 동안 아내가 맡아오던 가계관리를 갑자기 떠맡게 됨으로써 생활비가 증가하여 경제적 어려움이 한층 가중될 수 있다.

남성 한부모가 경험하는 또 다른 큰 어려움은 자녀양육과 관련한 부모역할 수행이다. 아버지는 새로운 부모역할을 수행해야 하는 상황이지만 생계유지를 위한 직업활동과 변화된 역할을 동시에 수행한다는 것은 매우 힘든 일이다. 자연히 자녀에 대한 보호, 감독이 소홀해지고, 이에 따라 자녀는 유해한 환경에 방치되어 신체적·정서적 해를 입는 결과를 가져올 수 있다.

한편 부자녀 가족의 아버지는 배우자가 없는, 새로운 환경에 적응하는 과정에서 가족생활에서의 변화를 경험하게 되고 외적인 충격으로 인한 정서적 어려움을 겪게 된다. 구체적으로 배우자와 이별 후 사회적 고립감, 외로움, 허탈감, 원망, 분노, 생활에서 부딪히는 절망감 등을 느낀다. 일반적으로 남성은 여성보다 가족제도에 덜 통합되어 있었기 때문에, 배우자의 상실로 인해 친족과의 관계가 더욱 멀어지고 고립감을 더 많이 경험하게 된다. 홀로 된 이후 부자녀 가족의 아버지가 사회적 관계의 접촉을 피하면, 시간이 흐름에 따라 원가족, 친구, 이웃, 지역사회와의 관계에서 더욱 더 폐쇄적이고 고립된 감정들을 경험하게 된다. 이러한 정서적 단절은 신체적 질병으로 나타나는 경향이 있다(김형수, 1998).


## ③ 재혼 가족

### 1) 개 념

재혼 가족이란 이미 한번 또는 그 이상 결혼하여 가정을 이루었던 남성이나 여성이 새 배우자를 만나 가정을 재구성하는데 이에 전 배우자와의 사이에서 출생한 18세 이하의 자녀가 있는 가족을 가리킨다. 이러한 가족형태는 오늘날 가장 복잡한 가족체계 중 하나이다.

## 2) 현 황

최근 우리사회에서 가족해체가 급격히 증가하고 있으며 30대, 40대의 이혼이 늘어나고 있는 추세이다. 2009년 통계청 자료에 따르면 이혼 당시 20세 미만의 자녀를 둔 가정이 전체 이혼의 65.3%를 차지하고 있다. 이혼의 증가와 더불어 재혼도 꾸준히 증가하고 있는데, 전체 혼인 중 재혼 건수가 1990년 1만 8,838건에서 2002년에는 3만 5,380건으로 거의 2배로 증가하였으며 2009년에는 5만 3,677건까지 늘었다. 평균 재혼연령은 남자가 45.7세, 여자가 41.1세로 중년기 재혼이 늘어나고 있으며, 남녀 모두 재혼인 경우가 증가하고 있다(통계청, 2009). 그러나 복잡한 가족체계인 재혼 가족은 많은 어려움을 갖고 있으며 실제로 재혼부부의 70%가 재 이혼하는 것으로 나타나고 있다.

## 3) 재혼 가족의 특성

재혼 가족의 특성은 다음의 일곱 가지로 요약될 수 있다(Bigner, 2006).

첫째, 자녀가 가족 구조에 점차적으로 나타나는 것이 아니라 재혼의 일부분으로 처음부터 존재한다. 많은 재혼 가족들은 새로운 가족체계의 규칙, 경계, 역할을 형성할 때 이혼 후 한부모 가족이 만들었던 가족체계의 패턴을 원형으로 삼는다.

둘째, 성인 개인의 요구와 과업이 새로운 결혼생활과 재혼 가족의 요구 및 과업과 상충되어 갈등을 일으킨다.

셋째, 재혼 가족은 자녀와 혈연관계인 전 배우자나 전 조부모 등 이전 가족체계의 관계로부터 지속적으로 영향 받는다.

넷째, 성인들은 재혼이 이전 결혼관계의 문제점을 극복하거나 보상해줄 것이라는 환상을 갖기 쉽다. 이러한 비현실적 기대의 예로는, 자녀가 친부모의 이혼과 관련된 문제로부터 구원될 것이다, 새 배우자를 맞이함으로써 생물학적 가족의 빈자리가 치유될 것이다, 새로운 배우자가 그동안 충족되지 않았던 욕구를 채워줄 것이다 등이다. 계부모의 경우, 자신이 생물학적 가족에게 즉시 환영받고 특히 계자녀에게 사랑받을 것이라는 기대를 갖는다. 그러나 이러한 재혼에 대한 환상은 새로운 배우자와 가족관계에 대한 실망으로 이어지기 쉽다.

다섯째, 자녀는 두 개의 서로 다른 가족의 구성원이 되면서 친부모와 계부모 사이에서 충성심 갈등을 경험한다. 성인의 경우에도 복잡한 정서로 혼란을 겪을 수 있는데, 예를 들어 친자녀와 새로 이룬 가족의 요구를 충족시키는 것 사이에서 갈등한다.

여섯째, 자녀가 새로운 가족에 자발적으로 참여하지 않을 수 있다. 부모가 이혼한 경우에 자녀들은 그들의 부모가 재결합하여 이전의 상태로 되돌아가는 환상을 갖거나, 이혼에 대해 여전히 분노할 수 있다. 따라서 자녀는 새로운 가족체계를 형성하려는 성인의 노력을 회피, 무시하거나 저항하게 된다. 특히 청소년기 자녀를 둔 부모가 재혼을 하는 경우, 가족으로부터 독립하려는 자녀의 욕구와 재혼 가족의 가족정체감을 형성하려는 재혼부모 사이에 갈등이 심화될 수 있다.

마지막으로, 새로운 가족체계 안에서 구성원의 역할을 규정하는 데 혼란과 갈등을 경험하는데, 이는 성인과 자녀의 과거경험 때문에 특히 어렵다. 또한 재혼 가족은 개인 재산, 심리적 친밀감, 가족 관례 또는 전통에 대한 경계를 세우는 것이 필요하다. 따라서 기능적인 가족체계의 형성을 위해서는 가족들간의 명확한 의사소통, 새로운 가족에 대한 헌신, 문제해결의지가 중요하다.

## 4) 재혼 가족의 적응

재혼 가족의 적응에 영향을 미치는 주요 요인으로 재혼 가족의 사회인구학적 특성과 양육태도를 들 수 있다. 재혼 가족의 주된 어려움은 부모역할에 관한 것으로, 계부모의 양육태도는 계부모와 계자녀 간 관계의 질에 영향을 미쳐 결국 재혼 가족의 적응을 결정하는 요인으로 작용한다. 재혼 가족의 적응에 대한 국내연구가 부족한 가운데 김효순(2006)은 중고등학생 자녀를 둔 재혼 가족을 대상으로 다음과 같은 연구결과를 보고하였는데, 이는 대체로 국외연구결과와 일치하고 있다.

첫째, 부모의 재혼 시 자녀의 나이가 어릴수록, 소득수준이 높을수록, 재혼 가족이 느끼는 행복감이 큰 것으로 나타났다. 이는 계자녀의 연령이 낮을수록 친부모와 유대를 형성한 시간이 짧기 때문에 계부모를 친부모로 여기기 쉽고 따라서 재혼 가족의 적응에 이로운 것으로 보인다. 재혼 가족의 경제문제와 관련해서, 재혼부부가 금전관리와 자녀부양의 책임에 대해 합의하는 것이 재혼 가족의 적응에 긍정적이다.

둘째, 계모 가족은 계부 가족에 비해 행복감이 낮은 것으로 나타났다. 일반적으로 계모-계자녀 관계가 계부-계자녀 관계보다 문제가 더 많으며, 자녀들이 친모와 계모 사이에서 느끼는 충성심 갈등이 친부와 계부 사이에서 느끼는 것보다 더 큰 것으로 보인다.

셋째, 복합재혼 가족('계모 가족+계부 가족'을 뜻함)은 단순재혼 가족(계모 가족 혹은 계부 가족을 칭함)보다 계부모-계자녀관계에 더 많은 문제를 보였고 계자녀의 적응이 더 부정적이었다. 일반적으로 복잡한 가족구조를 가진 복합재혼 가족은 단순재혼 가족보다 이혼율이 더 높게 나타난다.

넷째, 재혼기간이 길수록, 복합재혼 가족보다는 단순재혼 가족의 경우에 높은 가족응집을 보였다. 가족응집을 발달시키는 데 보통 3~5년의 시간이 필요한데, 이 기간 동안 점차적으로 친부모로부터의 단절, 새로운 가족에 대한 비현실적 기대, 과거 가족에 대한 낭만화된 기억, 계부모에 대한 호칭 등의 문제를 해결해 나가게 된다.

다섯째, 단순재혼 가족이면서 재혼부부가 낳은 자녀(공동자녀, mutual child)가 있고 계부모가 온정적인 양육태도를 보이며 계자녀가 계부모를 민주적으로 인식할 때, 재혼부부의 결혼에 대한 행복감이 높았다. 일반적으로 공동자녀는 재혼부부의 유대를 강화시키고 정서적 지지를 제공하는 역할을 하는 것으로 보인다.

여섯째, 계부는 계모보다 계자녀에게 애정을 덜 표현하고 양육에 덜 관여하는 것으로 나타났다.

마지막으로, 계자녀가 계부모의 양육태도를 민주적으로 인식할 때 재혼 가족의 전체 가족행복, 가족응집 및 결혼행복이 모두 높게 나타났다. 그에 비해, 계부모가 독재적인 양육태도를 보일 때 전체가족행복과 가족응집이 낮았다.

재혼 가족이 해결해야 하는 세 가지 주요 당면 과제는 새로운 가족체계와 가족 구성원에 대한 비현실적 기대와 환상을 버릴 것, 각 가족 구성원의 감정과 욕구를 명확하게 할 것, 그리고 새로운 가족체계에 맞는 규칙, 역할, 경계를 만들기 위해 노력할 것이 포함된다. 이러한 문제의 해결은 재혼 가족의 성공적인 적응에 매우 중요하다(Bigner, 2006).

# ❹ 조손 가족

## 1) 개 념

조부모-손자녀 가족, 즉 조손 가족은 조부모가 자녀 없이 손자녀를 양육하는 가족을 말한다. 오늘날 우리사회에는 부모의 이혼, 가출, 사망, 실직 혹은 파산 등으로 가족해체가 늘어나면서 조손 가족 역시 현저하게 증가하고 있다.

## 2) 현 황

통계청에서 실시하는 인구주택 총 조사 시 동거자 통계를 통해 집계한 조손가구의 수는 1995년 조사 시 3만 5,194가구(전체 가구 대비 0.27%)에서 2005년 조사 시 5만 8,101가구(전체 가구 대비 0.36%)로 10년 사이 65.1%의 높은 증가율을 보였다(통계청, 2005). 이중 일부 조손 가족만이 정부지원을 받고 있는데, 2005년에 조손가구 중 약 5,295가구(전체 조손 가구의 9.1%)만이 대리양육 위탁가정의 형태로 정부로부터 혜택을 받은 것으로 나타났다. 많은 수의 조손가정은 서류상 아버지가 부양자로 되어 있다는 이유로 사회적 지원을 받지 못하고 있는 실정이다(보건복지부, 2006). 전국의 조손 가족 600가구를 대상으로 한 여성가족부의 실태조사에 따르면, 조부모의 연령은 70세 이상이 47.6%, 60대가 43.2%, 그리고 50대 이하가 9.2%로 나타났다. 배우자 없이 혼자 손자녀를 양육하는 경우가 56.8%였으며, 조부인 경우에 19.6%, 조모인 경우에 64.5%가 이에 해당하였다. 조손 가족이 생기는 주된 이유로는 친부모의 이혼과 재혼에 따른 가족해체가 45%로 가장 많았고 다음으로 친부모의 사망이 20.2%, 친부모의 가출 및 실종이 18.3%로 나타났다(여성가족부, 2007). 한편 부모의 맞벌이, 실직, 파산 등의 경제적인 이유는 10% 미만으로 나타났으며, 그 밖에 사고 및 질병, 수감생활, 10대 임신은 5% 미만을 차지하였다(옥경희, 2005a).

## 3) 조손 가족의 특성

### (1) 조부모

조부모는 손자녀를 양육하면서 생활의 여러 측면에서 변화를 경험한다. 자주 언급되는 변화 중의 하나는 건강의 악화로, 노년기의 발달적 특징인 체력의 저하에도 불구하고 양육활동을 함으로써 건강에 문제를 가져온다는 것이다. 실제로 많은 조부모들은 손자녀 양육 이후 더 많은 피로감과 신체부위 통증을 호소하는 등 건강상태가 나빠졌다고 보고한다. 그러나 이것이 손자녀 양육으로 인한 건강의 악화인지 아니면 조부모의 부정적인 지각에 의한 것인지는 분명하지 않다. 또 다른 생활의 변화로는 경제상황의 악화와 더불어, 개인시간의 부족과 친구나 이웃과의 교제기회의 감소를 들 수 있다. 손자녀 양육 이후에 조부모와 자녀의 관계가 어떻게 변화되는 지에 대해서는 상반된 연구결과가 보고되고 있다. 즉, 36%의 조부모는 자녀와의 관계 악화를 보고하는 반면, 18%에서 22%의 조부모는 자녀와 더 친밀해졌다고 하였다. 전자의 경우 조부모들은 자녀와 손자녀 양육에 관한 일을 의논할 시간이 부족하다거나 손자녀 양육방식에 대한 의견 차이로 갈등을 겪는다고 하였다. 또한 자녀가 부모의 역할을 하지 못하는 것에 대한 실망감도 표현하였다(옥경희, 2005a).

조부모는 손자녀 양육에 따른 심리적 부담감을 경험한다. 조손 가족의 조부모에게서 우울감이 흔히 관찰되는데, 저소득층 조손 가족 조모를 대상으로 한 국내연구에 따르면 조사 대상자의 92%가 심각한 수준의 우울감을 보였다(최해경, 2002). 손자녀 양육에 따른 조부모의 심리적 부담감에 관련된 변인은 조부모의 특성과 아동의 특성으로 나누어 볼 수 있다. 먼저 조부모 특성에 관련된 변인을 살펴보면, 조부모의 건강, 연령, 교육수준, 배우자의 유무, 양육 시간, 양육에 대한 자신감, 양육 동기 등이 있다. 일반적으로 조부모의 건강이 좋지 않을 때, 배우자가 없을 때, 양육시간이 길 때, 돌봐야 하는 손자녀의 수가 많을 때, 그리고 자녀의 부탁으로 양육하게 되었을 때 양육부담이 증가하였다. 그러나, 조부모의 연령이 낮거나 학력수준이 높을 때는 손자녀와 보다 긍정적인 상호작용을 하는 것으로 나타났다. 다음으로 양육부담에 관련되는 손자녀의 특성에는 손자녀의 나이, 성별 및 친족관계가 포함된다. 다시 말해서 손자녀의 나이가 많을수록, 여아보다 남아일 때, 친손자녀보다 외손자녀일 때 조부모의 양육부담은 커졌다(옥경희,

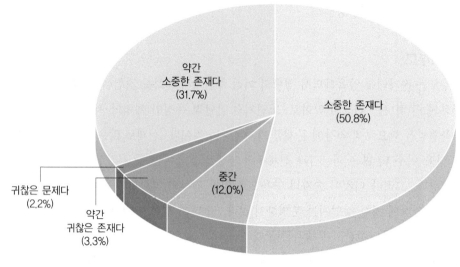

| 그림 11-1 | 손자녀의 존재 의미
자료: 여성가족부(2007)

2005a).

선행연구는 주로 손자녀 양육이 조부모의 삶에 미치는 부정적인 영향을 보고해왔다. 그러나 여성가족부의 2007년 실태조사 자료에 의하면 조부모의 82.5%는 자신이 돌보는 손자녀를 '소중한 존재'로 인식하고 있었다(그림 11-1). 또한 조부모 가운데 71.3%가 '손자녀 양육으로 인해 삶의 목표가 생겼다'는 긍정적인 생각을 나타냈는데, 이는 양육시간이 길수록 손자녀와 친밀감이 생겨서 더욱 강해지는 것으로 보고되었다(여성가족부, 2007).

## (2) 손자녀

조손 가족 손자녀의 심리사회적 발달과 적응에 관한 선행연구가 부족한 가운데, 부정적인 결과와 긍정적인 결과 모두가 보고되어 왔다. 미국의 '프로젝트 헬씨 그랜드패어런츠(Project Healthy Grandparents)' 연구에 의하면 이 프로그램에 참여한 조손 가족 손자녀의 38%가 정서문제를 갖고 있는 등 거의 대부분의 손자녀가 심리적으로 취약한 것으로 나타났다(Kelley & Whitley, 2003). 유사하게 성지혜(2001)는 빈곤한 조손 가족의 학령기 손자녀들이 높은 수준의 우울감을 느낀다고 보고하였다. 이러한 결과는 조손 가족의 형성배경에 가족해체, 가족불안정과 같은 고통스러운 경험이 있기 때문에 이것이 손자녀의 심리사회적 발달과 적응에 부정적인 영향을 미치는 것으로 해석된다. 그러나 일부 연구에서는 조손 가족 손자녀가 높은 자율성, 낮은 일탈행동, 양호한 학업성취 등 심리사회적 적응에 어려움이 없다고 보고하였다(Wilson, Tolson, Hinton, & Kiernan, 1990). 최해경(2006)은 조손 가족 청소년에 대한 연구에서 이들이 대체로 양호한 심리사회적 특성과 적응유연성을 보인다고 하였다. 전체 응답 청소년의 43.2%는 가족관계가 원만하고 갈등이 없다고 보고하였으며, 조손 가족 청소년들은 평균적으로 긍정적인 자기유능감을 갖고 있고 또래관계도 원만한 것으로 나타났다. 조손 가족 청소년 중 자신의 적응에 대해 긍정적 신념수준을 보인 비율이 67%로 높게 나타났는데, 생활수준이 높을수록, 종교가 있는 청소년의 경우에 적응신념이 강했다. 아울러, 전체 응답 청소년 가운데 61.7%가 양호한 학교적응유연성을 보였으며, 생활수준이 높고 연령이 낮을수록 긍정적인 학교적응유연성을 나타냈다. 이러한 결과는 조부모가 안정되고 지지적인 양육환경을 제공한다면 손자녀가 불행한 원가정의 경험을 극복하고 건강하게 성장할 수 있음을 시사한다.

한편, 일부 연구자들은 조손 가족 손자녀의 적응 정도를 양부모 가족, 한부모 가족 등 다른 가족형태의 아동과 비교함으로써 조손 가족의 형태가 아동발달에 최상의 결과를 가져오지는 않지만 일부 다른 가족형태보다 긍정적일 수 있음을 보여주었다. Solomon과 Mark(1995)는 조손 가족 손자녀의 학업성취가 양부모 가족의 아동과 유의미한 차이가 없었고 한부모 가족의 아동보다 높았다고 보고하였다. 같은 연구에서 조손 가족 손자녀는 한부모 가정의 아동보다 학교에서 더 적은 행동문제를 보였다. 국내 연구도 유사한 결과를 보고하였다. 즉, 조손 가족 손자녀는 양부모 가족 자녀보다 더 공격적이었으나 이혼가정의 자녀에 비해서는 덜 공격적이었으며, 우울성향에서는 조손 가족 손자녀가 양부모 가족 아동과 비슷한 수준을 보였으나 이혼가정 아동보다는 낮은 수준의 우울감을 보였다(김혜선, 2004; 서지영, 2002). 또한 학업성적, 교우관계, 학습습관 등의 학교생활 측면에서 조손 가족 손자녀는 양부모 가족 아동보다는 낮은 수준의 학교적응을 보였으나 한부모 가족 아동보다는 높은 수준의 학교 적응을 보였다(옥경희, 2005b).

## 4) 조손 가족 지원방안

최근 조손 가족 지원의 시급함이 인식되기 시작하면서 건강가정지원센터를 통해서 다양한 사업이 진행되고 있다. 손자녀를 대상으로 하는 서비스에는 손자녀의 기초학력 증진을 도모하고 학업부진을 예방하는 '손자녀 학습활동 지원 사업'과 손자녀의 신체·심리·정서적 안정감을 도모하기 위한 '손자녀 특별활동 지원 사업'이 있다. 또한 조부모의 일상생활을 지원하는 '조부모 지원 사업'에서는 신체노화로 인한 일상생활의 불편함을 경감시키려는 노력을 하는 등 건강증진사업을 실시하고 있다. 아울러, 조손 가족 구성원 전체를 대상으로 상시 개별 및 가족상담, 문화체험지원사업 및 주거환경개선사업을 실시하여 조손 가족의 정서적, 문화적, 주거환경적 복지 증진을 도모하고 있다.

## ❺ 빈곤 가족

### 1) 개 념

빈곤 가족이란 「국민기초생활보장법」에 의거하여 '국민기초생활보장수급권자'로 선정된 가족을 칭한다. 즉, 국가의 보호를 필요로 하는 최저생계비 이하의 저소득층 가족을 말한다. 또한 학교 교사가 학생생활기초조사서를 참고하여 법정 기초생활수급대상자는 아니지만, 경제적으로나 가정형편상 법정 기초생활수급대상자 범위에 가깝다고 판단되는 가족을 포함한다.

### 2) 현 황

보건복지부자료에 의하면 2009년 12월 기준으로 국민기초생활보장수급자는 약 157만 명(88만 3,000가구)으로 전 인구의 3.2%에 해당하였다. 수급자의 가구구성을 보면 단독가구가 52.9%, 자녀동거가구가 30.9%, 부부가구가 6.3% 등으로 나타났다. 수급자의 가구유형은 〈표 11-2〉에 나타나듯 일반세대가 34.2%인데 반해, 노인세대(27.7%), 장

| 표 11-2 | 수급자의 가구유형별 현황 (단위: 1,000가구, %)

| 연 도 | 계 | 노인세대 | 소년소녀 가장세대 | 모자세대 | 부자세대 | 장애인 세대 | 일반세대 | 기 타 |
|---|---|---|---|---|---|---|---|---|
| 가구 수 | 882,925 | 244,529 | 13,533 | 86,961 | 21,115 | 171,330 | 302,202 | 43,255 |
| 구성비 | 100 | 27.7 | 1.5 | 9.9 | 2.4 | 19.4 | 34.2 | 4.9 |

자료: 보건복지부(2009)

애인세대(19.4%), 모자세대(9.9%), 부자세대(2.4%), 소년소녀가장세대(1.5%) 등 취약
계층 세대가 60.9%의 높은 비율을 나타냈다(보건복지부, 2009).

## 3) 빈곤 가족과 아동발달

### (1) 빈곤아동의 발달적 특성

이제까지 많은 연구들은 빈곤이 아동발달의 여러 영역에 부정적임을 보고해 왔다. 신
체발달 면에서 빈곤은 발육부진, 발달지체 등과 같은 문제를 야기한다. 인지발달 측면
에서는 빈곤아동이 중류층 아동에 비해서 유의하게 낮은 지능과 학업성취를 보인다.
이러한 차이를 가져오는 원인은 생애 초기의 가정환경, 특히 부모가 아동에게 제공하
는 언어적 자극의 양과 질에서 찾아볼 수 있다(Hart & Risley, 1995). Hart와 Risley는 생
후 6~9개월의 영아를 둔 42가정을 대상으로 2년 반 동안 매달 가정방문을 실시하여 한
시간 동안 부모-아동간 언어적 상호작용을 녹음, 관찰하였다. 연구 결과, 전문직가정의
아동은 빈곤가정의 아동 보다 시간당 1,500개의 단어를 더 듣는 것으로 나타났다. 또한
연간 어머니가 유아에게 하는 격려의 말과 낙담시키는 말의 비율을 살펴 본 결과, 전문
직가정이 166,000 : 26,000, 중산층가정이 62,000 : 36,000, 그리고 빈곤가정이 26,000 :
57,000의 비율로 나타났다. 일반적으로 빈곤가정의 부모는 불안정한 직업과 장기간의
노동으로 인하여 자녀를 방치하는 경향이 있으며, 부모의 심신장애나 질병, 적절한 양
육기술의 부족, 문화적 박탈 및 저학력 등으로 자녀에게 적절한 교육환경을 제공하지
못하는 것으로 보인다. 빈곤아동의 정서 · 사회성발달을 살펴보면, 이들은 사회적 지지
를 적게 받고 낮은 자아존중감을 보이며 우울, 공격성, 비행과 같은 정서행동상의 문제

를 보이는 경향이 있다(Dunkan & Brooks-Gunn, 1997).

빈곤아동의 발달저하는 가족매개모형(family mediating model)에 의해 설명될 수 있다(Conger, Ge, Elder, Lorenz, & Simons, 1994). 이 모형에 의하면 빈곤은 그 자체보다는 빈곤으로 인해 일어나는 가족 내의 부정적 변화를 통해서 아동발달을 저해한다. 구체적으로 저소득 상황이나 소득의 급격한 감소는 부모가 지각하는 경제적 스트레스를 증가시키고 경제적 문제를 쉽게 해결하지 못할 것이라는 부정적 기대감이 높아지면서 부부갈등이 커져 이것이 부모의 양육태도에 부정적인 영향을 미치게 된다는 것이다. 즉, 빈곤은 가족 내의 역동을 매개로 하여 아동발달을 저하시킨다.

그러나 최근에는 빈곤이라는 열악한 가정환경에도 불구하고, 정상적으로 성장한 아동들에 대한 연구결과가 보고되면서 빈곤아동의 탄력성에 대한 관심이 높아지고 있다. 따라서 빈곤 가족 아동의 발달과 적응을 이해하는 데 있어서 위험요인과 함께 보호요인을 알아보는 것이 필요하다.

### (2) 위험요인과 보호요인

위험요인(risk factor)이란 아동발달에서 부정적인 결과가 나타날 가능성을 높이는 요인을 말하는 반면, 보호요인(protective factor)은 이러한 부정적인 영향으로부터 아동을 보호하는 요인을 의미한다. 빈곤 가족 아동의 발달과 적응에 관련된 위험요인과 보호요인은 개인적 차원, 가족적 차원, 그리고 사회환경적 차원으로 나누어 볼 수 있다(오승환, 2006).

먼저 위험요인 중 아동의 개인적인 특성에는 신체 및 정신장애, 만성 질환, 낮은 지능 등이 포함된다. 산모의 영양결핍과 같은 열악한 태내환경과 출생 후 노출되는 다양한 환경적 결핍은 신체적 · 인지적 · 정서적 발달에서 빈곤아동의 취약성을 증가시킬 수 있다.

가족적인 위험요인으로는 한부모와 같은 가족구조, 부모의 우울 · 약물중독 등의 정신병리, 부부갈등, 학대, 실직 등의 요인을 들 수 있다. 모성 상실이나 부성 상실의 경험은 아동의 건강한 성장을 저해하는 요소이다. 뿐만 아니라, 빈곤은 부모의 정신병리를 유발하거나 더욱 악화시키고 부부갈등을 심화시키며 이로 인해 아동을 폭력적으로 다루는 학대가 야기될 수 있다. 이러한 위험요인들은 아동에게 매우 부정적인 양육환경을 제공한다.

사회환경적 위험요인을 살펴보면, 열악한 주거환경, 지역 내 높은 범죄율, 비행친구와의 관계 등이 있다. 위생시설과 같은 물리적인 주거환경 이외에, 아동이 지역사회에서 범죄 등의 유해환경에 노출되거나 비행성향을 가진 친구와 어울리게 되면 문제행동을 일으킬 가능성이 높아진다.

한편, 빈곤에서 야기되는 스트레스를 완화시키는 보호요인 중 아동의 개인적인 특성에 속하는 것으로는 미래에 대한 계획성, 책임감, 문제해결능력과 자기유능감을 들 수 있다. 문제상황에서 높은 계획성과 문제해결능력을 가진 아동은 문제해결을 하는 데 있어서 융통성 있게 사고하고 여러 가지 대안을 시도하는 것으로 나타난다. 또한 자기유능감이 높은 아동은 자신이 경험하는 어려움을 잘 해결할 수 있다는 믿음을 갖고 있어, 이러한 특성들이 적응을 돕는 것으로 보인다.

가족 관련 보호요인에는 가족구성원의 지지와 부모의 민주적인 양육태도가 있다. 가족원간의 응집, 돌봄과 같은 가족의 지지와 부모가 온정적인 태도로 자녀의 자율성을 존중하는 민주적인 양육태도는 여러 가지 위험요인들로부터 빈곤가정의 아동을 보호해주는 역할을 한다.

마지막으로 사회환경적 보호요인은 학교, 친구관계, 그리고 지역사회의 측면에서 살펴볼 수 있다. 아동이 많은 시간을 학교에서 보내는 만큼 학교에서의 긍정적인 경험은 아동의 발달과 적응을 돕는다. 인지적 자극 이외에도, 교사의 관심과 지지는 어려움에 처한 아동에게 용기와 힘을 준다. 교사와 같은 성인과의 관계뿐 아니라, 가정과 학교에서 잘 적응하고 있는 친구들과의 관계도 아동에게 보호요인으로 작용한다. 또한 지역사회 단체에 소속하거나 사회활동에 참여함으로써, 아동은 소속감을 느끼고 사회적, 정서적 지지를 제공받으며 타인의 복지에 기여하는 경험을 통해서 자아존중감을 향상시킬 수 있다.

## (3) 빈곤아동에 대한 중재연구

미국정부는 1960년대부터 빈곤계층의 3~5세 아동을 대상으로 헤드 스타트(Head Start)라는 대규모 중재 프로그램을 실시하여, 의료 서비스, 영양적인 식단뿐 아니라, 안전하고 인지적으로 자극적인 환경을 제공해왔다. 이 프로그램에 참가하였던 아동들은

빈곤지역의 아동

프로그램을 마칠 시점에 지능지수와 학업성취도에서 향상을 보였지만, 이러한 효과는 이후 몇 년간 지속되다가 사라졌다. 인지적 성과가 오래 지속되지 못한 반면, 보다 오랫동안 유지된 다른 많은 효과들도 있었다. 즉, 헤드 스타트에 참가했던 아동들은 보다 나은 사회적 기술과 건강을 보였고, 학교에서 유급되는 비율이 낮았으며, 고등학교 졸업 후 대학 진학률이 높았을 뿐 아니라, 약물사용과 비행 등의 문제행동을 적게 보였다(Siegler et al., 2010).

한편, 미국의 밀워키 프로젝트(Milwaukee Project)는 정신지체 어머니를 둔 생후 6~8주의 영아에게 종일 보육을 제공함과 동시에, 어머니에게는 부모교육과 직업교육 등의 프로그램에 참여토록 하였다. 또한 부모코칭(parent coaching) 프로그램을 통해서 각 가정에 파견된 코치가 어머니와 자녀의 일상적인 상호작용이 향상되도록 도왔다. 이 프로그램에 참여했던 아동들을 추적 연구한 결과, 이들의 8세 때의 학업성취도가 미국 아동의 평균수준에 이르렀다(Garber, 1988). 이러한 결과는 조기의 포괄적이고도 집중적인 중재가 빈곤가정 아동의 인지발달 및 학업성취의 문제를 예방하는데 효과적임을 보여준다.

## ⑥ 다문화 가족

### 1) 개 념

다문화 가족이란 가족구성원 간에 서로 다른 민족적, 문화적 배경이 공존하는 가족을 말한다. 우리 사회에는 결혼이민 여성, 북한이탈주민, 그리고 외국인 노동자의 수가 증가하면서 다문화 가족의 수도 급속하게 증가하고 있다. 본 장에서는 다문화 가족을 여성 결혼이주자가 포함된 국제결혼 가족에 한정하여 논의하였다.

## 2) 현 황

여성가족부자료에 의하면 2009년 국제결혼은 총 3만 8,491건으로 전체 결혼의 약 10%에 해당하였다. 지방자치정부의 농촌총각 장가보내기 프로젝트와 같은 정책의 결과로 농림어업종사자 남성의 약 40%가 외국인 여성과 혼인하는 것으로 나타났다. 여성 결혼이민자들의 출신국을 살펴보면, 중국 조선족(30.4%)이 가장 많고 그 다음으로 중국(한족 등 기타 민족 27.3%), 베트남(19.5%), 필리핀(6.6%), 일본(4.1%), 캄보디아(2.0%) 순이었다. 연령별로 여성 결혼이민자들은 24세 이하가 21.1%, 25~29세가 20.2%인데 반해, 이들과 결혼하는 한국 남성들은 40대가 30.5%, 35~39세가 20.9%로 나타났다. 평균 연령은 여성 결혼이민자가 33.3세, 한국인 남편이 43.2세로 부부 간 평균 연령의 차이(약 10세)가 큰 것으로 보고되었다. 다문화가정의 학생 수는 2005년 6,121명에서 2008년 1만 8,778명으로 급격하게 증가하는 추세를 보이고 있다. 학교별로는 다문화가정 초등학생의 수가 1만 5,804명으로 압도적으로 많으며, 중학생은 2,213명, 고등학생은 761명으로 나타났다. 그러나 다문화가정 0~6살의 미취학 자녀의 수가 3만 명을 넘는다는 최근 통계를 생각할 때, 앞으로 다문화가정 학생 수가 현저하게 증가할 것으로 예상된다(여성가족부, 2009).

## 3) 다문화 가족의 특성

### (1) 문화적응

이민자는 새로운 문화에 정착하는 과정에서 자신의 고유문화와 주류문화 사이에서 갈등을 경험하게 된다. 이러한 문화접변(acculturation) 또는 문화적응은 자신의 민족적·문화적 정체성을 유지하는 정도와 주류문화와의 관계를 중요시하는 정도에 따라서 여러 가지 형태로 나타날 수 있다. 이전의 문화를 거부하고 새로운 문화를 수용하는 것은 동화(assimilation)에 해당하는 한편, 새로운 문화에 참여하는 것을 거부하고 원래의 문화에 고착되는 것은 분리(separation)라고 부른다. 주변화(marginalization)의 경우는 양쪽 중 어느 문화에도 동일시하지 않는 현상을 가리키며, 마지막으로 통합(integration)은 원래의 문화를 유지하면서 새로운 문화를 받아들여 양쪽 문화를 조화롭게 통합하는 것을 의미한다(Santisteben & Mitrani, 2003). 문화접변은 유동적인 현상으로 이해되어야 하는데, 이민자는 하나의 문화접변 형태보다는 자신이 처한 상황과 시기에 따라서 다양한 문화적응 양상을 보일 수 있다(Berry, 1997). 예를 들어, 가정에서는 고유한 문화를 고수하는 분리의 방식을, 학교나 직장 등에서는 주류사회문화의 행동양식을 따르는 동화 내지 통합의 방식을 사용할 수 있다.

### (2) 부부관계

다문화가정의 부부갈등에 대해서는 연구에 따라 상이한 결과가 보고되어 왔다. 다문화가정 부부들이 더 높은 수준의 부부갈등을 경험한다는 연구결과가 있는 반면, 일반가정과 비교했을 때 유의미하게 높지 않다는 연구결과도 있다. 그렇지만 한 가지 분명한 것은 국제결혼이라는 특수성이 부부관계에 영향을 미친다는 점이다. 국제결혼 부부의 가장 두드러진 특징으로 남편과 아내의 문화적 배경의 차이를 들 수 있다. 연구에 따르면 결혼이주여성이 통합적인 문화적응태도를 보일수록 부부갈등이 적었고(신정희, 2010), 이와 유사하게 남편이 결혼이민자인 아내의 문화를 이해하려고 노력할수록 아내의 결혼만족도가 높았다(김연수, 2007). 따라서 부부가 서로의 문화에 대해 개방적이고 수용적인 태도를 취하는 것이 중요하다고 하겠다. 부부의 문화적 차이는 자녀양육 방식과 신념에도 반영되기 때문에 자녀가 있는 경우에 다문화가정의 부부갈등이 심화되는 경향이 있다(박정숙 외, 2007). 또한 많은 다문화가정 부부들이 언어소통의 문제를 갖는 한편, 결혼이주여성들은 권위주의적인 남편, 가정폭력 및 시부모의 간섭으로 인한 어려움을 호소한다. 다문화가정이 겪는 또 다른 문제점으로 경제적 어려움을 들 수 있다. 대부분의 다문화가정은 낮은 가구소득을 보이는데 100만 원 미만이 21.3%, 100~200만 원 미만이 38.4%, 200~300만 원 미만이 18.7%로 나타났다(김승권 외, 2010).

## (3) 자녀양육

일반적으로 다문화가정 어머니들은 자녀양육에서도 어려움을 겪는다. 보통 이들은 어린 나이에 결혼을 하여 자녀양육에 대한 지식과 경험이 부족할 뿐 아니라, 본국을 떠나 있으므로 친정부모, 친척, 친구 등의 사회적 지지망이 부족하다(김경란, 2007). 다문화가정 어머니들은 일반가정 어머니들에 비해 더 많은 양육스트레스를 보고하였다. 그러나 다문화가정 어머니의 양육행동은 문화적응스트레스와 관련되어, 문화적응스트레스 수준이 낮을수록 아동의 자율성을 존중하고, 민감하고 반응적이며, 적절한 인지적 자극을 제공하는 등의 보다 긍정적인 양육행동을 보였다(곽금주, 2008).

어머니-아동 상호작용을 관찰한 실험실 연구결과, 다문화가정 어머니는 일반가정 어머니에 비해 전반적으로 더 부정적인 상호작용을 하였다. 다문화가정 어머니들은 아동에게 무관심한 태도를 보이고 인지적 자극이나 지도를 덜 제공하였다. 또한 이들은 아동과의 상호작용에 수동적인 태도를 보이는 등 자신감이 부족하였고 아동과 함께 과제를 잘 수행할 수 있을 것이라는 확신이 결여되었다. 한편, 다문화가정 어머니는 아동의 자율성을 존중하기보다는 강압적인 태도로 자신의 기대를 전달하고자 하였다. 그러나 분노 등 적대감의 표현에 있어서는 다문화가정 어머니들과 일반가정 어머니들 간에 유의미한 차이가 나타나지 않았다. 동일한 어머니-아동 상호작용 실험에서 나타난 다문화가정 아동의 특징으로는 일반가정 아동에 비해 과제지속시간이 짧고 과제에 보다 소극적인 태도로 참여하였으며 성취감이나 즐거움 등 긍정적인 정서의 경험도 적었다. 또한 어머니-아동의 양자적인 특성을 살펴보았을 때, 다문화가정 어머니와 아동은 일반가정에 비해서 상호작용 활동에 소극적으로 참여하였고 공동의 목표를 세우고 이를 지속시키는 데 어려움을 보였다. 또한 이들은 상호작용 시 서로 긍정적인 정서를 표현하는 정도가 낮았다. 이상에서 살펴본 다문화가정과 일반가정 간의 차이는 사회경제적 수준에 의해서 모두 설명되지 않는 것으로, 다문화가정의 특성이 반영된 것으로 보인다(곽금주, 2008).

## (4) 다문화 가족 아동

다문화가정의 아동들은 학교적응에 여러 가지 어려움을 갖고 있다. 주 양육자인 어머니의 부족한 한국어 실력 때문에 자녀의 한국어 습득과 발달에 문제가 생기고, 따라서 학교에 입학하여 학교공부를 하고 의사소통을 하는 데 많은 어려움을 경험한다. 언어 문제와 더불어, 다문화가정 아동은 또래로부터 집단 따돌림을 당할 위험이 크다. 보건 복지부의 통계에 따르면, 다문화가정 아동의 17.6%가 왕따를 경험한 것으로 나타났는 데, 그 이유로는 엄마가 외국인이라서(34.1%), 의사소통이 잘 안 되어서(20.7%), 특별 한 이유 없이(15.9%), 태도와 행동이 달라서(13.4%), 외모가 달라서(4.9%) 등으로 보고 되었다(보건복지부, 2005). 이는 한국사회의 순혈주의가 갖는 문제점을 반영하는 것으 로, 다양한 문화를 인정하고 수용하는 다문화주의(multiculturalism)로의 성장이 시급함 을 말해준다. 일반적으로 아동의 적응능력은 연령증가와 함께 향상되지만, 다문화가정 의 아동은 고학년으로 올라갈수록 학교와 일상생활 적응에 더욱 더 많은 어려움을 보 이는 것으로 나타났다(이영주, 2007). 단적인 예로, 일반가정의 아동에 비해 다문화가 정 아동의 상급학교 진학률이 저조한 것을 볼 수 있다.

국내외 연구들은 부모의 문화적응 유형과 아동의 행동, 학교적응 간에 관련성이 있음 을 입증하고 있다. 부모가 고유문화보다는 주류문화를 적극적으로 받아들이는 동화 유 형인 경우, 이것이 아동에게 긍정적 또는 부정적 영향을 미치는 것으로 나타났다. 미국 이민자들에 대한 연구에 의하면, 어머니가 주류문화에 동화될수록 아동이 더 큰 행복 감을 느끼고 보다 긍정적인 자아개념을 보인다는 결과가 있는 반면(Castro, 2003), 자녀 의 약물이나 알코올 사용 등 문제행동이 증가한다는 결과도 있다(Caetano & Medine, 1988). 분리 유형의 경우에도 역시 상반된 연구결과가 보고되었다. 즉, 부모가 고유문 화만을 고집하고 주류문화를 거부한 결과 부모가 자녀의 학교에 덜 관여한다는 부정적 인 결과가 있는가 하면(Cervantes et al., 1990), 다문화가정 어머니가 분리 유형일 때 어 머니와 자녀 간에 긍정적인 관계를 형성한다는 결과도 있다(한지은, 2007). 후자의 연 구결과는 다문화가정 어머니가 자신의 민족적 정체성을 확고히 함으로써 자녀양육에 자신감을 보임을 시사한다. 주변화에 대한 연구결과가 부족한 가운데, 국내연구는 다 문화가정 어머니가 문화적응 전략으로 주변화를 많이 사용할수록 아동에게 제공하는 인지적 자극의 정도가 적었다고 보고하였다(곽금주, 2008). 한편 부모가 본국의 문화와 주류사회 문화 양쪽을 균형 있게 통합하는 경우, 아동이 보다 적은 문제행동을 보이는 것으로 나타났다(Aycan & Kanungo, 1998). 국내 연구에서도 유사한 결과가 보고되었 는데, 다문화가정 어머니가 문화적응전략 중 통합수준이 높을수록 보다 애정적이고 민감하며 자율적인 양육행동을 보였고(곽금주, 2008; 신정희, 2010), 아동은 보다 긍정적인 적응행동과 학교적응을 보였다(신정희, 2010). 아프리카계 미국아동에 대한 연구에서는 아동이 아프리카인 그리고 미국인으로서의 정체성을 모두 가질 때 자아존중감과 학교적응이 긍정적이었다(Thomas, Townsend, & Belgrave, 2003). 국내외 연구를 종합해 보면, 고유문화와 주류문화 모두와 관계를 유지하는 것이 아동의 성장에 긍정적임을 알 수 있다.

## 4) 다문화 가족 지원방안

2008년 3월, 「다문화 가족 지원법」이 제정되었고 2009년 9월부터 지원정책이 시행되고 있다. 지원책에는 다문화가정에 대한 생활정보 제공 및 사회적응교육과 직업교육 및 훈련, 양성평등한 가족관계 유지를 위한 가족상담·부부교육·가족생활교육, 가정폭력피해자에 대한 보호 및 지원, 다문화가정 아동 보육과 교육, 다국어에 의한 서비스 제공, 다문화 가족 이해증진을 위한 다문화 이해교육 및 홍보 등이 있다.

　다문화가정 정책을 수립하고 시행하는 데 있어서 우리 사회가 결혼이민여성들에 대해 어떤 태도와 시각을 갖고 있는지 점검하는 것이 무엇보다 중요하다. 이들이 한국사회에 동화하도록 요구하는 일방적인 태도는 우리 사회가 민족중심주의에서 벗어나 다문화주의로 옮겨가는 데 방해가 될 것이다. 그러므로 결혼이주 여성들의 한국사회 적응을 돕는 프로그램을 제공하는 한편, 주류사회 시민들의 왜곡된 인식과 편견을 적극적으로 변화시킬 필요가 있다. 다시 말해서, 소수집단의 문화에 개방적인 지역사회의 분위기를 형성하고, 이주민과 남한 사람이 상호호혜적인 방식으로 상호작용할 수 있는 기회를 제공하는 것이 중요하다. 결론적으로 말해서, 다문화가정 정책은 이주민의 강점을 살려 그들이 긍정적인 자아상을 형성, 유지하면서 자연스럽게 우리 사회의 문화를 배워나갈 수 있도록 배려하는 통합적인 자세에 기반을 두어야 한다.

# ❼ 북한이탈주민 가족

## 1) 개 념

북한이탈주민은 조선민주주의인민공화국에서 이탈한 주민을 가리키는 용어로, 그동안 몇차례 바뀌었다. 1990년대 들어 북한을 이탈하여 남한으로 이주하는 주민이 늘어나면서 귀순자 또는 귀순용사라는 용어가 탈북자로 대체되었다. 그러나 탈북자라는 용어가 줄 수 있는 부정적인 인식 때문에 2005년 통일부는 탈북자를 새터민으로 바꾸었다. '새로운 터전에 정착한 주민' 이라는 뜻인 새터민이란 용어 역시 억지스럽고 부자연스럽다는 이유로 탈북자단체 등에 의해 잘 받아들여지지 않자 통일부에서는 이 용어의 사용을 가급적 하지 않겠다고 하였다. 현재 우리사회에서는 새터민과 북한이탈주민이란 용어가 혼용되고 있다. 탈북은 북한주민이 같은 민족이지만 서로 다른 사회문화적, 정치적, 경제적 체제를 가진 남한에 적응해 나가는 독특한 형태의 이주라고 볼 수 있다.

## 2) 현 황

1993년 문민정부의 출범 전까지 국내 입국한 북한주민의 수는 총 633명에 불과하였다.

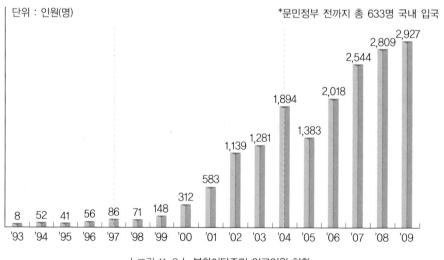

| 그림 11-2 | 북한이탈주민 입국인원 현황
자료: 통일부(2010)

그러나 북한의 식량난이 심각하던 1990년대 중반을 기점으로 북한주민의 국내입국이 증가하였으며, 2002년부터 연간 입국자 수가 1,000명을 넘은 데 이어 2006년부터 연간 2,000명이 넘고 있다(그림 11-2). 이러한 급격한 증가로 우리 사회는 2007년에 북한이탈주민 1만 명 시대를 맞았고, 2010년에 마침내 2만 명을 돌파하였다. 그동안 북한이탈주민의 탈북·입국 동기와 유형 그리고 인적특성 또한 다양해져 왔다. 이전에는 경제적·정치적 동기가 탈북의 주된 이유였다면, 최근에는 보다 나은 삶을 추구하고자 하는 동기에서 국내 입국을 하는 경우가 증가하고 있다. 또한 이전의 20, 30대 위주의 단독 입국에서 최근에는 가족단위의 입국이 증가하면서 아동청소년 및 노인 등 연령대가 다양해지고 있다. 2010년 3월까지의 입국자에 대한 통일부 자료에 의하면, 10세 이하의 아동은 4%, 10~19세 사이의 청소년은 12%, 60세 이상 노인은 5%로 나타나고 있다(통일부, 2010). 북한이탈주민의 다양성은 재북 직업별 유형에서도 나타나는데, 1990년대 이전까지는 대부분이 군인과 노동자였으나, 최근에는 관리직, 전문직, 예술·체육분야 등 다양한 직업 분포를 보이고 있다(통일부, 2010).

## 3) 북한이탈주민 가족의 특성

### (1) 북한이탈주민 가족의 적응문제

북한이탈주민 가족은 남한사회에 적응하는 과정에서 경제적 어려움, 문화적 차이, 남한사회의 선입견과 차별, 언어의 문제, 인간관계, 심리적 문제 등 생활 전반에 걸쳐 여러 가지 어려움을 경험한다.

북한이탈 부모들은 잦은 이직과 취업의 어려움, 자녀와의 갈등, 자녀교육에 대한 부담감, 인간관계 형성의 어려움과 외로움, 북에 두고 온 가족에 대한 죄책감과 향수병, 문화적 이질감과 언어소통의 문제를 호소하였다. 특히 언어문제와 관련하여, 자신의 북한 사투리와 억양을 의식하고 북한이탈주민이라는 사실로 인한 사회적 편견과 부당한 대우를 우려하는 경우에 공공장소에서 타인과의 대화를 꺼렸으며, 남한 사람과의 대화에서 모르는 어휘나 외래어 때문에 의사소통에 어려움을 겪는 것으로 나타났다(강란혜, 2008).

한편 새터민 자녀들은 신체적으로 왜소하여 또래관계에서 위축감과 열등감을 경험할 뿐 아니라 문화적 차이로 인해 친구사귀기에 어려움을 보인다. 이들은 심리적으로도 취약한데, 탈출과 은신기간 동안 생존을 위해 자신의 신분을 숨기게 되고 이것이 안정된 자아정체감 형성을 저해하게 된다. 또한 탈출과 은신과정에서 경험하는 공포와 불안, 가족해체 경험에 의한 외상후 스트레스 장애, 그리고 남한사회 이주와 적응에 관련된 다양한 걱정을 호소한다(이향규, 2007). 특히 새터민 아동들은 학교적응에 큰 어려움을 갖는데, 통일부자료에 의하면 2009년 초중고 학령기의 아동 중에서 38%만이 학교에 다니고 있고 과반수 이상이 학교 교육을 받지 못하고 있으며, 평균 취학률이 상급학교로 올라갈수록 현저하게 하락하고 있어 새터민 아동의 교육 결손이 심각한 상태임을 나타냈다(통일부, 2010). 학교에 다니고 있는 아동 역시 탈북 후 남한 입국까지의 학습공백으로 인한 기초학력의 부진 및 결손뿐 아니라, 남북한 교육내용, 교육체제, 평가방식의 차이에서 비롯된 학교부적응을 보이고 있다(최영미 외, 2008).

## (2) 가족관계

새로운 사회로의 이주 및 적응은 북한이탈 부모-자녀관계에 영향을 미친다. 일반적으로 북한이탈주민들은 가족주의 의식이 높은데, 이것이 가족 간의 결속과 지지로 이어지는 경우 남한 사회 적응의 어려움을 극복하는 데 보호요인으로 작용할 수 있다. 그러나 일부 북한이탈주민 가족의 경우 가족구성원 간 새로운 문화에 적응하는 방식과 속도에서 차이가 커서 가족간의 갈등이 심화될 수 있다. 예를 들어 청소년 자녀는 문화적응 중 동화의 방식을 따르고 부모는 분리의 방식을 따를 때, 원래의 문화를 고수하고자 하는 부모와 이것을 거부하고 새로운 문화를 받아들이려는 자녀 간에 공감대가 부족하고 의사소통이 경직되어 부모-자녀관계에 어려움을 가져올 수 있다. 특히 청소년 자녀를 둔 북한이탈주민 가족의 경우에 사춘기라는 예민한 시기를 거치는 자녀와 부모 간의 관계에 주의를 기울일 필요가 있다.

북한과 남한의 문화적 차이는 북한이탈주민의 부부관계에도 영향을 미치는 것으로 보인다. 연구에 따르면 북한이탈주민 부부관계가 이주 직후 초기 1~2년때보다 이후에 갈등이 커지는 것으로 나타났는데, 이는 남한의 부부평등 문화를 접하면서 북한의 가부장적인 문화에서 억눌렸던 잠재적인 문제들이 표출되기 때문으로 보인다(김영희, 2005).

## (3) 자녀양육

북한이탈 부모는 북한의 양육환경과 다른 남한의 양육환경에 적응해 나가는 과정에서 여러 가지 양육과 관련된 긍정적, 부정적인 경험을 하게 된다. 유아기 자녀를 둔 북한이탈 부모의 양육에 대한 김미정·정계숙(2007)의 연구에 따르면, 긍정적인 측면으로 북한이탈 부모는 북한과 달리 자유롭고 여유로운 남한 사회의 분위기 속에서 자녀의 생존에 필요한 기본적인 욕구를 충족시켜줄 수 있다는 안도감을 꼽았다. 또한 이들은 자녀에게 좋은 교육환경을 제공하고 자녀가 원하는 형태의 삶을 살아가도록 양육할 수 있다는 사실에 만족감과 자부심을 느끼고 있었다. 일부 북한이탈 부모는 북한의 집단주의와 대비되는, 남한의 개인주의 문화에서 자유로움과 개인의 의사가 존중되는 긍정적인 경험을 하면서 자기 자신은 물론 자녀가 '나'라는 존재감을 가질 수 있는 것에 만족감을 표현하기도 하였다. 그러나 이것은 직장생활 등을 통해서 남한 사람과 상호작용을 하는 경우에만 해당되었고, 남한 사람과 교류가 부족하고 고립된 생활을 하는 북한이탈 부모에게서는 나타나지 않았다. 한편 북한이탈 부모는 남한 사회의 바람직하지 않은 현상들, 예를 들어 왕따, 성폭행, 청소년 비행과 자살 등을 접하면서 자녀의 건강한 성장에 해로운 영향을 미칠 수 있는 것들에 대해 불안감을 느끼기도 하였다.

부모역할에 관련하여 북한에서는 부모가 자녀의 예절교육과 생활태도에 관심을 기울이고 학습에는 거의 관여하지 않는다. 그러나 북한이탈 부모는 경쟁적인 남한 사회에서 자녀가 성공하기 위해서는 학습이 중요함을 인식하고 이를 강조하는 경향을 보인다(홍주은, 2003). 그러나 이들은 북한의 의무교육제도에서는 특별히 신경쓰지 않았던 자녀의 학습지도, 사교육 등 확대된 부모역할을 수행하는 데 있어서 정보부족, 경험부족 및 경제적 부담으로 인해 좌절감과 혼란을 경험한다.

양육신념의 경우, 북한이탈 부모는 자녀의 순종과 '스스로 알아서 하는' 자율을 강조한다. 또한 이들은 자녀가 잘한 일을 칭찬하기보다는 잘못한 것에 대해 처벌하는 방식을 따른다. 이것은 전체주의적인 북한에서는 위계질서가 중요시되고 어머니의 취업유무에 상관없이 모두 사회적 활동에 참여하므로 자녀양육에 투자할 시간적 여유가 부족한 데서 비롯된 것으로 보인다. 그러나 북한이탈 부모들은 자신들의 양육관과 달리, 민주적인 양육태도를 가치 있게 생각하는 남한 사회의 분위기 속에서 혼란이나 갈등을 경험할 수 있다.

북한이탈 부모는 남한 사회에서 자녀를 양육하면서 여러 가지 필요를 가지고 있다. 이들의 자녀교육에 관련한 경제적 부담을 해결하는 데 필요한 직업 및 기술 교육 이외에도, 이들은 자녀의 정서적 안정 등 건강한 발달을 돕는 양육방식, 자녀의 친구관계를 적절하게 지도하는 법, 언어습득 수준의 차이와 문화적 불일치에서 오는 부모-자녀관계간의 관계문제나 갈등을 해결하는 방법에 대한 도움을 필요로 한다. 또한 북한이탈 부모는 남한의 교육제도에 대한 이해와 자녀의 학습지도방법에 대해 높은 관심을 가지고 있다(홍주은, 2003). 따라서 이러한 필요를 고려한, 북한이탈 부모를 위한 부모 교육 프로그램의 개발과 실시가 요구된다.

## 4) 북한이탈주민 가족 지원방안

북한이탈주민들은 남한 입국 후 시설보호기관인 하나원에서 문화 이질감 해소, 심리안정, 진로지도 상담 및 남한 사회의 이해 등에 관한 남한 사회 적응 교육 프로그램(8주간)을 이수하게 된다. 하나원에서 생활하는 동안 이들은 취직, 주민등록, 임대주택 알선 등 정착 준비를 하고, 이를 마친 후 거주지 배정과 함께 지역사회로 배출되게 된다. 정착 초기에 지역사회 적응에 따른 어려움을 돕기 위하여, 1세대당 2명의 민간자원봉사 정착도우미를 지정하여 하나원 수료 이후 1년 동안 지역사회 안내, 각종 고충상담 등의 역할을 수행하는 '정착도우미제도'가 시행되고 있다. 또한 사회복지 지원, 지역사회 관련 정보 제공 등의 역할을 수행하는 '보호담당관제도,' 취업 알선 및 상담 등의 역할을 담당하는 '취업보호담당관제도' 및 경찰관이 신변보호 담당관으로 활동하는 '신변보호담당관제'가 시행되고 있다(통일부, 2010).

## ⑧ 장애아 가족

### 1) 개 념

「장애인복지법」에 의하면 장애인은 신체적, 정신적 장애로 일상생활과 사회생활에서 상당한 제약을 받는 사람을 말한다. 장애범주는 시각장애, 청각장애, 정신지체, 지체장애, 정서행동장애, 자폐성장애, 의사소통장애, 학습장애, 건강장애, 발달지체 등 다양하며 법규에 따라 차이가 있다. 장애인 중 연령상 18세 미만인 자는 장애아동으로 분류되며, 장애아를 가진 모든 가족을 장애아 가족이라 일컫는다. 일반적으로 장애아는 성인에게 높은 수준의 사회적·경제적 의존성을 보이므로, 장애아 가족은 장애아 양육을 둘러싼 여러 가지 도전과 어려움을 경험한다.

### 2) 현 황

2008년 장애인 실태조사에 따르면 전체 장애인 중 17세 미만의 장애아동은 3.9%로 나타났다. 전체 장애인을 대상으로 주된 장애를 살펴보면 지적장애와 자폐성장애가 전체 비율의 각각 6.6%와 0.6%인데 반해, 17세 이하 장애아동에서는 그 비율이 각각 51.5%와 11.7%로 현저하게 높았다. 이 두 장애의 비율은 전체 장애아동 중 63.2%를 차지하여 장애아동의 주된 장애유형으로 보고되었다(보건복지부, 2009). 장애아동 수급자 현황을 살펴보면, 2007년에 1만 4,895명, 2008년에 1만 6,001명, 그리고 2009년 1만 7,724명으로 매년 증가추세를 보이고 있다. 또한 2009년 전국 장애아동 등록현황에 따르면 17세 미만 장애아동은 총 7만 4,322명으로 나타났다(보건복지부 장애인자립기반과, 2009).

### 3) 장애에 대한 반응의 5단계

장애사실을 알게 되는 순간부터 장애아동 본인과 부모, 그리고 형제자매와 같은 가족 구성원들은 일련의 반응을 보이게 된다. 이는 Kübler-Ross(1969)의 죽음의 5단계 과정에 비유되는 것으로, 반드시 모든 사람이 이 과정을 순차적으로 경험하는 것은 아니며 특정 단계를 뛰어넘거나 특정 단계에 고착될 수도 있다.

① 1단계: 부인

첫 번째 단계에서 장애아동이나 가족은 장애사실로 인해 충격을 받고 정서적 혼란을 경험한다. 이들은 장애의 사실을 인정하지 않으려 하며, 장애가 자신의 잘못 때문에 생겼다는 죄의식에 사로잡히기도 한다.

② 2단계: 분노

이 단계에서 장애아동이나 가족은 자신들이 장애로 인해 고통받아야 한다는 사실이 불공평하다고 생각하며 분노한다. 이러한 화의 감성은 자기 사신에 대한 증오심이나 주변 사람들에 대한 원망으로 표현되기도 한다.

③ 3단계: 협상

이 단계의 장애아동이나 가족은 장애를 인정하기 시작하고 필요한 생활변화를 시도한다. 그렇지만 동시에 이들은 절대자와의 협상을 시도하면서, 장애가 기적적으로 치유되거나 장애를 치유할 수 있는 새로운 과학적 발견이 있기를 희망한다.

④ 4단계: 우울

네 번째 단계에서 장애아동이나 가족은 장애를 인정하면서 장애를 이해하고 생활변화의 중요성을 인식한다. 그러나 이들은 장애가 미치는 영향을 생각하며 슬픔과 무기력감을 경험한다.

⑤ 5단계: 수용

마지막 단계에서 장애아동이나 가족은 장애로 인한 영향력을 최소화하고 인생을 다시 시작하려는 노력과 함께 희망을 갖게 된다. 이러한 수용의 단계에서 장애아동과 가족은 보다 적극적으로 재활 프로그램에 참여하게 된다.

## 4) 장애아 가족의 특성

장애아동의 출현은 부모와 형제자매의 삶에 지속적으로 큰 영향을 미친다. 일반적으로 장애아 가족이 경험하는 스트레스는 심리적, 신체적, 경제적, 사회적 차원으로 나누어 볼 수 있다. 심리적으로 장애아 가족은 장애로 인한 고통과 충격, 분노, 우울 등의 부정적인 정서를 경험한다. 이러한 상태가 오랫동안 지속될 경우 이것이 장애아동의 양육과 성장에 부정적인 영향을 미친다. 또한 장애아 양육은 일반아동을 기르는 것보다 육체적으로 훨씬 힘들기 때문에 주 양육자인 어머니는 신체적 피로를 호소하고, 건강상태가 나빠질 수 있으며, 우울증과 같은 심리적 장애가 동반되기도 한다. 또 다른 어려움은 치료비, 교육비 지출에 따른 경제적 부담이 지속됨에도 불구하고, 장애아를 돌보기 때문에 양육자가 경제활동을 포기하는 등 제약이 있다는 것이다. 마지막으로 장애아 가족은 사회적으로 고립될 가능성이 있다. 가족구성원들은 장애아를 돌보는데 많은 시간을 쓰게 되면서 각자 개인적 시간을 갖는 데 어려움이 있을 뿐 아니라, 가족이 함께 친척, 친구모임 등에 참석하는 데에도 제약이 따른다. 이는 특히 장애아동의 연령이 어리고 증상이 심할수록 커진다(오혜경 · 정소영, 2003).

비장애 형제자매는 장애아동을 거부할 수도 있지만, 그와 반대로 장애아동에 대해 대리보호자 역할을 해야 한다고 느끼는 등 과중한 책임감을 가질 수도 있다. 부모가 보상심리에 의해 비장애 자녀에게 지나치게 큰 기대를 하는 경우, 이들은 성취에 대한 심한 압박을 느끼게 된다. 또한 장애아 형제자매는 부모가 장애아에게 기울이는 관심에 질투를 느끼거나 자신들이 불공평한 대우를 받는 것에 분노하기도 하며, 자신을 장애아동과 동일시하면서 열등감을 가지거나 미래에 장애아동을 낳지 않을까 불안해한다. 뿐만 아니라 장애아 형제자매는 사회적 편견으로 인해 친구를 사귀거나 성장 후 배우자를 선택하는 데에도 제약을 갖게 되기도 한다(이민호 외, 2004).

McHale과 Pawletko(1992)는 8~14세의 아동을 대상으로 형제자매 중 동생이 정신지체인 가족과 정상가족의 두 집단으로 나누어 어머니의 차별행동이 형제자매관계에 미치는 영향을 조사하였다. 이들의 연구결과를 요약하면 다음과 같다.

첫째, 정신지체 자녀가 있는 어머니들은 형제자매 모두에게 정상가족의 어머니보다 더 많은 시간을 할애하고 있었다. 그러나 장애동생을 가진 첫째는 동생과 어머니가 보내는 시간에 비해 자신이 어머니와의 시간을 상대적으로 적게 갖는 것으로 생각하였다.

둘째, 장애동생을 둔 첫째가 어머니로부터 더 사랑을 받는다고 느낄 때 장애 때문에 즐거움이 제약되어 있는 동생에게 죄의식을 갖게 되어 동생에게 더 많은 친절과 관심을 보임으로써 보다 긍정적인 형제자매관계를 맺는 것으로 나타났다.

셋째, 첫째는 동생이 장애를 갖고 있기 때문에 어머니로부터 더 특별 대우를 받고 있음을 이해하고 이를 당연한 것으로 수용하여, 정상가족의 첫째보다 어머니의 차별행동에 대해 불만을 덜 갖는 것으로 나타났다. 그러나 첫째는 어머니의 차별행동으로 인해 동생을 질투하게 되고 이것이 잘못된 감정이라는 생각 때문에 불안과 우울증이 심각하게 나타날 수도 있다는 점을 간과해서는 안 된다.

일반적으로 장애아 가족의 부정적인 측면이 많이 보고되었으나 모든 장애아 가족이 적응에 문제를 보이는 것은 아니며, 장애아 가족의 적응은 장애아동의 특성, 부모의 특성, 사회의 특성 등 여러 요인들의 상호작용에 의해 결정된다. 예를 들어, 장애에 대해 사회가 열린 태도를 갖고 있고 장애아 부모가 다양한 사회적 지원을 갖고 있다면, 그 가족의 스트레스는 상대적으로 줄어들 것이다. 일부 연구는 장애아 가족의 긍정적 측면에 대해 보고하고 있다. 특히 장애아 형제자매에 대한 연구에 따르면, 이들은 개인차에 대해 공감능력이 뛰어나고 높은 수준의 이해심과 인내심을 발달시키며 형제자매 중 많은 이들이 의료, 교육 등 장애아를 돕는 분야에서 일을 하는 것으로 나타났다(Taylor, 1980).

## 5) 장애아 가족 지원방안

최근에는 장애아 개인보다는 장애아 가족을 중심으로 하는 서비스의 중요성이 강조되고 있다. 장애로 인해 가족 전체가 영향을 받는다는 점을 고려할 때, 가족구성원들의 욕구에도 관심을 기울이는 가족지향적 접근은 매우 절실히 요구된다. 이러한 접근은 장애아동도 가족과 함께 지역사회 안에서 살아가는 것이 자연스러운 것이라는 정상화(normalization)에 기초하고 있다.

이러한 취지에서 건강가족지원센터에서는 '장애아 가족 양육지원사업'을 2007년부터 실시해오고 있다. 이 사업은 지역사회가 장애아 가족의 양육에 참여함으로써 이들 가족의 양육부담을 경감시키고 장애아에 대한 부정적 사회인식을 변화시킨다는 목적을 갖고 있다. 구체적으로 장애아 가족 양육지원사업에는 다음의 세 가지 서비스가 포함된다.

첫째, '가정 내 돌봄서비스'는 장애아 가족과 돌봄 인력을 연계하여 장애아 가족의 양육부담을 줄이는 것으로 일상생활지원, 신변처리보조, 간단한 급·간식, 학습 및 놀이

지원, 양육자보조지원이 포함된다.

둘째, '외출지원서비스'는 장애아동의 외출산책지원과 치료동반지원으로 구성되어 있다.

셋째, '가족휴식지원서비스'는 가족캠프 등의 행사를 통해서 여행이나 휴식의 기회가 제한되어 있는 장애아 가족을 지원할 뿐 아니라 부모교육, 비장애 형제자매 프로그램, 자조 모임 등의 지원 서비스를 제공한다.

| 그림 11-3 | 장애아 가족 양육지원사업

# 성인발달과
# 가족관계

3부

# 성인 전기의 발달과 가족관계

성인기란 생물학적인 차원에서는 완전한 성장을 이룬 발달 단계로서 신체적 발달은 물론 성적 성숙의 결과로 생식능력을 갖춘 시기이다. 사회적 차원에서는 성숙하고 합리적이며 책임감 있는 행동을 기대하는 시기에 해당한다. 또한 성인기는 높은 충동성 통제와 좌절에 대한 강한 인내 및 기분의 변화를 제어하는 것이 가능한 시기이므로 정서적 안정성을 지닐 수 있는 시기이며 동시에 법적으로도 성인임을 인정받아 성인의 권리와 의무를 수행해야하는 시기에 해당한다.

성인 전기는 사회에서 비로소 성인으로 간주되어 학업을 마치면서 경제적으로 독립하고, 결혼을 하여 부모가 되는 20~40세를 일컫는다. 이 시기는 사회적 상호작용과 역할에서 상당한 변화가 일어나 직업인, 배우자, 부모 등의 인생의 중요한 역할들을 수행한다. 대부분의 성인은 직업을 얻어 경제적으로 독립하고 배우자를 선택하여 결혼하며 자녀를 양육하며 다양한 역할을 경험한다. 이렇게 여러 가지 중요한 변화를 겪게 되는 과정에서 상당한 스트레스를 경험하기도 한다.

최근 젊은이들의 결혼이 늦어지는 만혼현상이 나타나면서 성인이 되기 위한 과도기적 시기를 칭하기 위해 emerging adulthood라는 개념이 생겨나게 되었다. 이 시기는 청소년기와 완전한 성인기 사이에 있는 인생단계로 아동기와 청소년기의 부모로부터의 의존으로부터 벗어났으나 성인으로서의 책임을 완전히 지지 못하는 시기이다. 최근 '흔들리는 20대'라고 칭하는 발달시기로 청소년도 아니고 정신적·경제적으로 부모로부터 완전한 독립을 이루지 못한 어정쩡한 20대를 칭하며, 그 모호한 위치 탓에 주변인과 끊임 없이 갈등하고 자기 자신과는 불화한다. 이 시기의 청년은 종종 사랑과 일, 그리고 세계관에 대한 많은 가능성을 충분히 시험해 보면서 다양한 방향으로 자아탐색

(identity exploration)이 이루어지며 그 탐색은 자기자신에게 초점(self-focused)이 맞추어져있다. 이 시기의 자기초점(self-focused)은 성인으로서의 역할에 따른 책임(obligation)과 의무(duty)보다는 자기 삶에 대한 자율감을 지니고 자기중심적이며 정서적으로 불안정성(instability)을 갖는다. 이와 같은 시기는 청소년기 그리고 성인기와 구분되며, 주변 사람으로부터 진로선택과 결혼을 통해 경제적으로 독립할 것을 기대 받게 된다. 따라서 이 시기는 확고한 삶의 방향을 갖고 자신이 추구하는 삶의 목표를 성취하기 위해 구체적인 인생계획을 세우고 책임을 다하는 것이 중요한 과업이다.

# ❶ 발달적 특성

성인 전기는 성년기라고 일컬어지며 일반적으로 발달적 잠재력이 가장 크며 이 시기 동안 성인들은 학업을 마치고 부모로부터 독립하며 직업을 선택하고 친밀한 인간관계를 맺어 새로운 역할을 수행한다. 성인 전기는 대체로 건강하며, 사회적 · 경제적 발달 과업을 적절히 수행할 수 있는 시기이다.

## 1) 신체 및 외모발달

성인 전기는 활력, 젊음 등의 육체적 매력을 지니며 신체는 생의 절정상태에 달하고, 감각기관이 예민하게 발달되며 신체수행능력, 체력 및 지구력도 최고의 상태에 이르다가 점진적으로 쇠퇴현상이 일어난다. 근력은 25~30세에 절정을 이루고, 30~60세에는 10%의 근력이 감퇴된다. 생식능력은 여성의 경우 10대 말에서 20대 초에 절정에 달하고 그 이후에 계속 떨어져 중년기에 폐경이 되면 기능을 상실하게 된다. 남성의 경우 성인 초기에는 변화가 없으나 40세 이후 약간 감소하고 여성의 경우처럼 폐경이 없어 늦은 나이에도 생식능력을 지닌다. 신체의 면역체계는 가슴샘과 골수 기관에서 담당하며 이 기관에서 면역을 위한 B세포와 T세포, 두 종류의 세포가 생성된다. B세포는 바이러스나 박테리아와 같은 병원체에 대해 항체를 생성하고 외부 위협에 대항하여 싸운다. T세포는 에이즈 바이러스와 같은 신체세포 내에 살고 있는 바이러스나 암세포와 같은 신체 내부 위험 요인과 대항하여 싸운다. 일반적으로 연령이 증가하면 T세포의 수가 감소하면서 효율성이 떨어진다. T세포의 경우 낯선 위협세포를 인지하는 기능을 담당하고 있으며, T세포의 수가 감소하여 능력이 떨어지면 암세포와 같은 질병세포를 막아내지 못한다. 따라서 성인기 동안 겪는 주요 신체변화 중 하나는 오랜 기간 동안 스트레스를 받게 되면 질병에 약해지면서 면역기능이 쉽게 떨어져 질병에 걸릴 확률이 높아진다는 점이다. 성인기에서 20대는 외모와 신체적 매력이 가장 절정을 이루는 시기이며, 30세를 넘으면 피부의 탄력성이 떨어지면서 주름이 생기고 머리카락의 양도 감소하고 흰 머리카락이 나기 시작하며, 남성의 경우에는 이마선이 뒤로 물러나 대머리가 시작된다.

성인 전기는 인생에서 가장 질병에 잘 걸리지 않으며, 질병이 발병해도 곧 회복하는 시기이다. 18~44세의 성인 중 10%만이 당뇨, 심장질환, 암에 걸리고 만성 질환이나 손상 때문에 생활에 제한을 받는 사람은 1%도 안 되는 것으로 나타났다(George, 1996). 대부분 성인의 건강상태는 생활양식과 밀접한 연관이 있다. 특히 성인 전기에 자신의 건강을 증진시키기 위해서는 능동적으로 좋은 생활습관을 형성해야 한다. 음주, 흡연, 약물남용, 스트레스에 대한 반응, 음식, 치아관리, 운동 등은 건강에 영향을 미치는 요인으로 규칙적이고 건전한 생활습관은 질병으로부터의 위험을 줄일 수 있으며, 이를 일찍부터 시작하면 노후에 건강을 유지할 확률이 더욱 높아진다. 일반적으로 정상체중보다 10%가 더 나가면 과체중이라 하고, 20% 이상 초과할 때 비만이라고 한다. 비만은 고혈압, 심장병, 암 등의 성인병을 유발할 뿐만 아니라 수명을 단축시키는 원인이며 성인기에 비만의 위험이 가장 높다. 특히 날씬한 것에 가치를 두고 신체적 매력을 높게 평가하는 사회일수록, 비만은 신체적 문제뿐만 아니라 자아개념에 부정적 영향을 주어 심리적 문제를 유발한다. 가장 효과적인 체중감량은 식사량을 줄이고, 식습관을 바꾸며, 규칙적인 운동을 하는 것이다. 운동은 성인기 삶의 질을 향상시키는 가장 중요한 활동이다. 규칙적인 운동은 정상적 체중을 유지할 수 있을 뿐만 아니라, 근육을 단련시키고 심장과 폐를 튼튼하게 하며 심장마비, 암, 골다공증 등의 성인병을 예방하여 인간의 수명을 연장시킨다. 특히 등산, 걷기, 달리기, 자전거타기 등의 유산소 운동은 호흡 순환기의 산소 소비량을 늘려주어 운동으로 인한 효과를 최대한 얻을 수 있는데, 1회에 40~60분씩, 일주일에 3~4회에 걸쳐 규칙적인 운동을 하는 것이 가장 적절하다. 운동은 신체적 건강뿐만 아니라 심리적으로 긍정적 자아개념을 갖게 하며 불안과 우울증을 감소시키고 일상생활에 활력을 준다. 특히 성인 전기는 배우자, 부모, 직업인 등의 다양한 새로운 역할을 수행해야 하므로, 꾸준한 운동습관은 역할갈등과 긴장을 해소하기에 가장 좋은 방법이다.

성인기는 새로운 다양한 역할을 습득하여 수행해야 하므로 인생에서 스트레스가 가장 많은 시기이다. 특히 이 시기는 다른 연령집단보다 다양한 역할을 수행하고 인생의 크고 작은 변화를 겪는 과정에서 스트레스를 경험한다. 스트레스는 생활의 변화로 인하여 생리적·심리적으로 불안정한 상태를 의미한다. 정상적 생활에서는 생리적 신체 체계가 제대로 기능하지만 스트레스를 주는 사건에 직면하게 되면, 신체의 평형이 깨지면서 자율신경계, 내분비선, 면역계통 등에 영향을 미치게 된다. 스트레스의 신체적 증상은 두통, 근육통, 위통 등이며 심리적 증상은 신경과민, 불안, 긴장, 짜증, 우울 등

| 표 12-1 | 한국인의 스트레스 평가 척도

| 삶의 변화 | 점 수 | 삶의 변화 | 점 수 |
|---|---|---|---|
| 자식 사망 | 74 | 사업의 일대 재정비 | 43 |
| 배우자 사망 | 73 | 직업전환 | 43 |
| 부모 사망 | 66 | 정년퇴직 | 41 |
| 이 혼 | 63 | 해외 취업 | 39 |
| 형제·자매 사망 | 60 | 유 산 | 38 |
| 혼외정사 | 59 | 임 신 | 37 |
| 별거 후 재결합 | 54 | 입학시험·취직 실패 | 37 |
| 부부의 이혼, 재혼 | 53 | 자식의 분가 | 36 |
| 별 거 | 51 | 새 가족 등장 | 36 |
| 해고, 파면 | 50 | 가족 1명의 병 | 35 |
| 정든 친구의 사망 | 50 | 성 취 | 35 |
| 결 혼 | 50 | 주택, 사업, 부동산 매입 | 35 |
| 징 역 | 49 | 정치적 신념 변화 | 35 |
| 결혼약속 | 44 | 시댁, 처가, 친척과의 알력 | 34 |
| 중병, 중상 | 44 | 학업의 시작, 중단 | 34 |

주: 1) 300점 이상: 금년 질병을 앓을 가능성 50%
　　2) 299~250점 이상: 금년 질병을 앓을 가능성 25%
　　3) 249~200점 이상: 금년 질병을 앓을 가능성 10%
　　4) 199점 이하: 건강

이다. 모든 사람에게 스트레스는 피할 수 없는 것이다. 유쾌한 스트레스는 때론 인생에 흥미와 즐거움, 자극을 제공하여 활력을 불어넣기도 하지만, 반면에 불쾌한 스트레스는 신체의 평형을 깨뜨리면서 여러 가지 질병을 유발한다.

사람들이 직면하는 다양한 인생사건에 필요한 적응 정도를 평가한 자료를 토대로 일생에서 발생하는 사건들을 점수화한 Holmes와 Rahe(1976)에 의하면, 한 해 동안 발생한 생활변화 단위가 100~300인 경우 50% 정도가 질병에 걸리며, 300 이상인 경우는 70% 정도가 발병을 하였다. 이러한 자료를 토대로 1982년에 서울대학교 홍강의 교수팀이 한국인의 스트레스 측정표를 〈표 12-1〉과 같이 작성하였다. 한국인의 경우 자녀의 사망, 배우자 사망, 부모 사망 등 가족관계가 최고의 스트레스 유발요인으로 나타났으나, 미국인의 경우는 배우자 사망, 이혼, 별거 등 모두 부부관계로 나타났다.

스트레스는 자율신경계, 내분비선, 면역계통에 부정적 영향을 미친다. 심각한 스트레스원은 면역계통에 변화를 유발하여 더 이상 면역기능이 반응하지 못하게 한다. 암 환자를 대상으로 스트레스와 면역계통 간의 관계를 살펴본 연구결과에 의하면, 긍정적 사회적응은 높은 수준의 NK(Natural Killer)세포와 관련이 있고 심각한 스트레스는 낮은 수준의 NK세포와 관련이 있었다(Levy et al., 1990). NK세포는 항암, 항균작용과 면역계통을 조절하는 역할을 담당한다. 스트레스를 받는 초기에는 신체의 자기방어 작용으로 NK세포의 활동성이 높아질 수 있지만, 심각한 스트레스가 계속되면 NK세포의 조절능력이 저하되어 활동성이 약해지면서 여러 가지 질병위험에 노출되어 성인병이 발병한다.

## 2) 인지발달 및 직업발달

### (1) 인지발달

인지능력은 추상적 개념으로 일반적으로 어휘력이나 독해력과 같은 언어능력, 논리적 사고와 판단을 수반하는 문제해결능력 및 환경적응능력으로 정의한다. 정보처리이론에서는 지능을 다차원적이고 포괄적인 정신능력으로 설명하고 있다. 정보처리이론의 대표적 학자인 Sternberg(1985)는 지능이 구성적 요소, 경험적 요소, 상황적 요소 등의 세 가지 요소로 구성된다고 하였다. 먼저 구성적 지능은 경험을 얼마나 효율적으로 처리하는가를 일컫는다. 이것은 우리가 일반적으로 지능이라고 부르는 개념과 매우 유사하여, 대부분의 지능검사는 주로 구성적 지능을 측정하는 문항들로 구성되어 있다. 구성적 지능은 우리가 문제에 어떻게 접근하며, 문제를 어떻게 해결하고, 결과를 어떻게 평가하는가를 말해 주는 것이다. 이것은 지능의 분석적 측면으로서 구성적 지능이 높은 사람은 지능검사점수가 높게 나타나며, 논쟁에서 상대방의 허점을 잘 찾아낸다.

경험적 지능은 새로운 친숙한 과제에 어떻게 접근하는지를 의미한다. 이것은 통찰력 차원의 지능으로서, 새로운 정보를 이미 알고 있는 지식정보와 비교하고 과거의 경험을 토대로 새로운 문제를 해결할 수 있는 능력을 말한다. Sternberg에 의하면 경험적 지능이 높은 사람은 새로운 문제를 신속히 해결할 뿐만 아니라, 익숙한 문제는 기계적으로 해결하여 통찰력과 창의력을 요구하는 친숙하지 않은 문제에 몰두할 수 있는 것으로 나타났다.

상황적 지능은 환경에 어떻게 대처하는가를 말한다. 이것은 지능의 실제적이고 현실적인 측면으로서, 일반적으로 학교에서 배우지는 못하였지만 실생활에서 필요한 중요한 정보를 얻고 이를 활용하는 능력이다. Sternberg는 우리가 사회에서 성공하려면 교과서에서 배운 지식보다 현실에서 적용될 수 있는 실용적 지식이 더 중요하다고 하였다. 만일 지능을 주어진 환경을 다루어 성공적으로 적응하는 것으로 간주할 때, 지능은 나이가 들면서 학업과 관련된 능력에서 일상적 문제에 대처하는 능력으로 변화한다. 성인기 인지발달의 특징을 살펴보면 추론, 문제해결, 과거 경험의 활용, 다른 사람에 대한 이해 그리고 일반적 지식과 같은 지적 능력은 연령과 함께 증가하는 반면에 기억력은 감퇴한다(Berg & Sternberg, 1992). 또한 대다수의 사람들은 많이 읽고, 교육을 받고, 적극적 대인관계를 갖는다면 어느 연령에서도 지적 능력을 유지할 수 있지만, 질병이 있거나 정신적 자극이 없고, 새로운 것을 배우는 데 관심이 없으면 지적 능력은 저하된다. 따라서 기존의 지능검사방법들은 성인기에서의 중요한 지적 능력들을 측정하지 못할 가능성이 있다. 전통적 지능검사는 Sternberg가 말하는 구성적 비판 지능을 측정하는 과제에 집중되어 있으며, 경험적 통찰력 지능과 상황적·실제적 지능은 적절히 평가하지 못한다. 경험적 지능과 상황적 지능은 특히 성인기에 중요하므로 기존의 전통적 지능검사는 아동의 지능을 측정할 때보다 성인의 지능을 측정하는 데에는 유용성이 훨씬 떨어진다.

## (2) 직업발달

이 시기의 대부분의 성인은 직업을 갖고 경제적 자립을 이룬다. 직업은 성인기 사회생활의 중요한 요인으로 사회적 신분 및 지위를 얻는 수단이 된다. 성인은 대부분의 시간을 직장에서 보내므로 사회활동의 근원이 되는 직업은 개인의 자존감, 행복감 및 생활만족도와 밀접한 관련이 있다. 성인기의 직업은 개인의 발달에 영향을 주어 삶의 모든 영역에 영향을 미친다. 성인 전기는 직업선택에서 결정적 시기이지만 직업정체감 확립은 일생을 통해 이루어지는 과정이다. Super(1976)는 직업선택이 자기개념 발달과 밀접하게 관련되어 있다고 주장하였으나, Ginzberg(1984)는 개인의 직업선택을 개인적 선호를 최적화하는 과정으로 설명하였다. Super와 Ginzberg의 직업선택 과정모델을 제시하면 〈표 12-2〉와 같다. 각 모델은 개인의 직업선택이 연령에 따라 변화하는 발달적 결과임을 보여준다. 직업선택 발달이론에 의하면 직업선택은 자아개념과 밀접한 관계를 맺는다.

직업선택에 영향을 미치는 요인으로는 부모의 영향, 사회경제적 지위, 지적 능력, 적성, 흥미, 성격 등이 있다. 부모는 유아기 때부터 자녀의 흥미나 활동을 격려하거나 제한함으로써, 간접적으로 자녀가 선택할 직업의 범위를 정해 주어 직업선택을 유도한다. 부모가 자녀의 직업에 대해 갖는 포부는 자녀가 직업에서 얼마나 성공하기를 원하는가

| 표 12-2 | Super와 Ginzberg의 직업발달이론

| Super의 모델 | Ginzberg의 모델 |
| --- | --- |
| • **직업에 관한 개념형성기(14~18세)**<br>자기개념 속에 근로하는 사람으로서의 자신의 상을 확립한다.<br><br>• **좋아하는 직업을 세분화하는 단계(18~21세)**<br>선택할 수 있는 직업의 범위를 축소시키고 필요한 직업기술을 획득하기 위하여 노력한다.<br><br>• **직업수행 단계(21~24세)**<br>직업훈련과 교육을 마치고 직업세계에 들어간다.<br><br>• **안정화 단계(25~35세)**<br>자신에게 적합하다고 스스로 평가한 직업에서 적응하고 정착한다.<br><br>• **공고화 단계(35세 이후)**<br>자신이 선택한 직업에서 능력을 인정받고 성공한다. | • **환상기(출생~11세)**<br>개인적 능력이나 훈련 혹은 직업기회와 같은 현실적 문제를 고려하지 못하고 개인적 소망을 근거로 직업을 생각한다.<br><br>• **시험기(11~18세)**<br>현실적 문제를 고려하기 시작하며 다양한 직업에 대해 심사숙고한다. 직업선택과 상급학교 진학을 심각하게 생각하기 시작한다.<br><br>• **현실기(18~22세)**<br>실제적 경험이나 교육 혹은 훈련을 통하여 특정한 직업을 탐색한다. 개인적 능력, 흥미, 동기를 고려하는 동시에 경제적 조건, 사회적 조건 및 직업선택의 기회에 대해 심각하게 생각한다. |

하는 성취동기와 관련이 있다. 지능이나 사회경제적 지위가 같을 경우에는 부모의 포부수준이 높을수록 자녀의 직업에 대한 포부수준도 높게 나타났다(London & Greller, 1991). 직업선택에 미치는 부모 영향은 부정적인 면도 있다. 부모가 직업에 대한 역할모델을 제대로 수행하지 못하였거나 자신이 이루지 못한 것을 자녀에게 무리하게 기대함으로써 오히려 부담감을 안겨줄 우려가 있다. 사회경제적 지위는 직업에 대한 지식과 이해에 영향을 주어 중류층 부모는 노동자 계층 부모보다 직업에 대한 지식의 폭이 넓어 자녀의 직업선택에 많은 조언을 해줄 수 있다. 대부분의 청소년은 부모의 직업과 비슷하거나 좀 더 높은 수준의 직업을 갖기를 희망한다. 개인의 지적 능력, 적성, 흥미 등도 직업선택에 영향을 미친다. 지적 능력은 개인의 의사결정 능력과 관계가 있어, 지적

| 표 12-3 | 개인의 성격유형과 직업의 관계

| 유 형 | 특 성 | 추천할 수 있는 직업 |
|---|---|---|
| 1. 실제형 (Realistic type) | 구체적인 사물이나 개인이 소유한 외적 특성(돈, 지위, 권력)을 중요시한다. 뛰어난 기계적 수공능력과 발달된 운동기술을 지니고 있으나 대인관계기술이 부족하다고 느낀다. | 사물이나 도구, 기계 혹은 동물을 다루는 직업을 선호한다. 건축근로자, 농장이나 주유소 경영 |
| 2. 탐구형 (Investigative type) | 새로운 아이디어와 문제해결 그리고 과학적 활동을 중요시한다. 지적으로 자신만만하고 스스로 수학과 과학능력에서는 뛰어나지만 지도자의 자질은 부족하다고 느낀다. | 학문연구 |
| 3. 예술가형 (Artistic type) | 언어, 미술, 음악, 연극 그리고 문학작품으로 자신의 느낌을 표현하기를 좋아한다. 심리적 특성을 중요시하고 관습적 활동이나 직업을 회피한다. 스스로 직관적이고 독창적이며 동조하기를 싫어하는 사람으로 지각한다. | 시각예술, 행위예술 |
| 4. 사교형 (Social type) | 사람들과 함께 생활하고 함께 일하는 것을 좋아한다. 타인을 이해하고 돕는 것을 좋아하며 지도력을 소유하고 있는 사람으로 자신을 지각한다. | 사회복지사, 교사, 상담원 |
| 5. 기업가형 (Enterprising type) | 경제적 성공을 이루고 조직적 목표를 달성하기 위하여 다른 사람들을 다루는 직업을 선호한다. 자신을 공격적이며 인기 있고 사교적인 인물로 평가하며 지도성을 소유한 사람으로 지각한다. 뛰어난 언어구사력을 지니고 있다. | 지도자나 기획자 역할, 부동산업 |
| 6. 관습형 (Conventional type) | 구조화된 환경을 선호하고 정해진 계획에 따라 질서정연하고 체계적으로 자료를 정리하는 것을 좋아한다. 자신을 질서정연하고 동조적이며 수리능력과 사무능력을 소유하고 있는 사람으로 지각한다. | 회계사, 은행원, 회사원 |

능력이 높은 사람은 직업선택 시에 자신의 능력, 흥미, 특정 직업을 위한 훈련 받을 기회 등을 고려하여 선택한다. 한편 직업에 따라 요구되는 특별한 적성과 능력은 다르다. 때론 어떤 특정 직업에서의 성공 여부를 예측하기 위해 심리적성검사를 실시하기도 하는데, 일반적으로 직업에 대한 흥미가 높을수록 그 분야에서 성공할 확률이 높다. 홀랜드(Holland, 1987)는 개인의 성격특성과 직업의 관계를 연구하였는데, 다양한 직업에 대한 개인의 반응을 근거로 6개의 기본적인 성격유형을 측정할 수 있는 SDS(Self-Directed Search)를 개발하여 〈표 12-3〉과 같은 성격유형과 상응하는 직업 환경을 제시하였다. 개인의 직업선택이 성격유형의 영향을 받는다는 Holland의 주장은 여러 경험적 연구를 통해서 확인되었지만(Tracey & Rounds, 1993; Herr, Cramer, & Niles, 2004) 성격특성만이 직업선택에 영향을 주는 것은 아니다. 개인의 흥미나 기술, 동기, 소망, 시간에 따른 상황변화도 직업선택과 관련되어 있다. 따라서 성격 특성 만을 고려한 Holland의 이론은 직업선택을 지나치게 정적인 과정으로 보았다는 비판을 받는다.

어느 특정 분야에서 성공하기 위해서는 흥미와 관련된 지능, 능력, 기회 등의 여러 요인들이 필요하다. 성인기의 직업에 관한 많은 연구에서 직업만족도는 성인 전기에 가장 낮고 연령이 증가하면서 은퇴 전까지 꾸준히 높아지는 것으로 나타났다. 성인기의 연령이 증가할수록 직업만족도가 높은 이유는 직업 몰두 또는 참여도가 증가하며, 40~50대는 청소년기나 성인 전기에 비해 직업을 보다 진지하게 생각하고, 직업을 거의 전환하지 않고 현재의 직업을 은퇴까지 고수하려는 경향이 있기 때문이다. 또한 직업만족도는 직업에 투자한 시간에 비례하여 오래 종사한 직업의 경우는 급여수준과 승진의 기회 및 많은 권한이 보장되어 만족도가 높은 것으로 나타났다. 직업만족도가 낮은 것은 직업상의 스트레스와 밀접한 관계가 있다. 직업상 스트레스의 근원은 진급이나 승진 기회의 부족, 낮은 임금, 단조롭고 반복적인 작업, 의사결정에서의 불참, 과중한 초과업무, 명확치 않은 업무내용, 상사와의 불화, 부족한 여가시간, 성희롱 등이다. 특히 대부분의 직장에서 스트레스의 주요 원인은 상사나 부하직원, 동료와의 갈등과 같은 인간관계에서 유발된다. 직장에서의 압력은 분노를 통해 즉각적으로 표현하기보다 감정을 내적으로 인내해야 한다. 여성의 경우는 가정일과 직장일을 병행해야 하는 과중한 부담이 스트레스의 근원이 되며, 성희롱은 최근에 와서 주목을 받고 있는 스트레스원이다. 직장동료, 특히 직장상사로부터의 성희롱은 심리적 압박감을 초래한다. 그러나 이성으로부터의 어떤 행위가 성희롱인지 혹은 정상적 행위인지를 구별하기 힘들 때가 종종 있다. 우리나라에서는 직장 내 성희롱의 개념을 「남녀고용평등법」 제2조 제2항에서 '사업주, 상급자 또는 근로자가 직장 내의 지위를 이용하여 업무와 관련시켜 다른 근로자에게 성적인 언어나 행동 등을 표현하거나 이를 조건으로 고용상의 불이익이나 성적 굴욕감을 유발하게 하여 고용 환경을 악화시키는 것'이라고 정의하고 있다.

고갈(burnout)이라고 일컬어지는 특별한 스트레스는 신체적·정신적 피로가 누적되어 자신의 직업에서 더 이상 아무 것도 성취할 수 없다는 느낌이 드는 것으로, 주로 의료업, 교직, 사회복지 등의 봉사직에 종사하는 사람에게서 많이 나타난다. 사람들은 자신의 직업에 많은 노력을 하고 최선을 다했으나 바람직한 목표를 달성하지 못하고 정당한 보상도 받지 못한다고 느낄 때 분노와 좌절을 경험한다. 고갈은 장기간에 걸친 직업에 대한 스트레스 반응으로 피로, 불면증, 무력감 등으로 나타난다. 스트레스로 인한 고갈은 직업의 전환을 시도하거나 목표를 재설정하고, 시간을 효율적으로 관리하며 개인의 사생활과 직업생활을 엄격하게 분리하면 사전에 피할 수 있다.

## ❷ 이성교제와 배우자 선택

일반적으로 성인 전기는 두 남녀가 서로 사랑을 하고 결혼을 해서 가정을 이루며 자녀를 낳아 가족을 형성하는 시기이다. 대부분의 사람들은 출생 후 부모 슬하에서 형제자매와 같이 자라며 생활해온 원가족(family of origin)과 성장 후 결혼과 더불어 새로이 가족을 형성하여 자녀를 낳아 기르는 생식가족(family of procreation)을 경험한다. 이 시기는 생식가족을 형성하는 시기로 사람들은 많은 변화를 경험한다.

### 1) 이성교제

이성교제는 배우자 선택에서 중요한 역할을 할 뿐만 아니라 인간발달에 커다란 영향을 준다. 성인 전기의 사람들은 이성교제를 통해 사랑의 본질과 기쁨을 알게 되며 상대방의 개성과 인격을 존중하고 예의에 벗어남이 없이 관심을 표현하면서 배우자 선택의 중요한 기회를 갖게 된다. 인간발달에서 성년기 이성교제의 기능은 다음과 같다.

첫째, 우선 오락적 기능으로 취미, 공동의 관심사, 여가선용을 함께 함으로써 즐거운 시간을 함께 공유한다.

둘째, 데이트 상대의 멋진 모습과 또래 간의 인기를 통해 성취감을 느낀다.

셋째, 이성교제를 통해 자신의 장단점을 알게 되고 자기반성의 기회를 통해 건전한 인격형성을 도모할 수 있다.

넷째, 이성교제는 사회화 과정의 일부로서 이성과 어울리는 법을 배우고 예의범절과 사회적 기술을 배운다.

다섯째, 이성과 의미 있는 관계를 가짐으로써 친밀감 형성의 기회를 갖는다.

여섯째, 이성교제는 성적인 탐구의 장(場)이 될 수 있다.

일곱째, 이성교제를 통해 같은 활동을 함께 하고 상호작용을 함으로써 동반자 역할을 익힌다.

여덟째, 이성교제의 경험은 정체감 형성과 발달에 기여한다.

마지막으로, 이성교제의 목적을 이성교제의 궁극적 목적인 배우자 선택의 기회로 활용한다. 행복한 결혼은 자기가 선택한 사람에 의해 크게 영향을 받으므로, 이성교제를 통해서 서로 어울리며 사랑을 경험하는 것은 배우자를 선택하는 과정에서 매우 중요하다. 사랑은 인간발달뿐만 아니라 배우자 선택과 결혼에서도 가장 중요한 요소이자 사회의 모든 사람이 직면하는 과제로, 삶에 있어 큰 비중을 차지한다.

Sternberg(1986)에 의하면 사랑은 따뜻한 면인 친밀감(intimacy), 뜨거운 면인 열정(passion), 그리고 차가운 면인 언약(commitment)의 세 가지 요인으로 구성된다. 친밀감은 타인과의 관계에서 서로 가깝게 맺어져 있다고 느끼는 따뜻한 정서적 속성으로, 상호이해, 격의 없는 친밀한 대화, 무한한 정서적 지원 등을 포함한다. 열정은 사랑의 동기적 요소로서 신체적 매력, 성적 욕망 등을 포함하여 사랑을 느끼는 순간 상대방을 흥분시키고 들뜨게 만들지만, 시간이 지나 서로 익숙해지고 습관화되면 쉽게 사라지는 것으로, 이성 간의 사랑에서만 존재한다. 언약은 사랑의 인지적 요소로, 이성관계를 유지하기 위한 약속이자 사랑을 지속시키겠다는 책임감이다. 열정은 쉽게 나타나 사라지기도 하지만, 언약은 처음 무(無)에서 시작되지만 두 남녀가 점점 가까워지게 되고 사랑이 지속되면서 정비례로 커진다.

Sternberg(1986)의 사랑의 삼각이론에 의하면, 삼각형의 넓이는 사랑의 크기를 반영

성숙한 사랑은 뿌리내릴 시간이 필요하다.

하며 그 크기는 세 요소가 균형 있게 증가할 때 최대한 커진다고 하였다. 만일 어떤 한 요소가 아무리 커도 다른 요소가 작으면 삼각형의 모양은 납작하고 면적이 작아진다. 사랑의 세 요소는 균형적으로 발달해야 풍성한 사랑이 되고 이들의 균형 잡힌 관계는 정삼각형으로 표시되지만, 불균형한 관계는 한쪽으로 치우친 삼각형이 된다. 그림 12-1은 친밀감, 열정, 언약의 정도에 따라 서로 잘 어울리는 쌍과 그렇지 못한 쌍을 예시하고 있다. (a)에서는 친밀감, 열정, 언약의 수준이 비슷함을 알 수 있다. 따라서 이 두 남녀는 아주 잘 어울리는 쌍이다. (b)는 비교적 잘 어울리는 경우이고, (c)는 약간 어울리지 않는 경우이다. (d)는 전혀 어울리지 않는 경우로서, 남녀 모두 같은 정도의 언약수준을 보여주고 있지만 여자의 경우가 남자보다 친밀감과 열정의 수준이 훨씬 더 높다.

## 2) 배우자 선택

'순간의 선택이 평생을 좌우한다'는 말이 있듯이 배우자를 선택하는 일은 개인의 일생에서 가장 중요한 의사결정이다. 신중하고 사려깊은 배우자를 선택하려면 우선 자기 자신에 대하여 철저히 파악한 후, 친밀한 관계를 형성할 것인지를 결정하고 상대방에 대한 세밀한 분석을 토대로 결혼에 대한 결정을 내려야 한다. 결혼은 인륜지대사(人倫之大事)로 배우자 선택은 인생에서 가장 중요한 의사결정이다. 대부분의 사람들은 그

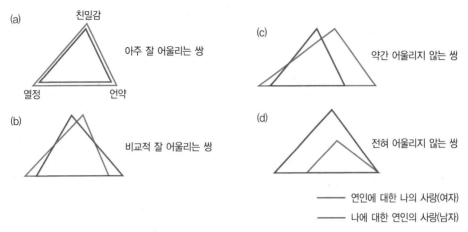

| 그림 12-1 | Sternberg의 사랑의 삼각형이론

들이 선택한 배우자와 일생을 함께 하고, 자녀를 낳아 친족관계를 형성하며, 삶의 희로
애락을 공유한다. 배우자 선택을 '여과' 과정으로 보는 심리학적 접근법(Murstein, 1970)에 의하면, 배우자를 만났을 때 우선 외모나 예절, 사회계층과 같은 외적 특성에
기초하여 얼마나 적합한지를 점검하고, 그 다음 태도나 정치적 또는 종교적 신념 등을
맞추어 본다. 그리고 서로 호감이 가면 '역할조화(role fit)'를 고려하면서 상대방이 나
에게 바라는 기대가 나의 욕구나 성향에 적합한지를 점검하고, 양자의 성역할에 관하
여도 의견이 일치하는가 등을 살펴보게 된다. 여과이론에 의하면 배우자 선택에서 결
혼상대자로 선택하기까지 여섯 가지의 여과망을 거치게 된다(그림 12-2).

첫째, 근접성(propinquity)의 여과망을 통해 가능한 모든 대상자들 가운데서 지리적
으로 가깝고, 만날 기회와 상호작용의 가능성이 많은 사람들로 그 대상이 제한된다.

둘째, 매력(attractiveness)의 여과망을 통해 서로 매력을 느끼고 끌리는 사람들로 그
대상이 좁혀진다.

셋째, 사회적 배경(social background)의 여과망을 통해 인종, 연령, 교육수준, 종교
등의 사회적 배경이 유사한 사람들로 범위가 더욱 좁혀진다. 사회적 배경의 여과망은
당사자보다 부모에 의해 더욱 강조된다.

넷째, 의견 일치(consensus)의 여과망을 통해 태도나 가치관이 자신과 비슷한 사람만
이 남게 된다.

다섯째, 상호보완성(complementarity)의 여과망을 통해 욕구와 성격 특성에서 서로의 단점을 보완해 줄 수 있는 사람을 선호하게 된다. 마지막으로, 결혼준비상태(readiness for marriage)라는 여과망을 통과함으로써 비로소 결혼에 이르게 된다. 이때 결혼적령기, 결혼에 대한 부모의 압력, 결혼하고자 하는 강한 욕구 등은 결혼준비상태에 영향을 준다.

배우자를 선택하는 일은 개인의 일생에서 가장 중요한 의사결정이다. 유유상종이란 표현처럼 대부분의 사람들은 자신과 유사한 조건을 가진 사람 또는 자신과 닮은 사람에게 매력을 느끼는 경향이 있다. 배우자 선택에서 동질적 요인이란 두 사람이 공통점을 갖고 있어 쉽게 선택하고 선택받을 수 있는 요인을 일컫는데, 상대방의 조건이 자신과 비슷해야 더욱 공감이 가고 상호이해와 적응이 쉽게 이루어지기 때문이다. 이때 흥미, 태도, 가치관의 유사성도 배우자 선택조건으로 작용하여 두 사람이 공유하는 것이 많을수록 결혼관계는 성공적일 가능성이 높다. 또한 신체적 외모에서도 유사성을 추구하며 부모를 닮은 사람을 배우자로 선택하는 경향도 많다. 배우자 선택은 개인의 일생

| 그림 12-2 | 배우자 선택의 여과이론

- 결혼은 냉혹한 현실이므로 두 사람의 사랑만 있으면 모든 것이 잘 될 것이라는 생각은 금물
- 애정, 존경, 신뢰감 등이 수반되지 않으면, 성적 매력만으로는 그 관계가 오래 지속되지 않음
- 인생관이나 가치관이 서로 조화될 수 있어야 함
- 이 세상에 완벽한 사람은 없다는 사실을 인식하고 한 사람을 배우자로 선택한다는 것은 상대방의 약점이나 부족한 점도 함께 받아들인다는 것을 의미함
- 지금 비록 마음에 안 드는 점이 있더라도 결혼을 하면 변하리라는 생각은 착각이고 결혼 후 상대방을 변화시키려는 시도보다는 상호적응하려는 노력이 중요함
- 충분한 교제기간과 대화를 통해 상대방을 잘 파악한 후에 결혼을 하는 것이 적응에 도움이 됨
- 동정심이나 현재 불행한 생활을 벗어나기 위한 부정적 동기에 의한 결혼은 행복한 결혼을 유지하기가 매우 어려움
- 정서적으로 불안정한 사람, 신경질적인 사람, 열등감이 강한 사람, 터무니 없이 우월감을 갖는 사람, 냉혹한 사람, 무책임한 사람, 사회적응력이 결여된 사람은 결혼생활을 순조롭게 이끌지 못하므로 배우자로 부적합함

자료: 정현숙(2002)

에서 가장 중요한 의사결정이므로 다음과 같은 사항을 고려해야 한다.

## 3) 혼전동거와 독신

결혼을 할 것인가, 하지 않을 것인가는 우리 생애에서 가장 근본적인 의사결정 중 하나이다. 오늘날 결혼과 관련된 라이프스타일을 선택함에 있어서 과거보다 훨씬 많은 사람들이 결혼의 대안으로 동거나 독신생활을 선택하지만 결혼을 해야 한다는 압력은 아직도 강하게 남아 있다. 성인은 결혼과 관련된 자신의 생활을 선택하는 의사결정자로서 단계적으로 의사결정을 내려야 한다. 우선, 가장 중요한 요인 중 하나가 자신 스스로에 대해서 철저히 파악하는 것이다. 즉, 나는 누구이며 '내 안에 나'는 어떠한가를 정확히 파악한 후 친밀한 관계를 형성할 것인지에 대해서 의사결정을 내리고, 누군가와 친밀한 관계를 형성하기로 결정했다면 배우자인 상대방에 대해서도 세밀한 분석이 필요하다. 그런 분석을 토대로 결혼을 할 것인지에 대해서 최종적으로 결정을 내린다. 결혼을 배제하고 남녀가 함께 사는 것을 혼전동거라 하는데 '혼전동거'에 대한 의식구조를 조사한 결과 '사랑하는 사이면 가능하다'가 34.3%(7,298명), '결혼할 사이면 가능하

다’가 29.9%(6,349명), ‘있을 수 없는 일이다’가 31.9%(6,776명)로 나타났고 10명 중 6명은 ‘사랑하거나 결혼할 사이라면 혼전동거를 할 수 있다’고 응답하였다(한겨레신문, 2009. 10. 26). 통계청의 ‘2010년 사회조사결과’ 발표자료에 의하면 결혼을 하지 않아도 동거할 수 있다고 생각하는 20대 응답자는 59.3%에 달했다. 전체 응답자의 26.6%는 결혼을 하지 않고도 자녀를 가질 수 있다고 생각하는 것으로 나타났다. 이러한 급격한 사회변화는 젊은이들의 결혼관에 영향을 미쳐 저출산의 현상을 낳고 있다. 한편, 영국 사회조사연구소 발표에 따르면 동거 커플은 결혼한 부부보다 생활 형편과 건강상태가 좋지 않고, 정서도 불안정해 외도하는 정도가 더 심한 것으로 나타났다. 또한 첫 동거의 평균 지속기간이 2년에 불과하고, 나중에 결혼으로 이어지는 60% 가운데 35%는 10년 안에 헤어진다고 한다. 이러한 연구결과를 통해서 볼 때, 우리사회 젊은이들이 동거에 대해 보다 수용적인 태도를 보이는 가운데, 동거가 갖는 부정적인 측면에 대한 고려도 필요하다고 하겠다.

최근 20~30대의 독신비율이 점차 증가하고 있는데 이는 여성의 경제적 독립으로 인해 결혼에 대한 압력이 감소되고 성취지향적인 전문직업을 가진 사람들의 경우 독신을 선택하는 경우가 많아지고 있다. 그들은 독신 삶의 장점으로 인생의 모든 것을 결정하는 삶의 자유를 좋아하며 여가 취미, 건강 등 자신에게 충분히 투자할 수 있어서 좋다고 하는 것으로 나타났다(경기가족여성연구원, 2010). 독신자는 결혼한 사람들과 비교해 볼 때 자신의 일에 시간과 에너지를 다해 본인이 하고자 하는 바를 성취할 수 있으며 보다 많은 자유를 만끽하고 가족부양 책임이 면제되어 경제적 여유를 누릴 수 있으며 자신이 좋아하는 취미생활과 여행을 자유롭게 즐길 수 있다. 그러나 직업이나 주거지를 구하는 등 자신의 생활에 대해 전적인 책임을 갖고 있으며, 친구와 가족들로부터의 수용 여부에 따라 자신의 독신상태에 대한 고민이 많아지고, 사회생활의 범위가 제한되며 동료감, 정서적 지원의 결핍 등으로 고독감을 느낀다. 우리나라 독신여성 수의 증가는 주로 점진적인 문화적 · 사회적 변화에 기인한 측면도 있지만 결혼관에 많은 변화가 나타나고 있다는 증거이다. 많은 사람들에게 있어서 독신은 단순히 라이프사이클의 일시적 단계가 아니라 라이프스타일의 한 형태로 정착되어가고 있다. 문화적 트렌드를 해석하는 일부 사람들은 젊은이들은 점차 독신의 라이프 스타일을 즐기고 새로운 소비문화를 주도하고, 구태의연한 결혼의 제도에 얽매이기 싫어하는 21세기 새로운 가족유형으로 마치 디지털세대의 새로운 아이콘처럼 묘사하고 있다. 이는 개인의 다양성이 인정되고 개성이 존중되면서 개인주의가 확산되면서 점점 더 나의 중요성이 커지고 있는 사회현상을 반영하는 것으로 가정 속에서 나의 희생보다는 현재의 내 삶이 더 소중해지면서 독신여성에 대한 가치관이 점차 변화하고 있다.

## ③ 부부관계

부부관계란 서로 다른 가정에서 자란 두 사람이 결혼이라는 의식을 통하여 맺게 되는 비혈연적 관계로서, 매우 밀접하고 지속성 있는 전인격적 관계이다. 일반적으로 부부관계는 가족관계에서 핵심적 역할을 담당하므로 원만하고 만족스러운 부부관계는 가족의 안정성을 위한 필수 불가결한 요소이다. 부부가 상호작용하는 영역은 매우 다양하며 결혼과 더불어 새로운 부부관계를 형성하는 데에 기초가 되는 요소는 역할과 경계의 설정, 의사소통 그리고 친밀감과 부부의 성(sexuality)을 들 수 있다. 전통적 성역할은 남편이 가장으로서 가족의 생계를 부양하고, 아내는 가사와 자녀양육의 책임을 맡는 것이다. 그러나 여성의 사회적 지위가 높아지고 맞벌이 부부가 많아지면서 점차 평등한 역할로 변화하고 있다.

대부분의 사람들은 결혼 전부터 부부의 역할에 대해 나름대로의 규정을 내리고 있다. 그러나 실제로 결혼생활을 하다 보면 배우자의 특성과 두 사람의 주변 여건에 따라 이미 설정했던 부부의 역할을 수정해야 한다. 따라서 신혼기의 부부는 남편과 아내의 역할에 대해 타협하고 합의를 도출하는 과정이 요구된다.

성공적 부부관계를 형성하는 데 밑거름이 되는 중요한 요인은 결혼 초기에 효과적 의사소통체계를 마련하는 일이다. 부부관계는 상이한 성장과정과 서로 다른 이해 및 관심을 지닌 두 사람의 결합이기 때문에 상호갈등이 일어나기 쉽고, 부부갈등이 심화되면 논쟁이나 부부폭력 및 이혼으로 비화되는 경우가 많다. 결혼의 안정성에 커다란 영향을 미치는 부부의 갈등유형은 대체로 결혼 초기 2년 이내에 형성된다. 따라서 신혼기에 자신과 상대방의 욕구를 솔직하고 정확하게 표현하고, 직접적 의사소통을 통해 건강하게 싸우는 관계를 형성하여 발전시켜 나간다면, 안정적 결혼생활은 물론 건전한 해결과정이 오히려 친밀한 부부관계를 형성하는 데 도움을 줄 것이다.

부부 간의 친밀감은 결혼만족도를 향상시키며 궁극적으로 결혼의 안정성에 기여하는 중요한 요인이다. 결혼 초기에 부부간의 친밀감을 증진시키기 위해서는 상호지지적이고 수용적인 태도와 함께 적절한 수준의 자기표출과 성생활을 통한 의사소통이 필요하다. 부부는 상호지지와 수용을 통해서 상대방으로부터 배려 받고 있다는 느낌을 갖게 되고, 이를 통해 자신의 가치를 확인할 수 있다. 또한 배우자에게 자신을 적절하게 표출함으로써 서로의 생각과 감정을 공유할 수 있고, 성관계를 통해 상대방에 대한 애정을 전달할 수 있다. 그러나 결혼 초기의 부부들은 대개 정확한 성지식의 부족으로 인해 성생활 적응에 어려움을 가질 수 있다. 부부간의 성생활이란 일종의 의무적인 일이 아니라 상호이해와 수용을 통한 친밀감을 확인할 수 있는 기회이므로 보다 즐겁고 극적인 성적 쾌감을 나누는 보상을 받게 된다. 따라서 신혼기의 부부들은 성생활을 둘 만의 의사소통의 한 형태로 인식하고 서로의 감정을 공유하며 심리적으로 친밀해지려는 노력을 함께 기울여야 한다.

결혼은 독신에서 새로운 사회적 지위를 부여하는 중요한 사건으로 법적·계약적 동의를 포함하므로 서로에 대한 친밀감을 토대로 지원적 관계를 확립해야 한다. 결혼의 동기는 다양하다. 대부분의 사회는 결혼을 자녀의 출산과 양육으로 종의 존속을 유지하는 최선의 방법으로 여긴다. 또한 물질적, 성적 욕구를 결혼생활을 통해 충족시키며 두 사람의 관계에서 우정, 애정, 동반자 관계의 안전한 관계를 마련해줌으로써 정서적 도움이 된다고 본다. 한 연구에서는 결혼한 사람들이 결혼하지 않은 사람들보다 더 행복하며, 행복한 사람들이 결혼하는 경향이 있다고 조사되었다. 모든 연령대의 기혼남녀가 독신자나 이혼한 사람 또는 사별한 사람보다 생활만족도가 더 높은 것으로 보고되고 있다(Campbell, Converse, & Rodgers, 1975).

최근 우리나라에서 모든 인간의 권력이 평등한 방향으로 변화하고 있으므로 남편과 아내 사이도 민주적 관계를 지향하는 평등부부가 바람직하다. 평등부부의 개념은 일차적으로 부부 상호의식에 평등성이 내재되어 있는 정도와 실제 부부가 일생생활에서 얼마나 공평하고 상호 존중하면서 생활하는가에 달려있다. 구체적인 평등부부 특징은 ① 남편과 아내가 집안 일과 자녀양육을 함께 하고 가계부양도 같이 하며, ② 재산과 통장 등을 공동명의로 하거나 동등한 대표권과 관리권을 인정하며, ③ 가정 내 의사결정에

| 표 12-4 | 평등한 부부의 평가 항목

| 평가범주 | 세부 항목 |
|---|---|
| 1. 의사결정 | • 중요한 가정사는 의논을 통해 결정하는가?<br>• 서로의 인격을 존중하는가?<br>• 폭력이 철저히 배제되는가?<br>• 존중하는 호칭과 언어를 사용하는가?<br>• 상대방 의견을 존중하는가? |
| 2. 가사분담/자녀양육 | • 가사는 공동 분담되는가?<br>• 가사노동의 경제적 가치를 인정하는가?<br>• 자녀양육(교육)에 공동 책임을 지는가?<br>• 대외활동에 함께 참여하는가?<br>• 평등한 성역할 의식을 갖고 있는가? |
| 3. 경제적인 면 | • 가정경제를 공동으로 운영하는가?<br>• 재산의 소유, 증식에 공동 책임을 갖고 있는가?<br>• 부부 공동명의 경부조금을 지출하는가?<br>• 전업주부의 용돈지출 자율권을 인정하는가? |
| 4. 심리적 · 정서적인면 | • 자유로운 의사표현이 가능한가?<br>• 배우자의 자아실현을 위해 배려하는가?<br>• 성생활에서 상호 존중하는가?<br>• 취미 · 여가생활을 이해하고 공유하는가?<br>• 배우자 가족에 대해 이해하고 관심을 가지고 있는가? |

자료: 한국여성개발원(1992)

부부가 함께 참여하고, ④ 인격을 존중하는 대화문화를 정립하며, ⑤ 시가, 처가와 동등한 관계를 유지하고, ⑥ 부부 모두 자기개발과 자아실현 기회를 갖고, ⑦ 불평등한 혼인관행에서 탈피하며, ⑧ 아들 딸 구별 없이 양성적인 인간으로 키우는 것이 특징이다. 평등부부를 실현하기 위한 방안으로 남성의 가족역할 참여를 위한 자녀의 공동양육과 가사노동 참여가 확대되도록 사회의식 변화와 이에 따른 제도적 뒷받침이 필요하다.

# ❹ 부모됨

자녀를 가질 것이냐에 대한 결정은 당사자인 예비부모의 인생뿐만 아니라 그들이 살고 있는 사회에까지 영향을 미칠 만큼 매우 중요한 문제이다. 최근 우리 사회의 저출산 현상은 고령화 사회를 낳을 뿐만 아니라 국가의 경쟁력 강화에 중요한 도전이 되고 있다. 출산율 저하의 원인은 여성의 사회진출 증가로 결혼에 대한 부정적 견해가 남성에 비해 현저하게 높기 때문이다. 최근 우리나라의 소득과 고용의 불안정과 과도한 결혼비용으로 젊은 층의 결혼과 출산에 대한 당위성이 현저히 약화되고 있으며, 특히 여성의 경우 자아성취에 대한 욕구는 높아졌으나 일과 가정의 양립이 어려운 사회적 제도로 인하여 결혼과 출산을 늦추고 있다(한국보건사회연구원, 2009). 특히 독신의 증가와 높은 이혼율 등으로 사회 전반적으로 결혼과 가족에 대한 가치관이 급속하게 바뀌어 결혼에 대한 강제가 많이 약화되어 결혼시기가 늦어지고 있으며 가족의 대를 잇기 위해 자녀를 꼭 가져야 한다는 의식도 많이 약화되었다. 여성초혼 연령은 1990년 24.78세에서 2000년 26.49세, 그리고 2008년 28.32세로 10년마다 평균 2세씩 상승하고 있다. 따라서 젊은층의 결혼과 출산에 대한 당위성은 현저히 약화되고, 소득과 고용의 불안정과 과도한 결혼비용으로 결혼을 기피하거나 늦추고 있다. 자녀를 반드시 가지고 싶다고 응답한 남자는 2005년 54.4%에서 2009년 24.3%로 나타났고, 여자의 경우 2005년 42.1%에서 2009년 24.0%로 나타났다. 그리고 20세에서 44세 미혼여성을 대상으로 결혼을 기피하는 사유를 알아본 결과, 결혼비용이 15.5%, 그리고 소득고용 불안정이 13.5%로 나타났다(한국보건사회연구원, 2009). 그리고 높아진 이혼율도 저출산의 원인이 되고 있다. 양육비용 및 사교육비 부담의 증가 등 자녀양육비 증대로 인한 경제적 부담과 아직도 여성에게 집중되어 있는 자녀양육의 부담도 출산을 기피하는 현상으로 나타나고 있다. 2009년 보건사회 연구원의 조사에 의하면 자녀 1인당 출산후 대학 졸업식까지 총 2억 6천만 원이 소요되는 것으로 나타났다. 또한 남자와 여자의 1일 가사노동시간을 알아본 결과, 남자는 42분, 여자는 3시간 35분으로 나타나 선진국인 독일과 비교해 볼 때 남자는 2시간 43분, 여자는 3시간 38분에 비해 절대적으로 남편의 가사노동분담이 적은 것으로 나타났다.

전통사회에서 자녀 출산은 가족이 생산적 경제기능을 수행하는 데 있어 필수적인 노동력의 창출과 직결되는 강력한 경제적 가치를 갖고 있었다. 그러나 산업사회로의 전환 과정에서 자녀의 경제적 가치는 대부분 희석되거나 소멸되었고, 오히려 자녀를 출산하고 양육하는 과정에서 소비되는 비용적 측면이 강조되고 있다. 자녀 양육과정의 비용적 부담은 여성이 출산 후 양보해야 하는 기회비용과도 관련이 있다. 최근 맞벌이가 증가하고 경제적인 위기까지 겹치면서 임신시기를 늦추고 자녀 수를 줄이는 풍조가 확산되고 있다. 그러나 이럴 때일수록 미래 지향적인 인생설계를 토대로 합리적인 가족계획을 세우고 이를 이행하는 것은 중요하다. 합리적인 가족계획이란 단순한 산아제한이 아니라 자녀를 갖기 전에 가정자원과 상황에 비추어 합리적인 방향으로 자녀를 가짐으로써 행복한 가정생활을 영위하고자 함이다. 이러한 가족계획은 모체와 자녀의 건강을 보호하고 자녀양육 및 경제의 부담을 줄일 수 있을 뿐만 아니라 여성에게 보다 많은 사회참여의 기회를 제공한다. 이는 부부의 자유로운 의사와 합의에 의해서 피임 방법을 결정하고 이를 수행해야 한다.

각 사회마다 부모의 이상적인 역할이 존재하며 사회에서 기대하는 바에 따라 그러한 역할의 특성과 기능에 대해 정의를 내리고 있다. 우리 사회에서 부모됨이란 이러한 이상적인 역할 중 하나이다. 부모됨이 지니는 사회적 의미는 결혼을 한 사람에게 부모가 되도록 압력을 가하는 것이며, 이러한 압력은 특히 남성보다 여성에게 더욱 강하게 부과된다.

Veevers(1973)는 부모기(parenthood)의 사회적 의미를 다음과 같이 여섯 가지로 설명하였다.

첫째, 많은 사람들이 부모가 되는 것을 도덕적 의무라고 생각한다. 특히 종교의 가르침을 믿고 따르는 사람들은 자녀출산이 도덕적 의무를 수행하는 것이라고 생각한다.

둘째, 어떤 사람들은 부모가 되는 것이 사회 성원을 충원하는 시민의 의무를 수행하는 것이라고 생각한다. 따라서 이들은 경제적으로나 사회적으로 자녀를 가질 수 있는 커플이 자녀를 갖지 않는 것[예: DINK(Double Income No Kids)]족은 이기적이고 무책임하다고 비판한다.

셋째, 부모가 되는 것은 결혼한 부부의 성생활에 의한 자연스러운 결과이다. 그러나 오늘날과 같이 피임 방법이 발달한 현대 사회에서는 아이가 없는 것이 반드시 신체적 결함을 의미하지 않는다.

넷째, 성인 남녀는 자녀출산을 통하여 자신이 아이를 낳을 수 있다는 능력을 지닌 성인이라는 성 정체성(sexual identity)을 획득한다.

다섯째, 자녀출산과 더불어 부부의 결혼만족도가 감소하고 결혼생활에 스트레스가 야기된다는 연구 결과도 있지만, 대다수의 사람들은 자녀가 결혼생활을 유지시키고, 부부관계를 향상시키며, 이혼을 방지한다고 믿는다. 실제로 자녀들이 반드시 결혼생활을 향상시켜 주는 것은 아니지만 자녀로 인하여 부부관계가 연장되기도 한다. 이러한 커플들은 결혼생활을 '구원'하기 위한 방편으로 아이를 갖는다.

여섯째, 일반적으로 자녀를 갖기 원하는 사람이 자발적으로 무자녀를 선택한 사람보다 정상적이라고 간주된다. 우리 사회에서는 자녀를 갖는 것이 남성보다도 여성의 역할을 더 완전하게 해주는 의미가 있다.

결혼한 부부들은 첫 자녀를 출산하면서 많은 변화와 긴장을 경험한다. 현대사회의 부부들에게 자녀출산은 의무가 아니라 선택의 문제이므로, 결혼한 모든 부부들이 자녀를 갖는 것은 결코 아니다. 전통적으로 부모가 된다는 것이 결혼의 근본적 이유가 될 수 없지만 이는 결혼을 완성시키는 것으로는 알려져 왔다. 전통 농경사회에서는 대가족이 필요하고 자녀는 가족의 일을 도우며 부모를 돌보았기 때문에, 자녀가 많다는 것은 충분한 노동력을 확보하여 경제적 부를 축적할 수 있음을 의미하였다. 그러나 오늘날에는 자녀를 낳아 기르는 것이 오히려 경제적·심리적 부담으로 작용하여 출산율 저하의 현상을 초래하고 있다. 그럼에도 불구하고 많은 부부가 출산을 원하는 주된 동기는 다른 인간과 밀접한 관계를 맺고, 자녀를 교육하고 훈련하는 데 참여하고자 하는 욕구 때문이다.

정신분석이론에 의하면 여성은 아기를 낳아 키우려는 본능적 소망이 있으며, 아들은 자신이 결코 가질 수 없는 남근의 대체물로 표상된다. Erikson은 부모가 되는 것은 다음 세대를 육성하고 지도하려는 근본적 발달 욕구로, 인간발달의 8단계 이론의 생산성 대 침체성 위기와 관련된다고 하였다. 생산성은 주로 성년기에 발달하는 사랑과 결혼의 친밀감이 확립된 다음에 시작되어 일이나 창의성 등으로 표현되기도 하지만, 가장 직접적인 표현은 자녀를 낳아 기르는 것이다(Erikson, 1963). 사회학자들은 부모됨의 동기를 불멸의 욕구로 이해하여 인간은 자녀를 통해 제2의 삶을 지향하고, 자녀로 하여금 자신이 원하는 특정 목표를 달성하게 함으로써 자기연장 또는 불멸을 꾀한다고 주장하고 있다.

첫 자녀의 출산은 부부생활을 변화시키며, 새로운 일상생활을 위해 가정의 자원과 시간 및 에너지의 재배치를 요구한다. 그러나 우리 사회는 부모역할에 대한 구체적 교육을 실시하고 있지 않다. 때문에 부모가 된다는 것은 개인의 인생에서 갑작스러운 변화를 수반하여 대부분의 부부들은 상당한 혼란을 경험한다. 부부관계는 초기에 비해 점점 덜 낭만적이 되고, 동반자적 관계로 전환하며, 애정표현과 대화가 줄어들고, 여가활동을 함께 하는 기회도 적어져서 결혼만족도는 크게 낮아진다. 특히 아내의 경우 첫 자녀 출산과 더불어 다양한 역할 요구로 인하여 긴장(role strain)을 경험하면서 가족생활이 어려워진다. 여성의 경우 부모역할, 부부역할, 주부역할 및 직업역할 등 다양한 역할을 동시다발적으로 수행해야 하므로 많은 긴장과 극심한 피로를 경험한다. 아동이 어릴수록 자녀양육은 더 많은 시간과 에너지를 요구하므로 이에 대처하는 방법을 습득해야 한다. 처해 있는 상황에 대해 긍정적 견해를 갖고, 다양한 역할 중 역할의 우선순위를 결정하며, 각 역할의 수행표준을 조절하여 집안청소와 같이 우선순위에서 뒤처지는 경우를 적절히 수행하는 방법을 마련하면 역할의 긴장을 줄일 수 있다.

## ❺ 부모의 개인적 욕구

부모는 자녀양육을 위해 최선을 다하려는 욕구 이외에도 스스로에 대한 개인적 욕구를 갖는다. 대부분의 부모들은 자녀를 양육하는 동안 절대적인 시간을 투자해야 하기 때문에 가정 밖에서의 일에 제한을 받고 부부의 사생활을 침해 받는 상황에서, 개인적 발달욕구(personal developmental need)와 함께 결혼생활의 만족을 유지하려는 욕구를 동시에 충족시켜야 하는 어려움에 직면한다. 특히 어머니들은 자녀출산 이후 가정 밖에서의 일을 병행하기가 어렵기 때문에 개인적 성장이나 자아실현의 욕구를 억압당한 채 자녀양육이나 가사일의 수행에 대부분의 에너지를 소비한다. 더욱이 자녀가 발달상의 문제나 결함을 갖게 될 때, 그들은 자녀를 제대로 양육하지 못했다는 죄책감으로 인해 많은 스트레스를 경험한다. 그러나 아동은 타고난 기질적 특성뿐만 아니라 성장발달과정 중에 수많은 영향들에 노출될 수밖에 없으므로 아동의 문제를 부모의 전적인 책임으로 전가하는 것은 바람직하지 못하다. 사회적으로 성공한 유명인사 400명의 생애를 연구한 고전적 연구에 의하면(Goertzel & Goertzel, 1962), 그들 중 단지 58명만이 비교적 문제가 적은 가정 출신들이었고, 대부분은 병리적 가족환경에서 성장한 역사를 갖고 있다. 그들이 바람직하지 못한 가정환경에서도 제대로 성장·발달할 수 있었던 것은 처해있는 상황을 비난하기보다는 문제 자체에 초점을 두고 해결책을 적극적으로 모색하며 사소한 시련이나 갈등을 참고 견디는 힘이 훈련되어, 심각한 좌절경험에도 정상적으로 회복될 수 있는 강한 탄력성을 지니고 있었기 때문으로 나타났다.

자녀가 부부의 결혼생활만족도를 감소시킨다는 것은 널리 알려진 일이다. 결혼만족도는 결혼생활을 통하여 U자 형태의 곡선을 나타내면서 변화한다. 흥미롭게도 이러한 양상은 자녀의 출산 및 독립과 높은 상관이 있다. 즉 결혼만족도는 자녀의 출산과 더불어 낮아지며 자녀가 독립한 후 높아진다. 대부분의 부모들은 자녀양육과 자신의 직업활동을 병행하면서 소모증후군(burnout syndrome)으로 고통을 받는다. 소모증후군이란 과중한 역할요구에 기인된 극단적인 정서적·신체적 피로증후군으로서 자녀양육 시기동안 부모들이 경험하는 병리적 증상이다. 초인적 어머니(supermom)가 되기를 원하는 현대의 중류계층 부모들은 적어도 소모증후군의 초기 단계에 처해 있다는 것이 학자들의 공통적 주장이다. 만약 부모가 자녀에게 바람직한 양육환경을 제공하기 원한다면, 부모역할과 분리된 부부 간의 유대를 유지하여 화목한 가정환경을 조성해야 한다.

결혼생활에서 자녀의 가치가 부부의 가치보다 중요시되는 우리나라에서 여성이 직업을 가짐으로서 겪는 부모역할의 갈등은 부부관계를 더 악화시킬 수 있으며 이는 자녀에게 부정적인 영향을 준다. 따라서 부모는 함께 효과적인 부모역할 기술을 배우고 부모역할의 우선순위를 정하여 공동양육에 참여하면서 부부 간의 친밀감과 의사소통을 지속적으로 유지하면서 가족유대감을 강화해 나가야 한다. 불행하게도 많은 젊은 부부들은 결혼생활이 확립되기 이전에 자녀를 출산하거나 자녀의 출산과 함께 부부생활을 완전히 무시함으로써 부적응적 가족 유형에 이르게 된다. 아동발달에 부정적인 영향을 주는 다섯 가지 부적응적 가족 유형을 제시하면 다음과 같다(Coleman et al., 1987).

### ① 부적절한 가족(inadequate family)

부적절한 가족의 특징은 가족이 일상적 생활문제에 대처할 수 있는 능력을 지니고 있지 않다는 점이다. 가족 구성원들의 요구를 충족시킬 자원이 부족하며, 자녀의 요구는 물론 안전감을 제공할 수 없어 아동이 적절하게 발달할 수 없다.

### ② 혼란된 가족(disturbed family)

많은 병리적 특성을 지니고 있는 가족으로, 부부는 서로 힘의 균형을 유지하기 위해 자주 싸우며 자녀에게 관심과 사랑을 주지도 않고 그들을 적절히 지도하지도 않는다. 아동은 항상 불합리하고 정서적으로 혼란된 부모에게 노출되어 있다.

### ③ 반사회적 가족(antisocial family)

범법행위를 일삼는 것을 특징으로 하는 가족으로, 부모가 공공연히 혹은 은밀히 사회적 질서 및 규준을 깨뜨리고, 사회에 의해 수용되지 않는 가치를 채택함으로써 아동은 일찍부터 반사회적 역할모델과 접촉한다.

④ 학대가족(abusive family)

아동을 보살피지 않고 학대하는 것이 특징이다. 아동학대는 유기, 신체적 학대, 심리적 거부에 의한 정서 및 성적 학대의 형태를 취한다.

⑤ 붕괴된 가족(disrupted family)

일반적으로 아버지의 유기에 의해 가족 붕괴가 일어난다. 아버지의 유기로 가족 구성원들은 재정적 어려움을 겪게 되며, 거부당했다는 느낌은 아동의 발달에 치명적 영향을 준다.

성인 전기의 많은 부부들은 아내는 양육자의 역할에, 남편은 가족 부양자로서의 역할에 몰두하여 결혼만족도가 감소하면서 부부관계의 역할 긴장이나 불만족이 발생한다. 특히 전업주부들은 자신의 정체성을 어머니 역할과 분리하지 못하고, 자신이나 배우자에게 할애할 시간적 여유를 갖지 못하면서 지나치게 자녀양육에만 몰두하기 쉬우며 이로 인해 자녀의 자율성 발달을 저해하는 그릇된 교육이 빚어질 가능성이 크다. 따라서 성인 전기의 자녀양육을 통해 어떤 사람의 배우자나 특정 아동의 부모가 아닌 한 개인으로서, 자신의 삶을 병행하고 자신만의 시간을 가지며 동일한 연령의 타인들과 사회적 관계를 맺으면서 사회 구성원으로서의 개인적 정체성을 확립하도록 노력해야 한다. Cowan과 동료들(1985)에 의하면 새로 부모가 된 사람들이 자신의 개인적 욕구와 배우자의 개인적 욕구를 함께 이해할 때 성공적인 부모기로서의 전환을 할 수 있다고 하였다. 따라서 이 시기의 부부들은 부모로서의 책임감뿐만 아니라 자신의 독립과 개성에 대한 욕구도 균형 있게 발전시켜야 한다. 특히 부인들은 자녀양육에 너무 많은 에너지를 쏟아 개인 발달의 중요성을 간과할 수 있으므로 부부 간의 재조정이 필요하다.

# 13장 성인 중기의 발달과 가족관계

성인 중기(40~65세) 혹은 중년기로 불리는 이 시기의 많은 사람들은 신체적·경제적·심리적으로 안정되어 있기 때문에 인생의 황금기로 불린다. 그러나 이 시기에 서서히 나타나는 신체적 변화와 실직 혹은 이직과 관련된 문제는 스트레스를 가져오기도 한다. 이 장에서는 성인 중기에 나타나는 발달적 변화와 개인적 관계에서의 변화와 적응에 대해 살펴본다.

## ❶ 발달적 특성

성인 중기의 여성이 경험하는 폐경기와 남성이 겪게 되는 갱년기는 신체변화에 따른 적응을 요구한다. 직장에서 일의 성취는 이 시기 적응에 중요한 영향을 미친다. 이들은 자신이 하고자 하는 일들을 다 할 수 없다는 것을 깨닫고, 직장을 바꾸거나 은퇴를 하기도 한다. 또한 이 시기는 인생의 중요한 사람들과의 관계에 변화가 생기기도 한다.

### 1) 신체발달

#### (1) 감각 및 체력

감각은 대개 일상생활에 지장을 주지 않을 만큼 적은 정도의 감퇴가 일어난다. 시각은 40세 이후부터 원시성으로 변하기 시작하며, 시력의 선명도가 다소 저하되는 경험을 하게 된다. 청각적 감퇴는 약 55세 이후에 나타나며, 여성보다 남성의 청각 감퇴가 더 크다. 미각의 경우 50세 정도에서 감퇴하며 향료나 소금 혹은 설탕에 대한 민감성이 감소하기 시작한다. 이러한 미각의 감퇴로 인해 젊은 사람에게 맛있게 느껴지는 음식이 중년기 성인들에게는 맛이 없게 여겨지기도 한다. 한편, 나이가 들면서 뉴런의 감소와 함께 후각의 위축이 나타나지만, 이러한 변화가 후각의 손상을 초래한다는 결정적인 증거는 발견되지 않았다. 따라서 건강과 같은 요인이 후각과 미각에 영향을 미치는 것으로 보인다(Myslinski, 1990; Schieber, 1992; Weiffenbach, 1990).

중년기 성인들은 체력과 근육 협응에 있어서도 점진적으로 쇠퇴를 경험하지만, 그 폭은 적은 편이어서 큰 불편을 느끼지는 않는다. 이 시기의 신체운동기능은 많이 사용할수록 그 감퇴가 적어서, 항상 앉아서 일하는 사람들은 근력의 손실이 더 많다(Papalia, 1995).

## (2) 생식 및 성적 능력

갱년기(climacteric)란 신체기능이 노년기로 접어드는 시기로, 여성의 경우 신체적으로 폐경기(menopause)를 지나면서 극적 변화를 보이는 반면 남성의 변화는 점진적으로 진행된다. 여성의 폐경은 평균 50세 전후에 나타나며 폐경과 더불어 나타나는 다양한 생리학적 변화를 겪는 2~5년 정도의 기간을 '갱년기'라고 한다.

갱년기 동안 여성호르몬인 에스트로겐(estrogen)의 분비가 감소하여 얼굴이 화끈 달아오르는 번열증, 두통, 메스꺼움, 현기증, 골반통, 유방통증 그리고 호흡장애나 헐떡거림, 요실금과 같은 신체적 증상이 나타난다. 에스트로겐의 감소는 뼈가 약해져서 부서지기 쉬운 상태인 골다공증을 가져올 수 있다. 골다공증의 예방을 위해 칼슘이 풍부한 식사가 권장되고 있지만, 최근에는 여성호르몬인 에스트로겐을 주기적으로 주입하는 대체요법이 많이 활용되고 있다. 그러나 여성호르몬 대체요법은 유방암이나 난소암 등의 발병가능성을 높이기 때문에 논쟁이 되고 있는 부분이기도 하다.

한때 폐경기 여성들은 우울이나 불안, 무가치감과 같은 심리적 문제로 어려움을 겪는다고 알려졌으나 최근에 와서는 대부분의 여성들이 그렇지 않다는 연구결과들이 제시되고 있다. 폐경기 여성들의 대부분이 폐경으로 인한 생활의 변화를 거의 경험하지 않았거나 폐경이 자신의 인생에 별다른 영향을 미치지 않은 것으로 보고하였으며, 심지어 예전보다 삶이 더 좋아졌다고 보고한 경우도 있었다(Busch, Zonderman, & Costa,

1994; Unger & Crawford, 1992). 실제로 대부분의 여성들은 폐경기 이후에도 성공적인 부부생활을 유지하며 여성의 특성을 계속 유지할 수 있다.

남성의 갱년기는 뚜렷한 신체적 변화가 나타나지 않아 갱년기라는 것이 존재하지 않는다고 인식되어 왔으나(이영주, 2004), 40대에서 50대에 이르는 중년 남성의 발달과정에서 가장 두드러지는 변화 현상으로 나타나며, 이른 경우에는 35세에 시작되기도 하고 늦게는 65세에 나타나기도 한다. 이러한 변화는 남성호르몬이 감소되면서 골밀도 감소와 근육 강도 및 근 질량의 감소, 복부비만, 성욕 감퇴 등의 신체적 변화뿐 아니라(Tenover, 2002), 정신적·사회적 대인관계 및 영적 차원에 이르기까지 남성의 삶의 모든 영역에 영향을 미치며, 남성에게 의미 있는 인생의 전환기라고 할 수 있다(Diamond, 1997). 그러나 많은 연구결과, 이러한 변화는 호르몬 수준의 변화와는 관계가 적으며, 현실생활에 연관된 문제들과 관련이 깊은 것으로 지적되고 있다. 다시 말해 질병, 직장의 문제, 자녀들의 문제와 같은 환경적 압박 때문이라는 견해가 지지되고 있다.

### (3) 노화로 인한 변화: 사회적 이중 기준

노화가 시작된 여성은 남성보다 심리적으로 심한 압박감을 느낀다. 늘어나는 흰머리, 거친 피부나 눈가의 주름살이 남성에게는 살아온 지난날로부터 얻은 경험과 노련미의 산물로 여겨지지만, 여성에게는 젊은 시절이 끝났고 내리막길에 접어들었다는 표시로 여겨진다. 이러한 이중 기준은 남편과 아내의 성적 적응에 영향을 미쳐, 아내는 남편의 신체적 변화로 인해 성적 만족감에 차이를 보이지 않으나, 남편은 아내의 신체적 변화에 불만족하여 성문제가 발생하기도 한다.

## 2) 인지발달

### (1) 지능과 인지

지능은 크게 두 가지로 나뉜다. 새로운 정보나 상황을 처리하는 능력인 유동성 지능(fluid intelligence)과 저장된 정보를 자동적으로 처리하여 문제를 해결하는 능력인 결정성 지능(crystallized intelligence)이다. 성인기에는 유동성 지능이 쇠퇴하는 반면 결정성 지능은 오히려 증가하는 경향을 보인다(Papalia, Olds, & Feldman, 1989)(그림

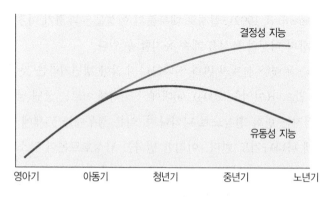

| 그림 13-1 | 전생애를 거친 유동성 및 결정성 지능의 변화
자료: Papalia, Olds, & Feldman(1989)

13-1). 이는 중년기의 사람들이 젊은이들보다 어떤 과제를 수행하는 데 다소 오래 걸릴 수도 있고 새로운 문제를 해결하는 데 능숙하지 않을 수도 있지만, 폭넓은 경험에서 축적된 분별력으로 이를 보상할 수 있음을 뜻한다. 즉, 중년기 사람들은 일상적인 문제를 해결한 경험이 많기 때문에, 현실적이고 실제적인 문제해결능력이 높은 것으로 보인다(Morrow, Leiner, Altieri, & Fitzsimons, 1994).

## (2) 직 업

나이가 들면서 개인이 일에 부여하는 의미가 달라지는데, 일단 인생의 목표가 달성되어 사회 속에 자리를 잡게 되면 일에서 얻는 사회적 지위나 인정, 성공, 보수와 같은 외적인 보상의 중요성이 차츰 약화된다(Belsky, 1999). Vaillant는 30대를 승진, 성취 등을 위하여 전력투구하는 직업몰두(career consolidation)의 시기라고 하였다. 즉, 30대는 무엇인가를 이룩하기 위해, 그리고 무엇인가가 되기 위해 매우 열심히 일에 종사하는 시기라는 것이다. 그러나 40대 이후에 이르러서는 이러한 과업 중심으로부터 벗어나 보다 자유로운 내면적 자아를 탐구하게 되고 일 자체보다는 함께 일하는 사람에 대해 더 큰 관심을 가지게 된다는 것이다. 이러한 경험을 통해 새로운 힘과 도전하는 자세를 지닐 수 있으며, 이것을 재탄생의 경험으로 여긴다.

성인 중기 동안 직장인들은 크게 두 가지 유형으로 구분된다. 하나는 성인 전기에 선택한 직업에서 최고의 능력을 발휘하며 좀 더 많은 돈을 벌고 보다 큰 영향력을 행사하고 다른 어떤 시기보다 더 존경을 받는 유형이다. 또 다른 하나는 중년기에 일어나는 자신에 대한 재평가로 자극을 받아서 새로운 직업에 진입한 유형이다. 중년기 사람들은 직업 방향을 완전히 바꾸어 개인적 성장이나 발전 가능성이 좀 더 큰 직업 조건을 찾을 수도 있다. 특히 중년기 여성의 경우 처음으로 직장을 갖거나 재취업을 하기도 한다.

직업을 바꾸는 경우 그 이유가 자유의사에 의한 것인지 혹은 어쩔 수 없이 바꿔야 했는지에 따라 그 결과가 달리 나타난다. 자유롭게 직업을 바꾼 사람들과 강제로 바뀌었어도 하나의 성장을 위한 기회로 여기는 사람들은 이전 직장에서 얻은 경험을 새로운 조직이나 모험적 사업에 투자하면서 인생을 좀 더 즐기는 것으로 나타났다. 반면 본인의 의사와는 반대로 강제로 퇴직하게 된 경우 새로운 환경에 적응하는 데 어려움을 보일 뿐 아니라 개인의 정신건강에도 부정적 영향을 미치는 것으로 보인다.

대체로 중년기에 직업을 바꾼 사람들은 첫 직업에 머물러 있는 사람들보다 더 잘 적응하고 성취욕이 강하며 자존감과 야망이 높다. 직업을 통해 개인적 성장경험을 하기도 하는데, 주로 자신의 능력에 대해 도전적인 직업에서 그러한 것으로 나타난다. 보다 복잡한 일을 하는 사람들은 생활의 다른 측면에서 보다 융통성 있게 사고하는 경향이 있다. 상대적으로 처음부터 유연성이 떨어지고 덜 복잡한 직업을 가진 사람들은 성장이 보다 느리거나 아예 발달하지 못하기도 한다(Kohn, 1980). 이는 변화과정에서 생기는 갈등이나 위기감을 도전과 기회로 인식하는 것을 내포하는 것으로 자신에 대해 보다 풍부한 자각과 성장을 위한 기제로 활용할 수 있어야 함을 나타낸다(김명자, 1998).

이 시기의 직업과 관련된 스트레스 중 가장 큰 것은 갑작스럽고 예기치 않은 해고이다. 경제 불황을 겪은 현재 우리 사회에서도 많은 실직자들이 생겨 사회문제가 되고 있다. 이들에게는 정신적·신체적 질환 및 가족 기능상의 문제가 나타나기도 한다. 수입상실로 인한 재정적 어려움은 남성들에게 봉급 자체보다 더 큰 심리적 손상을 주기도 한다. 이 시기의 실직자들은 이해해주고 적응할 수 있는 가족의 도움이 있고 친구와 같은 외부 자원을 얻을 수 있다면 도움을 얻을 수 있다. 결국 개인의 실직을 바라보는 시각이 중요한데, 이 같은 경험을 기회로 보거나 성장을 위한 도전으로 볼 수 있는 사람들은 정신적으로나 직업적으로 발전할 수 있다.

## 3) 사회정서발달

### (1) Erikson의 이론: 생산성 대 침체성

Erikson은 중년기를 생산성 대 침체성의 시기로 보고한다. Erikson은 이 시기의 성숙한 성인은 자신들의 인생이 저물어 가고 있는 것을 바라보면서 다음 세대를 통해 지속적으로 인생에 참여하려는 욕구를 느끼고 다음 세대를 구축하고 이끄는 데 관심을 기울이게 되며 그렇게 함으로써 생산성이 발달한다고 하였다. 반면 이러한 욕구가 충족되지 않으면 무기력해지거나 생기를 잃고 침체성에 빠지게 된다고 지적했다.

### (2) 규범적 위기 대 사건의 발생시기

규범적 위기 모델에서는 중년기 대부분의 사람들이 잠재적으로 갈등이 많고 지난날을 되돌아보고 재평가하게 된다고 본다. 즉 인간의 성격이 특정 연령대에 보편적인 일련의 주요 변화를 겪는다는 입장이다. '중년기 위기' 라는 용어는 Jung같은 정신분석가에 의해 처음 명명된 용어로 외부 지향 또는 사회에서의 자리를 찾는 것에 대한 관심으로부터 내부 지향, 즉 자신 안에서 의미를 찾으려는 변화의 신호로 여겨진다(Jung, 1966). 반면 Neugarten은 발생시기 모델을 지지하며, 성격발달은 연령보다는 사람들이 어떤 사건을 경험하는가와 언제 이 사건이 일어나는가에 의해 더 많은 영향을 받는다고 주장하였다(Neugarten & Neugarten, 1987).

### (3) Levinson의 중년 남성발달 연구

Levinson(1986)은 성인기 남성과 여성의 발달이 고유의 특성을 가지고 있다고 간주하고, 특히 성인 중기 남성을 대상으로 계속 추적하여 면접을 실시했다. 그 결과 각 연령대를 기준으로 각 시기의 특징적 경향이 나타남을 다음과 같이 설명했다.

- 중년 전환기(40~44세): 중년 전환기의 남성은 성인 전기의 일을 끝내가면서 성인 중기를 준비해 나간다. 또한 자신의 죽음을 보다 절실히 인식하는 남성들은 삶의 모든 측면에 대해 실질적인 의문을 제기하며, 이 시기를 약간 혹은 심각한 위기의 시기로 생각한다.
- 성인 중기 진입기(45~49세): 성인 중기 진입기의 남성들은 새로운 인생구조를 세

우기 시작한다. 즉, 현재의 일에 대해 재구성하거나, 가정적으로는 이혼이나 재혼 혹은 현재의 아내와 다른 방식으로 관계를 맺기도 한다. 성인 중기를 성공적으로 보내는 사람들에게 이 시기는 인생에서 가장 충만하고 창조적인 시기이자 성격의 새로운 국면을 꽃피울 수 있는 기회이기도 하다.

- 50세 전환기(50~54세): 50세 전환기는 인생구조를 수정할 수 있는 또 다른 기회의 시기로 적어도 다소의 위기 없이 성인 중기를 지나는 것은 불가능함을 알 수 있다.
- 성인 중기 절정기(55~59세): 성인 중기 절정기는 성인 중기의 토대 구축을 끝낸 안정된 시기이다. 이 시기에 인생을 풍요롭게 사는 사람들에게 50대는 위대한 완성의 시기이기도 하다.
- 성인 후기로의 전환기(60~64세): 성인 후기로의 전환기는 성인 중기를 끝내고 노년을 준비하는 시기이다.

## (4) Barnett의 중년 여성발달 연구

남성에 관한 Levinson의 연구와 달리, 300여 명의 35~55세 성인 중기 여성들을 대상으로 연구한 Barnett(1985)은 성인 중기 여성의 건강한 적응에 기여하는 요인들이 자신의 인생에 대해 가지고 있는 통제력 혹은 지배력의 정도와 인생에서 얻는 기쁨의 정도라고 지적했다. 특히 여성의 안녕감은 연령이나 혼인 여부, 자녀 여부와는 관련이 없었지만 여성의 직업, 남편 및 자녀와의 긍정적 경험과 관련 있는 것으로 밝혀졌다. 직업이 보수가 좋고 자신의 기술을 이용하고 결정을 내릴 기회를 제공할 경우, 여성의 안녕감과 더 관련이 많았다. 전반적으로 기혼 직장여성의 심리적 안녕감의 점수가 가장 높았고, 자녀가 없는 기혼의 가정주부가 가장 낮은 점수를 보였다. 또한 직업이나 가족 혹은 두 가지 모두에 몰두한 여성들이 그렇지 않은 여성들보다 더 나은 성장을 보이는 것으로 나타났다.

## ❷ 개인적 관계

중년세대는 부모역할뿐만 아니라 자녀역할까지 떠맡는, 이중역할을 수행해야 하는 책임이 무거운 세대이다. 이러한 측면에서 그들은 흔히 '샌드위치' 세대로 묘사되기도 한다. 여기에서는 중년기의 부부관계, 자녀와의 관계, 노부모와의 관계, 형제자매관계 그리고 친구관계에 관해 살펴보기로 한다.

### 1) 부부관계

#### (1) 결혼만족도

결혼만족도는 가족생활주기에 따라 다르지만 일반적으로 U자형의 곡선을 그린다. 결혼 초기에는 결혼만족도가 높고 자녀양육기인 중년기 후반까지 줄어들다가 자녀가 독립한 이후인 성인 후기에 다시 높아진다(박성호, 2001). 일반적으로 자녀양육 기간에는 결혼만족도가 감소하는데, 이러한 하락은 자녀와의 관계와 더불어 부부 간의 역할변화에 따른 스트레스의 결과일 수 있다. 특히 10대 자녀가 있는 중년기 초반은 스트레스가 가장 많은 것으로 나타난다. 이 시기의 결혼만족도는 동성의 십대 자녀와의 관계가 얼마나 친밀한가와 관련되어 부자 간이나 모녀 간의 거리가 멀수록 결혼생활에 불만이 더 큰 경향이 있다.

중년기에 부부 간의 결혼만족도는 남편과 아내가 서로 차이를 보여(송말희, 1990; 이미숙, 2000; 허미화, 2003), 남성의 경우 80%가 중년기 결혼생활을 긍정적으로 평가한 반면 여성은 40%만이 이러한 반응을 보였다. 이는 남편의 역할 변화에 대한 아내의 불만을 반영한 것으로, 신혼기에 비해 중년기에 남편이 너무 의존적이기 때문인 것으로 조사됐다. 신혼기에는 아내가 너무 의존적이라고 남편이 불평한 점과 비교해 볼 때, 결혼생활을 하며 부부 간에 역할변화가 나타나 서로 간의 만족도에 영향을 미친 것을 볼 수 있다. 실제로 중년기 이후의 여성이 친구나 성장한 자녀를 주된 의논대상으로 여기는 반면, 남성은 연령 증가에 따라 배우자를 더욱 중요하게 인식하여 부인을 믿고 신뢰할 수 있는 대상으로 여기며, 이러한 관계는 중년기 남성의 사기감에 중요한 영향을 미쳤다(김명자, 1998).

우리나라 중년기 여성의 경우 위기감이나 스트레스 수준이 예상보다 높지 않았고 심리적 복지 수준이 높은 것으로 나타났는데(김현화·조병은, 1992; 신기영, 1991), 이는 개인의 역할 정체감의 수와 몰입도가 심리적 복지에 긍정적 영향을 미친다고 하는 '역할 정체감 이론'을 기초로 이해해 볼 수 있다. 즉, 우리나라 중년기 주부는 직업 활동에 몰두하는 남편에 대한 내조자로서, 대학진학과 결혼을 앞둔 자녀에게 많은 시간과 에너지를 투입해야 하는 어머니로서, 가사노동과 가계 운영을 담당하는 가사담당자로서, 친족과의 관계를 유지하는 친족 역할의 담당자로서 가족 안에서 해야 할 역할의 수가 많고 수행 수준 또한 높은 편이다(옥선화·신기영, 1991). 따라서 그 과정에서 보상이나 만족감을 얻을 수도 있고 또 한편으로는 역할 수행에 몰입하여 개인적인 중년기의 위기감이나 우울증 등을 경험할 여유가 없어서 위기감이나 스트레스 수준이 낮게 보고될 수 있다. 그러나 이러한 결과를 다른 측면에서 보면 우리나라 중년기 주부가 가족 역할 수행에 지나치게 몰입하여 중년기 발달상의 위기나 자아정체감의 문제를 인식할 여유가 없기 때문에 이들의 심리적 복지수준이 표면적으로는 높지 않게 나타나는 것일 수도 있다.

중년기 남편의 경우는 직업적 성취가 절정에 달하는 시기이지만 일에 대해 스트레스와 위기감을 느끼거나 압박 증가, 제한된 직업, 선택의 가능성, 반복된 일과에서의 권태감, 곧 다가올 은퇴에 따른 상실감, 젊은 동료의 승진에 대한 두려움 등을 느껴 개인적 문제에 직면하게 되는 것으로 나타났다(박아청, 2000; 황인성, 1998). 성인기 후기에는 결혼만족도가 다시 높아지는데, 이것은 자녀양육의 신체적·심리적 부담에서 벗어나고, 가정생활 내의 역할 수행에 익숙해지는 동시에 심리적 공감대를 넓혀갈 수 있는 시기이기 때문으로 볼 수 있다.

### (2) 성적 친밀감

중년기 및 노년기의 성이 활기찬 생활의 일부분이 될 수 있다는 인식이 점차 강화되고 있다. 물론 성적 활동은 달라져 대부분의 남성들은 젊었을 때만큼 자주 성적 흥분을 느끼지 않는다. 오르가즘은 점차 느려지며, 때로는 전혀 도달하지 못하기도 한다. 폐경기 이후의 여성들은 전만큼 쉽게 흥분되지 않으며 질의 윤활액이 잘 분비되지 않아 성관계 시 통증을 느낄 수 있다. 그러나 이러한 성활동의 감퇴는 생리적 이유보다는 직장 및 가정의 스트레스 등의 원인과 더 밀접한 관련이 있는 것으로 나타났다. 즉, 단조로운 성생활에서 오는 권태, 정신적 또는 육체적 피로, 과음이나 과식, 본인이나 배우자의 육체적·정신적 질환, 성관계 시의 실패에 대한 두려움 등으로 인해 발생할 수 있다(유주연, 1995; 강봉규, 2000). 그러나 성적 만족에 대한 이러한 잠재적 장애를 인식하고 중년기의 정상적 변화를 인지하여 신체적 접촉, 애무 등 다른 방법을 통한 친밀감과 애정표현을 자주 하여 부부간의 성적 조화를 이루고자 하는 부부는 만족한 생활을 유지해 나갈 수 있다. 즉, 중년기의 성생활은 횟수보다는 질에 무게를 두고 애정을 바탕으로 한 동반자로서의 관계에 초점을 맞추는 것이 중요하다.

## (3) 이 혼

우리나라의 경우 최근에 들어 중년기 이혼이 급증하고 있다. 통계청 자료(2005)에 의하면, 중년기 이혼이 전체 이혼에서 차지하는 비율이 급증하여 전체 이혼에서 남성 51%, 여성 39%에 이를 정도로 중년기의 부부해체현상이 두드러지고 있다. 이 중 특히 40대의 이혼율이 가장 높게 나타났는데, 이는 자녀도 제 앞가림을 할 수 있을 정도로 성장했고 또한 부모의 이혼을 이해해주리라 믿기 때문에 이혼을 결심하는 경우가 많은 것으로 보인다. 중년기의 주된 이혼사유는 주벽, 불성실, 무책임, 의처증, 의부증, 성적 갈등 등의 부부간 불화가 60% 이상을 차지했고, 다음으로는 여성의 27%와 남성의 24%가 경제문제를 이혼사유로 제기했다. 그러나 전문가들은 이혼에 이른 부부갈등의 근원적 사유를 대화의 단절에서 찾는다. 또한 여성의 사회진출이 활발해져서 경제적 능력이 커지고 개인의 권리가 강조되면서 예전처럼 참고 살기보다는 자신의 의사대로 부부가 헤어지는 경우가 빈번히 발생되고 있다.

이혼은 그 시기에 따라 미치는 영향이 달리 나타나기도 한다. 특히 이혼자의 긴 결혼기간과 연령은 정체성의 혼란을 가지고와 이혼 후 관계를 재정립하는 데 젊은 사람들보다 더 어려움을 겪는 것으로 나타났다(Kitson & Morgan, 1990). 그러나 이혼으로 인해 경험하는 스트레스는 좌절되고 갈등으로 가득 찬 관계를 지속하는 데 따르는 스트레스보다는 덜 한 것으로 나타난다(변화순, 1996). 이와 반대로 결혼을 지속하는 부부들은 배우자를 친구로서 여기고 있었고 한 인간으로서 대하는 긍정적 태도, 결혼에 대한 책임 그리고 인생의 목표와 목적에 대한 일치 등의 요인을 가지고 있었다. 또한 행복한 결혼생활을 하는 부부들은 가능한 한 많은 시간을 함께 보내며 여러 활동을 함께 하는 것으로 나타났다.

## (4) 재 혼

우리나라의 2003년 혼인 종류별 구성비를 보면 남자는 초혼이 83.1%, 재혼이 16.5%이며, 여자는 초혼이 81.2%, 재혼이 18.3%로 나타났다. 남녀 모두 재혼 비중이 꾸준히 높아지고 있으며, 특히 여자의 경우 90년대 초반에 비해 두 배 이상 증가하여 여자의 재혼이 더 활발한 것으로 나타났다. 평균 재혼연령은 남자 42.8세, 여자 38.3세로 이 역시 90년대 초반과 비교하여 남자는 3.2세가, 여자는 3.5세가 증가하였다(통계청, 2004). 재혼 시의 결혼조건은 초혼 때와 비슷한 것으로 나타났다. 특히 자녀가 있는 여성은 재혼기피대상 1위로 올라, 남성 중심적인 우리 사회의 단면을 드러내었다. 남성이 재혼상

---

### ⊙ 중년의 부부관계 재정립을 위한 행동강령 ⊙

**1. 자신을 있는 그대로 수용한다.**
자신을 수용하고 인정하지 않는한 상대와 친밀한 관계로 발전하지 못하게 된다. 외모나 정신적, 혹은 그 밖의 어떤 기준이건 간에 자기 자신을 받아들여야 한다.

**2. 서로를 있는 그대로 인정하고 격려한다.**
배우자를 현재의 그 사람 자체로 인정하고 격려해야 한다. 상대방을 내마음에 맞게 바꾸고자 하는 소망은 이기적이며, 비현실적일 뿐 아니라 친밀한 관계에 방해가 된다.

**3. 자기 자신을 표현한다.**
부부가 서로 자기 자신을 표현해야만 독립적이고 친밀한 관계가 유지된다. 화가 나거나 상대의 사랑을 의심할 때 부부는 의외로 자신의 느낌을 감추고, 오히려 상대에게 욕을 퍼붓는다. 이는 자신의 느낌을 말함으로 인해 자존심이 상한다고 생각하거나 부끄럽게 여기기 때문이다.

**4. 부정적 내용은 적절한 시점을 정해 전달한다.**
배우자에 대한 원망이나 증오가 가득하다거나 상대가 틀렸다는 식의 몰아세우기 감정상태라면 잠시 기다려야 한다. 격한 감정이 가라앉고 상대의 입장에 서서 일어난 사건을 다시 한 번 돌아보려는 여유가 생길 때가 대화할 수 있는 시점이다.

**5. 충고 대신, '나-전달법'으로 말한다.**
충고는 뒤집으면 상대편을 공격하는 말이다. 상대방이 한 행동에 대해서 내가 느낀 감정을 표현하는 것이 좋다.

자료: 이미나(2000)

대를 고르는 기준은 외모(32.1%), 양육자녀 없음(25.8%), 성격(23.6%), 경제력(11.2%) 순인데 반해, 여성의 경우는 확실한 직업(49.1%), 경제력(21.6%), 양육자녀 없음(13%), 학력(7.1%), 외모(6.5%) 순으로 나타나 초혼에 비해 남성의 경제력을 더욱 중시하는 경향이 있음을 보여주고 있다. 재혼을 통해 얻는 이득은 홀로 외롭게 지내는 것보다 심리적 불안을 줄이고 다가올 노년기를 둘이서 함께 극복할 수 있다는 데 있다. 부정적 측면으로는 사회적 편견이나 계부모와 자녀 간의 갈등이 존재할 수 있다는 점이다.

## 2) 자녀와의 관계

### (1) 청소년기 자녀를 둔 부모의 어려움

자녀가 청소년기에 들어서면 이전에 부모-자녀 간에 유대관계가 돈독했을지라도 갈등이 생겨나기 쉽다. 청소년과 부모 간 갈등의 근원은 청소년기 자녀의 발달상의 변화 때문으로 지적되었으나, 이 외에 부모 자신의 발달적 변화 또한 양자의 갈등에 영향을 주는 것으로 알려졌다.

신체적, 정서적 및 사회적 변화를 겪는 청소년기 자녀는 그들의 심리적 정체감 형성을 위해 부모 입장에서는 이해하기 어려운 행동을 보이기도 한다. 청소년기 자녀를 가진 부모들은 새로운 변화를 보이는 자녀의 모습에 적응해 가야 하는 것과 동시에 있는 그대로의 자녀, 즉 부모가 희망하고 꿈꾸는 모습이 아닌 자녀를 인정해야 하는 어려움을 경험하기도 한다. 어느 문화에서나 청소년기 자녀와 부모 간의 갈등은 대부분 청소년의 늦은 귀가시간과 긴 전화통화, 복장, 머리 모양 등 사소한 문제에서 발생하는데(Collins & Steinberg, 2006), 청소년기 자녀는 부모가 정서적 지원을 제공해 주지 않는다고 느낄 때나 부모가 자신들의 기대를 충족시키지 못한다고 생각할 때, 그리고 가족 가치관이나 사회적 가치관에 대해 부모와 불일치 할 때 갈등을 경험한다(Fisher & Johnson, 1990). 따라서 부모와 청소년 자녀 간의 의견충돌은 잦아지기 쉽다.

이 시기의 부모들은 자녀가 선택하는 길이 부모가 바라는 바와 매우 다를 수 있다는 사실을 직시해야 한다. 특히 그들은 성인이 된 자녀와 함께 살 때 긴장감을 느끼기 쉬운데, 이는 자녀들의 결혼연령이 늦어지고, 학업종료 시점이 연장되는 등 성인 자녀가 부모에게 계속 의존하려는 태도를 보이고 부모는 보호자의 역할을 계속해야 한다는 부담감이 계속 증대되는 것과 관련된다(장삼수, 1998; 전기풍, 2004). 부모-자녀관계가 서구보다 비독립적이고 종속적인 우리나라의 경우에는 자녀가 부모로부터 심리적으로 독립하는 시기가 상대적으로 늦을 뿐만 아니라, 부모는 자녀의 앞날에 대해 더 많이 관여한다. 국내의 연구 결과 중년기 부부의 가장 큰 관심사 및 당면문제는 자녀의 진로문제, 대학진학문제, 자녀의 앞날에 대한 염려로 나타났고, 이로 인한 스트레스도 큰 것으로 나타났다. 특히 우리나라에는 '고 3 증후군', '입시 시집살이'라는 말이 등장할 정도로(김명자, 1991) 자녀의 진로문제와 관련하여 지나친 관심과 걱정을 보이기도 한다.

## (2) 빈 둥지 시기

자녀가 모두 성장해서 집을 떠나고 두 부부만 남게 되는 '빈 둥지 시기(empty nest stage)'에 부부가 이 시기를 미리 준비하였는지, 이 시기를 긍정적 혹은 부정적으로 여기는지에 따라 만족감에 차이가 나타난다. 즉, 이 시기는 경제적 부담이 줄고 자유시간이 많아지며 부부가 함께 하는 시간이 많아짐으로써 결혼만족도가 높아진다(Davidson & Moore, 1992). 자녀의 출가와 은퇴로 인해 빈 둥지 시기를 예견하게 되면 부부는 "그래도 의지할 것은 부부밖에 없다."는 생각으로 똘똘 뭉치는 경향이 있으며, 이전의 부부관계가 좋을 경우 '제2의 신혼기'가 될 가능성이 충분히 있다(한경혜·노영주, 2000).

반면 자신의 삶을 오로지 자식만을 위해서 헌신해 온 어머니의 경우, 이 시기에 고독감을 견디지 못하고 심한 우울증에 빠지게 되어 '빈 둥지 증후군(empty nest syndrome)'에 시달린다는 부정적인 입장도 있다(Grambs, 1989; Kalish, 1989; Lewis, Volk, & Duncan, 1989). 실제로 자녀양육에 자신의 삶을 건 중년기 부인이 자녀가 떠난 후 무력감과 우울증에 빠지는 것으로 나타났다. 한편 이 시기는 어머니보다 아버지에게 더 힘들다는 지적이 있는데, 이것은 어머니는 출산 시에 이미 빈 자궁을 경험하였고, 자녀의 성장으로 인한 독립이 성장과정을 지켜보아 오면서 겪는 의미 있는 과정일 수 있는 반면, 오랫동안 직장생활에 몰두해 온 아버지에게는 자녀가 좀 더 어릴 때 많은 시간을 함께 보내지 못한 채 자녀의 독립을 경험하는 것에 대해 뒤늦은 후회를 나타낸다(황선덕, 2005).

한편 빈 둥지 시기에 대비한 삶의 구조를 형성한 사람들은 보다 더 적응적인 반면 이 시기 이전의 결혼생활이 행복하지 못한 부부들의 경우에는 자녀가 떠나고 난 빈 둥지에서 둘 사이의 공통점이 아무 것도 없음을 발견하고 공허감을 느끼게 되는 경우도 있다.

여행은 빈둥지 시기의 부부관계 회복에 도움이 된다.

즉, 자신의 인생에는 남은 것이 아무 것도 없으며 무의미하다고 느끼는 것이다(Keith & Schafer, 1991). 따라서 이 시기를 보다 건강하게 보내기 위해 중년기 성인들은 부모역할 외에 직업이나 학업, 사회봉사 등과 같이 또 다른 의미 있는 역할을 발견하는 것이 바람직하다. 또한 이 시기의 시간과 에너지, 경제적 자원을 부부관계에 투자해야 한다. 다소 무미건조해진 결혼생활에 활력을 불어넣기 위해 전보다 더 여유로워진 시간과 에너지, 경제적 자원을 부부관계 증진을 위해 힘써야 한다(Lamanna & Riedmann, 1991).

## 3) 노부모와의 관계

### (1) 노부모 모시기

현대사회로 오면서 가족집단을 중시하는 가족공동체적 가치관에서 개인 위주의 핵가족 중심 가치관으로 변화함에 따라, 전통적 효사상이 희박해지고 노부모 부양 의식도 매우 약화되고 있다. 이로 인해 중년기 세대는 효도의 의무와 성인이 되는 자녀의 독립을 도와야 하는 중간적 관계에서 괴로움을 당하기도 하며, 이러한 상황으로 인해 노부모에게 할애해야 하는 시간과 돈, 에너지에 부담을 느끼기도 한다. 그러나 노부모와 중년기 자녀 모두 이 시기를 대비하고 서로의 입장을 이해하려 할 때 보다 원만하게 이 시기를 지나는 것으로 보인다.

노부모를 모시는 일은 아무리 좋은 상황에서도 신체적으로나 정서적으로 부담을 느낄 수 있는 일이므로, 부양이 일차적으로 가족에게 책임이 주어질 때, 가족 구성원은 부양부담에 압도당하게 될 수 있다(Naleppa & Reid, 2003). 또한 이 시기의 노부모가 효에 대해 지나치게 기대할 때 세대 간의 갈등과 긴장을 유발한다. 특히 아들에 대한 기대감은 며느리와의 갈등을 불러일으킴으로써 고부갈등을 증가시키기도 한다. 세대 간의 관계는 노부모가 건강하고 활기찬 생활을 하고 있는 동안에 가장 원만하며, 노부모가 병약해질 때, 특히 정신적 쇠퇴나 성격변화를 겪게 된다면 이들을 돌보아야 하는 부담 때문에 양자의 관계가 위축되기 쉽다. 일반적으로 남성은 직업이 있고 가족의 부양책임이 있기 때문에 남성보다는 여성이 노인 부양의 일차적인 책임을 질 확률이 높은데, 중년 여성의 경우 노화와 관련된 스트레스까지 동시에 경험하면서 역할과중이 심해지게 된다(Seomun, 2005). 대개 중년기 자녀들은 자신이 부모를 돌보리라고 예상하지 않았으며 부모가 병약해질 가능성을 고려하지 않았고, 따라서 그에 대해 거의 준비하지 않았으므로 자신의 계획에 장애가 되는 것으로 여기게 되어 긴장을 유발하게 된다.

따라서 이 시기를 보다 무난히 지내기 위해서는 성인 자녀의 입장에서 노부모의 노화 과정과 이 시기에 벌어질 수 있는 일들에 대해 미리 예측하고 준비할 필요가 있다. 또한 부모-자녀 간의 긍정적인 유대관계는 부모 부양에 따른 부담감을 낮게 인식하게 하고, 양자 간의 정서적 결속이 높아짐에 따라 적극적인 부양행동을 보이는 것으로 나타난다(Litvin, 1992; Umberson, 1992). 따라서 성인 자녀가 노부모와 가까이 살면서 도움이 필요할 때 도움을 주거나, 전화 통화나 방문과 같은 애착행동을 통해 부모-자녀관계를 유지시켜 가는 것이 자녀의 의무나 책임감을 강조하는 것보다 더 효과적이다. 특히 우리 사회는 성인 자녀가 노부모에 대한 부양의 의무를 다하는 것을 법률적·관습적으로 정당화하고 있다. 또한 중년기 자녀와 노부모 간의 관계는 자라나는 세대에게 하나의 역할 모델로서 영향을 주기도 한다.

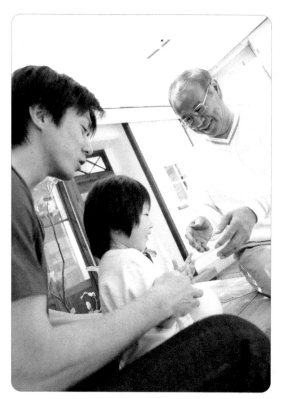

손자녀는 성인 자녀와 노부모 간의 관계를 보며 부모-자녀관계에 대해 배우게 된다.

## (2) 노인학대

노인학대에 관한 연구는 미국에서 1980년대에 들어와서 본격적으로 다루어지고 있으며, 우리나라에서도 1990년대에 들어서면서 사회적으로 관심을 갖기 시작했다(이정민, 2007). 노인학대는 음식, 주거, 의복, 의료혜택, 금전 등에서의 방임을 포함하여 욕설과 같은 심리적 고문과 폭력을 휘두르거나 부모를 버리는 일 등을 의미한다. 노인학대의 전형적 피해자는 늙고 병약한 여자 노인이며, 학대자는 중년기의 아들이나 딸일 가능성이 높다.

학대자는 피해 노인과 평소에 좋지 않은 관계를 맺고 있거나, 과거 아동기에 부모로부터 학대를 받은 경험이 있는 경우, 성인이 된 자녀가 다시 부모를 학대할 가능성이 있다(조애저 등, 1999). 이처럼 학대는 악순환되는 특성을 보인다. 우리나라의 경우 서울 송파구에서 65세 이상 노인 1만 5,000여 명을 대상으로 설문조사를 실시한 결과, 전체의 6.4%가 노인학대를 경험한 바 있다고 응답하였다. 유형별로는 정서적 학대(4.2%), 경제적 학대(4.1%), 언어적 학대(3.6%), 유기(2.4%), 신체적 학대(1.9%)였고, 학대의 주체는 아들, 며느리, 배우자, 딸의 순으로 나타났다(한국일보, 2000년 6월 2일자). 따라서 피해자와 가해자 모두에게 교육, 정서적 지원, 상담, 경제적 보조 등의 사회적 도움이 필요하다. 노인학대를 개인적인 문제나 가정 내적인 문제로 간주하여 은폐하거나 방치하기보다는 사회문제로서의 인식을 제고하고 사회적, 국가적 차원에서의 대책을 강구하여 노인들이 존엄성을 지키며 인간다운 삶을 영위할 수 있도록 해야 한다(조애저, 2008).

## 4) 형제자매와의 관계

중년기 형제자매들은 자주 접촉하고 필요할 때 언제라도 도움을 준다. 형제와의 관계는 대부분의 사람들이 살아가면서 가장 오래 지속하는 관계이며 나이가 들수록 훨씬 더 중요해진다. 많은 형제자매들, 특히 자매들은 더욱 더 친하게 지내는 경향이 있다. 형제자매지간인 사람들의 2/3 이상이 서로에게 친밀하게 혹은 아주 친밀하게 느끼며 형제자매와의 관계에서 상당한 만족감을 얻는다. 그러나 형제자매관계가 원만하지 못할 때는 노부모 모시기와 유산상속문제 등이 일어나기 쉽고, 이로 인해 커다란 스트레스를 경험하게 된다.

## 5) 친구와의 관계: 우정

중년기 성인들은 가족과 직장일로 다른 단계의 사람들보다 우정에 쏟는 시간과 에너지가 적다. 이들은 배우자, 자녀, 조부모 등의 가족에게 몰두해 있고 항상 직장일로 바쁘며, 은퇴에 대한 대비책을 세우는 데 시간을 보내려 한다. 따라서 이 시기의 성인들은 신혼기나 은퇴기의 사람들보다 상대적으로 친구와 함께 보내는 시간이 적다. 그럼에도 불구하고 중년기 동안에도 우정은 지속되며 이들에게 정서적 지원과 안녕감을 준다. 중년기에는 친구를 새로 사귀기보다는 오래된 친구들과 지낸다. 또한 대체로 자신과 비슷한 나이 혹은 비슷한 자녀나이, 결혼 기간 및 직업적 지위가 같은 타인과 친구관계를 형성하므로, 유사한 관심과 활동을 가질 것이며 또한 생활자원에 있어서도 비슷하게 된다(이지연, 2000). 즉, 인생단계에서 유사성이 사회적으로 동등하다고 생각되는 사람들 사이에서 친구관계를 맺게 되는 중요한 요소로 작용한다(이미혜, 2001).

# ③ 배우자 부모와의 관계

배우자의 가족은 배우자와 혈연으로 엮어진 원가족에 비해서는 정서적 거리감을 느낄 수 있는 관계이기 때문에 모든 면에서 조심스러운 관계이며, 다른 하위 체계에서보다 역할 상에서 상호관계가 명확하지 않으므로 갈등이 생기기 쉽다(구자경, 2000; 이현, 2010). 배우자 가족과의 갈등은 장모–사위, 며느리–며느리, 시어머니–며느리와 같이 다양한 관계 상황에서 나타날 수 있는데, 우리나라에서는 고부 간의 갈등을 다룬 연구들이 가장 많이 진행되었으며(김밀양, 2004; 박정헌, 2002), 최근에는 가족구조의 변화와 함께 장서관계(장모–사위관계)에 관한 연구도 진행되고 있다.

## 1) 고부관계

세대 간의 갈등이 빚어지기 쉬운 관계로 자주 거론되는 고부관계는 결혼에 의해 시작되며 혈연의 연결 없이 법적, 인위적으로 맺어진 관계를 말한다(홍숙자, 2001). 고부갈등은 DSM–IV에 한국 고유의 문화증후군으로 수록된 화병의 주요 스트레스원으로 알려져 있을 만큼(김순영, 2003) 한국 여성들의 정신적 스트레스원 중 하나로 꼽히고 있다.

고부갈등은 시대적 변화와 관련되어, 전통적인 한국 가족의 가부장적 사회에서 고부는 같은 여성이면서도 지배–피지배의 수직적 관계였고 며느리가 겪는 일방적 시집살이가 전통사회 고부갈등의 전형이라고도 볼 수 있었다. 그러나 현대로 오면서 전통적 가족주의와 서구의 개인주의 가치관이 공존하게 되면서 고부관계의 성격과 권력관계도 상당한 변화를 겪고 있다. 현대 가족의 고부관계 변화는 유교적 가족윤리의 약화, 부모세대로부터 자녀세대의 경제적 독립, 효개념의 약화, 며느리의 교육수준의 상승 등으로 인한 시어머니의 권위 약화 때문으로 지적되기도 한다(최명옥, 2005).

고부갈등은 대개 역할과 기대의 차이, 가치관과 의견 차이 등으로 긴장이 누적되어 야기된다. 구체적으로 살펴보면 가사권이나 권력구조 측면에서 나타난다. 이러한 고부갈등은 '주도권 싸움'으로 볼 수 있다. 또한, 역할기대나 수행 측면에서 나타난다. 전통 가족에서 시부모 봉양이 며느리의 가장 중요한 역할이었다면, 현대의 며느리는 아내의 역할이나 자녀에 대한 어머니로서의 역할에 더 많은 비중을 둔다. 또한 애정구조 측면에서는 시어머니가 아들에 대한 기대와 집착이 강한 반면 며느리는 부부 중심의 가치관을 가지고 있어, 양자 간 가치관의 대립이 고부갈등을 심화시키는 것으로 설명할 수 있다. 나아가 고부관계는 세대 간의 차이를 내포하므로 이로 인한 세대 간 이해관계의 상충과 상호 기대하는 바의 차이로 인해 괴리가 발생하여 갈등이 나타나기도 한다(홍숙자, 2001).

고부 간의 문제는 당사자들 뿐만 아니라 다른 가족관계에도 부정적 영향을 미침으로써 가족 전체에게 파급된다. 고부갈등은 며느리의 경우 부부싸움을 유발하기도 하고 결혼만족도에 부정적 영향을 주며 이혼의 원인이 되기도 한다(홍숙자, 2001). 부부의 결혼만족도에 부정적인 영향을 미치는 고부갈등은 부부 모두에게 스트레스로 작용할 수 있다. 부부들은 스트레스를 경험할 때 긍정적인 의사소통이 적어지고 부정적인 의사소통과 철회는 증가하면서 부부간 상호작용의 질이 저하된다(Bodenmann, 2005). 배우자 부모와의 갈등 또한 스트레스 상황이기 때문에 배우자의 행동에 대해 예민해질 수 있고 배우자의 행동을 더 부정적으로 평가하게 될 수 있다(Neff& karney, 2004).

## 2) 장서관계

사위를 백년손님으로 대접하던 우리나라에도 맞벌이 부부가 늘어나고 시댁보다 처가와의 거리가 가까워지면서 '장모와 사위' 사이의 갈등이 사회적인 문제로 떠오르고 있다. 맞벌이 부부에게 장모란 육아와 살림을 대신해줄 수 있는 가장 믿음직한 대안이며, 저출산 시대 소수의 자녀를 둔 장모 역시 노후를 희생해서라도 자신의 딸이 '자아실현의 욕구'를 충족하기를 바라는 경향이 증가하고 있다. 이렇게 장모와 딸의 이해관계 속에서 장모는 막강한 권한을 가지고 딸의 부부문제에 적극적으로 개입하고 있다. 이러한 장모와 사위의 긴장관계 속에서 유발되는 것이 '장모와 사위' 사이의 갈등이다. 현대사회에서 장모와 사위 사이의 갈등은 고부갈등 못지않게 문제가 되고 있으며 매스미디어를 통해서도 지속적으로 다루어지고 있다(서은아, 2007). 실제로 장모와 사위 간 갈등이 증가하면서 한국가정법률상담소는 시가와의 갈등만을 포함시켰던 상담분류항목에 1999년부터 장모사위갈등을 추가했다. 장모사위갈등은 장모의 심한 간섭, 의존적인 아내, 가부장적인 남편의 의식 모두가 총체적인 원인으로 지적되고 있다.

아들에게 집착하는 것이나 딸에게 집착하는 것이나 자녀를 출생가족으로부터 분리시키지 않음으로써 자녀의 생식가족이 독립적으로 살아가는 것을 방해하는 것은 마찬가지이다(박미령, 2003). 따라서 이러한 갈등상황에서 아내의 역할은 중요하다. 아내가 심리적으로나 경제적으로 독립적이지 못하고 지나치게 자신의 어머니와 밀착되어 있어 사위를 소외시키게 되면, 문제는 더욱 악화된다. 여성에게 있어서도 자신의 근원가족으로부터의 적절한 수준의 분리는 결혼 이후 형성한 생식가족에서의 친밀감을 높여주는 데 도움이 된다.

## 3) 배우자 부모와의 관계 향상을 위한 방안

고부관계, 장서관계에서 어느 한 쪽이 다른 쪽에 자신의 가치를 일방적으로 강요하는 행위는 둘 사이의 관계를 해칠 수 있다. 고부, 장서 갈등을 해결해 나갈 수 있도록 가족 내에서는 시어머니와 친정어머니, 며느리 그리고 아들이 서로 노력해야 하며, 가족 외의 사회적 지원 또한 중요한 영향 자원이 된다.

| 그림 13-1 |

자료: 동아일보(2006년 9월 20일자)

우선 시어머니는 며느리에 대한 지나친 기대를 줄이고 젊은 세대와 차이를 좁혀 나가며 이해하려는 태도가 필요하다. 며느리도 나이가 들고 사고가 경직되기 쉬운 시어머니에게 이해받으려는 태도를 취하기보다는 노인의 심리적 특성과 여건을 이해하려는 융통성 있는 자세가 필요하다. 실제로 며느리의 자기 통제력이 높을수록 시어머니와의 갈등수준은 낮게 인지되며 결과적으로 심리적 복지수준을 높일 수 있는 것으로 나타났다(송현애, 1993; Chung, 1992). 친정어머니도 딸과 사위에 대한 지나친 간섭을 피하고 자녀의 독립적 생활을 이해하고 받아들이는 것이 필요하다. 또한 사위는 처가 부모님의 도움과 원조에 대해 감사하는 마음을 갖고 본가와 마찬가지로 처가 부모에 대한 감사의 표현을 자주하는 것이 필요하다.

며느리가 스트레스를 받을 때 가장 많이 사용하는 대처방법이 적극적 이해로 나타난 연구결과(박경란·이영숙, 2003)에서도 시어머니에 대해, 시어머니와의 관계에 대해 그리고 스트레스 상황에 대해서 이해하고자 하는 적극적 태도가 중요함을 강조하고 있다. 고부나 장서갈등 모두 부모세대의 가치관을 이해하려는 적극적인 태도가 중요할 것이다.

이 외에도 사회의 정보적·정서적·물리적 지원은 갈등 당사자의 심리적 안정과 관련이 깊다. 고부갈등에 직면했을 때 주위 사람들로부터의 충분하고도 긍정적인 사회적 지원을 받을 경우 며느리의 심리적 복지나 생활만족도는 높아진다(이경희, 1988; Chung, 1992). 이러한 맥락에서 고부관계 향상을 위한 교육 프로그램들이 개발되고 있는데(홍숙자, 2001), 여기에는 노인 혹은 젊은 세대의 심리와 역할변화 및 가치관의 차이를 알게 하는 지식과 계몽, 자기 통제감을 증진하는 자원개발, 대화법과 갈등해결법을 숙지하고 실습시키는 특정 기술의 습득 등의 내용이 포함된다. 결과적으로 고부 및 장서 갈등을 예방하고 해결하기 위해서는 각 개인은 물론 사회 모두가 함께 노력해 나가야 할 것이다(최명옥, 2005)

## 시어머니로부터 사랑받는 며느리와 남편의 행동 수칙

### • 의도적으로 친근감 발휘할 것

시부모, 특히 시어머니와의 관계에서는 빨리 친숙해지는 것이 좋은 만큼 의도적으로 친근감을 표시하는 게 좋다. 길거리를 걷다가 손을 잡아준다든지, 목욕탕에 같이 간다든지 하는 방법은 최고의 선택이 될 수 있다. 조심할 것은 시부모 앞에서 남편 욕은 절대 하지 말아야 한다는 것. 아무리 남편이 잘못해도 팔은 안으로 굽게 마련이므로 자신의 아들을 욕하는 것을 좋아하는 시부모는 없다. 따라서 시부모가 욕을 해도 그것이 본심은 아니므로 동조하지 말고, 부부 싸움도 시부모 앞에서는 하지 않는 것이 좋다.

### • 솔직하면서 상냥한 대화법이 중요

결혼 후 시어머니와 원만하고 좋은 관계를 갖기 위해서는 대화할 때는 상냥하게 하는 센스가 필요하다는 것이 전문가들의 조언이다. 긴장되었다고 굳은 얼굴을 하고 시부모를 대하면 상대방이 잘못 오해하는 수가 있다. 대답은 명쾌하게 상냥하게 하는 버릇을 만들자. 어른이 말을 하는 도중에 말을 끊고 '그건 아닙니다'라는 식의 표현을 하는 것은 상대방을 매우 불쾌하게 하고 버릇없다는 평가를 받게 한다. 하고 싶은 말은 공손하게 시부모의 말이 다 끝난 뒤 하는 게 좋다. 물론 솔직한 의견 제시로 세대 차를 좁히는 것은 중요하다.

### • 늦잠은 금물, 선물은 항상 검소하게

생활 면에서는 게으르다는 인상을 주지 않는 것이 제일 중요하다. 특히 신혼 초에는 긴장을 하다 보면 밤잠이 없어지고 결국 아침에 늦잠을 자게 되는데 시어머니의 입장에서 며느리가 늦잠을 자는 것만큼 흉이 되는 것이 없다. 시부모 관계에서 빼놓지 말아야 할 것은 생신 등 기념일을 성의 있게 챙겨야 한다는 것. 우리나라 어른들은 기념일에 대한 애착이 매우 강하다. 특히 결혼 후 첫 번째 맞는 생신이나 어버이날에는 가격보다는 정성이 어린 선물을 준비하고 뜻 깊은 이벤트를 준비해 보는 것도 좋은 아이디어다.

### • 남편은 좋은 고부관계의 중요한 척도

대부분의 남편들은 고부 갈등이 발생했을 때 일단 어머니보다 아내를 우선순위로 하고 아내에게서 어머니와의 관계 개선에 협조를 구하는 것이 좋다. 처가 식구에게 잘하는 것도 중요한 관건이다. 특히 시집에 하는 만큼 처가 쪽에도 해야 한다고 생각하기 때문에 아내가 원하는 것 이상으로 남편이 처가 쪽에 해주면 시집에 대한 아내의 태도가 크게 달라질 것이다. 만약 고부관계에서 약간의 트러블이 발생했을 때 아내가 지적하는 어머니의 단점을 인정하고, 그것에 대한 이해를 구하는 편이 아내의 마음을 열게 하는 비법이 될 수 있다.

자료: 김동규(2005)

## ● 장모를 내 편으로 만드는 사위와 아내의 행동 수칙

### ● 장모와의 관계를 아내에게 의존하지 말 것

우리나라의 사위들은 장모나 처가와의 관계를 지나치게 아내에게 의존하는 경향을 보인다. 처가를 방문해도 아내가 반드시 있어야 하고, 장모에게 의견을 제시할 때도 아내를 통하는 등 아내가 없으면 장모와의 관계가 유지될 수 없을 만큼 아내를 찾아대는 남편들이 유난히 많다. 하지만 장모들은 딸의 동반자로서 그 어떤 면보다 사위의 인간미에 크게 관심을 보일 수밖에 없고, 아내가 없으면 볼 수 없는 사위에 대해 신뢰를 가질 수 없다. 따라서 장모와의 원만하고 행복한 관계를 원한다면 장모와의 관계를 형성할 수 있도록 노력해야 한다. 가령 아내 없이 처가를 방문해 시간을 갖는다거나, 특히 아내 없는 장모와의 대화 시간이나 데이트 시간을 확보해, 사위로서가 아니라 가족으로서 가까이 가려는 노력을 해야 한다.

### ● 장모님을 본가 어머니와 차별해 모시지 말 것

사위들이 처가의 대소사에 대해 관심을 기울이지 않는다는 것은 갈등을 유발하는 원인으로 작용하기도 한다. 따라서 사위들은 처가의 위상을 확실히 동등한 가족 단위로 규정하겠다는 마음의 자세가 필요하며, 가능한 한 처가 쪽 대소사에도 적극적으로 참여하려는 자세를 보여야 한다.

### ● 도움을 받을 경우 감사와 사례는 명확하게 할 것

최근 들어 가사문제와 육아문제 등에 있어 장모로부터 도움을 받는 사위들이 많아지고 있다는 것은 익히 알려진 사실이다. 하지만 우리나라 사위들은 장모로부터의 도움에 대해 적극적인 감사의 표시를 하거나 그에 걸맞은 사례를 하는 데 인색한 경우가 많다. 가사와 육아 문제에 있어 부득이하게 장모의 도움을 받게 된다면 사위들은 장모에게 적극적인 감사의 표시를 하는 것이 좋다. 하지만 감사의 표시는 가능한 한 아내와 함께 하는 것이 좋으며, 때로 아내 몰래 용돈을 드리는 애교도 장모·사위 관계에 있어 큰 도움을 준다.

### ● 아내는 기분 나쁜 이야기는 전달하지 말 것

장모와 사위는 수십 년간을 서로 다른 환경에서 생활하다가 한 가족이 된 독특한 케이스에 해당한다. 장모와 사위가 서로에 대해 스트레스를 받는 것은 어쩌면 당연한 일인지도 모른다. 하지만 이럴 때 아내의 역할은 매우 중요하다. 장모와 사위의 불만을 들어주되, 서로 들어서 기분 나쁠 수 있는 이야기는 전달하지 말아야 한다.

### ● 친정의 조력을 받을 때는 남편과 상의할 것

가사 문제나 육아 문제 등으로 친정어머니의 조력을 받는 경우 남편의 동의를 구하는 것은 매우 중요하다. 시집에서 도움을 주지 못하기 때문에 친정에 도움을 요청한다는 식의 일방적인 통보는 남편의 자존심을 상하게 하고 부담감을 크게 가중시켜 결과적으로 장모를 더욱 어려운 존재로 만들게 되는 경우가 많다.

자료: 김동규(2005)

# ❹ 중년기 위기론

중년기를 위기의 시기로 볼 것인가 발달과정상에 나타날 수 있는 전환기로 볼 것인가에 대해 학자들은 각기 다른 입장을 취한다. 중년기를 위기로 보는 경우 이 시기는 여러 가지 변화, 즉 자녀들의 독립, 직업 적응, 노화로 인한 생리적, 심리적 변화에 대한 적응 등의 도전이 있어 혼란감을 가져올 것이라는 점에 초점을 둔다. 반면 중년기를 인생의 또 다른 단계로 보는 입장은 중년기의 발달과업이 다른 단계보다 더 어려운 것이 아니며 오히려 인생에서 가장 행복한 시기로 바라본다. 즉, 그들은 중년기의 경제적 안정, 직업에 대한 열정, 부모의 책임에서 벗어나는 자유 등을 강조한다.

## 1) 중년기 위기

중년기 위기론은 1970년대의 Levinson(1978), Gould(1978), 1980년대의 Scott(1981), Stein(1981), O'connor(1985) 등으로 이어진다. 그들은 중년기 위기감은 피할 수 없으며, 위기감을 경험한 후에야 다음 단계로의 발달이 가능하다고 보았다. Jung이나 Levinson 등은 중년의 전환기에 발달과제를 해결하는 과정 자체를 위기로 보고, 여기에는 혼돈과 고통이 필연적으로 수반되며, 이러한 과정을 통해 내면적 자아를 발견하고 자신과 타인을 수용할 수 있는 능력이 확대된다고 주장했다. 또한 Levinson은 중년기에 위기감을 경험하지 않고 평온히 지낸 개인은 다음 단계에 발전시켜야 할 생동감을 잃는다고 지적했다. Erikson은 자아심리에 근거하여 중년기에는 젊은 시절에 설정하였던 목표가 결코 개인의 자아정체감에 적합한 목표가 아니었음을 인식하는 데서 위기감을 느낀다고 보았다. 실제로 한국 중년 남성들은 급격한 경제상황의 악화로 인해 조기퇴직, 실직문제와 이에 따른 가정생활의 불안정과 같은 위기의식과 갈등을 경험하고 있다. 직장을 잃는다는 것은 남성으로서 일생 중 최대의 위기가 될 수 있으며, 이로 인해 겪는 심리적·물질적 고통을 감내할 내적인 힘이 없는 경우 그 갈등의 정도는 더욱 더 커질 수 있다.

중년기 위기감은 남녀에 따라 다소 다른 양상을 보인다. Levinson은 40~45세 남성의 80%가 정서적 갈등, 실망감 등을 포함하는 위기감을 경험한다고 한다. 그러나 동시에

Levinson은 이러한 위기감이 결코 병리적 현상은 아니며 건전한 자아에서 유래되는 정상적 과정으로, 이제까지 도외시했던 자신의 여러 모습들을 재인식함으로써 자아를 전체로 통합시켜 나가는 긍정적 현상으로 보았다. 중년기 여성의 경우, 가족의 미래, 건강 등에 관한 염려를 비롯하여 사회생활로부터 고립된 주부로 보낸 지난 세월에 대해 회의에 빠져 새로운 일을 시작하고자 하나 현실적 여건이 여의치 못하기 때문에 심리적 위기감을 느낀다고 보기도 한다.

중년기 위기감은 인생의 유한성과의 대결이라는 실존적 측면, 은퇴와 새로운 기회의 상실이라는 사회적 측면, 건강과 체력 저하라는 생물학적 측면, 노부모와의 관계변화, 자녀독립에 따른 역할변화라는 가족관계적 측면 등이 복합된 문제라고 볼 수 있다. 그러나 중요한 것은 중년기의 변화가 위기감을 유발하기도 하나, 이것은 도전과 기회를 내포하는 것으로 자신에 대한 보다 풍부한 자각과 새로운 적응력을 제공하기도 한다.

## 2) 중년 전환기

중년기를 위기의 시기가 아닌 '전환의 시기'로 바라보는 입장이 있다(Farrell & Rosrnberg, 1981; Schlossberg, 1987). 중년기에 스트레스가 많을지 모르지만 스트레스는 다른 시기에도 존재하며 또한 스트레스가 반드시 위기를 드러내지는 않는다고 보는 것이다. 이러한 관점은 Vaillant와 Neugarten을 포함한 여러 사회 과학자를 중심으로 제기된 견해이다. 즉, 중년기 위기가 보편적인 현상이라기보다는 개인의 성격과 개인이 개입되어 살아온 역할과 같은 사회적 체계 등 다양한 변인들의 상호작용에 따라 위기감을 경험할 수도, 경험하지 않을 수도 있게 된다는 것이다(김애순, 1993). 또한 성격의 5요인 모델을 개발한 McCrae와 Costa의 연구에서도 중년기에 따른 정서적 불안정성 점수의 변화가 일어나지 않았다는 것을 확인하였으며, 단지 10년 전에 정서적 불안정성 점수가 높았던 사람들만이 중년기에 정서적 불안정성 점수가 더 높아졌음을 밝혔다. 이러한 결과는 중년기 위기가 보편적 현상이 아니며, 만성적인 심리적 문제를 지니고 있는 사람들 사이에서만 나타나는 독특한 현상이라는 것을 의미한다(McCrae & Costa, 2003).

중년기 위기가 성격이나 사회적 체계 등 다양한 변인에 의해 영향을 받는다는 주장은 분명히 설득력이 있다. 경제적 조건, 계층, 시대상황, 개인의 인성 등이 중년기 적응에 영향을 미치며 변화와 전환의 시기인 중년기에 위기감의 경험 유무는 변화에 대한 준비와 계획 여부, 대인관계체계, 즉 친밀하고 신뢰할 만한 관계의 상실 여부, 주된 역할에서의 성공 혹은 실패의 자각 등과 관련된 개개인의 인성, 사회 심리적 요인, 시대적 배경 등에 의해 영향을 받는다. 또한 변화에는 심리적 긴장과 상실감이 내포되나 위기감이 반드시 부정적인 것만은 아니며, 때론 개인의 성숙한 발달에 기여한다고 볼 수도 있다.

## ⊙ 중년기 위기를 극복하는 마음가짐 ⊙

- **유연성을 갖고 마음을 연다.**
  인간이 전생애를 행복하게 살기 위해서는 고정관념에서 벗어나야 한다.

- **중년기 위기를 담담하게 수용한다.**
  중년기 위기는 성장위기이다. 발달단계상 한 단계 비약하고 성장하면서 겪게 되는 과도기적 혼란이다. 결코 잘못된 일도, 질병도 아니다.

- **우울한 감정도 성장을 위한 움츠림임으로 인정한다.**
  체력과 시간의 유한함을 겸허히 받아들여야 한다.

- **최후에 갖고 싶은 이미지를 확립한다.**
  청소년기의 인생구조는 중년기에 더 이상 맞지 않는다. 미련과 애착에서 오는 고통을 줄이고 자신의 중년기에 맞는 인생 구조를 구축한다.

- **문제를 덩어리로 뭉뚱그리지 말고 쪼개어 본다.**
  인생의 여러면들을 쪼개어 나가면서 점검해 보면 그 속에서 자신이 잊었거나 간과했던 보석과 같은 부분들을 발견하고 가슴 설레게 될 것이다. 그 부분을 살려서 새꿈을 만들어 본다.

- **건강을 돌보는 생활양식으로 바꾼다.**
  중년기에는 전력투구하여 몸을 혹사하는 습관을 버려야 한다. 일과 휴식과 놀이 사이에 균형을 유지하고 몸을 안락하게 하는 것이 필요하다.

- **감정을 표현한다.**
  자신의 감정을 무시하면 그것이 쌓여 나중에는 오히려 감정의 지배를 받게 된다.

- **내 인생은 내가 선택한 결과라고 생각한다.**

- **방법적 회의를 시도해 본다.**
  자신의 모든 것을 회의해 본다. 내가 좋아한다고 생각해 온 것들을 나는 정말로 좋아하는가? 내가 중요하다고 생각해온 것들이 정말로 중요한 것인가?

자료: 이미나(2000)

# 성인 후기의 발달과 가족관계

성인 후기(65세 이후)는 노년기로 불리며 특정한 발달과업을 갖고 있다. 이 장에서는 신체적, 지적 변화를 기초로 사회적, 정서적 안정감에 있어서의 변화들이 지니는 의미를 살펴보기로 한다. 나아가 이 시기의 가족과 친척 혹은 이웃과의 관계에서 특징적인 측면들을 소개하기로 한다.

## ❶ 발달적 특성

유전적 프로그램이 인간수명의 최대 한계를 결정하지만(계획된 노화이론, programmed theories) 인간이 이 한계에 얼마나 근접할 수 있느냐는 신체를 얼마나, 어떻게 사용했느냐에 따라 좌우된다(노화의 마멸이론, damage theories). 신체기능의 쇠퇴가 특징인 노년기도 이러한 노화현상에 기초하여 노화의 진행양상과 그 속도는 각 개인에 따라 다양하게 나타난다.

### 1) 신체발달

### (1) 평균 예상수명의 증가

유아 및 아동 사망률의 극적인 감소를 비롯하여 새로운 의약품의 발달과 의학적 발전으로 인간의 평균예상수명은 점차 증가하고 있다. 2007년도 남자의 평균 예상수명은 76.1세, 여자는 82.7세로 조사되었다(통계청, 2007)(그림 14-1). 평균 예상수명의 증가현상은 사회를 고령화시키고 있으며, 노인복지대책을 강구할 필요가 있음을 말해준다.

## (2) 감각발달

시각적으로 원시는 60세쯤에 점차 안정되며 대부분 안경이나 콘택트렌즈를 사용함으로써 잘 볼 수 있게 된다. 그러나 65세 이상 된 사람들 중에는 심한 시각장애가 있는 사람이 많다. 깊이나 색깔을 지각하고 갑작스런 빛의 변화에 적응하는 데 문제가 있으며, 빛 반사에 약하고 어두운 곳에서 잘 보지 못하여 밤 운전에 어려움을 겪을 수 있다. 이러한 시각적 특성으로 인해 사고 발생의 위험에 대한 대비가 필요해진다.

청각은 65~74세의 성인 10명 중 3명 정도 그리고 75~79세의 성인들 중 절반 정도가 다소 차이는 있지만 청력이 감소되는 것을 경험한다. 노인들은 특히 고주파소리를 잘 듣지 못하는 경향이 있으며, 주변의 소음으로 인해 들어야 할 소리를 구분하기 어려워하는 경우가 종종 발생한다. 이러한 청력의 손상은 단지 신체적 불편함만이 아닌 대인관계에서 심리적으로 위축될 수 있는 요인이 된다. 보청기는 청력 감퇴를 어느 정도 보완할 수 있으며, 이 외에도 의학적 치료, 특별 훈련, 외과적 수술 등은 청력 손상을 돕는 또 다른 방법이다.

또한 노인들은 타액 분비가 감소하고, 혀에 있는 미뢰의 수가 줄어들어 미각기능의 쇠퇴를 경험한다. 극소수의 사람들만이 오래도록 자신의 치아를 그대로 유지한다. 치아가 손상되었거나 빠진 사람들은 식욕을 잃고 씹기가 힘들어져(Kerstetter et al., 1992;

성별 기대수명 추이
(단위: 세)

| 2007년 성·연령별 기대여명 | | |
|---|---|---|
| 연 령 | 남 자 | 여 자 |
| 0살 | 76.1 | 82.7 |
| 10살 | 66.6 | 73.2 |
| 20살 | 56.8 | 63.3 |
| 30살 | 47.1 | 53.5 |
| 40살 | 37.6 | 43.8 |
| 45살 | 33.0 | 39.0 |
| 50살 | 28.6 | 34.3 |
| 60살 | 20.2 | 25.0 |
| 65살 | 16.3 | 20.5 |
| 70살 | 12.8 | 16.3 |
| 80살 | 7.1 | 9.0 |

| 그림 14-1 | 평균 예상수명
자료: 통계청(2007)

Koo, 1996) 결과적으로 적게 먹거나 종종 영양가가 떨어지는 유동식으로 바꾸게 된다
(구재옥 외, 2002).

후각은 60~80세에 약간 감소하다가 그 이후에는 능력이 급격히 떨어지는 것으로 나
타난다. 또한 노인의 신체는 기온 변화에 대한 적응이 느리므로 젊은이들보다 쉽게 추
위나 더위를 탄다. 이러한 적응상의 어려움은 노인들에게 심각한 위험을 야기하기도
한다.

일처리 속도에서 노인들은 주변 상황을 판단하고 적절한 요인들을 고려하여 결정을
내리는 데 많은 시간이 걸린다(이인수, 1999). 이처럼 반응에 걸리는 시간에 대한 일반
적인 둔화는 신경학적 혹은 심리적 변화에서 비롯될 수 있다(Karts & Yelin, 1995). 또
한 노인의 반사반응 둔화는 방광이나 대장의 통제력 감소를 가져와 대소변 실금이 종
종 일어나며 감각운동 협응에서의 효율성 저하는 운전 사고의 위험을 높인다. 이러한
신체적 변화는 운전을 약간 느리게 하고 장거리를 피하고 쉬운 길을 선택함으로써 운
전능력의 손상을 보완할 수 있다. 그러나 이와 같이 노화에 따른 신체변화 정도는 개인
차가 있어 더 건강하고 활동적인 노인과 그렇지 못한 노인이 있다.

### (3) 건강관리

건강과 신체단련에 영향을 미치는 요인으로는 건
강한 생활습관, 예방조치, 양질의 의료혜택 등이
다. 즉, 적당히 먹고 규칙적으로 식사하며 콜레스
테롤을 피하고 금연, 적당한 음주 또는 금주, 약물
사용의 금지, 스트레스 극복, 규칙적인 운동을 할
때 보다 젊고 건강한 노년기를 보내는 것으로 나
타났다. 성인기를 통한 규칙적인 신체단련은 순발
력, 지구력, 내구력과 호흡 및 순환과 같은 기본적
기능의 감소를 줄이고 고혈압과 심장질환에 대한
예방효과가 있는 것으로 나타난다. 규칙적인 운동
을 하면 관절염 증상과 허리 통증을 가라앉히거나
방지하는 데 도움이 된다. 또한 인지기능의 저하

꾸준한 운동은 신체 및 정신건강에 도움이 된다.

가 예방되며(Roth, 2005; Lytle, Vander, Pandav, Dodge, Ganguli, 2004), 자긍심과 활력감과 같은 긍정적 정서를 증진시키고, 불안, 노여움, 스트레스 등의 부정적 정서들을 경감시킬 수 있다(류호상, 2005; 유진, 1997; 유진 외, 1994).

## (4) 성적 적응

노인들의 성욕과 성적 표현을 비정상적인 것으로 여기기도 하나 인간의 성욕은 일생을 통해 유지되며 다른 형태의 생명력이 될 수 있다고 밝혀지고 있다. 성적 표현의 빈도와 방식은 젊은 시절과 달라질 수 있으며 지속적으로 성관계를 유지해온 경우 그렇지 않은 노인보다 더 활발한 성관계를 유지하고 있다.

노년기의 성과 젊은 시절의 성은 다소 다르다(서혜경 · 이영진, 1997; Berberich, 2004; Avis, 2000). 남자 노인은 성적 흥분을 예전만큼 느끼지 못하며 성관계도 빈번하

---

### ⊙ 노화에 대한 편견 ⊙

**1. 늙는 것은 병드는 것이다.**
수십 년 동안의 연구를 통해 사람이 나이가 들면 병들고 허약해진다는 편견이 깨지고 있다.

**2. 늙은 개에게는 새로운 재주를 가르칠 수 없다.**
노년기에도 뇌세포들 간에 새로운 연결을 만들고, 새로운 자료를 흡수하며 새로운 기술을 획득할 수 있는 놀라운 능력을 가지고 있다.

**3. 말은 이미 헛간을 벗어났다.**
노년기에는 금연, 금주를 해도 소용없다는 말을 뒤집을 증거들이 과학적으로 증명되면서, 노년기의 건강관리의 중요성이 부각되고 있다.

**4. 성공적 노화의 비결은 부모를 현명하게 선택하는 데 있다.**
성공적 노화는 사람들의 생각보다 훨씬 더 자신의 손에 달려있음이 여러 연구를 통해 드러나고 있다.

**5. 불은 켜져 있으나 전압이 낮아 어둡다.**
노년기의 성에 대한 편견을 꼬집는 말로, 노년기에도 개인의 건강, 질병 등에 따라 원만한 성생활이 가능함이 증명되고 있다.

**6. 노인들은 제 몫을 다하지 못한다.**
노인들의 능력을 경시하는 뜻으로, 학습속도에서는 차이를 보여도 자신만의 속도로 일을 처리하며 일의 완성도에서는 차이가 없거나 오히려 높게 나타나기도 한다.

자료: 최혜경 · 권유경(2002)

지 않은 편이다. 그러나 성적 표현은 성교 외에도 접촉, 밀착, 애정, 친밀감 등과 같이 다양한 방법으로 표현될 수 있다(Hamilton, 1990; Kay & Neelley, 1982; Whitbourne, 1990). 질병이나 신체의 쇠약으로 노인들이 자신의 성적 감정에 따라 실제로 행동할 수 없을지라도 그 감정은 유지되는 것으로 조사된다. 실제로 적극적 성관계는 부부의 애정과 친밀감을 확인시켜주고 서로에게 계속적인 생명력을 확인시켜준다.

효과적으로 성욕을 유지하기 위한 가장 중요한 요소는 지속적인 성적 활동을 하는 것이다. 실제로 우리나라 60세 이상의 남녀 노인 250명을 대상으로 노인의 성의식을 조사한 결과, 남성의 성적 능력은 정도의 차이는 있어도 89.4%가 지속되고 있으며, 80세 이상까지도 유지되고 있는 것으로 나타났다(이윤숙, 1990). 즉, 평생 동안 계속 성적으로 활동적이었다면 그러한 양상은 지속된다고 볼 수 있다.

## 2) 인지발달

### (1) 지적 능력

성인 후기의 지능의 변화도 신체발달과 마찬가지로, 일률적으로 쇠퇴하기보다 각 개인이 처한 여러 요인과 밀접하게 관련되어 발달이나 퇴보의 양상 속도에 있어서 개인차가 나타난다. 즉, 지능은 연령 이외에 세대 간의 차이, 사회경제적 지위, 건강상태, 교육수준, 생활의 경험, 불안수준, 심리적 스트레스 등 여러 요인의 영향을 받는다. 대체로 신체적으로 건강하며 피곤하지 않은 사람이 비교적 혈압이 낮고 질병에 걸리지 않았으며 신경 생리학적으로 부정적 징후가 적은 사람들이 지능검사에서 점수가 높은 것으로 나타났다.

따라서 노인의 지능은 일상생활에서 자신의 기술을 얼마나 잘 적용하는가에 달려있으며 훈련받고, 연습하고, 사회적 지원을 받을 때 지적인 예비력을 끌어낼 수 있으므로 노인들로 하여금 선택적 능력 발휘를 통한 보상으로 그들의 지적 기능을 유지하거나 증진시키도록 할 수 있다. 즉, 노인들은 잘하는 일을 함으로써 특별한 능력을 통해 다른 분야에서 못하는 것을 보상해 갈 수 있다. 노인들은 적응을 위해 자신에게 꼭 필요한 특정 능력은 뒤떨어지지 않도록 노력하는데 이런 전략이 노인들의 지능 변화에도 잘 나타난다(Baltes & Baltes, 1990).

## (2) 기억

기억은 유아기에서 아동기에 걸쳐 급속히 증가하여 청소년기에 절정에 달하고, 그 후 점차 증가의 속도가 감소하다가 노년기에 이르러서 감퇴되는 것으로 알려져 있다. 그러나 기억에서도 노인들의 기능은 매우 다양하다. 기억에는 감각기억, 단기기억, 장기기억이 있는데, 정보를 조직하고 통합하는 집행기능을 한다는 의미에서 작업기억이라고 부르는 단기기억은 연령 증가와 함께 상당한 감퇴가 일어나는 것으로 밝혀지고 있는데(Salthause, 1991; Zacks et al., 2000), 연령증가와 함께 지적 수행이 저하되는 이유는 작업기억의 저장용량이 감소하기 때문이다(Salthouse & Babcock, 1991). 한편 세 개의 기억구조 중 연령증가로 인해 가장 타격을 받는 곳이 장기기억이라는 주장이 꾸준히 지속되어 오고 있는데, 나이가 들면 정보를 효율적으로 부호화해서 저장하지 못할 뿐 아니라 잘 인출해내지 못하기 때문에 새로운 것을 학습하고 기억해내는 능력이 떨어진다는 것이다(Craik et al., 1995; Hasher et al., 1999). 그러나 노인들의 기억이 감소한다고 단정적으로 말할 수는 없다. 실제로 노인들에 따라 기억의 개인차가 나타나, 더 많이 배우는 등의 정신적 능력을 사용하는 노인들은 이전의 지적 능력을 유지하는 것으로 나타났다. 따라서 은퇴기에 좀더 의미 있고 즐겁게 보내기 위해 독립적인 생활을 할 수 있는 기술을 개발하고 생계를 꾸려나가고 관심 분야를 추구하는 노력이 지적 능력을 유지하는 데 도움이 된다.

치매(dementia)는 서서히 발병하고 만성적으로 진행된 뒤 악화되는 질환으로서 가족에게 주는 부담과 고통 때문에 최근 사회적 관심이 크게 늘어나고 있다. 노령과 연관이 있는 혼란, 건망증, 성격변화는 생리적 원인 때문인 경우가 많으므로 치매라고 알려진 심각한 인지기능의 손상인 만성 증후군과는 반드시 구분되어야 한다. 치매는 라틴어에서 유래된 말로서 제정신이 아닌 상태를 의미한다. 이는 다양한 원인에 기인하는 임상 증후군으로서 인지기능과 지적 능력의 손실을 특징으로 하며, 대체로 대뇌의 질환에 기인한다. 임상적으로 확실한 치매의 진단을 내리려면 일상생활의 활동 장애를 일으키기에 충분한 기억력과 사고력의 감퇴현상이 나타나야 하며, 이러한 증상이 적어도 6개월 이상 지속되어야 한다. 치매의 유무를 판정할 때 주의해야 할 점은 지적 능력의 감퇴가 아닌 다른 요인, 즉 정서적 요인인 우울증이나 운동의 저하와 신체적 허약 등으로 인하여 초래되는 실행력 감퇴 현상과 구별되어야 한다는 것이다(우종인 외, 1994).

치매의 원인은 알려진 것만도 70여 개에 달할 정도로 다양하며, 대표적인 것은 알츠하이머(Alzheimer's disease)와 혈관성 치매(vascular dementia)이다. 치매를 원인에 따라 분류하면 크게 가역성 치매와 비가역성 치매로 구분된다. 가역성 치매는 우울증이나 약물, 알코올 및 화학물질중독, 갑상선질환, 비타민결핍증, 만성 간장질환 등의 원인에 의해 2차적으로 치매가 발생하는 경우로 예방과 치유가 가능하다. 반면에 비가역성 치매는 신경계의 신경세포들이 퇴행하는 퇴행성 질환이나 비퇴행성 질환이 원인이 되어 나타나는 것으로, 점진적으로 진행되기 때문에 발병 시기를 명확히 알 수 없는 경우가 많다.

알츠하이머는 대표적인 노인성 치매로 그 원인은 아직까지 확실히 밝혀지지 않았다. 이 병은 퇴행성 뇌질환으로 점차 지능, 지각, 심지어 신체기능의 통제력을 빼앗고 결국 죽음에 이르게 한다. 이 병은 80대 중반까지 살고 있는 사람들의 20~30% 가량이 걸리는 것으로 추정된다. 연구된 바로는 환자의 뇌에 베타 아밀로이드 단백질이 침착되어 이 단백질의 유전자 이상으로 발병하는 것이라는 주장이 있다. 이 외에도 자가면역설, 바이러스 감염설 등의 병인론이 있다. 가장 두드러진 초기 증상은 기억력 상실이며, 그 진단은 뇌 속의 조직을 관찰하는 것이다. 이 병에 걸린 사람들의 뇌는 신경섬유가 엉켜 있고 세포가 줄어드는 변화를 보인다. 정상적 노화에서도 어느 정도는 볼 수 있으나 알츠하이머에 걸린 사람들에게서 더 현저하며 또한 기억과 관련 있는 뇌의 영역에서 보다 많이 일어나고 있다. 치료를 위해 약물의 도움을 받을 수 있으며 적절한 영양 및 운동과 물리요법도 도움이 될 수 있다. 비퇴행성 질환인 혈관성 치매는 알츠하이머 다음으로 대표적인 치매로 불리며, 흔히 '중풍'이라고도 한다. 혈관성 치매의 대표적인 것은 다발성 경색치매로 가장 흔한 원인은 동맥성 고혈압이다. 혈관성 치매는 예방이 가능한 것이 많으며 위험인자로는 고혈압 외에도 당뇨병, 심장질환, 비만, 흡연, 음주습관 등이 있다.

## 3) 사회정서발달

Erikson은 노년기의 발달 과업을 '통합감 대 절망감'을 통해 설명하고 있다. 그는 이 시기를 성공적으로 지내는 사람들은 바로 앞 단계까지의 일곱 가지 위기의 결과를 바탕으로 보다 커다란 사회적 질서 및 과거, 현재, 미래 내에서 질서감과 자신의 생의 의미를 깨닫는다고 주장했다. 이 단계에서 발달하는 미덕은 '지혜'이다. 지혜는 개인이 '나는 무엇을 다르게 했어야 했는데…' 혹은 '무엇을 할 수 있었는데…'라는 커다란 후회 없이 살아온 인생을 받아들이는 것을 포함한다. 이를 인정하지 못하는 사람은 통합을 이루기 위해 다른 길을 가기에는 시간이 너무 짧다는 사실을 깨닫고 절망감에 빠지게 된다. 자기 자신의 인생에서의 불행과 잃어버린 기회에 대해서만이 아니라 인간 존재의 나약함과 무상함에 대한 비탄감은 피할 수 없는 것이다.

한편, 인간의 다섯 가지 기본적인 성격 차원인 신경증(neuroticism), 외향성(extraversion), 개방성(openness), 성실성(conscientiousness) 그리고 순응성(agreeableness)에 대한 Costa와 McCrae(1980; 1988; 1994)의 종단연구에 의하면 성인의 성격은 거의 변하지 않으며, 연령증가나 또는 환경의 촉진에 의해 개인 내에서 어떤 변화가 일어나더라도 그 변화는 개인의 안정적 성격특성을 토대로 변화한다고 한다.

중년기 이후부터 보다 자기 성찰적으로 되어가지만 많은 노인들은 이 시기에도 자기 자신의 욕구를 충족시키는 데 보다 더 몰두하게 된다. 이것은 노년기에도 개인적 욕구가 크다는 사실을 반영해 준다.

## ❷ 개인적 관계

이 시기의 많은 노인들은 은퇴한 뒤 자녀가 성장하고 결혼해서 독립된 가구를 형성하는 것을 경험하며, 조부모 또는 증조부모가 되고 오랜 결혼생활 후의 혼자됨을 극복해 나가야 한다.

### 1) 부부관계

#### (1) 결혼만족도

노년기의 결혼만족도는 건강상의 문제로 위협 받기 전까지는 그 이전 시기보다 더 높은 것으로 나타난다. 이 시기에 행복한 결혼을 유지하는 요소는 부부가 서로의 달라진 생활양식에 적응해 나가려는 자세와 관련된다. 노년기 부부들은 자녀 양육자의 역할에서 벗어나게 됨으로써 서로의 성격에 더 관심을 가지게 되며, 서로 친구가 되어주는 일이 결혼생활의 주된 부분이 된다. 노년기의 결혼이 성공적이기 위해 가장 중요한 요소는 애정으로 서로에 대한 존중과 공통된 관심뿐만 아니라 동료애와 자신의 감정을 솔직히 표현할 기회를 가지는 것이다. 따라서 성인 후기에 결혼의 성공은 이 같은 변화에 적응하는 부부의 능력에 달려있다.

건강상태와 경제상태에 따른 결혼만족도의 차이는 대체로 정적인 상관이 있다고 보고하고 있다(김태현·전길양, 1997; 이신숙, 1997). 70~90세 노인들은 63~69세 노인들보다 결혼생활을 덜 행복하게 여기는데, 아마도 점점 나이 들고 병드는 일상이 결혼생활의 긴장을 더 심화시킬 수 있기 때문일 수 있다. 우리나라의 경우도 신혼 초기부터 자녀를 양육하는 시기까지는 부부갈등이 증가하나 자녀의 결혼에 즈음하여 감소하다가 다시 노년기에 들어 신체쇠약 등으로 인해 다소 증가하는 경향이 있는 것으로 나타났다.

#### (2) 이 혼

이혼은 인생의 어느 시기에 하더라도 힘든 일이지만, 특히 노년기의 이혼에 적응하는 것은 보다 커다란 어려움을 수반한다. 노년기의 이혼은 드문 일이었으나 최근 그 빈도가 증가하고 있다. 최근 들어 수십 년간 함께 살아 온 부부들이 노년기에 이혼하는 소위 '황혼 이혼'이 증가하고 있는데, 이러한 이혼에 이르는 데는 다음과 같이 몇 가지 이유가 있다.

첫째, 자녀들이 독립한 뒤 부부만 함께 사는 '빈 둥지 시기'가 등장하면서 부부간의 문제가 발생한다. 이때에 원만한 관계를 형성하면 '제2의 신혼기'가 되지만 부부관계가 원만하지 못하면 여생을 고통 속에서 보내야 하므로 다소 희생이 따르더라도 이혼을 선택하게 된다.

둘째, 여성의 경제적 능력이 증대되어 그동안 누적된 불만으로 인해 여성 쪽에서 이혼을 청구한다.

셋째, 결혼생활에 대한 남편과 아내의 사고의 차이 때문이다. 남편은 가정을 피로를 풀고 활력을 찾기 위한 휴식의 공간으로 여기지만, 아내에게 가정은 생활의 중심이기 때문에 그 곳에서 자신의 욕구를 충족시키고자 한다(박재간 외, 1995). 한편 이혼해서 혼자 사는 사람들은 결혼을 하였거나 동거하는 커플들보다 덜 행복한 경향이 있으며, 또한 불행 정도는 이혼 횟수와 상관이 있었다(Kurdek, 1991).

## (3) 재 혼

재혼은 노년기 남성과 여성의 성비 차이로 인해 남성에게 보다 큰 가능성이 있다. 따라서 노년의 홀아비들은 미망인보다 재혼하기가 더 쉽다. 노인들이 새로운 상대를 만나 재혼하는 데 걸리는 시간은 대략 서로 만남을 시작한 후 1년 이내이다. 재혼 후의 결혼생활은 이전의 결혼보다 평온한 것으로 나타났으며, 결혼 전에 서로를 잘 알고 있던 사람들이 후에 가장 행복한 것으로 나타났다. 특히 건강이 좋고, 경제력이 있으며, 이전의 결혼생활이 원만했을수록 재혼의 성공률은 더욱 높아질 가능성이 있다. 또한 자녀들이나 친구들이 재혼에 대해 지지적일 때 노부부의 재혼생활은 더욱 행복해질 수 있다(Aiken, 1995). 혼자 사는 노인들의 경우, 지역사회기관의 도움이 더 필요할 수 있기 때문에 성인 후기의 재혼은 부부 두 사람의 삶을 고양시킬 뿐 아니라 더 나아가 사회의 부담을 덜어줄 수 있다.

## 2) 성인 자녀와의 관계

### (1) 상호교류적 관계

노인 부모와 성인 자녀 세대 간의 상호교류는 일반적으로 경제적·정서적·서비스적 교류로 이루어진다. 경제적 교류는 생활비, 용돈, 선물교환 등의 재정적 원조이며, 정서적 교류는 부모-자녀 간의 접촉, 감정적 상호교환으로 인한 신뢰감, 애정, 존경심 등이다. 서비스적 교류는 식사 준비, 설거지, 청소, 손자녀 돌보기 등 일상생활에서 도움을 주고받는 것을 의미한다. 노년기 부모-자녀관계는 이러한 교류에 있어 어느 한쪽이 원조의 제공자 또는 수혜자라고 단정할 수 없다. 실제로 자녀와 어머니 간에 주고받는 도움의 관계에 있어서 가장 쌍방적인 관계는 정서적 영역이다. 정서적 교류는 노인뿐만 아니라 자녀에게도 매우 중요한 호혜적 특성을 지닌다(민무숙, 1994). 부모-자녀 간의 경제적 교류도 활발히 일어나지만 어느 한쪽의 의존도가 클 때 갈등의 원인이 될 수 있으므로 서로 각자의 경제력을 갖는 것이 현명하다. 서비스적 교류는 남성 노인보다 여성 노인에게서 더 빈번히 일어나며, 자녀로부터 경제적 도움을 많이 받을수록 서비스적 도움을 많이 제공하고 있는 것으로 나타난다(홍달아기, 1998). 세대 간의 상호적 도움이 오고가지만 노인 부모의 생활만족도와 관련이 있는 것은 성인 자녀와의 애정을 중심으로 한 상호호혜적 관계의 질이다(조병은, 1990; 최정혜, 1992).

한편 노부모의 애정적 유대관계에 대한 지각은 경제적 변인에 의해 영향을 받는다(홍달아기, 1998). 경제적 욕구가 충족되지 않으면 애정도 증진될 수 없고 어느 한쪽이 의존하는 비호혜적 관계에서는 의존적 입장에 있는 쪽의 애정이 낮게 나타나므로(최정혜, 1992) 노인에게 경제적 안정을 갖게 하는 것이 성인 자녀와의 정서적 관계를 개선하고 강화하는 데 중요한 변인이 될 수 있다.

### (2) 세대 간의 차이 극복하기

노부모와 성인 자녀 간의 갈등이 발생하는 원인은 주로 세대차로 해석될 수 있다. 부모와 자녀는 생물학적으로나 시대적으로 다른 세대에 있으므로 적어도 20년 이상의 연령 간격이 있고 이를 통해 경험하는 사회적 차이는 이 둘 세대의 사상이나 가치, 추구하는 바, 취미 뿐만 아니라 사회적 지위, 권위 등에서 좁혀질 수 없는 차이를 낳게 한다.

1980년대에 들어와 인간의 상호작용의 원천이 호혜성에 있다고 간주하여 대인관계를 대가와 보상의 개념으로 분석하는 사회교환이론(social exchange theory)은 부모-자녀관계는 자녀가 어린 시절 자신의 부모로부터 받은 은혜를 어른이 되어 자신의 노부모에게 보답할 때 분배의 공정성이 있다고 본다. 그러나 급격한 산업화의 물결 속에서 서구 가치인 개인주의와 서구식 부모-자녀관계를 지향하게 되어 자신이 어려서 받은 은혜를 노부모에게 보답하는 대신 자신의 자녀들에게 베풀게 되는데, 이런 경우 부모는 자신과 자녀들과의 관계에 있어 분배의 공정성이 결여되어 있다고 느끼고 불행감을 느끼기 쉽다(홍숙자, 1992).

최근 노인들도 의식이 변화하여 자녀에게 의존하기보다는 독립적으로 노후를 보내고자 하는 경향이 있다. 이들은 취미나 운동, 여가활동 등으로 노후생활을 즐긴다. 실제로 우리나라 노인의 자녀와의 별거 희망률은 계속적으로 증가하는 추세에 있다(정옥분, 2000). 노부모와 성인 자녀 간의 세대차와 의존성에서 오는 갈등은 필연적인 것으로 이는 상호간에 차이를 이해하고 인정하며 협상과 타협으로 해결해 나가야 할 부분이다. 노부모가 지각하는 성인 자녀와의 결속도가 높을 때 노인의 갈등이 낮아지므로(최정혜, 1992), 부모-자녀 간의 의무적 관계가 아닌 심리적 결속의 유지가 매우 중요하다. 따라서 실생활에서는 전화 통화나 편지쓰기, 방문 등의 애착행동을 통해 양자 간의 관계를 증진시킬 수 있다.

## 3) 손자녀와의 관계

맞벌이 부부의 증가 및 이혼 부부의 증가로 자신의 손자들을 직접 돌보는 조부모가 늘고 있기 때문에 최근 들어 조부모 역할은 더욱 중요하게 강조되고 있다. 조부모가 손자녀를 양육할 때 자녀양육에 대한 풍부한 경험과 지식은 젊은 부모들에게 든든한 힘이 될 뿐만 아니라 손자녀의 발달에도 긍정적인 영향을 준다. 조부모와 함께 생활하는 아동은 조부모를 비롯한 혈연들과의 긴밀한 유대 속에 성장하는 만큼 다소 의존적이 될 수는 있으나, 늘 성인의 관심과 애정 속에서 자랄 수 있어 핵가족 제도에서 자란 아동들과 비교할 때 정서적 안정감이 높다. 대가족제도의 아동은 성인 가족들이 갈등하면서도 사랑하고 이해하며 협동하여 함께 살아가는 모습에서 세상과 인생을 현실적으로 바라보는 안목을 갖게 되며, 일찍부터 세대 간의 갈등을 해소하는 비결을 터득함으로써 올바른 생활질서의식을 발달시킬 수 있다. 아울러 사회성을 키우고 협동심과 경쟁심을 조화시키며, 넓은 친족 세계의 관계를 고려하는 태도를 발달시키는 동시에 인생에 대한 안목과 시야를 넓히고 양보의 미덕을 깨우치면서 어울려 함께 살아가는 인생의 태도를 발달시킬 수가 있다. 따라서 대가족의 아동은 동생의 출생에서부터 조부모의 죽음에까지 인생의 전 과정을 경험할 뿐만 아니라 인생에서 중요한 관혼상제의 가족행사를 통해 인생의 전체 윤곽을 조감할 수 있는 안목도 갖게 된다.

손자녀들이 생각하는 바람직한 조부모상은 엄하지 않고 같이 놀아주는 활기찬 조부모이다. 어린 아동은 음식이나 선물을 가져다주는 엄하지 않은 조부모를 좋아하는 반면 조금 나이가 든 아동은 활동적이고 즐거움을 함께 나누는 조부모를 원하며 젊은이들은 함께 나누는 이상적인 조부모로 손자를 사랑하고 손자와 즐기는 사람, 필요할 때 도움을 주는 사람 등을 선호한다. 또한 부모가 선호하는 조부모상은 부모가 된 자녀를 동등한 파트너로 인정해주는 부모이다. 부모가 손자녀의 양육과 교육문제에 어려움을 겪고 있을 때, 조부모가 무조건 개입해서 자신의 입장을 강요하기보다는 어느 정도 지켜봐 주고 조언을 해주는, 즉 앞에서 이끌어나가기보다 한걸음 뒤에서 밀어주는 든든한 조력자로서의 역할을 부모는 선호한다. 조부모가 성인 자녀의 양육과 교육방식을 믿고 지속적으로 관심을 보이며 지켜봐 준다면, 그들은 자신감을 갖고 자녀의 교육을 이끌어 갈 수 있다.

조부모는 손자녀를 돌보기 위해 자신의 건강에 관심을 가져야하며 자신만의 시간을 갖고, 자신에게 맞는 운동을 하고 규칙적인 식사를 하도록 해야 한다. 나아가 급변하는 현대사회 속에서 자신과 무려 50, 60년 차이가 나는 손자녀들을 돌보고 기르기 위해서

---

### ◉ 자녀양육을 도와주는 조부모와 잘 지내기 ◉

- 자녀를 돌보는 일이 노인에게 육체적으로 매우 힘든 일임을 이해하고 감사한 마음을 갖는다.
- 조부모들도 개인적 시간이 필요함을 알고 가급적 짧은 시간이라도 다른 가족원들이나 사회적 보육시설, 대리양육자 등 사회관계망을 적극 활용해서 손자녀를 돌보는 시간을 가능한 한 줄여준다.
- 조부모에게 규칙적으로 경제적 보수나 선물을 드린다.

조부모는 손자녀를 돌보아 줌으로써, 성인기 자녀들에게 실제적인 도움을 준다.

는 예전과 달라진 양육방식이나 교육관 및 생활습관 등에 대한 공부와 정보를 수집할 필요가 있다. 세대에 따라서 아동에 대한 철학이나 양육방법 그리고 도구와 수단의 변화가 있기 마련이다. 그러므로 현 사회에 적합한 양육관, 양육방식에 대해 어느 정도 수용하고 숙지하는 것이 필요하다. 즉, 할머니, 할아버지는 손자녀들에게 가장 좋은 놀이 친구이자 선생님이며 든든한 지지자란 사실을 인식하여 조부모들은 손자녀의 특성에 맞는 육아법이나 놀이방법, 생활습관 지도방법 등에 대하여 알아보고, 스스로 연구해 볼 필요가 있다.

## 4) 형제자매관계

형제자매관계는 대부분의 사람들이 살아가면서 가장 오래 지속하는 관계이며 나이가 들수록 훨씬 더 중요해진다. 노년기에 형제자매들은 중년기 때 가졌던 관계를 유지한다. 자녀가 독립해 나간 후 대부분의 형제자매들은 서로에게 친밀감을 느끼며 그 관계에서 상당한 만족감을 얻는다. 따라서 노년에는 단순히 형제자매가 있다는 사실만으로도 안녕감에 도움이 되는데, 이것은 비록 형제자매들간에 실질적인 도움이나 상호교류가 별로 없더라도, "유사시 나를 도와 줄 형제가 있다"는 유용성에 대한 지각만으로 노인들의 사기가 높아지기 때문이다(Bedford & Avioli, 1996).

조부모는 손자녀와의 관계 증진을 위해 손자녀의 눈높이에 맞추어 함께 놀이하며 대화할 수 있어야 한다.

형제자매관계에서 자매 사이는 접촉이 가장 빈번하고 가장 친밀한 반면(Lee, Mancini, & Maxwell, 1990) 형제 사이는 접촉 빈도가 가장 낮다. 특히 자매들은 가족관계를 유지하는 데 중요한 역할을 한다. 누나나 여동생이 있는 남성 노인들은 그렇지 않은 남성 노인들보다 노화에 대해 덜 걱정하며 생활만족도도 높은 편이다. 우리나라 노년기 형제자매 간의 친밀도에 영향을 미치는 변인은 종교의 일치 여부로 나타났으며, 사회적 상호작용을 가장 잘 설명해 줄 수 있는 변인은 지리적 근접성, 교육수준, 형제자매의 수로 조사됐다(전혜정, 1992).

## 5) 친구관계

대다수의 노인들은 친한 친구를 갖고 있으며 친구와의 교제가 활발한 노인일수록 인생에 더 만족한다. 친밀하고 안정된 친구관계는 노인들로 하여금 노년기의 여러 가지 변화와 위기에 잘 대처하게 해준다. 노인기 친구의 특성으로는 대개 동성이고 사회경제적 지위나 연배가 비슷하며 가까이에 사는 사람들이다. 가족이 좀더 확실한 정서적 지원을 해주기는 하지만 노인들은 가족보다는 친구와 지내는 시간을 더 즐거워한다. 노년기의 우정은 노년기 생활만족도에 큰 영향을 미친다(Matthews, 1996). 친밀하고 안정된 친구관계를 가진 사람들이 노화의 제 변화와 위기를 잘 처리한다. 친구는 은퇴나

노인기의 친구는 심신의 건강 유지를 위해 도움이 된다.

배우자 사별과 같이 노년기에 직면하는 여러 가지 문제들에 대한 완충 역할을 한다(박상복, 2010). 예를 들어 사별한 경우 친구들로부터 정서적 지원을 받을 수 있다(Hatch & Bulcroft, 1992). De Vries(1996)의 연구에 따르면 성인들의 우정은 신뢰와 이해 및 애정 등을 포함하는 정서적 차원, 함께 관심 있는 활동에 참여하고 지원하는 상호적 차원, 사교와 조화성의 세 가지 차원을 포함한다. 특히 여성은 남성에 비해 친구의 수도 많고 친구와 더 친밀한 우정을 나눈다. 특히 사별한 경우 친구들로부터 정서적 지원을 받을 수 있다(Hatch & Bulcroft, 1992). 친구의 지원은 신체적·정서적 건강에 미치는 긴장을 유의하게 감소시킨다. 특히 여성은 남성에 비해 친구의 수도 많고 친구와 더 친밀한 우정을 나눈다.

## ❸ 은 퇴

은퇴는 노년에 대처해야 하는 중요한 발달과업이었지만, 현대에 이르러 직업전환의 기회가 다양해지므로 은퇴의 시기가 많이 앞당겨지고 있다. 따라서 지금까지처럼 은퇴가 65세 전후의 발달과업이라고 보는 시각에는 변화가 필요하다. 성공적인 은퇴생활을 위해서는 은퇴에 대한 계획을 세우는 것이 이상적이며 적어도 중년기부터는 시작되어야 한다. 인생이 즐겁고 성공적인 것이 될 수 있도록 인생을 설계하고 재정적 필요에 대비해 적절히 준비하고 신체적 또는 정서적 문제를 얼마간 예상하며 은퇴가 자신에게 어떠한 영향을 미칠지 배우자와 의논하는 것도 도움이 된다.

## 1) 은퇴의 의미 변화

현대 사회에서 은퇴란 과거의 직업적 역할을 끝마치는 것이 아닌, 기대했던 새로운 지위와 역할로 전이하는 과정이 되며 그에 따라 종전역할이 아닌 새로운 역할로 사회화가 이루어지는 과정으로 볼 수 있다(장은정, 2005). 전통적인 은퇴경로(traditional retirement)는 전일제 경력직(full-time career job)에서 노동시장으로부터의 영구적 이탈 즉, 단 한 번의 전환과정을 거쳐 완전히 은퇴하는 형태였다면, 현대에는 점진적인 은퇴경로(gradual retirement)를 보이고 있다. 이것은 전일제 경력직 이후 곧바로 노동시장에서 이탈하지 않고, 전일제 경력직에서 시간제(part-time) 근무나 전일제 경력직과는 다른 연결직업(bridge job)을 거쳐 점진적으로 은퇴하는 형태를 의미한다. 연결직업은 평생직장 이탈 이후 완전히 은퇴하기 전까지의 기간을 연결해 주는 직업들로 하나가 될 수도 있고, 여러 개가 될 수도 있다(이현기, 2003). 연결직업은 대개 노동력 혹은 임금의 현저한 감소가 포함되며, 이러한 형태는 근로를 지속하고 싶은 요구나 혹은 경제적 필요성에 의한 근로를 의미할 수 있다(Kim & DeVaney, 2005).

대체로 정상적인 은퇴를 했고, 노후의 경제적 자원이 비축된 사람들은 소득보다는 정신건강과 활동수준을 유지하기 위해서 일을 하고자 한다. 따라서 이들은 전일제 직업보다는 자신이 흥미를 느끼는 시간제 일이나 자원봉사활동, 교육프로그램, 여가활동에 더욱 관심이 많다. 반면, 은퇴 이후에 심리적·경제적인 이유로 절실하게 재취업을 추구하는 사람들이 있는데, 이들의 심리적인 이유는 은퇴 후에도 가치감과 생성감의 근원을 삶의 다른 장면으로 전환시키지 못하고, 오로지 일을 통해서만 진정한 성취감을 느끼기 때문이다. 따라서 이들은 은퇴와 정서적 죽음을 동일시하며 가능한 한 은퇴를 미루거나 재취업을 시도하는 경향이 있다(Belskey, 1999). 또한 은퇴 후 연금이나 저축, 재산수입 등의 경제적 자원이 없는 경우 은퇴 후에 재취업을 시도하게 된다. 특히 50대

| 표 14-1 | 은퇴 계획

| 새로운 은퇴 심리 | • 죽는 날까지 할 수 있는 일을 찾는 것이다.<br>• 일과 보수에 대한 우선순위를 명확히 한다.<br>• 자신의 재능을 업무에 완전히 활용한다. |
|---|---|
| 실천과제 | 새로운 은퇴 심리를 실천하기 위한 과제들 |
| 검토과제 | • 내가 왜 일하는지에 대해 내 가족은 어떤 말을 하는가?<br>• 자신의 일에 대한 동기요인으로서 돈은 얼마나 중요한가?<br>• 일에 대한 보수는 얼마인가? |
| 조사과제 | • 내가 가진 자산 가운데 장기자산은 몇 퍼센트인가?<br>• 금액으로 얼마인가?<br>• 자식들이 없다면 생활비로 얼마나 필요한가?<br>• 소유하고 있는 집에 대한 융자금을 모두 갚았는가?<br>• 상속받을 재산이 있는가? |
| 결정 및 조치 사항 | • 은퇴 후에도 계속 일할 것인가?<br>• 계속 일한다면, 현재 화폐가치로 얼마나 벌 계획인가? |

자료: Mitch Anthony(2004)

에 조기퇴직 했을 경우 자녀들의 학자금 등의 요구에 의해 취업을 하고자 한다. 그러나 현실적으로 이들의 재취업 욕구가 충족되기는 매우 어려운 실정이다.

'새로운 은퇴 심리'는 산업 시대의 낡은 은퇴모델을 정보시대에 적용하기에는 부적절하다는 인식을 바탕으로 하고 있다. 인생을 단계적으로 구분해서 젊어서 일하고 나이가 들어서는 여가를 즐긴다는 이분법적 사고는 부질없으며, 일과 여가의 균형을 찾는 것이 중요하다는 인식이 생겨나고 있다.

## 2) 은퇴의 유형

은퇴하는 사람들 가운데에는 스스로 퇴직하여 자신만의 일을 해 보고자 하는 경우가 있는가 하면, 고용자 측의 요구에 의해 억지로 은퇴를 하기도 한다. 따라서 은퇴가 개인에게 새로운 삶을 시작할 수 있는 도전의 기회가 되기도 하지만, 심각한 심리적 위기를 초래할 수 있는 사건이기도 한 것이다. 이는 은퇴 당사자만이 아니라 그가 속한 가족에게도 심리적·정서적으로 부적응을 초래할 수 있다. 일반적으로 은퇴는 퇴직시기와 자발성 여부에 따라 정년퇴직과 조기퇴직 또는 강제퇴직과 유동적 퇴직으로 구분된다.

## (1) 정년퇴직

은퇴가 사회적 역할수행에서 물러난 일반적 개념이라면, 퇴직이란 일반적으로 고용상태의 어떤 직위에서 물러나 그 직위에 관련된 역할수행을 중단하게 된 현상을 의미한다(김기태 외, 2002). 우리나라의 은퇴연령은 기업의 경우 60% 이상이 55세 이하 정년제(60세 이하는 90%)를 채택하고 있어, 70세를 법정 정년퇴직 연령으로 하고 있는 미국이나 60세에서 3년까지 정년을 연장할 수 있는 일본에 비해 상대적으로 낮다. 또한 노인복지법상 노인은 만 65세 이상으로 규정되어 있으며, 국민연금의 수급연령이 60세인데 비해 현행 정년연령은 55세 전후로 되어 있어 정년 퇴직 후 일정 기간 동안의 소득보장 대책이 없는 상황이다. IMF 이후부터는 기업에서 정년을 다 채우지 않은 상태에서 조직개편이나 조직체계의 압력에 의해 반강제적으로 은퇴하는 경우가 증가하고 있다. 은퇴 이후 상황을 결정하는 요인들로서 은퇴시기와 은퇴의 자발성 여부가 중요한 요인으로 나타나므로 강제퇴직은 당사자에게 정신적 타격을 주어 삶의 만족감을 떨어뜨릴 수 있다. 따라서 은퇴시기를 일정 연령에 고정시키는 강제퇴직(compulsory retirement)보다는 직업에 따라 시기적인 유연성을 가지는 유동적 퇴직(flexible retirement)이 바람직하다.

## (2) 조기퇴직

유럽계 외국인, 아프리카계 미국인, 그리고 멕시코계 미국인의 경우 기능적 문제를 야기시키는 건강문제가 조기 퇴직을 하는 주요 원인인 반면(Stanford, Happersett, Morton, Molgaard, & Peddecord, 1991), 우리나라는 명예퇴직이나 조기퇴직이라는 명목하에 노동력이 있는 사람들을 비자발적이고 반강제적인 방법으로 노동현장을 떠나게 하고 있으며 그 사례가 점차 증가하고 있다. 사회보장제도가 잘 발달되어 있지 않은 우리나라에서 조기퇴직자들은 경제난과 함께 이로 인한 심리사회적·신체적 어려움을 겪게 된다.

조기퇴직자들에게 가족적 지원과 격려는 당사자에게 중요한 안정 요인이 되고 있다. 따라서 이들을 위해 가족원들이 함께 도와야 하며 조기퇴직자 자신도 가족원의 일원으로 역할에 적응하며 공동체적 협력자로서의 역할 전환을 모색해야 한다. 또한 거시적 차원으로서 이들에게 교육의 기회가 확대되도록 생계보조와 융자, 재취업상담과 같은 정책적인 사회보장적 지원이 요구된다. 퇴직을 앞둔 근로자들을 위해 평생교육이나 생활교육 프로그램 개발에 관심을 가져야 하며, 직장에서도 시간제 근무나 격일 근무 등으로 취업과 정년의 완충지대를 만들어 퇴직자의 심리적 충격을 최소화하는 배려도 필요하다.

## 3) 은퇴 후의 적응

전반적인 은퇴연령의 감소와 조기 은퇴율의 증가는 은퇴자의 대상을 중·장년층으로까지 확대하였다(김지경, 2005). 또한 우리나라 기업의 평균 정년연령이 55세 미만인데 비해, 평균수명은 향후 계속 늘어 퇴직 후의 노후생활이 25년 이상이 될 전망이다(이가옥·이지영, 2005). 실제로 은퇴에 대한 만족도가 미국의 경우 91%인 반면, 우리나라의 경우 전체 은퇴자의 56%만이 은퇴 후 삶의 만족감을 보여 만족도가 상당히 낮은 것으로 나타났다(신현구, 2007). 은퇴에 대한 지각과 은퇴 이후의 적응과정은 보다 다양한 요인들에 의해 영향을 받는 복잡한 과정으로 밝혀지고 있다. 따라서 개인이 은퇴상황에서 어느 정도 스트레스를 받고 은퇴 이후에 어떻게 적응해 나가느냐 하는 문제는 은퇴시기와 은퇴의 자발성 여부, 은퇴의 준비 및 계획 여부, 개인의 성격적 요인 및 개인이 은퇴상황을 어떻게 지각하고 수용하는가 하는 은퇴상황에 대한 개인의 주관적 평가 등에 따라 크게 달라진다(김애순·윤진 1995; 김효정 외, 2007; 한혜경, 2003). 그러므로 개인적 차원에서는 은퇴를 보다 긍정적으로 수용하고 이에 대처하는 것이 은퇴에 대한 적응의 지름길이 될 수 있다(홍숙자, 2001).

은퇴 후 부부관계에 있어서는 결혼만족도가 증가한다는 연구결과(유시순, 2003; 전길양·임선영, 1998; Anderson, 1992; Vinick & Ekerdt, 1991; Bengston, Rosental & Burton, 1990)도 있고 낮아진다는 연구결과(Lee & Shehan, 1989; Pearson, 1996; Robinson, 1991)도 있다. 은퇴기를 밀월기로 표현하기도 하여 부부가 함께 하는 시간이 많기 때문에 서로 친밀감을 나누고 공통의 관심사나 취미생활을 하면서 즐거움을 느끼고 위안이 되기도 하는(Jerome, 1990) 반면, 은퇴 후 주말 외에는 하루 종일 나가 있던 남편이 매일 하루 종일 집에 있음으로써 아내가 스트레스를 받거나 단순히 더 많은 시간을 함께하는 것만으로도 부부관계에 긴장을 초래하여 결혼만족도를 낮추기도 한다(Atchley, 1992). 그러나 노년기에는 결혼만족도가 대체로 높아지기 때문에 대부분의 부부들은 이 스트레스를 잘 해결한다(Pearson, 1996).

또한 대부분의 은퇴자들이 보편적으로 경제적 어려움을 경험하고 있으며, 더욱이 노년기에는 이러한 경제적 어려움을 개선시킬 수 있는 가능성도 매우 드물다(Crystal & Shea, 1990; Hellman & Hellman, 1991; Staebler, 1991). 이는 수입이 은퇴 전의 1/2이나 1/3로 감소하기 쉬우나 가계지출의 비용은 높은 시기이기 때문이다. 노인들은 수입이 거의 없는 상태에서 자녀 결혼, 분가 등 많은 비용을 지출해야 하기 때문에 노후를 위해 비축한 재산이 있다 하더라도 이 시기에 거의 소비해 버리게 된다(김태현, 1994). 따라서 은퇴는 생활수준의 하락을 초래할 수 있고 나아가서는 생활의 경제적 빈곤을 야기할 수 있다.

일반적인 노인 빈곤의 특징은 다음과 같다.

첫째, 장기화·만성화 현상이다. 노인은 일단 직장에서 물러나면 재취업의 기회가 제한되어 경제적 빈곤을 겪게 되는데 여기에 수명이 연장되어 빈곤이 장기화된다.

둘째, 대량화 현상이다. 노인 인구의 증가와 핵가족화로 노부모의 부양을 꺼리는 젊은 세대가 증가함으로써 노인 빈곤이 대량화되는 것이 특징이다.

셋째, 가속화 현상이다. 가족부양의 부담으로 비교적 여유가 없는 시기에 퇴직으로 인해 수입원을 잃게 되어 빈곤이 가속화될 뿐만 아니라 일단 빈곤해지면 회복하기가 어렵다.

노인들을 위한 사회적 복지정책이 미비하고 재취업의 기회가 적은 우리나라의 경우 은퇴 후 현실적 재정난은 심각한 실정에 있다. 따라서 은퇴를 위한 보다 현실적인 경제대책을 세워야 한다. 부모 자신들의 노후준비나 대책마련 없이 자녀들을 위해 능력 이상의 과도한 지출을 하는 방식은 신중히 재고해 볼 필요가 있다. 또한 은퇴 후에는 경제활동으로 새로운 소득을 창출하기 어렵기 때문에 고수익에 집착한 투자에 골몰하기보다는 예금이나 신탁, 채권처럼 안정적이고 환금성이 있으며 수익성을 두루 갖춘 금융상품 위주로 금전을 운용하는 게 바람직하다. 노후에는 부동산이나 주식처럼 가격변동 손실위험이 큰 재테크 수단은 가급적 피하는 것이 좋다.

| 정년으로 인한 수입감소
퇴직으로 인한 소득의 격감으로 지금까지와 같은 생활수준을 유지하기가 힘들게 되고 생활수준을 낮춘다 해도 소득이 부족할 경우 노년기의 견경제적 사정은 악화됨

| 사회보장제도의 미흡
국민연금들이 노후생활의 안정에 기여를 하기는 하지만 아직도 시행착오를 겪고 있어 선진국에 비해 초보적인 단계에 있음

우리나라 노인들의
경제적 사정이 악화된
주요 원인

| 자녀에 대한 과다한 지원
우리나라의 경우 교육열이 높아 자녀의 교육에 지나치게 많은 투자를 하게 됨. 또한 자녀의 혼인이나 분가비용에도 체면유지적 풍습에 의해 많은 지출을 하게 되어 부모 자신의 노후생활에는 별로 신경을 쓰지 못하게 됨

| 재취업의 어려움
55세 퇴직 후의 노년기에 고정적인 수입을 위해 재취업이 필요하지만 현실적으로 연력이 많다는 이유로 재취업하기가 힘듦

| 그림 14-3 | 우리나라 노인들의 경제 사정 악화 원인
자료: 정옥분(2001)

● **노후준비 십계명**

1. 노후준비는 30대부터 시작하며, 회사가 모든 것을 해결해 줄 것이라는 기대에서 벗어나야 한다.
2. 무덤에 갈 때까지 돈을 지닌다.
3. 돈이 없을 때에는 자식에게 당당히 요구한다.
4. 부부가 함께 하는 취미생활을 은퇴 전부터 확립한다.
5. 자식은 남이다. 주도권을 잡으려 하지 않는다.
6. 며느리에 대해서는 항상 칭찬하고 장점만 본다.
7. 취미, 봉사활동은 젊어서부터 시작한다.
8. 혼자된 경우 재혼은 모든 노년문제를 한꺼번에 해결할 수도 있다.
9. 한꺼번에 생활리듬을 바꾸지 말고 서서히 적응한다.
10. 새로운 것 배우기를 두려워하지 않는다.

자료: 홍숙자(2001)

## ④ 요양원 이용

초고령화 사회로 접어든 우리나라는 고령자 비율이 급증하고 있다. 그러나 노인들을
보호하고 돌볼 여건이 마련되지 않은 가정이 늘고 있어 이에 대한 대책이 요구되는 상
황이다. 노인들에게 직접 조사한 결과 노후의 생활방식에 대해 65세 미만의 73.7%는
노후에 자녀의 부양을 받지 않기를 원하며, 55%는 건강이 악화되어 혼자 살기 어렵게
될 경우 양로원이나 요양원을 이용하겠다고 조사된바 있다(정경희 외, 1998). 그러나
선진국에 비해 요양원 시설이 적으며 이 소수의 유료시설은 일반인이 사용하기에 너무
비싸고, 요양시설을 이용하는 것에 대한 사회적 몰이해, 서비스 내용에 대한 홍보부족,
시설환경의 부적절 등으로 인해 실제 요양시설을 이용하는 노인인구는 소수에 그치고
있다(이인수, 2000).

중산층 이상의 노인들은 유료 양로원시설, 노인 아파트, 노인 촌락, 노인 요양원, 노
인 휴양소 등에 대한 요구도가 높아지고 있고(문윤상, 1996), 경제력 있는 노인에게는
양질의 서비스를 갖춘 다양한 시설에 대한 요구가 있다(박재간 외, 1998). 특히 만성 질
환을 가진 노인환자의 간호 요구는 노인은 물론 돌보는 가족원까지 포함해야하며 노인
스스로가 자기 간호를 수행할 수 있는 정도에서부터 완전 의존적인 간호를 제공받아야
할 단계에 이르기까지 다양하게 검토되어야 한다. 이를 토대로 노인환자의 건강상의
요구를 정확히 파악함으로써 그에 따른 적절한 서비스를 제공하는 것이 환자의 고통경
감과 안녕 증진을 이루는 것이다(이선자, 2001). 따라서 국민소득이 향상되고 생활수준
이 높아지면서 과거 자녀와의 동거보다는 요양시설에 대한 인식과 복지욕구가 높아지
고 있는 시기에 이를 위해서는 노인복지시설의 다양화와 전문화된 시설이 필요하다.

## ⑤ 성공적 노화

사람들은 누구나 건강하게 나이 들기를 소망한다. 성공적 노화는 인류의 오랜 관심사
로, 1986년 미국 노년학회 연례회의에서 처음 소개되었으며(Fisher, 1995), 학자마다 다
양하게 정의하고 있다. 역사적으로 성공적 노화는 초기에 생물학적 노화 측면에서 주

로 신체기능 유지와 수명의 견지에서 정의되어 졌으며, 그 후 성공적인 노화의 삶에 대하여 인지·정서적인 기능에 관심을 가졌고 사회학자들마다 역할과 사회적 통합에 초점을 두게 되었다(송혜자, 2009; Baltes & Baltes 1990; Scheidt et al., 1999).

Rowe와 Kahn(1997)은 성공적 노화의 요소로 질병과 관련하여 장애가 적어야 하며, 높은 인지·신체적 기능을 지속적으로 유지하면서 삶에 적극적으로 관여하여야 한다고 하였다. Vaillant(2001)는 성공적 노화를 평가하는 방법으로 신체적 건강과 심리·사회적 건강이라는 두 가지 측면에서 살펴보았다. 특히, 심리사회적 건강은 인생의 현 기간을 만족하는 것 그 이상의 것으로 진실로 주관적으로 인생의 최고 시기로서의 개인의 생각을 포함한다(송혜자, 2009). 김미혜 등(2006)은 성공적인 노후 예측요인에 대한 연구에서 성공적인 노후가 한 가지 차원이 아닌 '자기 효능감을 느끼는 삶', '자녀성공을 통해 만족하는 삶', '부부 간의 동반자적인 삶', '자기통제를 잘 하는 삶' 등 다차원적인 요인에 의해 구성되고 영향을 받는다고 설명하고 있다. 따라서 성공적인 노화란 삶의 의미나 목적감을 잃지 않으면서 과거와 현재를 수용하고 죽음을 자연스럽게 받아들임과 동시에 정신적으로 성숙해 가는 심리적인 발달과정으로, 정신적으로나 신체상의 질병 없이 가족관계 유지 및 원만한 사회적인 관계를 유지하면서 살아가는 것이라고 정의하고 있다.

이와 같은 기준들을 종합해 보면 성공적 노화를 객관적 기준과 주관적 두 가지 기준으로 구분할 수 있는 데 먼저, 객관적인 지표로 정신건강 요인, 생에 대한 목표, 지혜와 주변여건에 대한 적응능력, 즉 행동의 가소성과 같은 기준이 있다. 다음은 주관적인 지표로 자아개념, 생활만족도, 자아존중감, 지각된 개인적 통제와 같은 기준들이다.

70여년 간 세 집단(하버드 졸업생, 이너시티 집단, 터먼여성 집단)을 추적 조사한 장기종단연구를 통해 Vaillant는 건강한 노년을 맞기 위해 다음의 일곱 가지 요소를 제시하고 있다.

- **비흡연 또는 젊은 시절에 담배를 끊음**

50세 이전에 담배를 많이 피웠는지의 여부는 건강한 신체적 노화에 중요한 영향을 끼쳤다. 하버드집단의 경우, 행복하고 건강한 삶을 살아온 이들과 조기 사망자들을 비교해 볼 때, 담배를 30년 동안 하루 한 갑 이상 꾸준히 피워온 비율은 1 : 10 정도로 나타났다. 그러나 45세 이전에 담배를 끊었다면, 20년 동안 하루 한 갑 정도 담배를 피웠던 경우라 하더라도 70세나 80세에까지 심각한 영향을 끼치지는 않았다.

- **적응적 방어기제(성숙한 방어기제)**

일상생활에서 성숙한 방어기제라고 하면 소소하게 불쾌한 상황에 부딪히더라도 심각한 상황으로 몰아가는 일 없이 긍정적으로 전환할 수 있는 능력을 일컫는다. 두 남성집단의 경우, '행복하고 건강한 삶'을 살아가는 이들은 대부분 성숙한 방어기제를 지니고 있지만, '불행하고 병약한 삶'을 살아가는 이들에게서는 성숙한 방어기제를 찾아보기 힘들었다. 50세에 지녔던 성숙한 방어기제가 곧 노년의 정신사회적인 건강을 좌우하는 중요한 요소로 작용하기 때문에 그런 결과가 나온 것이다. 성숙한 방어기제들이 객관적인 신체건강까지 좌우하는 것은 아니다. 그러나 성숙한 방어기제를 통해 주관적으로 신체적 무능 상태라고 느끼는 것인지, 아니면 실제 객관적으로 무능한 상태인지를 구분할 수는 있다.

- **알코올중독 경험 없음**

알코올중독은 노년의 정신사회적 건강은 물론 신체건강을 좌우하는 결정적인 요소다. 알코올중독은 알코올로 인해 배우자나 가족, 직장동료와 관계 또는 사회 질서나 건강에 심각한 문제를 야기했는가 하는 점에서 평가된다.

- **알맞은 체중, 안정적인 결혼생활, 운동**

비만은 담배를 피우는 것만큼이나 신체건강에 나쁜 영향을 끼친다. 행복한 결혼생활과 규칙적인 운동은 신체건강은 물론 정신사회적 건강에까지 좋은 영향을 끼친다.

- **교육년수**

이너시티 출신자의 경우, 교육년수가 중요한 변수로 작용했다. 교육년수가 단순히 사회적 계급이나 지적 능력만을 반영하는 것 같지만, 교육년수가 건강한 노화에서 큰 비중을 차지하는 이유는 사실 사회적 계급이나 지적 능력 같은 요소 때문이 아니다. 노년의 신체건강에 영향을 끼치는 교육의 요소는 IQ나 유년 시절 가정의 소득이 아니라 자기관리와 인내심이다. 이너시티 출신자의 경우, 교육을 많이 받은 사람일수록 담배를 끊거나 음식을 조절하거나 술을 자제하는 데 성공하는 확률이 높았다.

자료: Vaillant(2010)

# 죽음과 임종

삶의 끝은 죽음이며 우리 모두는 죽음을 향해 가고 있다. 죽음 그 자체는 인간이면 누구에게나 보편적인 것이나 죽음의 과정은 개별적이며 일정하지 않다. 이 장에서는 죽음에 대한 개념 및 이해와 태도를 비롯하여 죽음의 단계와 반응을 살펴보고 아울러 사별로 인한 애도에는 어떠한 단계와 반응이 있는지 소개하고자 한다.

## ① 죽음

인생의 최종 단계는 인생의 과정 중 중요하고 소중한 부분이지만, 사람들은 자신의 죽음을 크게 생각하지 않으면서 인생의 대부분을 살아간다. 죽음이 보다 일상적인 일이 되는 나이에 이를 때조차도 사람들은 이를 제대로 준비하지 못한다. 다만 가까운 이들의 죽음을 보면서 자신도 언젠가는 죽을 것이라는 자각을 하게 되고 인생의 기쁨에 대해 특별한 인식을 하며 자신이 지니고 산 가치들에 대해 생각해 보게 된다.

### 1) 죽음에 대한 태도

Freud는 죽음이란 누구에게나 자연스럽고 부정할 수 없으며 피할 수 없는 것이지만 사람들은 마치 그것이 다른 사람에게만 일어나는 일인 것처럼 행동한다고 하였다. 죽음 불안은 인간이라면 누구도 피할 수 없으며 동시에 알 수 없는 세계로서 전 생애에 걸쳐 감지되는 것이며 또한 인간정체성에 대한 본질이기도 하다(Leming & Dickinson, 2002). 죽음에 대한 공포가 선천적인 것인지 학습된 것인지는 확실하지 않다. 죽음에 대해 왜 그렇게 두려워하는지 물어 보았을 때 사람들은 고통에 대한 두려움, 육신의 상실, 내세에 대한 두려움과 고통 그리고 사랑하는 사람과의 이별이 괴롭다고 답하였다.

우리나라 노인 약 2,000명을 대상으로 죽음에 대한 태도를 알아본 결과, 죽음을 생각해 본 적이 없는 사람은 2.0%에 불과했으며 상대적으로 나이가 많은 노인층에서 죽음을 의연하게 받아들이고 있는 것으로 나타났다. 죽음의 공포는 중년기 이후 줄어드는데, 노인들이 죽음을 덜 두려워하는 이유는 다음과 같이 나타났다.

첫째, 노인들은 자신의 생명에 큰 가치를 두지 않으며 자신의 미래가 제한되어 있음을 인정하고 있기 때문이다.

둘째, 오랜 세월을 살아온 노인들은 자신이 충분히 살았고 이제부터 사는 것은 덤으로 사는 것이라고 생각하기 때문이다.

셋째, 사람들은 세월의 흐름에 따라 타인의 죽음과 많은 연관을 갖게 되고 그것이 자기 자신의 죽음을 받아들일 자세를 갖추도록 돕기 때문이다(김태현, 1994). 대개 노인들은 죽음 자체보다 죽음 전의 불확실한 시간을 더 두려워한다. 즉, 누가 돌보아 줄 것인가, 어디에 살 것인가, 죽기 전에 경험하게 될 통제력과 독립성의 감소에 대해 어떻게 대처할 것인지 등에 대해 보다 더 걱정하고 두려운 마음을 갖는다. 일반적으로 사람들은 죽음 자체보다는 죽음 후의 세계에 대해 아무것도 알 수 없다는 무력감, 죽는 과정, 특히 고통 속에서 천천히 죽어가는 과정을 두려워한다.

## 2) 죽음의 세 가지 측면

모든 죽음에 내포된 생물학적, 사회적, 심리적 측면에 공통점은 있으나 개개인의 삶이 다르듯이 죽음에 대한 반응도 서로 다르다. 생물학적 죽음에 대한 법적 정의는 일반적으로 신체기능의 정지로 간주된다. 일정 기간 동안 심장박동을 멈출 때나 뇌의 전기적 활동이 멈출 때 죽었다고 판정할 수 있다. 의료장비의 발달로 인해 혼수상태에 빠져 있는 사람들이 회복 불가능한 뇌손상을 입고 다시는 의식을 회복할 수 없을지라도 수년간 살아 있을 수 있다. 죽음의 사회적 측면은 장례식과 애도의식 및 권리와 재산의 법적 재분배에 관한 것이다. 심리적 측면은 사람들이 다가오는 자신의 죽음에 대해서 그리고 가까운 사람의 죽음에 대해서 어떻게 느끼는가 하는 것이다. 오늘날 많은 사람들은 죽음의 의미와 타협하는 데 심한 곤란을 겪는다.

죽음은 개인이 처한 상황에 따라 다르게 받아들여진다. 죽어가는 과정의 경험은 사고의 희생자, 말기 암 환자, 자살자 그리고 순간적인 심장마비로 죽는 사람의 경우처럼 모두 동일하지 않으며 유족들에게도 사별의 경험은 각기 다르다. 몇 가지 요인이 죽음에 대한 사회, 정서적 반응에 영향을 미친다. 예를 들어 Circirelli(2002)는 여성 노인이거나 건강인식이 나쁠수록 '알려진 죽음불안'이 높았고, 사회적 지지가 약할수록 '알려지지 않은 죽음불안'이 높다고 하였다. 또한 서혜경(2007)은 죽음불안영역에 대해 노년층은 '타자의 임종과정에 대한 공포'가 비노년층에 비해 높았다. 이는 노인들이 살다가 친구와 친지를 잃으면서 점차 자신의 죽음을 받아들일 수 있도록 생각과 느낌들을 재조정하기 때문인 것으로 볼 수 있다.

자신의 인생을 되돌아보았을 때 의미 있는 삶을 살았다고 느끼는, 즉 자아통합을 이룬 노인의 경우에는 아직도 삶의 의미에 대해 방황하고 있는 이들에 비해 보다 안정적으로 죽음을 맞이하게 된다. 인생의 회고를 성공적으로 마친 사람이라면 죽음에 대한 갈등과 불안을 줄이고 자신의 죽음을 받아들일 수 있게 된다(정옥분, 2000). 또한 종교는 죽음에 관한 느낌을 갖는 데 특별하게 영향을 미치지 않지만, 강하고 깊은 종교적 헌신은 죽음의 불안을 낮추는 것과 관련이 있다. 종파에 관계없이 자신에 대해 실망하거나 바라던 일을 모두 성취하지 못한 사람은 다른 사람보다 죽음에 대한 두려움이 더 큰 것으로 나타난다.

한편 우리나라 말기 암 환자 30명을 대상으로 하여 죽음에 대한 태도를 면접 조사한 결과, 죽음을 눈앞에 둔 환자의 태도는 종교의존형 40%, 과학신봉형 36.7%, 냉소주의형 23.3% 등 크게 세 가지 유형의 순서로 집계되었다. 이들은 특히 종교나 학력, 성별, 연령에 따라 각기 다른 태도를 보여, 고학력일수록 종교에 의지하는 비율이 높았고 저학력 남성일수록 현대의학을 믿는 과학신봉자가 많았다. 이에 대해 연구자들은 고학력자들의 경우 암이 말기에 이르러 죽음을 눈앞에 두게 되면 현대의학과 의사의 한계를 인정하는 데 반해, 저학력 환자들은 현대의학과 의사에게 지나치게 의지하고 신봉하는 태도를 갖게 되기 때문인 것으로 해석하고 있다. 또한 무신론자이면서 저학력일수록 죽음에 대해 냉소적이었다.

## 3) 죽음의 유형

죽음은 일반적으로 병사(자연사)와 외인사로 분류할 수 있다. 병사(자연사)는 어떤 질병으로 사망한 것이 명확한 죽음을 말하며, 외인사는 사인이 인체 외의 것에 기인한 죽음을 말한다. 그래서 병사 이외의 죽음은 모두 외인사라고 할 수 있으며, 죽음에 이르게 한 행위자와의 관계에 따라 자살, 타살, 사고사 등으로 나눌 수 있다(이윤성, 2003). 외인사 가운데 최근 논란이 되고 있는 안락사와 자살에 대해 살펴보기로 하겠다.

## (1) 안락사

"우리에게는 출생과 죽음을 선택할 자유가 있는가?" 만약에 어떤 사람이 교통사고로 뇌사상태에 빠져서 장기간 식물인간 상태를 지속한다면 어떻게 해야 할까? 외인사의 하나인 안락사는 최근 법적으로나 윤리적으로 논쟁의 대상이 되고 있다. 안락사는 소극적 · 적극적인 두 방법이 있는데, 소극적 안락사는 의사나 가족이 생명연장을 위한 약물이나 수술 등의 조치를 하지 않은 경우이다. 적극적 안락사는 환자의 생명연장을 포기하는 경우인데, 즉 불치병인 환자의 생명줄인 산소호흡기를 제거하거나 약물을 다량 투입하여 삶을 마감하게 하는 경우를 말한다. 여기서 가장 논쟁이 되는 것은 의사조력 자살로, 불치병인 환자 본인의 요청이 있을 때, 치사량의 약물을 주어 의사가 돕는 경우이다. 미국의 오레곤(Oregon)주에는 존엄하게 죽을 법(Death with Dignith Act)이 통과되어 평균 70세 이상 암환자들이 1년에 15명 정도 이 법을 이용하고 있다(Cavanaugh & Blanchard-Fields, 2001). 안락사에 대해서는 법적 · 윤리적 문제가 개입되어 있어서 아직 안락사가 법적으로 허용된 나라는 극소수에 불과하다. 안락사를 찬성하는 쪽에서는 모든 사람은 자신의 출생이나 죽음에 대한 통제력이 있어야 한다고 주장한다. 그리고 무엇보다 고통 속에서 삶을 연장하는 것이 본인에게도 무의미할 뿐만 아니라, 막대한 치료비용과 돌보는 가족의 수고와 부담도 고려해야 한다고 강조한다. 그러나 생명의 존엄성에 대한 경시풍조에 대한 비인도적 처사가 우려되기 때문에 안락사를 반대하는 입장도 만만치 않다. 때론 불치병을 만성적으로 앓고 있는 사람들 중에도 자신들의 상태와는 상관없이 가능한 한 오래 살고 싶어 하는 사람들이 있기 때문에 이들의 의견이 존중되어야 하기 때문이다. 물론 안락사는 일차적으로 본인이 원하는 경우에만 법적으로 허용된다. 그러나 본인이 삶과 죽음을 선택할 수 없는 의식불명 상태에 처했을 경우는 어떻게 할 것인가? 이러한 논란을 해결할 수 있는 방안으로 건강할 때 자신의 뜻을 문서로 남겨 가족이나 변호사가 이를 대신 표현해 주는 방법이 있다. 미국에서는 만약 자신이 죽을병에 걸린다면 생명을 강제로 연장시키지 말아달라는 의지를 사망 희망서(living will)에 남기거나 법적 대리인에게 이 역할을 위임해 둘 수가 있다(Cavanaugh & Blanchard-Fields, 2001). 삶의 마지막 날들을 잘 정리하기 위해서는 나이가 들면 미리 문서를 통해 마지막 조치를 유언해 두거나 법적 대변인에게 그 권리를 위임해 둘 필요가 있다.

## (2) 자 살

해마다 자살률이 증가하고 있다. 특히, 우리나라의 경우 OECD국가 가운데 5년 연속 자살률 1위(통계청, 2008)라는 불명예스러운 기록을 가지고 있다. 통계치는 실제 수치보다 낮게 보고되는 경향이 있는데, 왜냐하면 보고되지 않는 자살 사례가 많으며, 일부 사고사가 실제로는 자살일 수도 있기 때문이다. 대개 자살시도는 20대 전후의 청소년 및 청년과 60대 이상 노년층에서 빈번히 일어난다(Garland & Ziegler, 1993). 노인기 자살의 이유는 회복불능의 상실로 인한 좌절 때문으로 파악된다. 노인들이 경험하는 상실은 직업, 친구, 배우자, 자녀, 돈, 건강 및 마침내는 자존감과 희망의 상실이다. 자신의 인생에 대해 노인들이 할 수 있다고 여겨지는 유일한 통제가 자신의 생을 마감하는 일인 것으로 이해된다.

일반적으로 자살을 기도하는 사람들은 대체로 외롭고 소외되었으며, 따돌림을 받는다고 느끼고, 부모와 친구들로부터 사랑받지 못한다고 생각한다. 많은 경우 자살기도는 정말로 죽기를 원해서가 아니라 자신의 괴로움을 극적인 방법으로 표현하는 것이라고 볼 수 있다. 즉, 자살기도는 관심과 도움을 구하는 필사적인 탄원이라는 것이다. 자살을 시도하는 사람은 아무도 모르게 조심스럽게 자살을 계획하지만, 대부분의 경우 행동으로 옮기기 전에 여러 가지 위험신호를 보내므로 주위사람들의 관심과 도움이 요구된다(Papalia, Olds, & Feldman, 1989).

## 4) 죽음의 직면

Kübler-Ross는 200명의 중년 암 환자에 대한 연구를 기초로 죽음이 다가올 때 일어나는 심리적 변화과정을 다섯 단계로 설명했다.

### (1) 부정 단계

환자들은 맨 처음 죽음의 사실이나 임박한 죽음에 대해 들었을 때 이를 받아들이지 않는다. 대개 환자들은 '의사가 오진했을 거야. 다른 병원에 가봐야지', '나는 그렇게 아픈 것 같지는 않아. 사실이 아닐 거야'라는 반응을 보이며 의사들이 다시 진찰하고 검사해 주기를 바란다. 부정(denial)은 환자에게 있어 필요한 부분이기도 한데, 이는 충격적 소식을 접한 후 완충작용을 하여 죽음에 대한 고통을 덜 느끼도록 하고 환자로 하여금 자신을 가다듬게 만들어 시간이 흐르면서 좀 덜 강경한 방어수단으로 대체하는 여유를 주기 때문이다. 대부분의 사람들은 죽음에 대해 일시적 충격을 받고 시간이 흐르면서 서서히 충격에서 벗어나게 된다. 따라서 죽음을 부정하는 환자를 대할 때에는 인위적으로 막기보다는 좀 더 현실적인 견해를 갖도록 도와주는 것이 필요하다.

## (2) 분노 단계

전 단계의 부정이 더 이상 유지되지 못할 때 종종 분노(anger)로 바뀐다. 이 단계에서 사람들은 '왜 하필 나야?' 라고 묻고 커다란 좌절감을 표현한다. 이들은 의료진이나 가족과 친구들에 대해 적대감, 원망과 시샘을 표현하기 쉽다. 다른 사람들은 살아있는데 자신이 죽을 것이라는 사실은 불공정한 것으로 비춰지기 쉽다.

부정의 단계에 비해 분노의 단계에 있는 환자를 돌보는 것은 어려운 일이다. 그러나 원망과 분노는 죽음에 임박한 상황에서 대부분 당연한 반응일 수 있으므로 분노의 감정을 마음껏 폭발할 수 있도록 도와주고 공감해 주는 것이 필요하다. 이 단계의 환자들은 모든 것을 불평하기 쉬우나 환자를 이해하고 따뜻한 관심을 가져주면 시간이 지나면서 분노의 감정은 감소하며 협상하려는 마음이 싹튼다.

## (3) 협상 단계

이 단계에서는 죽음을 연장시키기 위해 타협하려는 노력을 한다. 대개 이 단계의 사람들은 '딸이 대학 졸업할 때까지만 살게 해준다면…', '아들이 결혼할 때까지만 살 수 있다면…' 등을 말하며 절박하게 다가온 죽음을 잠시 초인적 능력이나 신(god) 또는 의학, 의사와 타협하려고 한다. 그러나 결국 이러한 협상(bargaining)이 이루어지지 않을 것임을 깨닫게 된다.

## (4) 절망 단계

이 단계는 질병을 더 이상 부정할 수 없고 수술 혹은 고통 때문에 오는 과정으로, 대개 '어쩔 수 없지. 하지만 슬프다' 라는 생각을 갖게 된다. '어쩔 수 없지' 라는 말은 죽음에 대한 사실을 받아들이고 그 사실을 아는 용기가 생긴 것을 의미하며, '하지만 슬프다' 는 체념이 섞인 절망감(depression)을 나타낸다. 이 단계에서 환자들은 말이 없어지거나 면회를 사절하고 혼자서 울며 슬퍼한다. 이러한 과정은 자신의 깊은 고뇌를 표현함으로써 억누를 때보다 훨씬 빨리 좌절을 극복할 수 있게 하므로 임박한 죽음을 맞기 위해 필요한 과정이다. 따라서 이 단계에서의 우울은 필요 불가결하고 이 단계를 거쳐야 체념하고 평온히 죽음을 맞이할 수 있으므로 가족과 주변사람들은 다정하고 포용적인 자세로 보살펴야 한다.

## (5) 수용 단계

위의 4단계 과정을 거쳐 오면서 여러 노력을 해왔을 때 우울감도 분노도 더 이상 느끼지 않고 거의 아무런 감정을 갖지 않게 되는 단계가 수용(acceptance)의 단계이다. 이 단계에 있는 환자들은 침착함과 평온함을 보이고 '이제 떠날 시간이다'라는 태도를 보인다. 그러나 가끔 마지막 순간까지 살려고 몸부림치는 환자들도 있다. 이들은 수용의 단계에 도달하기 어렵다. 불가피한 죽음을 피해보려고 애쓰면 애쓸수록, 죽음을 부정하면 부정할수록 평화와 위엄 속에서 죽음을 맞이하기가 점점 더 어려워진다. 중요한 것은 죽음을 앞둔 사람이 보다 평온하고 침착하게 받아들이고 품위 있게 맞이하도록, 그리고 죄의식이나 회한을 갖지 않고 평화롭게 죽음을 받아들이도록 도와주고 이해하는 것이다.

Kübler-Ross는 죽음으로 가는 5단계의 과정이 모든 사람에게 동일한 속도나 순서로 진행되지는 않는다고 하였다. 즉, 개인차가 있어 어떤 사람은 분노와 우울 사이를 왔다 갔다 하거나 한 번에 두 가지를 모두 느낄 수도 있다는 것이다. 죽음으로 가는 과정은 순차적 진행 대신에 죽어가는 사람들의 연령, 성, 인종, 민족, 사회적 상황 및 성격 등에 영향을 받아 매우 다양하게 나타난다. Kübler-Ross의 이론을 실제 상황에 적용시키는 목적은 사람들이 적절한 죽음을 맞도록 돕는 데 있다.

# ❷ 임 종

## 1) 임종 시 신체적 · 심리적 반응

전문가들은 죽어가는 사람들에게 공통적인 신체적 · 심리적 반응이 나타난다고 한다. 신체적으로 잠을 자거나 의식을 차리지 못하는 시간이 길어지며 가족이 누구인지 알아보지 못하거나 다른 사람으로 혼동한다. 호흡이 힘들어지고, 물을 삼키기 어려워하며 소변이 줄며 색은 진한 빛깔을 띤다. 몸이 점차 차가워져 손과 발부터 시작해 팔과 다리 순으로 싸늘해진다. 이때 피부색은 하얗게 또는 파랗게 바뀌며 경련이 심해지기도 한다. 이와 같은 증상은 대개 임종 48시간 전에 나타난다.

심리적으로는 몹시 위축되어 다른 사람과 이야기하지 않으려 하고 몇 사람 또는 단한 사람하고만 있으려 한다. 환상을 자주 보며 이미 죽은 사람과 이야기를 하거나 존재하지 않는 것을 보았다고 말한다. 대개 안절부절못하며 환자의 절반 가량은 죽음이 다가온 것을 느끼고 가족에게 마지막 인사나 당부를 하려고 한다(홍숙자, 2001).

## 2) 임종 준비

세상에서 살아가며 이겨내야 했던 여러 과제와 짐을 벗어버리고 가족들이 지켜보는 가운데 눈을 감는 임종에는 몇 가지 준비가 필요하다.

첫째, 유산이나 채무에 관한 유언은 죽는 이가 이 세상에서 지는 마지막 의무이다. 이에 대한 분명한 언급을 하지 않아 가족들이 뜻밖에 손해를 보는 일이 많다. 따라서 재산관계 유언은 되도록 미리 해 두는 것이 좋다.

둘째, 가족화해를 도모한다. 의식이 남아 있을 때 가족원들 각자의 가슴 속에 쌓아두었던 이야기를 털어 놓고 서로서로 용서하고 용서받는 시간을 갖는다.

셋째, 임종 순간이 다가오면 환자를 깨끗한 옷으로 갈아입히고 손과 얼굴을 닦아 단정해 보이도록 한다. 주변도 깨끗하게 정리하고 가족이나 친척에게 연락한다. 종교를 가진 사람이라면 성직자에게 연락해 필요한 종교의식을 준비한다. 임종 순간 가족들이 큰 소리로 운다거나 당황하면 환자의 임종을 방해하게 된다(홍숙자, 2001).

## 3) 사경 경험

사람에 따라 그리고 문화적 차이에 따라 죽은 후의 세계와 그 존재 여부에 대한 믿음이 다르나 모두 관심은 많다. 무디(Moody, 2009)는 사경을 헤매다 살아난 사경 경험(near-death experiences)을 한 어린이와 어른 150명을 면접하여 임사상태에서 회복할 때까지의 '임사체험 단계'의 공통적 현상을 순서대로 14개 항목으로 정리하였다.

① 자신의 죽음 선고 소리가 들린다.
② 지금껏 느껴 볼 수 없던 편안하고 행복한 기분을 느낀다.
③ 알 수 없는 목소리와 아름다운 음악소리가 들린다.

④ 갑자기 어두운 터널 속으로 빨려 들어간다.

⑤ 영혼이 육체를 벗어나, 자신의 신체를 관찰한다.

⑥ 살려달라고 소리쳐도, 아무에게도 들리지 않는다.

⑦ 시간 감각이 없어진다.

⑧ 시각과 청각이 민감해진다.

⑨ 강한 고독감이 엄습해 온다.

⑩ 지금껏 알고 지내던 여러 사람들이 나타난다.

⑪ '빛의 존재'와 만난다.

⑫ 자신의 인생이 주마등처럼 스쳐 지나간다.

⑬ 앞으로 나가는 것을 주저하게 된다.

⑭ 다시 살아난다.

사경을 경험한 사람들은 그러한 경험을 긍정적으로 기억했으며 자신의 삶에 대해 새롭고 보다 더 긍정적인 태도를 갖게 되었다. 많은 사람들이 자신의 삶의 스타일을 바꾸었고 어떤 영적 체험을 얻거나 죽음을 더 이상 두려워하지 않았다. 많은 사람들은 이러한 연구가 사후세계가 존재함을 보여준다고 생각하나 이에 대한 비평도 있다. Ketis(2010)는 사람들의 사경 경험이 $CO_2$ 농도의 상승에 의해 생기는 환상이라고 설명하면서 실제적 경험이라기보다는 신경학적 과정을 더 반영하는 것이라고 주장한다. 사후세계에 대한 존재의 논란이 있다 하여도 사후 삶의 잠재적 존재에 대한 믿음은 분명히 현재의 삶에 적응하는 것을 돕는다. 특히 어떤 사람들에게는 이러한 믿음이 주는 적응적 가치가 커서 인생을 충만하게 살 수 있는 이성적 근거를 제공하기도 한다.

# ❸ 장례절차 및 장례유형

## 1) 장례절차

우리나라 장례문화의 특징은 시신을 공개하지 않고 온 몸을 묶어 두는 것이다. 미국이나 일본에서는 고인의 몸과 얼굴에 시신위생처리 및 메이크업을 하고 고인의 모습을 바라보는 접견이라는 절차가 있는 반면에 한국의 장례문화는 시신의 모든 부위를 철저히 묶어서 감싸고 있다.

현재 우리나라에서 행해지는 장례 절차는 일반적으로 3일장으로 치르며 다음과 같다.

- **임종(臨終):** 마지막 숨이 넘어가는 것을 말하며 운명이라고도 한다.
- **수시(收屍):** 시체의 머리와 팔다리를 바로 잡아두는 일을 말하며, 시체가 굳기 전에 지체를 주물러서 굳고 바르게 하며 입, 코 등을 막는다.
- **발상(發喪):** 초상이 났음을 외부로 알리고 상례를 시작함을 말하는 것으로 유가족은 회색이나 검정색의 옷으로 갈아입고, 귀걸이나 목걸이는 삼가다.
- **부고(訃告):** 고인의 유족의 가까운 친지나 친척, 지인, 단체에 부고를 내는 것이다.
- **염습(殮襲):** 시신을 정결하게 씻기어 수의를 입히는 것으로 입관 전에 행하는 절차이다.
- **반함(飯含):** 고인의 입에 불린 생쌀을 버드나무 숟가락으로 좌, 우, 중앙에 각각 한 숟가락씩 넣고, 동전이나 구멍이 뚫리지 않도록 하는 것으로 요즘에는 생략되는 절차이다.
- **소렴(小殮):** 시신을 옷과 이불로 싸는 것을 말한다.
- **입관(入官):** 시신을 관에 모실 때 시신과 관 사이에 깨끗한 백지나 마포, 삼베, 혹은 고인이 입던 옷 중에서 천연섬유의 옷을 골라 둘둘 말아 넣어 시신이 움직이지 않도록 한다. 평소 고인의 유품 중 염주나 십자가, 성경 등을 넣어 드리기도 한다.
- **영좌설치:** 시신 앞에 병풍이나 검은 휘장을 치고 그 앞에 영좌를 설치한다. 영좌란 고인의 사진이나 혼백을 모셔 놓은 자리로 사진(영정)에 검은 리본을 두른다.
- **성복(成服):** 성복이란 정식으로 상복을 입는다는 뜻으로, 상제(고인의 배우자, 직계비속)와 복인(고인의 8촌 이내의 친족)은 성복을 한다.
- **조문(弔問):** 성복이 끝나면 본격적으로 조문을 받는다. 상제는 근신하고 애도하는 마음으로 영좌가 마련되어 있는 방에서 조객을 맞으며, 조객이 들어오면 일어나 곡을 하는 것이 일반적인 관습이다.
- **발인(發靷):** 영구가 집을 떠나는 절차이다. 발인에 앞서 간단한 제물을 차리고 제사를 올리는데 이를 발인제라 한다.

■ 운구(運柩): 발인제가 끝난 후 영구를 장지(화장지)까지 장의차나 상여로 운반하는 절차이다(윤문주, 2010).

## 2) 장례문화의 유형

### (1) 매 장

토장(土葬)이라고도 하는 매장의 풍습은 인류가 집단생활을 하면서부터 시작되었을 것으로 추정된다. 매장을 하는 이유는 주로 사자(死者)를 겁내 관계를 끊기 위해서인 것으로 설명하고 있다. 시체를 단단히 묶어서 굽혀묻기를 하거나, 펴묻기를 할 때도 시체 위를 무거운 돌로 눌러 놓는 것은 사자의 복귀를 겁내는 뜻이 있는 것으로 생각된다. 매장의 방법·절차도 나라마다 다른데 한국과 같이 유교의 풍습이 남아 있는 나라에서는 절차가 번거롭다. 한국은 전통적으로 묘를 만들어 매장하는 장사법이었으나, 조선 말기 근대화의 물결을 타고 일본의 화장법이 전래되어 병행되고 있다. 매장은 현대에 들어 시신을 묻는 땅의 부족으로 인해 지양 되고 있는 추세이긴 하나 아직까지는 주를 이루는 장례유형이다(정헌, 2010).

### (2) 화 장

죽은 사람의 시체를 불에 태워서 처리하는 장례유형으로 뼈를 추려 항아리나 상자에 넣어서 땅에 묻기도 하고 화장묘지에 모셔두기도 한다. 우리나라에서는 삼국시대에 불교가 중국에서 전래된 뒤부터 다비라 하여 승려가 죽으면 화장하는 풍습이 있었으나 일반인들은 거의 토장의 풍습을 따랐다. 그러나 일제강점기인 1912년 「묘지·화장·화장장에 관한 규칙」이 제정된 후부터는 일제의 강요, 묘지 확보의 어려움 등으로 화장을 따르는 예가 있었으나, 오랜 전통적 풍습과 관념을 일시에 변혁시킬 수는 없었고 대부분이 계속 토장을 하였다. 그러나 오늘날에는 인구 팽창에 따른 거주 지역의 확장, 농지와 임야 면적의 확보 등으로 묘지의 절대 면적이 줄어들고 있는 실정이며 따라서 화장을 하는 예가 특히 대도시를 중심으로 늘고 있다(정헌, 2010).

## (3) 화장의 한 유형: 에코다잉

에코다잉(Eco-dying)이란 시신을 화장한 뒤 남은 뼛가루를 산·바다 등에 뿌려 자연으로 되돌아가게 하는 친환경적 장례를 뜻한다. 크게 수목장, 해양장, 산골장으로 구분된다. 그 중에서 골분을 지정된 수목의 나무에 뿌리는 수목장이 가장 활성화 되었다. 수목장은 화장한 뼛가루를 나무뿌리 주위에 묻고 장례를 치른 뒤 명패를 걸어주는 방식이다. 고인이 나무와 함께 상생한다는 자연회귀의 섭리에 근거한 장묘법이다. 우리나라엔 2004년 처음 알려졌다. 최근에는 탄소배출권에 따른 경제적인 효과도 있어 더욱 주목받고 있다. 해양장은 골분을 바다에 뿌리는 장례법이다. 바다 위 부표(항로를 나타내기 위해 바다 위에 띄운 표지물) 부근에 화장한 뼛가루를 뿌리고, 뒤에 부표를 찾아 제사를 지낸다. 1999년 문을 연 인천 연안부두의 '바다 장례식장'의 경우 개장 첫해 132건에서 해마다 점차 이용이 늘고있다. 꽃동산 등에 뼛가루를 뿌리는 정원장도 있다. 서울시는 2003년부터 경기도 파주에 '추모의 숲'을 운영 중이다. 무궁화나 국화 등이 핀 동산에 골분과 흙을 섞어 뿌리고 합동제단에서 추모하는 방식이다. 에코 다잉형 장례가 늘었지만 현행 「장사 등에 관한 법률」(장사법)에는 매장에 관한 규정만 있을 뿐 관련법이 없어 정부의 지원이나 규제가 전혀 없다(중앙일보, 2006).


# ④ 사별, 비탄 그리고 애도

죽음은 죽는 사람뿐만 아니라 남게 되는 사람에게도 큰 고통을 준다. 사랑하는 사람을 잃게 될 때 사별, 비탄, 애도의 경험을 하게 된다. 사별(bereavement)은 상실이라는 객관적 사실로 유족의 신분상의 변화를 뜻한다. 비탄은 사별에 대한 정서적 반응으로 충격, 무감각, 분노, 우울, 공허함 등으로 다양하게 표현될 수 있다. 애도는 슬픔을 표현하는 데 있어 문화적으로 유형화된 기대이다.


## 1) 비탄 과정

자신의 죽음에 직면했을 때 그것을 궁극적으로 인정하는 단계가 있듯이, 사랑하는 이의 죽음을 받아들이는 데도 단계가 있다. 즉 부정과 분노, 우울, 인정과 적응이라는 공통요소가 있는 것이다.

첫째는 충격의 단계로, 처음 얼마동안은 격렬한 슬픔에 압도되어 충격과 의혹의 상태에 빠진다. 상실에 대한 분노와 고인이 생존했을 당시에 더 잘해주지 못했던 것에 대해 죄책감을 느끼기 시작한다. 이 단계에서는 상실감이 자리 잡으면서 초기 증세는 걷잡을 수 없는 슬픔이나 울음으로 표현된다.

둘째는 그리움의 단계로 고인에 대한 그리움으로 고인이 아직도 살아있다는 느낌에 사로잡힌다. 고인이 살아 돌아올 수만 있다면 무엇이든 하겠다는 홍정의 마음이 생기기도 한다. 때로는 사랑하는 사람과 다시 만나는 방법으로 자살을 생각하기도 한다. 그러나 이러한 격렬한 감정은 시간이 지나면서 점차 사라진다.

셋째, 절망의 단계에 접어든다. 시간이 지나면서 고인에 대한 강렬한 그리움과 슬픔의 감정은 약해지지만 이제 고인과 다시 만나는 것이 불가능하다는 사실을 깨달으면서 우울증이나 절망감에 빠진다. 마지막으로, 일상 활동을 재개하게 되는 회복의 단계는 대체로 사별 후 1년 이내에 나타난다. 고인의 유품을 정리하면서 심한 고통과 그리움보다는 평온한 감정으로 고인을 회상할 수 있게 되고 따라서 사람들을 만나면서 인간관계를 회복하고 새로운 취미활동을 하거나 새로운 사회적 관계를 형성한다.

## 2) 애도의 단계

죽음이라는 인생의 사건을 받아들이고 이에 적응하는 과정은 문화 간, 문화 내에 따라 차이가 있다. 미국에서는 사별한 사람은 빨리 고인과의 감정적 유대를 끊고 일상의 생활로 되돌아오도록 격려된다. 반면 일본에서는 고인의 죽음 이후에 가정 내에 음식을 차려놓고 고인과 이야기를 나누기도 한다(홍숙자, 2001). 문화에 따라 고인의 죽음을 다른 방식으로 추모하나 이러한 모든 의식들은 죽음을 의미 있게 하고 죽음으로 인한 혼란과 고통을 극복해 가는 데 도움이 되도록 만들어진 것이다.

애도과정에 대해 Bowlby(1980)는 다음의 4단계 과정으로 구분하였다.

첫째, 무감각의 단계에서 사람들은 신체적 변화나 불편함이 동반되어, 멍하거나 메스꺼움, 가슴과 목의 조임이나 긴장을 나타낸다. 이 과정은 대개 며칠간 계속되지만 갑작스러운 죽음인 경우 몇 주간 계속되기도 한다.

둘째, 그리워하는 단계는 고인을 되찾고 싶은 마음에서 계속 찾아 헤매는 단계이다. 이때 살아있는 사람들은 좌절감, 분노, 죄의식을 느끼거나 격렬한 슬픔을 표현하기도 한다. 때로는 통제할 수 없는 흐느낌이나 식욕 부진과 불면증으로 고생하기도 한다.

셋째, 혼란과 절망의 단계에 접어들면 고인의 죽음을 현실로 받아들이며 무력감, 절망감, 우울감을 느끼게 된다. 이때는 극단적 피로감을 느껴 수면을 많이 취하기도 한다.

넷째, 마지막 단계인 재조정 단계는 가정과 직장에서 점차 정상적인 생활로 회복하는 단계이다. 고인에 대한 생각은 슬픔을 낳지만 이러한 감정에 계속 휩싸여 있지는 않는다. 점차 일상적 수면 습관을 되찾고 원기를 회복한다.

## 3) 애도의 유형

죽음에 대한 반응이 사람에 따라 다르듯이, 사별에 대한 사람들의 반응 또한 차이가 많다. 남편이 사망한 후 1개월째와 사망 1~2년 후에 미망인이 경험한 비탄의 정도를 조사한 네 개의 연구결과를 고찰해 보면, 네 가지 유형의 애도를 발견할 수 있다(그림 15-1). 첫째, 정상적 애도는 사별 직후 즉각적 비탄의 수준은 높지만 두 번째 측정 시에는 그 수준이 낮아지는 유형이다.

둘째, 만성적 애도는 사별 직후 즉각적 비탄과 후일의 비탄이 모두 높은 수준으로 나타나는 유형이다.

|  | 후기 디스트레스 | |
| --- | --- | --- |
|  | 고 | 저 |
| 사별 직후 디스트레스 — 고 | 만성적 애도 8~26% | 정상적 애도 9~41% |
| 사별 직후 디스트레스 — 저 | 유예된 애도 1~5% | 결여된 애도 30~78% |

| 그림 15-1 | 애도의 네 가지 유형
자료: 홍숙자(2001)

셋째, 유예된 애도는 즉각적 비탄 수준은 낮지만 후일에 높은 비탄을 경험하는 유형이다. 마지막으로, 결여된 애도는 사별 직후의 단기적 비탄 수준 뿐만 아니라 후일에도 그 수준이 낮게 나타나는 유형이다. 애도의 유형 가운데 '결여된 애도'의 유형이 보편적인 것으로 나타났으며, 미망인의 30~78%가 이 유형에 속했다. 이에 대해 Wortman과 동료들은 사별 후 슬퍼하기는 하나 많은 사람들이 비탄을 심각하게 느끼지 않고 사별을 의연하게 다룰 수 있음을 뜻한다고 지적한다.

## 4) 사별의 적응에서의 성차

보통 여성이 남성보다 오래 살고 자신보다 나이 많은 남성과 결혼하기 때문에 사별은 여성이 남성보다 훨씬 많이 경험하는 현상이다. 여성 노인 중 절반이 미망인이며, 모든 여성의 절반 정도가 56세 이전에 미망인이 된다. 같은 연령집단의 남성은 7명당 1명에 불과하다. 여성 노인은 대개 다른 미망인들과 친하게 되지만 남성과 만나고 관계를 만들기는 어렵다.

오랜 결혼생활 후에 배우자를 사별한 사람들은 정서적 문제와 실제적 문제에 부딪치게 된다. 결혼생활이 원만했다면 크나큰 정서적 공허가 일어난다. 그들은 연인이며 둘도 없는 친구이자 인생의 반려자를 잃은 것이다. 행복하지 못한 결혼생활이었더라도 상실감이 느껴진다. 사별은 인생을 배우자의 보살핌과 동료애를 위주로 살아온 사람에게는 힘든 일이다. 노인 혼자 남아 완전히 새로운 인생구조를 세워야 하기 때문이다. 남성과 여성은 일반적으로 배우자 사별에 대해 다르게 적응하며 각기 다른 문제를 갖지만 공통적으로 양쪽 모두 오랫동안 친하게 지내온 다른 부부들 사이에서 자신을 '무용지물'로 느끼는 것으로 조사됐다.

또한 남녀 노인 모두가 사별 후 겪게 되는 심각한 문제 중 하나는 경제적 곤란이다. 남편의 수입에 주로 의지했던 미망인은 사별 후 수입이 끊긴다. 반면 아내와 사별한 노인은 아내가 해주던 서비스의 대부분을 금전으로 해결해야 한다. 사별한 노인들은 모두 높은 비율의 정신 질환, 특히 우울증을 보인다. 남성 노인은 아내와 사별한 후 6개월 이내에 사망할 가능성이 높으며, 여성은 무기력해지기 쉽다. 배우자 사별은 다른 인생의 위기처럼 개인의 성격과 생활환경에 따라 다른 영향을 미친다. 상실의 고통을 치유하는 데는 항상 시간이 걸리기 마련이지만, 강한 정체감과 강인한 자립심을 일찍부터 발달시킨다면 배우자 사별이나 인생 전반에 대해 보다 더 잘 대응할 수 있을 것이다.

## 5) 사별한 대상에 따른 반응

### (1) 부모와의 사별

부모와의 사별은 어느 시기에 겪든지 마음의 상처를 받는다. 대부분의 사람들에게 부모의 죽음은 많은 것을 빼앗아간다. 사랑과 가르침을 잃게 되고 부모로서의 모델을 더 이상 볼 수 없게 한다. 부모의 죽음을 예상한 경우에도 대부분의 사람들은 마음이 크게 동요하는 것으로 조사되었다. 또한 부모 사망 이전에 성인 자녀가 겪은 스트레스가 더 클수록 사별 과정도 더 힘든 것으로 나타났다. 젊은 부모의 죽음은 예상치 못한 사건이라 더 고통스럽게 여기나, 노부모의 죽음의 경우도 자녀는 부모가 천수를 누렸다고 생각지 않았다. 부모의 죽음을 예기한 성인 자녀들에게조차도 부모와 자녀 사이의 연을 끊는 것은 확실히 감정적 슬픔과 동요를 가져오나, 부모와 함께 지내며 맺었던 관계에 대한 기억은 부모가 세상을 떠난 후 자녀들에게 위안이 된다.

### (2) 배우자와의 사별

배우자의 죽음은 스트레스 지수가 높은 생활사건으로, 부부 간에 강하고 오래된 유대관계를 가졌던 경우라면 더 큰 슬픔으로 다가온다. 특히 배우자의 죽음은 다른 상실과는 다르게 일정 기간 동안 애도해야 한다는 사회적 압력이 있다. 대개 이러한 압력은 사회에서 수용할 만한 애도 기간이 지나기 전에 또 다른 짝을 찾으려는 데 관심을 보이기 시작하는지 아닌지에 대해서 관심을 기울이는 형태로 나타난다. 미국의 경우, 그 기간은 정해지지 않았지만 대개 약 1년으로 여긴다.

배우자의 죽음 직후, 젊은 배우자는 나이든 배우자들보다 더 깊은 강도의 비탄 반응을 보이는 경향이 있다. 그러나 18개월 이후의 상황은 달라져 오히려 나이든 배우자들이 젊은 배우자들보다 더 많이 비탄에 잠긴다. 이처럼 연령에 따라 비탄의 정도에 차이가 나타나는 것은 다음과 같은 이유로 설명된다. 젊은 배우자의 죽음은 예기치 않은 사건이며, 젊은 배우자일수록 재혼의 기회가 더 많은 반면에 나이든 미망인들은 상대적으로 얼마 남지 않은 여생을 예상하므로 재혼을 시도하기보다는 죽은 배우자의 기억을 소중히 품고 있기를 더 선호하기 때문이다.

한편 배우자와 사별한 우리나라 여성들은 자녀양육과 관련된 스트레스를 가장 많이 경험하고 있었으며, 그 다음으로는 경제적 스트레스, 배우자 상실감으로 인한 스트레스, 대인관계 스트레스, 도구적 스트레스 순으로 경험하고 있었다(강인, 1998). 이처럼 배우자 상실로 인한 스트레스가 높은 사별한 여성들은 생활만족도가 낮아지고 우울증이 증가하는 것으로 나타난다.

사별에 따른 적응에서 남녀 모두 비탄수준은 비슷하지만 적응상의 어려움의 종류는 다소 차이를 보인다. 사별한 여성은 남성보다 의기소침하고 곤란을 더 많이 겪는다. 예를 들어 홀어머니가 홀아버지보다 경제적 문제, 법적 문제, 재혼 가능성에 있어서 불리한 것으로 나타났다. 그러나 미망인이 되는 것은 보편적 현상이기 때문에(통계적으로 70세 이상이 되면 2/3 이상이 미망인이 됨) 많은 미망인들은 다른 미망인들로부터 정서적 지원을 받을 수 있다. 이러한 정서적 지원은 남편과의 사별을 보상해 주고 혼자서 살아가는 삶에 적응할 수 있게 도와준다. 실제로 배우자 죽음 후 첫 2년 동안의 비탄 과정에 사회적 지지가 상당한 역할을 하는 것으로 나타났다. 특히 중요한 것은 친구의 수보다는 지지를 해주는 지지망의 질인 것으로 밝혀졌다.

## (3) 자녀와의 사별

자녀는 부모가 죽기 전에 죽을 것으로 생각되지 않았기 때문에 언제, 어떻게 죽든지 깊은 상처를 준다. 특히 자녀의 죽음은 갑자기 일어났을 때 더욱 상처가 깊어 어떤 부모들은 자녀의 죽음 후 전혀 회복하지 못하기도 한다. 출산 중의 사산이나 유산, 낙태 또는 신생아의 죽음은 자녀와 관련된 상실 가운데 가장 덜 고통스럽다는 지적도 있으나 어머니, 아버지 모두는 임신 초기단계 동안 태어날 아기에게 결속되어 있어 자녀의 상실을 힘들어 한다. 그러나 비탄해 하는 방식은 부부가 달라, 어머니들은 죽은 자녀를 생각하여 가장 비탄해 하는 반면에 아버지들은 아내를 생각해서 더 비탄해 한다.

노부모에게 성인 자녀의 죽음은 견디기 힘든 일이다. 자녀의 죽음을 부모로서의 정체감 상실로 받아들이고 죄책감, 분노, 불안감, 고립감을 경험한다. 성인 자녀의 죽음이 배우자나 부모의 죽음보다 아픔이 덜하다는 연구결과도 발견되지만 절망감, 죄책감, 분노, 불안, 신체적 이상과 같이 오히려 가장 큰 비탄 반응을 보인다는 연구결과도 있다.

## ❺ 남은 가족원의 적응 과제

사별에 가장 잘 적응한 것으로 보이는 사람들은 바쁘게 생활하고 새로운 역할이나 이미 참여하고 있는 활동에 더욱 관여하는 사람들이다. 대다수 미망인들은 비공식적 지원체계에 의존한다. 가장 외로운 미망인은 자녀가 아주 적거나 전혀 없는 경우, 건강 상태가 나쁜 경우 그리고 갑자기 혹은 예기치 않게, 또는 일찍 남편을 잃은 경우, 남편을 사별한 지 6년 이내인 경우 혹은 친구나 사회적 활동이 거의 없는 경우로 나타났다.

한 사람을 떠나보내며 주위 사람들은 이별을 현실적으로 받아들이고 긍정적 자세로 물리적 · 정신적 준비를 해야 한다. 가족원은 변화된 상황에 따른 과제에 도전을 받게 되므로 이를 시작으로 여기며 이에 적응해 가는 노력을 기울여야 한다. 죽음은 가족원에게 가슴 아픈 일이자 적응해 나가야만 할 새로운 과제이기도 하다. 가족원 모두는 힘을 모아 이전의 시기를 정리하고 새로운 상황에 맞추어 살아가려는 시도를 해야 한다.

사별 후 남은 가족원은 새로운 가족 상황에 적응해 나가야 한다.

## ❻ 호스피스

호스피스는 완치가 불가능한 말기 환자와 가족들의 고통을 돌보는 활동으로, 환자가 인간다운 삶의 질을 유지하면서 남은 생애를 고통 없이 정리하게 하고, 가족들의 고통과 슬픔을 덜어주는 총체적인 돌봄을 뜻한다. 즉, 호스피스는 말기 환자뿐 아니라 가족에게도 쾌적한 생활과 평온함 가운데에서 가족원의 죽음을 맞이하도록 배려해 주는 것이며, 치유의 전망이 없어졌을 때라도 환자가 잘 지낼 수 있도록 하나하나의 증상에 신중히 대처해 나가는 것이다.

호스피스는 1815년 아일랜드의 더블린에서 채리타 수녀원의 수녀들이 거리에서 죽어가는 가난한 환자들을 수녀원으로 데려다가, 임종준비를 시킨 데서 유래한다. 우리나라에서는 1978년 강릉 갈보리 병원에서 최초의 호스피스 케어가 시도되었으며, 1982년 가톨릭 병원에서, 1988년에는 세브란스 병원에서 시작되었다.

## 1) 호스피스 케어의 유형

호스피스 케어는 입원이나 수용 보호 시설에서의 서비스만이 아니라 가정에서 서비스를 받는 가정간호도 포함된다. 호스피스 대상자는 현대의학으로 치료 효과를 기대하기 어려운 환자, 통증 완화와 증상관리를 필요로 하는 환자 그리고 주치의나 호스피스 담당자가 호스피스 간호를 추천하는 환자(단, 의식이 분명하고 의사소통이 가능한 환자) 등이 해당된다. 호스피스 케어의 유형은 다음과 같다. 독립형, 시설형, 병동형 호스피스는 별도의 시설과 건물을 가지고 호스피스만을 운영하는 것이며, 병원 부설형 호스피스는 병원 내의 호스피스 환자만을 위한 병동이 별도로 설치되어 있는 형태이다. 산재형·혼합형 호스피스는 호스피스 병동이 따로 설치되어 있지 않아 환자들이 다른 환자와 섞여 입원해 있는 상황에서 호스피스 케어를 제공받는 형태이다. 가정형 호스피스는 정기적으로 환자의 가정을 방문·상담하고 간단한 진료를 통해 환자를 돌보는 형태이다. 많은 사람들이 집에서 죽음을 맞이하는 것을 좋아하므로 가정간호에 의한 호스피스 서비스가 가장 적절하다고 할 수 있다.

## 2) 호스피스 케어 자원봉사자

호스피스 케어 자원봉사자는 인생의 마지막 여정에 있는 환자를 돕는 역할을 해야 하므로 그들의 모집과 교육에 대한 섬세한 지도가 필요하다. 자원봉사자의 역할을 정리하면 다음과 같다(김분한, 1997).

■ 환자나 가족이 있는 병원 혹은 집으로 방문한다.

- 환자와 가족을 안심시키며 영적인 분위기를 조성하고, 전 가족을 단위로 사랑하며 인간적 교제를 갖는다.
- 환자가 용기를 갖도록 격려하며 정서적 지지와 함께 다양한 기회를 제공한다.
- 환자에게 책을 읽어 주고, 전화를 받아주며, 편지를 써주고, 기도해 주고, 조용히 함께 앉아 있기도 한다.
- 레크리에이션이나 사회적 활동을 보조해 준다.
- 가족들이 휴식시간을 갖도록 주선한다.
- 외래방문이나 상점 등을 가야할 경우 동반해 주고 교통수단을 해결해 준다.
- 환자 주변을 정리 정돈해 주고 사무처리도 돕는다.

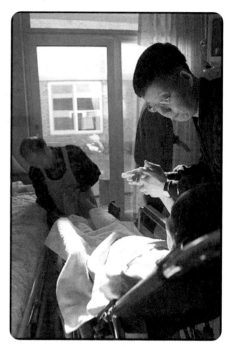

호스피스의 도움은 남은 생을 정리하는 데 큰 도움이 되기도 한다.

- 장례식에 참석하고, 필요하다면 사별 후 가족의 적응을 돕는 사별간호를 제공한다.
- 환자와 가족에게 서비스 활동을 제공한다.

| 국내문헌 |

강란혜(2008). 탈북 아동과 부모를 위한 남한사회에서의 심리사회적 적응프로그램 효과. 한국지역사회복지학, 27(1), 173-193.

강봉규(2000). 인간발달. 동문사.

강영자·박성옥·양명숙(1987). 아동의 스트레스. 서울: 양서원.

강인(1988). 중년기 여성이 경험하는 배우자 사별 스트레스와 적응. 이화여자대학교 대학원 석사학위 청구논문.

강인언·이한우·정정란(2009). 최신 아동발달. 서울: 학지사.

경기개발연구원(2001). 아동학대 예방사업의 효율적인 추진방안 연구보고서.

고정자(1998). 한국도시주부의 고부갈등에 관한 연구. 한양대학교 대학원 박사학위청구논문.

곽금주(2008). 다문화가정 아동의 발달과 적응: 다문화 가정에서의 부모-자녀간의 상호 작용 패턴과 그 효과를 중심으로. 한국심리학회 연차학술발표대회 논문집, 1-26.

교육과학기술부(2010). 2009년 학교건강검사제도 및 표준통계 개요.

구자경(2000). 시어머니와 며느리가 지각하는 고부간의 갈등. 이화여자대학교 대학원 석사학위 청구논문.

구재옥·이정원·최영선·김정희·이종현(2002). 생활주기영양학. 효일.

국가청소년위원회(2006). 2006 청소년 유해환경 종합실태조사. 서울: 국가청소년위원회.

국가청소년위원회(2007). 2007 청소년 유해환경접촉 종합실태조사. 서울: 국가청소년위원회.

국민일보. 2005년 1월 18일. 청소년 '인터넷중독' 하루 평균 2시간 이상 이용. http://www.kukinews.com 에서 2008년 2월 25일 인출.

권정윤(2007). 조기 특기교육에 대한 부모의 인식과 양육스트레스 및 유아의 문제행동 연구. 미래유아교육학회지, 14(2), 1-20.

권정혜(2010). 고부갈등이 결혼만족도에 미치는 영향: 자존감과 비난의 매개를 중심으로. 고려대학교 대학원 석사학위 청구논문.

김경란(2007). 다문화가정자녀의 자아정체감과 사회적 지지가 사회적응에 미치는 영향. 국민대학교 행정대학원 석사학위 청구논문.

김경은·정옥분(1998). 주말부부 어머니의 결혼적응과 아동의 사회적 적응과의 관계. 대한가정학회지, 36(1), 35-49.

김기원·도현심·김상원·이선희(2010). 어머니의 취업 여부, 취업 관련 특성, 배우자의지지 및 양육스트레스간의 관계. 아동학회지, 31(5), 101-113.

김길임·심미옥(2002). 일상적 스트레스와 또래 괴롭힘의 가해와 피해경험: 학년과 성별 비교. 아동학회지, 23(5), 139-151.

김미정·정계숙(2007). 유아기 자녀를 둔 새터민 부모의 양육 이야기. 아동학회지, 28(1), 1-24.

김선영(2001). 약물남용 청소년의 약물중단에 관한 연구. 숭실대학교 대학원 석사학위 청구논문.

김아다미(2001). 아동의 학대경험이 자아존중감과 스트레스 대처방식에 미치는 영향. 이화여자대학교 대학원 석사학위 청구논문.

김연화 · 정영숙(2005). 부모자녀간의 의사소통 및 또래관계와 아동의 인터넷 중독 경향. 대한가정학회지, 43(10), 103-114.

김대희 · 김태현 · 이선자 · 임재은 · 박재간(1995). 서울시 노인들의 대중매체 관심도 및 보건교육 요구도 조사연구. 한국보건교육학회, 12(1), 3-20.

김동규(2005). [시어머니 vs 며느리], [장모 vs 사위]. 마이웨딩.

김동기 · 홍세희(2007). 다층모형을 적용한 청소년의 외현적 공격성 변화 추정: 변화에 있어서의 개인차에 대한 생태학적 요인 검증. 한국조사연구, 8(2), 21-42.

김동일 · 김신호 · 이근재 · 정일호 · 정종진(2004). 아동발달과 학습. 서울: 교육출판사.

김명자(1989). 중년기 발달. 서울: 교문사.

김명자(1989). 중년기 연구. 서울: 교문사.

김명자(1991). 중년기 부부의 가족스트레스에 대한 대처양식과 위기감. 대한가정학회지, 29(1), 203-216.

김명희(2006). 현대사회와 부모교육. 서울: 학문출판주식회사.

김미숙(2006). 외동아와 형제아의 학업적 자기효능감과 학교적응 비교 연구. 이화여자대학교 대학원 석사학위 청구논문.

김미혜 · 신경림 · 최혜경 · 강미선(2006). 한국노인의 성공적 노후 삶의 유형에 영향을 미치는 요인. 한국노년학, 26(1), 91-104.

김밀양(2004). 고부관계에 대한 이론적 고찰. 한국가족관계학회지, 9(2), 173-187.

김보림 · 엄정애(2007). 유아조기특기교육의 실태와 어머니 양육신념과의 관계. 대한가정학회지. 45(8). 13-24.

김분한(1997). 말기 암환자 호스피스케어의 일례. 대한간호, 36(3), 32-37.

김상희(1982). 학령전 아동의 형제간 상호작용에 관한 연구. 이화여자대학교 대학원 석사학위 청구논문.

김상희(1985). 학령전 아동 형제간의 놀이상황 중 즉각적인 모방행동 연구. 대한가정학회지, 23(4), 143-152

김상희(1990). 형제간 및 또래간 사회성에 영향을 주는 가족인구학적 변인. 이화여자대학교 대학원 박사학위 청구논문.

김숙경(1989). 외동아와 형제아의 모-자녀관계 및 사회성에 관한 비교 연구. 이화여자대학교 대학원 석사학위 청구논문.

김숙령(2010). 영아-교사간 상호작용의 질적 수준과 교사의 민감성이 영아의 부모와 교사에 대한 애착과 사회적 행동에 미치는 영향. 한국영유아보육학, 4(1), 197-215.

김순영(2003). Bowen 가족치료적 관점에서 본 홧병에 대한 연구: 고부갈등을 중심으로. 서울여자대학교

기독교대학원 석사학위 청구논문.

김순환 · 이기숙(2008). 유치원 영어수업에서 영어담당교사가 사용하는 교수전략과 유아반응. 유아교육연구 28(5). 247-271.

김신옥 · 민혜영(2004). 우리 아이 잘 기르기. 서울: 창지사.

김애순(1993). 개방성향과 직업, 결혼, 자녀관계가 중년기 위기감에 미치는 영향. 연세대학교 박사학위 청구논문.

김애순(2002). 성인발달과 생애설계. 시그마프레스.

김애순 · 윤진(1995). 은퇴 이후의 심리 · 사회적 영향. 한국노년학, 15(1), 141-158.

김양미(2000). 아동학대가 아동의 공격성 및 자아존중감에 미치는 영향. 전남대학교 교육대학원 석사학위 청구논문.

김연수(2007). 서울지역 여성결혼이민자의 결혼행복감에 관한 연구. 한국가족복지학, 21, 217-252.

김영희(2005). 북한이탈주민가족 부부관계의 문제점과 그에 대한 대처-환경적 요인을 중심으로-. 북한이탈주민지원 민간단체협의회 워크숍, 28-38.

김유미(2009). 뇌발달 접근에서 본 사교육의 문제점. 한국아동학회 창립30주년 기념 논문집, 87-96.

김은지(1996). 기질이 형제관계 및 또래관계에 미치는 영향. 인간발달연구, 4, 32-51.

김익균(2003). 가족복지론. 서울: 교문사.

김지경(2004). 미취학자녀의 사교육 이용여부 및 비용의 결정요인. 소비자학연구, 15(3), 67-86.

김지경(2005). 성별 은퇴사유와 은퇴 후 소득비교. 한국사회보장학회지, 21(2), 55-76.

김지현 · 양옥승(2009). 어린이집에서 영아보육이 지니는 의미: 보살핌과 가르침. 유아교육연구, 29(2), 163-189.

김태현(1994). 노년학. 서울: 교문사.

김태현 · 전길양(1997). 노년기 부부의 상호간 지지와 역할공유 및 결혼적응에 관한 연구. 한국노년학회지, 17(2), 167-182.

김현화 · 조병은(1992). 성격특성에 따른 중년기의 적응에 관한 연구. 한국가정관리학회지, 10(1), 207-228.

김형수(1998). 부자가정의 생활실태에 관한 조사연구. 원광대학교 행정대학원 석사학위 논문.

김혜선(2004). 조손가족 조부모의 양육태도와 양육스트레스가 손자녀 적응에 미치는 영향 연구. 한국아동복지학, 18, 85-117.

김혜승 · 김자연역(2010). 스펜서존슨. 1분엄마. 서울: 따뜻한 손.

김효순(2006). 재혼가족의 양육태도 유형이 가족적응에 미치는 영향에 관한 연구. 한국가족복지학, 17, 57-87.

김효정 · 고선규 · 권정혜(2007). 남자노인의 은퇴 스트레스와 우울 간의 관계: 결혼만족도의 매개효과. 한국심리학회 연차학술대회 논문집, 192-193.

남영옥(2005). 중학생의 인터넷중독, 게임중독, 음란물중독의 심리사회적 특성비교. 청소년학연구, 12(3), 363-388.

남영옥 · 이상준(2002). 청소년의 사이버섹스중독과 사이버 음란물 접촉 및 성행동과의 관계, 청소년학연구, 9(3), 185-212.

네이버. 2010년 9월 25일. 매장중심 '장례 문화의 변화…' 현실은 딴판.

노혜숙(2003). 행복한 엄마들의 아기존중 육아법. 서울: 세종서적.

뉴스한국. 2009년 3월 12일. 죽음을 목도한 임사체험자들 한결 같은 애기는.

도현심 · 박성연(1992). 한국 아동의 수줍음에 관한 연구. 대한가정학회지, 30(1), 325-338.

도현심 · 이희선(2003). 존경받는 부모 존중받는 자녀. 서울: 교문사.

동아일보. 2010년 7월 14일. 新 고부갈등(처가 스트레스)로 이혼까지 고려히는 현대 남성들.

류호상(2005). 운동의 심리적 효과. 스포츠심리학 핸드북 (pp. 697-724). 서울: 무지개사.

문윤상(1996). 우리나라 노인산업의 발전 방향. 한국보건사회연구원.

민무숙(1994). 노인동거 가정의 성인 여자녀의 부양 부담도에 관한 연구: 노인동거 가정의 현재와 미래. 한국가정발전연구소.

박경란 · 이영숙(2003). 고부관계에서 며느리가 지각하는 스트레스 및 대처. 노인복지학회지, 22(1), 22-27.

박상복(2010). 전문직 은퇴자의 성공적 노화에 대한 요구분석: 역량, 학습 및 사회활동을 중심으로. 경성대학교 대학원 박사학위 청구논문.

박성연(2006). 아동발달. 서울: 교문사.

박성연 · 김상희 · 김지신 · 박응임 · 전춘애 · 임희수(2003). 부모교육. 서울: 교육과학사.

박성연 · 도현심(2001). 조선족 청소년의 문화접변유형과 적응간의 관계. 아동학회지, 22(3), 123-134.

박성연 · 도현심(2002). 아동발달. 서울: 동문사.

박성혜 · 김광웅(2003). 유아의 일상적 스트레스에 영향을 미치는 미시체계 변인 탐색. 아동학회지, 24(4), 1-14.

박성호(2001). 부부의 자아존중감, 내적 통제성 및 의사소통과 결혼만족도와의 관계. 서강대학교 교육대학원 석사학위 청구논문.

박아청(2000). 연령증가가 발달에 어떻게 영향을 미치는가. 사회과학논총, 19(1), 57-68.

박응임(1995). 영아-어머니간의 애착 유형과 그 관련 변인. 이화여자대학교 대학원 박사학위 청구논문.

박응임 · 김지신 · 김상희(2002). 좋은 부모 행복한 아이-초등학생 부모를 위한 자녀양육 길라잡이. 서울: 교문사.

박재간(1979). 노인문제와 대책. 서울: 이우사.

박재간 · 모선희 · 이미애(1998). 수요 시 노인복지산업 모형개발에 관한 연구. 사단법인 노인문제연구소.

박정숙 · 박옥임 · 김진희(2007). 국제결혼 이주여성의 가족갈등과 생활만족도에 관한 연구. 한국가정관리학회지, 25(6), 59-70.

박정헌(2002). 한국가정에 있어서 고부갈등에 대한 통합적인 가족치료적 접근에 관한 연구. 서울여자대학교 기독교대학원 석사학위 청구논문.

박혜원 · 김은지(1997). 기질이 형제관계 및 또래관계에 미치는 영향. **인간발달연구**, 4, 32-41.

변화순(1996). 연구보고서200-19: 이혼가족을 위한 대책연구(1). **한국여성정책연구원**, 33, 155-175.

보건복지가족부(2006). 조손가정 정부지원 현황.

보건복지가족부(2009). 2008년 장애인실태조사.

보건복지가족부(2009). 2009년 국민기초생활보장 현황보고서.

보건복지가족부(2009). 가족통계연보.

보건복지가족부 장애인자립기반과(2009). 장애수당 및 장애아동수당 수급자현황통계.

보건복지부(2005). 국제결혼 이주여성 실태조사 및 보건 · 복지 지원 정책방안.

보건복지부 중앙아동보호전문기관(2010). 2009 전국아동학대현황보고서.

삼성복지재단(1994). **한국 10대 청소년의 의식구조: 생활세계적 접근.** 서울: 삼성복지재단.

서은아(2007). 현대 "장모와 사위"사이의 갈등해결을 위한 설화와 문화치료적 가능성 탐색. 인문학연구, 34(2), 185-210.

서지영(2002). 부모이혼이 자녀의 적응에 미치는 영향에 관한 연구: 유연성(Resilience) 효과를 중심으로. 연세대학교 석사학위 청구논문.

서혜경(2007). 죽음불안도에 영향을 미치는 요인들에 관한 탐색적 연구. 한국보건교육 · 건강증진학회, 24(1), 109-125.

서혜경 · 이영진(1997). 노년기의 성에 대한 다각적 고찰. 동신대학교부설 노인복지연구소.

성지혜(2001). 빈곤한 조부모 손자녀 세대 아동의 우울 및 불안에 관한 연구: 지역사회복지관 서비스 대상자를 중심으로. 이화여자대학교대학원 석사학위 청구논문.

손승영(1995). **한국사회의 변화와 가족,** 한국가족문화의 오늘과 내일. 여성한국사회연구회 편, 서울: 사회문화연구소.

송관재(2003). **생활 속의 심리.** 서울: 학지사.

송말희(1990). 기혼남녀의 부부간 갈등정도와 대응행동에 관한 연구. **가정관리학회지,** 8(2), 31-47.

송하나 · 최경숙(2010). 기질적 정서표현성의 안정성과 어머니의 정서표현성이 아동의 정서표현성에 미치는 영향에 대한 단기 종단연구. **한국심리학회지: 발달.** 23(2), 93-107.

송현애(1993). 며느리의 시부모 부양 스트레스에 관한 연구. 동국대학교 대학원 박사학위 청구논문.

송혜자(2009). 노인의 역할수행이 성공적 노화에 미치는 영향: SOC 대처전략의 매개효과를 중심으로. 청주대학교 대학원 박사학위 청구논문.

서봉연(1988). **자아정체감의 정립과정.** 서울: 중앙적성출판사.

신건희(1995). 부자가정의 의미와 문제점 및 대응책. **대전대학교 사회과학논문집,** 14(1), 63-95.

신기영(1991). 중년기주부의 위기감과 사회관계망원에 관한 연구. 서울대학교 대학원 석사학위 청구논문.

신기영·옥선화(1991). 중년기주부의 위기감과 사회관계망지수에 관한 연구. 한국가정관리학회지, 9(1), 161-178.

신수자(1995). 부자가정의 특성과 대책. 대구효성카톨릭대학교 대학원 석사학위 청구논문.

신유림(2004). 유아의 친구관계 특성에 대한 연구. 유아교육연구, 24(6), 27-41.

신유림(2007). 학령기 아동의 사회적 위축성과 친구관계. 아동학회지, 28(5), 193-207.

신의진(2002). 조기교육과 발달 병리학 문제. 한국아동학회 춘계 학술대회: 한국 조기교육의 현황과 과제, 29-42.

신정희(2010). 다문화가정 어머니의 문화접변태도, 부부갈등 및 양육행동이 아동의 학교생활적응에 영향을 미치는 경로 탐색. 이화여자대학교 대학원 박사학위 청구논문.

신현구(2007). 노동시장 은퇴자의 은퇴 만족도 및 삶의 만족도. 노동리뷰, 3, 81-94, 한국노동연구원.

심미옥(2003). 초등학교 학부모의 자녀 교육지원활동에 관한 연구. 초등교육연구, 16, 333-358.

심희옥·신유림(2009). 또래관계. 아동학회지, 30(6), 195-208.

양옥승·김진영·김연희·김연실(2001). 한국 사립 유치원 영어교육의 실태. 아동학회지, 22(4). 299-313.

여성가족부(2007). 조손가족 실태조사 및 지원방안 연구.

여성가족부(2009). 2009년 전국다문화가족 실태조사.

연합뉴스. 2010년 4월 8일. 임사체험 원인은 혈중 이산화탄소 농도.

오승환(2006). 저소득층 청소년의 심리사회적 적응 결정요인: 적응유연성 요인의 탐색. 한국아동복지학, 21, 181-205.

오재연·유구종(2007). 양육스트레스에 영향을 미치는 생태학적 관련변인 탐색-전라남도 지역을 중심으로. 열린유아교육학회 학술대회 발표논문집, 127-148.

오혜경·정소영(2003). 학령기 장애아동의 양육부담과 가족지원. 서울: 신정.

옥경희(2005a). 조부모-손자녀가족 조부모의 손자녀양육. 한국가정관리학회지, 23(3), 1-12.

옥경희(2005b). 조부모-손자녀가족 아동의 학교생활적응. 한국가정관리학회지, 23(4), 1-11.

우남희(2002). 한국의 조기교육의 허와 실. 한국아동학회 춘계학술대회: 한국 조기 교육의 현황과 과제.

우남희·김유미·신은수(2009). 조기교육/사교육. 한국아동학회 30주년 기념논문집.

우남희·백혜정·김현신(2005). 조기 사교육이 유아의 인지적, 정서적, 사회적 발달에 미치는 영향 분석: 유치원 원장들의 인식을 중심으로. 유아교육연구, 25(1), 5-24.

우남희·이종희(1996). 영어교육 조기화의 문제점 분석. 응용언어학, 9, 137-152.

우종인 외(1994). 한국 노인인구의 치매의 역학적 특성에 관한 연구. 서울대병원 연구보고서, 1-9.

위지희·최규만(2004). 주의력결핍 과잉행동 청소년의 인터넷중독 성향과 심리·사회적 특성. 한국심리학회지: 임상, 23(2), 397-416

유시순(2003). 기혼 노인의 결혼만족도에 영향을 미치는 요인에 관한 연구. 서울여자대학교 대학원 석사학위 청구논문.

유영주(1986). 가족관계학. 서울: 교문사.

유주연(1995). 가족관계 스트레스 및 직무관련 스트레스와 중년기 남성의 위기감. 서울대학교 대학원 석사학위 청구논문.

유진(1997). 신체운동이 정신건강에 미치는 효과. 대한스포츠의학회지, 15, 34-56.

유진ㆍ채정룡ㆍ구해모ㆍ최재원(1994). 운동심리생리학: 유산소 운동부하가 심리생리적 반응과 인지작용에 미치는 영향. 한국스포츠심리학회지, 5, 23-47.

윤문주(2010). 장례문화의 인식과 장례메이크업 도입에 관한 연구. 한남대학교 사회문화대학원 석사학위 청구논문.

윤운성ㆍ정정옥(1998). 영아ㆍ유아ㆍ아동발달심리. 서울: 교육 아카데미.

윤진(1985). 성인ㆍ노인 심리학: 성인기 이후의 발달과 노화과정. 서울: 중앙적성출판사.

윤진ㆍ김애순(1995). 은퇴 이후의 심리 사회적 영향. 한국노년학회지, 15(1), 141-158.

이가옥ㆍ이지영(2005). 남성 연소노인의 은퇴 후 적응과정과 노년기 조망에 대한 연구. 한국사회복지학, 57, 93-120.

이경희(1988). 고부간 갈등에 대한 연구. 숙명여자대학교 대학원 석사학위 청구논문.

이경희(1990). 형제간 상호작용에 관한 관찰연구: 형제지위 변인의 효과를 중심으로. 연세대학교 대학원 박사학위 청구논문.

이기숙(1999). 맞벌이 주말가족의 성격분석을 위한 시론. 한국가족관계학회지, 4, 1-23.

이기숙(2002). 유아기 조기교육의 실태-정규 교육을 중심으로. 한국아동학회 춘계학술대회: 한국 조기 교육의 현황과 과제, 61-80.

이기숙ㆍ손태홍(2004). 맞벌이 주말가족 연구. 서울: 신정출판사.

이기숙ㆍ장영희ㆍ정미라ㆍ홍영희(2002). 가정에서의 유아 조기, 특기교육 현황 및 부모의 인식. 유아교육연구, 22, 153-171.

이덕남역(2010). 조지 베일런트. 하버드대학교 인생성장보고서: 행복의 조건. 프런티어.

이미나(2000). 흔들리는 중년 두렵지 않다. 서울: 한겨레신문사.

이미숙(2000). 부인의 취업상태에 따른 부부의 성역할태도와 부인의 가정성이 부부의 결혼만족도에 미치는 영향. 한국가정관리학회지, 18, 145-161.

이미혜(2001). 중년기 여성의 위기감 극복을 위한 사회관계망에 관한 연구. 한남대학교 지역개발대학원 석사학위 청구논문.

이민호ㆍ최기창ㆍ이원령ㆍ김미경ㆍ최신애(2004). 장애아동 가족의 일상생활에서 나타나는 정서문제. *Journal of Special Education & Rehabilitation Science, 43*, 137-158.

이사라ㆍ이주연ㆍ한세영(2009). 현대사회와 아동발달. 청목출판사.

이선자(2001). 노인입원환자의 퇴원 시 간호요구도 측정 및 재가 장기 요양관리를 위한 연구. 보건복지부.

이소희 · 도미향 · 김민정 · 서우경(2002). 그것은 아동학대예요. 서울: 동문사.

이소희 · 도미향 · 정익중 · 변미희(2005). 청소년복지론. 서울: 나남출판사.

이소희 · 오영재 · 김민 · 김민정 · 김민규 · 김호영(공역). 스테판 워터스.인터넷중독의 이해. 서울: 학지사.

이소희 · 최덕경 · 강기정 · 김훈(2003). 가족문제와 가족복지. 서울: 양지사.

이순형(2004). 아동복지: 이론과 실천. 학지사.

이신숙(1997). 노인의 성역할 태도와 부부적응에 관한 연구. 한국노인학회지, 17, 70-85.

이영 · 이정희 · 김온기 · 이미란 · 조성연 · 이정림 · 유영미 · 이재선 · 신혜원 · 나종혜 · 김수연 · 정지나
    (2008). 영유아발달. 학지사.

이영주(2004). 남성의 갱년기 경험. 고려대학교 대학원 박사학위 청구논문.

이영주(2007). 국제결혼한 여성의 사녀에 대한 심리사회적 적응에 영향을 미치는 보호요인에 관한 연구.
    한국심리학회지: 여성, 12, 83-105.

이윤성(2003). 법의학의 세계. 살림.

이윤숙(1990). 노인의료보장의 장단기대책. 동덕여자대학교, 20, 385-410.

이율이 · 양성은(2009). 자녀를 영어유치원에 보내는 어머니들의 경험에 대한 연구. 한국생활과학회지,
    18(5), 985-994.

이인수(1999). 현대노인복지론. 서울: 양서원.

이인수(2000). 21세기 실버산업과 노후생활. 서울: 양지.

이재연(1988). 아동발달. 서울: 문음사.

이재연(2000). 한국의 아동학대 실태조사연구: 아동학대의 실태 및 후유증 연구. 보건복지부.

이재연(2003). 북한의 아동의 권리. 한국아동학회 2003년도 추계학술대회: 북한 아동 청소년의 인권과 국
    제적 협약, 15-27.

이재연 · 이완정(2006). 출생순위와 형제간 성별구성에 따른 형제간 질과 부모애착 및 또래애착. 한국보육
    지원학회, 2, 129-146.

이정남(역)(1999). 성장을 재촉당하는 아이들. 서울: 한림미디어.

이정민(2007). 노인 학대경험이 자아존중감에 미치는 영향. 이화여자대학교 대학원 석사학위 청구논문.

이지연(2000). 사회관계망 유형에 따른 중년기 주부의 자기존중감과 우울. 경희대학교 교육대학원 석사학
    위 청구논문.

이창구(2001). 엄마는 떠나고...아빠는 때리고...:서울시립 동부아동학대예방센터에 비친 5월의 잿빛 얼굴
    들: 새 가정문화를 만들자: 학대받는 아이들, 뉴스피플 467호.

이철우 · 최경희 · 정석원 · 김혜림 · 서영록(2009). 내분비계 장애물질에 대한 이해와 미래연구방향. 내분
    비계학회지, 24, 7-14.

이향규(2007). 새터민 청소년의 학교적응 실패와 과제. 인간연구, 12, 7-32.

이현기(2003). 노년기 조기퇴직과 경력마감 형태: 남성노인을 중심으로. 한국사회복지학, 52, 33-61.

이현아(2004). 대학생의 인터넷중독 유형에 따른 특성과 인터넷중독의 영향. **대한가정학회지**, 43, 27-49

임성남(2001). **치과질환 바로 알기**. 서울: 에디터.

장대일(1997). 치매. **경희의학**, 13, 20-23.

장삼수(1998). 조기퇴직 불안이 중년기 위기에 미치는 영향: 금융기관에 종사하는 40-50대를 중심으로. 연세대학교 교육대학원 석사학위 청구논문.

장은정(2005). 부부간 인식차이에 따른 은퇴 후 가족관계 변화. 이화여자대학교 박사학위 청구논문.

장휘숙(2008). **가족심리학**. 서울: 박영사.

전귀연·임주영(2006). **형제관계**. 서울: 도서출판신정.

전기풍(2004). 대기업 근로자의 정년퇴직준비 인식 및 퇴직준비교육 욕구에 관한 연구. 경남대학교 행정대학원 석사학위 청구논문.

전길양·임선영(1998). 노년기 부부갈등과 우울에 관한 연구. **대한가정학회지**, 36, 1-12.

전재일·이성희·남연희(1999). **부자가정의 실태와 복지정책**. 사회복지개발연구원.

전혜정(1992). 노년기 형제자매관계의 특성에 관한 연구-결속과 갈등을 중심으로-. 연세대학교 대학원 석사학위 청구논문.

정경희 외(1998). 1998년도 전국 노인생활실태 및 복지욕구조사. 한국보건사회연구원.

정옥분(1998). **청년발달의 이해**. 서울: 학지사.

정옥분(2000). **성인발달의 이해**. 서울: 학지사.

정옥분(2001). **성인발달과 노화**. 서울: 교육과학사.

정윤남(2002). 부자가정 자녀의 생활상태 및 복지욕구에 관한 연구-광주광역시 저소득 부자가정 청소년중심으로. 광주대학교 산업대학원 석사학위 청구논문.

정현숙(1997). 맞벌이가족의 부모역할 긴장과 부부관계. **대한가정학회지**, 35, 151-162.

정현숙·유계숙·어주경·전혜정·박주희(2002). **부모학**. 서울: 신정.

정현숙·유계숙(2002). **가족관계**. 서울: 신정.

조경자·이현숙(2010). **유아건강교육**. 학지사.

조병은(1990). 조부모와 성인자녀간의 결속도와 노부모의 인생만족도. **한국노년학회지**, 10, 107-121.

조복희·정옥분·유가효(1999). **인간발달-발달심리학적 접근**. 서울: 교문사.

조아미·망희정(2003). 부모, 교사, 친구의 사회적 지지가 청소년의 게임중독에 미치는 영향. **청소년학연구**, 10, 249-275.

조애저(2008). 2007년 전국 가정폭력실태조사: 노인학대 실태. **여성가족부**, 10, 602-648.

조애저·김승권·김유경(1999). **노부모학대실태에 관한 연구**. 한국보건사회연구원.

조정문(1995). 결혼생활의 공평성 인지와 결혼만족. **한국사회학**, 29, 559-584.

조주연(2005). 부모의 아동학대가 청소년 비행정도에 미치는 영향에 관한 연구. 국민대학교 대학원 석사학위 청구논문.

조춘범(2001). 청소년의 인터넷중독과 가정 및 학교환경과의 관계에 관한 연구. 경희대학교 대학원 석사학위 청구논문.

조한혜순(1997). 고등학교 중퇴자 엄마의 이야기 : 새로 쓰는 청소년 이야기 2. 또 하나의 문화.

조흥식·김인숙·김혜란·김혜련·신은주(2002). 가족복지학. 서울: 학지사.

중앙아동보호전문기관(2006). 현황 및 법령.

중앙일보(2006). '뿌리는 장례식' 에코다잉(eco-dying).

진미경·유미숙(2005). 한국 영아들과 미국 영아들의 애착 분포와 행동특성 비교. 아동학회지, 26(6), 17-28.

청소년상담원(1996). 자녀의 힘을 북돋우는 부모. 서울: 청소년 대화의 광장.

청소년상담원(1997). 자녀의 힘을 북돋우는 부모. 서울: 청소년 대화의 광장.

최명옥(2005). 우리나라 가정의 고부갈등 사례와 해소방안에 관한 연구. 상명대학교 정치경영대학원 석사학위 청구논문.

최연순·조희숙·장춘자·이남희·장순복·최양자·박영숙(1994). 모성간호학(Ⅰ). 서울: 수문사.

최연화·조복희(2009). 취업모의 역할갈등, 아버지의 생산적 역할과 영유아의 사회·정서적 복지감의 관계. 아동과 권리, 13(4), 511-527.

최영미·김석웅·오수성(2008). 탈북 새터민 청소년들의 심리적 특성 및 학교적응문제- 부모교육 프로그램 내용을 중심으로-. 한국심리학회 연차학술발표대회 논문집, 304-305.

최영신(2004). 청소년의 약물남용 실태 추이분석: 청소년 문화와 정책적 의미. 청소년학연구, 11(3), 1-22

최옥희·김용미·김영호(2009). 생태학적 변인이 초등학교 1학년 아동의 학교 적응, 학업 성취에 미치는 영향. 초등교육연구, 22(4), 133-160.

최은영(1997). 아동성학대의 실태에 관한 연구. 숭실대학교 대학원 석사학위논문.

최정혜(1992). 노부모가 지각하는 성인자녀와의 결속도 및 갈등에 관한 연구. 성신여자대학교 대학원 박사학위 청구논문.

최해경(2002). 저소득층 조손가정 여성노인의 우울감과 관련요인 연구. 한국노년학, 22(3), 207-222.

최해경(2006). 조손가정 청소년의 심리사회적 특성과 적응유연성. 정신보건과 사회사업, 23, 37-58.

최혜경·권유경(공역)(2002). 존로우·로버트 칸. 성공적인 노화. 신정.

통계청(2002). 인구동태통계연보.

통계청(2004). 98년 한국의 사회지표.

통계청(2005). 2005년 인구주택총조사.

통계청(2006). 2005년 혼인 이혼통계 결과. 통계청.

통계청(2007). 평균예상수명. 통계청.

통계청(2008). 2007년 사교육실태조사 보고서. 서울 : 통계청.

통계청(2008). 2007년 사망 및 사망원인 통계결과. 통계청.

통계청(2009). 2008년 사교육비조사 결과. 서울 : 통계청.

통계청(2010). 2009년 생명표. 서울: 통계청.

통계청(2010). 2009년 생활시간조사. 서울 : 통계청.

통일부(2010). 북한이탈주민정책 통계자료.

하지연(2008). 어머니의 양육행동과 형제 갈등 상황에서의 개입행동이 유아의 형제관계에 미치는 영향. **생활과학연구논총**, 12(1), 23-40.

한경혜 · 노영주(2000). 중년 여성의 40대 전환기 변화 경험과 대응에 대한 질적 연구. **한국가족학회**, 12(1), 67-91.

한국보건사회연구원(2009). 저출산정책자료집.

한국이웃사랑회 사업 연구집(2000). **가정 내 위기와 아동학대의 관계.** 사회복지법인 한국이웃사랑회 출판부.

한국일보. 2000년 6월 2일. 소득 낮을수록 노인학대 잦다.

한국주택금융공사(2008). 주택금융수요실태조사.

한지은(2007). 국제결혼이주여성의 문화변용 형태와 사회적지지 정도가 자녀양육효능감에 미치는 영향. 성균관대학교 대학원 석사학위 청구논문.

한지현 · 이영환(2005). 영아의 기질 및 어머니에 대한 애착과 상황에 따른 모-영아의 상호작용간의 관계. **아동학회지**, 26(6), 287-303.

한혜경(2003). 조기퇴직자의 우울감과 영향요인 연구. **한국가족복지학**, 11, 81-101.

허미화(2003). 중년기 기혼남녀의 결혼생활 및 만족에 관한 연구. 이화여자대학교 석사학위 청구논문.

허순금(2006). 미취학 자녀를 둔 취업 어머니의 자녀 양육 스트레스 요인 분석. 단국대학교 대학원 석사학위 청구논문.

홍달아기(1998). 노부모가 지각한 성인자녀에 대한 감정과 교류에 관한 분석. **대한가정학회지**, 36(12), 115-127.

홍본선 · 남미애(2007). **청소년복지론.** 서울: 공동체

홍숙자(1992). 한국거주노인과 재미교포노인의 생활만족도 비교 연구. 경희대학교대학원 석사학위 청구논문.

홍숙자(2001). **노년학 개론.** 서울: 하우.

홍주은(2003). 북한이탈부모의 자녀양육 변화와 문제분석. 서울여자대학교 대학원 석사학위 청구논문.

홍현주(2005). **내 아이의 생존전략서-왕따는 안돼-.** 무공해생활.

황선덕(2005). 한국 중년 남성의 조기퇴직 후 생활적응과정에 관한 질적 연구. 강남대학교 사회복지전문대학원 석사학위 청구논문.

황순영 · 정영숙 · 우수경(2005). 사회인구학적 변인에 따른 아버지의 양육참여도와 역할만족도 및 유아의 사회적 능력. **한국생활과학회지**, 14(4), 521-529.

황은수(2006). 아동의 학대경험이 우울과 불안에 영향을 미치는 자기인식정서의 매개효과. 숙명여자대학교 대학원 석사학위 청구논문.

황인성(1998). 중년기 남성의 스트레스 수준에 영향을 미치는 연구. 연세대학교 행정대학원 석사학위 청구논문.

황혜신(2003). 조기교육에 대한 실태 및 부모의 인식. 열린교육연구, 22, 69-85.

**| 국외문헌 |**

Abramovitch, R., Corter, C., & Lando, B.(1979). Sibling interaction in the home. *Child Development, 50,* 997-1003.

Abramovitch, R., Corter, C., & Pepler, D. J.(1980). Observation of mixed-sex sibling dyads. *Child Development, 51,* 1268-1271.

Abramovitch, R., Corter, C., Pepler, D. J. & Stanhope, L.(1986). Sibling and peer interaction: A final follow-up and comparison. *Child Development, 57,* 217-229.

Ainsworth, M. & Wittig, B. A.(1969). Attachment and exploratory behavior of one-year-olds in a strange situation. In B. M. Foss(Ed.), *Determinants of infant behavior*(Vol. 4). London: Methuen.

Amaro, H., Fried, L. E., Cabral, H., & Zuckerman, B.(1990). Violence during pregnancy and substance use. *American Journal of Public Health, 80,* 575-579.

Anderson, T. B.(1992). Conjugal support among working wife and retired-wife couples. In M. Szinovacz, D. J. Ekerdt, & B. H. Vinick, (Eds.), *Families and Retirement* (pp. 174-188). Newbury Park: Sage.

Antonucci, T. C.(1985). Personal characteristics, social support, and social behavior. In R. H. Binstock & E. Shanas(Eds.), *Handbook of aging and the social science*(2nd ed.). New York: Van Nostrand Reinhold.

Atchley.(1980). *The social forces in later life. Belmant,* CA: Wadsworth Pub. Co.

Avis, N. E.(2000). Sexual Function and aging in men and women: community and population-based studies. *Journal of Gender Specific Medicine, 3,* 37-41.

Aycan, Z., & Kanungo, R. N.(1998). Impact of acculturation on socialization beliefs and behavioral occurrences among Indo-Canadian immigrants. *Journal of Comparative Family Studies, 29,* 451-467.

Baltes, P. B., & Baltes, M. M.(1990). *Successful Aging: Perspectives from the Behavioral Sciences.* Cambridge, UK: Cambridge University Press.

Barglow, P., Vaughn, B., & Molitor, N.(1987). Effects of maternal absence due to employment on the quality of infant-mother attachment in a low-risk sample. *Child Development, 58,* 945-954.

Baskett, L. M., & Johnson, S. M.(1982). The young child's interaction with parents versus sibling: A behavior analysis. *Child Development, 53,* 643−650.

Bates, E. (1993). Commentary: Comprehension and production in early language development. *Monographs of the Society for Research in Child Development, 58*(3-4, Serial No. 233), 222−242.

Baumrind, D. (1973). The development of instrumental competence through socialization. In A. Pick(Ed.), Minnesota symposium on child psychology(Vol. 7). Minneapolis: University of Minnesota Press.

Bee. H. (1997). *The developing child.* New York: Longman.

Belsky, J. (1986). Infant day care: A cause for concern. *Zero to Three, 6,* 1−9.

Belsky, J. (1990). Parental and nonparental child care and children's socioemotional development: A decade in review. *Journal of Marriage and the Family, 52,* 885−903.

Belsky, J. (1999). Modern evolutionary theory and patterns of attachment. In J. Cassidy & P. Shaver(Eds.), *Handbook of attachment theory and research* (pp. 141−161). New York: Guilford Press.

Belsky, J. (2001). Emanuel Miller Lecture Developmental risks associated with the early childcare. *The Journal of Child Psychology and Psychiatry, 42,* 845−859.

Belsky, J. (2003). Child care and its impact on young children(0-2). In R. E. Tremblay, R. G. Barr, & R. DeV. Peters(Eds.), *Encyclopedia on early childhood development*(pp. 1−6). Montreal, Quebec: Centre of Excellence for Early Childhood Development.

Belsky, J. (2005). Child Care and Its Impact on Young Children(0-2). Rev ed. In R. E. Tremblay, R. G. Barr, & R. Dev. Peters(Eds.), *Encyclopedia on Early Childhood Development* [online]. Montreal, Quebec: Centre of Excellence for Early Childhood Development.

Belsky, J. (2006). Early child care and early child development: Major findings of the NICHD study of early child care. *European Journal of Developmental Psychology, 3,* 95−110.

Belsky, J., & Isabella, R. (1987). Individual, familial, and extrafamilial determinants of attachment security: A process analysis. In J. Belsky & T. Nezworski(Eds.), *Clinical implications of attachment.* Hillsdale, NJ: Erlbaum.

Bengston, V. L., Rosental, C., & Burton, L. (1990). Families and aging: Diversity and heterogeneity. In R. H. Binstock & L. K, George(Eds.), *In Handbook of Aging and the Social* (3rd ed.), San Diego: Academic Press, 262−287.

Berberich, H. J. (2004). Sexuality in aged. *Urology A, 43,* 1076−1081.

Berg, C. A., & Sternberg, R. J. (1992). Adults' conceptions of intelligence across the adult life span. *Psychology and Aging, 7,* 221−231.

Berkowitz, G. S., Skovron, M. L., Lapinski, R. H., & Berkowitz, R. L. (1990). Delayed childbearing and the outcome of pregnancy. *New England Journal of Medicine, 322,* 659−664.

Berndt, T. J., Hawkins, J. A., & Jiao, Z.(1999). Influences of friends and friendships on adjustment to junior high school. *Merrill Palmer Quarterly, 45,* 13-41.

Berry, J. W.(1997). Immigration, acculturation and adaptation. *Applied psychology: An international review, 46,* 5-34.

Bigner, J. J.(2006). Parent-child relations: An introduction to parenting (7th ed.). Upper Saddle River, NJ: Pearson Prentice Hall. 박성연·성숙자·김상희·김지신·박응임·전춘애 외(편역). 부모-자녀관계: 부모교육의 이해. 서울: 교문사.

Birren, J. E., Woods, A. M., & Williams, M. V.(1980). Behavioral slowing with age: Gauses, organization, and consequences. In L. W. Poon(Ed.), *Aging in the 1980s.* Washington D.C.: American Psychological Association.

Bolger, K. E., & Patterson, C. J.(2001). Pathways from child maltreatment to internalizing problems: Perceptions of control as mediators and moderators. *Developmental and Psychopathology, 13,* 913-940.

Bolles, E. B.(1982). *So much to say.* New York: St. Martin's.

Bonardi, D. J.(2000). *Teacher's decisions to report child abuse: The effects of ethnicity, attitudes and experiences.* Pacific Graduate School of Psychology.

Bowlby, J.(1980). Attachment and loss(Vol. 2). *Loss, sadness, and depression.* New York: Basic Books.

Bowlby, J.(1989). *Secure attachment.* New York: Basic Books.

Bremner, W. J., Vitiello, M. V., & Prinz, P. N.(1983). Loss of circadian rhythmicity in blood testosterone levels with aging in normal men. *Journal of Clinical Endocrinology and Metabolism, 56,* 1278-1281.

Briere, J., & Runtz, M. (1988). Differential adult syndromatology associated with tree typed of child abuse histories. *Child Abuse and Neglect, 14,* 357-364.

Bronfenbrenner, U.(1979). *The ecology of human development.* Cambridge, MA: Harvard University Press.

Brooks-Gunn, J., Han, W. J., & Waldfogel, J.(2002). Maternal employment and Child Cognitive Outcomes in the First Three Years of Life: The NICHD Study of Early Child Care. *Child Development, 73,* 1052-1072.

Buhrmester, D., & Furman, W.(1990). Perceptions of sibling relationships during middle childhood and adolescence. *Child Development, 61,* 1387-1398.

Buss, A. H., & Plomin, R.(1975). *A temperament theory of personality development.* New York: Wiley.

Burnett, B. B.(1993). The psychological abuse of latency age children: a survey. *Child Abuse & Neglect, 17,* 441-454.

Butler, R., & Lewis, M.(1982). *Aging and mental health*(3rd ed.). St. Louis: Mosby.

Caetno, R., & Medine Mora, M. E.(1988). Acculturation and drinking among people of Mexican descent in Mexico and the United States. *Journal of Studies on Alcohol, 49*, 462-471.

Calkins, S. D., & Fox, N. A.(1992). The relations among infant temperament, security of attachment, and behavioral inhibition at twenty-four months. *Child Development, 63*, 1456-1472.

Campbell, F. L., Converse, B. D., & Rodgers, B. L.(1975). *The childbearing decision: Fertility, attitudes and behavior.* Beverly Hills, CA: Sage.

Cantor, M. H.(1983). Strain among caregivers: A study of experience in the United States. *Gerontologist, 23*, 597-604.

Carlson, E. A.(1998). A prospective longitudinal study of attachment disorganization/ disorientation. *Child Development, 69*, 1107-1128.

Castro, V. S.(2003). *Acculturation and psychological adaptation.* London: Greenwood Press.

Cavaiola, A. A., & Schiff, M.(1988). Behavior sequelae of physical and/or sexual abuse in adolescents. *Child Abuse and Neglect, 12*, 181-188.

Cavanaugh, J., & Blanchard-Fields, F.(2001). *Adult development and aging.* Belmont, CA: Wadsworth.

Cervantes, R. C., Gilbert, M. J., Salgado de Snyder, N., & Padilla, A. M. (1990). Psychosocial and cognitive correlates of alcohol use in younger adult immigrant and US-born Hispanics. *The International Journal of the Addictions, 25*, 687-708.

Chin, J.(1994). The growing impact of the HIV/AIDS pandemic on children born to HIV infected women. *Clinical Perinatalogy, 21*, 1-14.

Chiriboga, D. A.(1982). Adaptation to marital seperation in later and earlier life. *Journal of Gerontology, 37*, 109-114.

Chung, H.(1992). Effects of conflict with mothers in law on psychology wellbeing and marital adjustment among Korean daughter-in-law. Unpublished Ph. D. dissertation, Texas Tech University at Lubbock, TX.

Cicirellil, V. G.(1980). *Adult children's views on providing services for elderly parents.* Report to the Andrus Foundation.

Circirelli, V. G.(2002). Fear of death in older adults: Predictions from terror management theory. *The Journal of Gerontology, 57B*, 358-366.

Cloninger, C. R.(1986). A unified biosocial theory of personality and its role in the development of anxiety states. *Psychiatric Developments, 3*, 167-226.

Cole, M., & Cole, S. R.(1993). *The development of children.* New York: Scientific American Books.

Coleman, J.(1987). *Contemporary psychology an effective behavior*(6th ed.). Glenview, IL: Scott, Foresman.

Coleman, D.(1995). *Emotional intelligence.* Bantam Book.

Collins, W. A., & Steinberg, L.(2006). Adolescent development in interpersonal context. In N. Eisenberg, W. Damon & R. M. Lerner(Eds.), *Handbook of child psychology: Vol. 3. Social, emotional, and personality development* (6th ed., pp. 1003–1067). Hoboken, NJ: John Wiley & Sons Inc.

Conger, R. D., Ge, X., Elder, G. H., Lorenz, F. O., & Simons, R. L.(1994). Economic stress, coercive family process, and developmental problems of adolescents. Child Development, 65, 541–561.

Coohey, C., & Braun, N. (1997). Toward an integrated framework for understanding child physical abuse. *Child Abuse and Neglect, 21,* 1081–1094.

Corby, B. (1993). *Child Abuse: Towards a Knowledge Base.* Philadelphia: Open University Press.

Cote, S. M., Geoffroy, M. C., Tremblay, R. E., Borge, A. I., H., & Rutter, M.(2008). Nonmaternal care in Infancy and Emotional/Behavioral Difficulties at 4 Years Old: Moderation by Family Risk Characteristics. *Developmental Psychology, 44,* 155–168.

Daniel, D., & Plomin, R.(1985). Differential experience of siblings in the same family. *Developmental Psychology, 21,* 747–760.

Davidson, J. K., & Moore, N. B.(1992). *Marriage and family.* Dubuque, LA: W. C. Brown.

Denny, N. W., & Palmer, A. M.(1981). Adult age differences on traditional and practical problem-solving measures. *Journal of Gerontology, 36,* 323–328.

Dent-Read, C., & Zukow-Goldring, P.(1997). *Evolving explanations of development: Ecological approaches to organism-environment systems*(Eds.). Washington D.C.: American Psychological Association.

Dishion, T. J., Patterson, G. R., Stoolmiller, M., & Skinner, M. L.(1991). Family, school, and behavioral antecedents to early adolescent involvement with antisocial peers. *Developmental Psychology, 27,* 172–180.

Dishion, T. J., Eddy, M., & Spracklen, K.(1997). Friendship and violent behavior during adolescence. *Child Development, 66,* 207–223.

Dixon, R. A., & Baltes, P. B.(1986). Toward lifespan research on the functions and pragmatics of intelligence. In R. J. Sternberg & R. K. Wagner(Eds.), *Practical intelligence: nature and origins of competence in the everyday world.* New York: Cambridge University Press.

Dmitrieva, J., Steinberg, S., & Belsky, J.(2007). Child-care history, classroom composition, and children's functioning in kindergarten. *Psychological Science,* 1032–1039.

Dodge, K. A., Pettit, G. S., Bates, J. E., & Valente, E.(1995). Social information-processing patterns partially mediated the effects of early physical abuse on later conduct problems. *Journal of Abnormal Psychology, 104,* 632–643.

Drews, C. D., Murphy, C. C., Yeargin-Allsopp, M., & Decoufle, P.(1996). The relationship between idiopathic mental retardation and maternal smoking during pregnancy. *Pediatrics, 97,* 547−553.

Dunkan, G. J., & Brooks-Gunn, J.(1997). *Consequences of growing up poor.* New York: Russel Sage Foundation.

Dunn, J.(1983). Sibling relationship in early childhood. *Child Development, 45,* 787−811.

Dunn, J.(1988). Connection between relationships: Implications of research on mothers and siblings. In R. A. Hinde & J. Stevenson(Eds.), *Relationships within families: Mutual influences*(pp. 168-180). Oxford University Press.

Dunn, J.(1991). The developmental importance of differences within the family. In K. Pillremer & K. McCartney(Eds.), *Parents-child relations throughout life* (pp. 113−124).

Dunn, J., & Kendrick, C.(1982). *Siblings: Love, envy, and understanding.* Cambridge, MA: Harvard University Press.

Dunn, J., & Plomin, R.(1986). Determinants of maternal behavior towards young siblings. *British Journal of Developmental Psychology, 4,* 127−137.

Eastman, P.(1984). Elders under siege. *Psychology Today, 18,* 30−37.

Erikson, E. H.(1963). *Childhood and society.* New York: Norton.

Falbo, T., & Polit, D. L.(1986). Quantitative review of the only child literature: Research evidence and theory development. *Psychological Bulletin, 100,* 176−189.

Farrell. M. P., & Rosenberg, S. D.(1981). *Men at midlife.* Boston: Aubum.

Featherman, D. L., Smith, J., & Peterson, J. G.(1990). Successful aging in a post-retired society. In P. B. Baltes & M. M. Baltes(Eds.), *Successful aging: Perspectives from the behavioral science.* New York: Cambridge University Press.

Feldman, R.(2003). Infant-mother and infant-father synchrony: The coregulation of positive arousal. *Infant Mental Health Journal, 24,* 1−3.

Feng, T.(1993). Substance abuse in pregnancy. *Current Opinion in Obstetrics & Gynecology, 5,* 16−23.

Feuerstein.(1994). Cultural deprivation versus socioeconomic disadvantages, education reforms and students at risk: A review of the current state of the art, January.

Field, T.(1995). Psychologically depressed parents. In M. H. Bornstein(Ed.), *Handbook on parenting* (pp. 85−100). Hillsdale, NJ: Erlbaum.

Fisher, B. J.(1995). successful aging, life satisfaction, and generativity in later Life. *International Journal of Aging and Human Development, 41,* 239−250.

Frase, M.(1997). *Risk and resilience in childhood: An ecological perspective(Ed.).* Washington D.C.: NASW Press.

Freud, S.(1905). Three essays on the theory of sexuality. In Strachey, J., trans(Ed.), *The complete psychological works* (Vol. 7). New York: Norton.

Freud, S.(1923). *The ego and the id.* New York: Norton.

Fried, P. A., & Watkinson, B.(1990). 36- and 48-month neurobehavioral follow-up of children prenatally exposed to marijuana, cigarettes, and alcohol. *Developmental and Behavioral Pediatrics, 11,* 49-58.

Galinsky, E.(1987). *The six stages of parenthood.* Addison-Wesley Publishing Co., Inc.

Garber, H. L.(1988). *The Milwaukee Project: Preventing mental retardation in children at risk.* Washington D.C.: American Association on Mental Retardation.

Gardner, H.(1983). *Frames of mind: The theory of multiple intelligences.* New York: Basic Books.

Garland, A. F., & Ziegler, E.(1993). Adolescent suicide prevention: Current research and social policy implications. *Journal of the American Psychological Association, 48,* 169-182.

Gaulden, M. E.(1992). Maternal age effect: The enigma of Down syndrome and other trisomic conditions. *Mutation Research, 96,* 69-88.

George, L. K.(1990). Gender, age, and psychiatric disorders. *Generations, 14,* 22-24.

Gerhardt K. J., Huang, X., Arrington, K. E., Meixner, K., Abrams, R. M., & Antonelli, P. J.(1996). Fetal sheep in utero hear through bone conduction. *American Journal of Otolaryngology, 17,* 374-379.

Gesell, A.(1925). *The mental growth of the preschool child.* New York: Macmillan.

Giant, C. L., & Vartanian, L. R.(2003). Experiences with parental aggression during childhood and self-concept in adulthood: The importance of subjective perceptions. *Journal of Family Violence, 18,* 361-367.

Gibb, B. E., Alloy, L. B., Abraham, L. Y., Rose, D. T., Whitehouse, W. G., Donovan, P., & Hogan, M. E.(2001). History of children maltreatment, depressogenic cognitive style and episodes of depression in adulthood. *Cognitive Therapy and Research, 25,* 425-446.

Gilbert, L., Holahan, C., & Manning, L.(1981). Coping with conflict between professional and maternal roles. *Family Elations, 30,* 419-426.

Gilford, R.(1984). Contrasts in marital satisfaction throughout old age: An Exchange theory analysis. *Journal of Gerontology, 39,* 325-333.

Goertzel, V., & Goertzel, M.(1962). *Cradles of eminence.* Boston: Little Brown.

Goetting, A.(1986). The developmental tasks & siblingship over the life cycle. *Journal of Marriage and Family, 48,* 703-714.

Golden, R. J., Noller, K.L., Titus-Ernstoff L., Kaufman, R. H., Mittendorf, R., Stillman, R., Reese, E. A.(1998). Environmental endocrine modulators and human health: an assessment of the biological evidence. *Critical reviews in toxicology, 28,* 109-227.

Golding, J., Rogers, I. S., & Emmett, P. M.(1997). Association between breast feeding, child development, and behaviour. *Early Human Development, 49,* 5175−5184.

Goldsmith, H. H., & Gottesman, I. I.(1981). Origins of variation in behavior style: A longitudinal study of young twins. *Child Development, 52,* 91−103.

Goldsmith, H., Lemery, K., Buss, K., & Campos, J.(1999). Genetic analyses of focal aspect of infant temperament. *Developmental Psychology, 36,* 972−985.

Gottwald, S. R., & Thurman, S. K.(1994). The effects of prenatal cocaine exposure on mother-infant interaction and infant arousal in the newborn period. *Topics in Early Childhood Special Education, 14,* 217−231.

Gould, R. L.(1978). Transformations: *Growth and change in adult life.* New York: Simon and Schuster.

Grambs, J. D.(1989). Woman over forty: *Visions and realities*(Rev. ed). New York: P Springer.

Grantham-McGregor, S., Powell, C., Walker, S., Chang, S., & Fletcher, P.(1994). The long-term follow-up of severely malnourished children who participated in an intervention program. *Child Development, 65,* 428−439.

Gray L.(2000). Properties of sound. *Journal of Perinatology, 20,* 6−11.

Griffith, D. R., Azuma, S. D., & Chasnoff, I. J.(1994). Three-year outcome of children exposed prenatally to drugs. *Journal of the American Academy of Child and Adolescent Psychiatry, 33,* 20−27.

Grossman, K. E., & Grossman, K.(1990). The wider concept of attachment in cross-cultural research. *A cross-cultural 33,* 31−47.

Halsey, A. H.(2001). *Culture Deprivation and Compensatory Education.* Newhorizons.

Hamilton, G. P.(1990). Promotion of mental health in older adults. In M. O. Hogstel(Ed.), *Geropsychiatric Nursing.* St. Louis: C. V. Mosby.

Hamner, T. J. & Turner, P. H.(1990). *Parenting in Contemporary Society.* Prentice Hall.

Harder, D., & Lewis, S. J.(1987). The assessment of shame and guilt. In J. N. Butcher & C. D. Spielberg(Eds.), *Advances in Personal Assessment, 6* (pp. 89-114). Hillsdale, NJ: Erlbaum.

Harlow, H. F., & Harlow, M. K.(1969). Effects of various mother-infant relationships on rhesus monkey behaviors. In B. M. Foss(Ed.), *Determinants of infant behavior* (Vol. 4). London: Methuen.

Harmner, T. J., & Turner, P. H.(2001). *Parenting in contemporary society*(4th ed.). Boston: Allyn & Bacon.

Hart, B., & Risley, T. R.(1995). Meaningful differences in the everyday experience of young American children. Baltimore, MD: Brookes Hatch, L. R., & Bulcroft, C.(1992). Contact with friends in later life: Disentangling the effects of gender and marital stability. *Journal of Marriage and the family, 54,* 222−232.

Hekner, F. O.(1981). Male climacteric. In J. G. Howells(Ed.), *Modern perspectives in the psychiatry of middle age.* New York: Brunner.

Helms, D. B., & Turner, J. S.(1976). *Exploring child behavior.* Philadelphia: W. B. Saunders Co.

Hetherington, E. M., & Parke R. D.(1993). *Child Psychology.* New York: Mcgraw-Hill.

Holland, J. L.(1985). *Making vocational choice: A theory of vocational personalities and work environments*(2nd ed.). Englewood cliffs, NJ: Prentice-Hall.

Horbar, J. D. & Sack, J.(1996). Pediatrics electronic pages from http://www.pediatrics.org. Pediatrics 98(6 Pt 1), 1193−1194.

Horn, J L., & Donaldson, G.(1976). On the myth of intellectual decline in adulthood. *American Psychologist, 31,* 701−719.

Horowitz, F. D.(1987). *Exploring developmental theories: Toward a structural/behavioral model of development.* Hillsdale, NJ: Erlbaum.

Howes, C.(1990). Can the age of entry into child care and the quality of child care predict adjustment in kindergarten? *Developmental Psychology, 26,* 292−303.

Howes, C., Unger, O., & Seidner, L.(1989). Social pretend play in toddlers: Parallels with social play and with solitary pretend play. *Child Development, 60,* 77−84.

Howes, C., & Unger, O.(1992). *Collaborative construction of social pretend play between toddler-age partners. The collaborative construction of pretend.* State University of New York Press.

Huizink, A. C., Robles de Medina, P. G., Mulder, E. J. H., Visser, G. H. A., & Buitelaar, J. K.(2002). Psychological measures of prenatal stress as predictors of infant temperament. *Journal of The America Academy of Child and Adolescent Psychiatry. 41,* 1078−1085.

Hunt, E., Streissguth, A. P., Kerr, B., & Olson, H. C.(1995). Mothers' alcohol consumption during pregnancy: Effects on spatial-visual reasoning in 14-year-old children. *Psychological Science, 6,* 339−342.

Hurlock, E. B.(1978). *Child development*(6th ed.). Tokyo: McGraw-Hill.

Huston, A. C., & Aronson, S. R.(2005). Mothers' time with infant and time in employment as predictors of mother-child relationships and children's early development. *Child Development, 76,* 467−482.

Iams, H. M., & McCoy, J. L.(1991). Predictors of mortality among newly retired works. *Social Security Bulletin, 54,* 2−10.

Irish, D. P.(1964). Sibling interaction: A neglect aspect in family life research. *Social Forces, 42,* 279−288.

Jacklin, C. N., & Maccoby, E. E.(1978). Social behavior at thirty-three month in same-sex and mixed-sex dyads. *Child Development, 49,* 567−569.

Johnson, J. G., Cohen, P., Brown, J., Smailes, E. M., & Bernstein, D. P. (1999). Childhood maltreatment increases risk for personality disorders during early adulthood. *Archives of General Psychiatry, 56,* 600–608.

Johnson, C., & Johnson, F.(1980). Parenthood, marriage, and careers: situational constraints and role strain. In F. Pepitone-Rockwell(Ed.), *Dual-career couples* (pp. 143–161). Beverly Hills: Sage.

Jung, C. G.(1966). *Two essays on analytic psychology.* In Collected works(Vol. 7). Princeton, NJ: Princeton University Press.

Kagan, J.(1989). *Unstable ideas: Temperament, cognition, and self.* Cambridge, MA: Harvard University Press.

Kalish, R. A.(1989). *Midlife loss: Coping stratiges.* Newbury Park, CA: Stage.

Karts, P. P. & Yelin, E. H.(1995). The development of depressive symptoms among women with rheumatoid arthritis. the role of function. *Arthritis Rheum, 38,* 49–56.

Kaufman, J., & Ciccetti, D. (1989). Effects of maltreatment on school-aged children's socioemotional development: Assessments in a day-camp setting. *Developmental Psychology, 25,* 516–524.

Kay, B., & Neelley, J. N.(1982). Sexuality and the aging: A review of current literature. *Sexuality and Disability, 5,* 38–46.

Keith, P. M., & Schafer, R. B.(1991). *Relationships and well-being over the life stages.* New York: Praeger.

Kelley, S. J., & Whitley, D.(2003). Psychological distress and physical health problems in grandparents raising grandchildren: Development of an empirically based intervention model. In B. Hayslip & J. H. Patrick (Eds.), *Working with custodial grandparents* (pp. 127–144). New York: Springer Publishing Company.

Kent, A., & Waller, G.(2000). Childhood emotional abuse and eating psychopathology. *Clincial Psychology Review, 20,* 887–903.

Kerstetter, J. E., Holthausen, B. A., & Fitz, P. A.(1992). Malnutrition in the institutionalized older adult. *J Journal of The American Dietetic Association,* 1109-1116.

Kim, H. & DeVaney, S. A.(2005). The selection of partial or full retirement by older workers. *Journal of Family and Economic Issues, 26,* 371–394.

Kitson, G. C., & Morgan, L. A.(1990). The multiple consequences of divorce; A decade review. *Journal of Marriage and Family, 52,* 913–924.

Knaub, P., & Hanna, S.(1984). Children of remarriage: Perceptions of family strengths. *Journal of Divorce, 7,* 73–90.

Kohn, M. L.(1980). Job complexity and adult personality. In N. J. Smelser & E. H. Erikson(Eds.), *Themes of work and love in adulthood.* Cambridge, MA: Harvard University Press.

참·고·문·헌

Kohnstamm, G. A., Bates, J. E., & Rothbart, M. K.(1989). *Temperament in childhood.* New York: Wiley.

Komsi, N., Raikkonene, K., Pesonene, A., Heinonen, K., Keskivaara, P., & Jarvenpaa, A.(2006). Continuity of temperament from infancy to middle childhood. *Infant Behavior & development, 29,* 494–508.

Koo, J. O.(1996). Nutritional and health status of Korean elderly from low-income, urban areas and improving effect of meal service on nutritional and health status. *Korean J Community Nutrition,* 215–227.

Korbin, J. (1980). The cross-cultural context of child abuse neglect. In C.

Kempe & R. E. Helfer(Ed.), *The Battered Child* (pp. 21–35). Chicago: University of Chicago Press.

Kubler-Ross, E.(1969). *On death and dying.* New York: Macmillan.

Lalande, N. M., Hetu, R., & Lambert, J.(1986). Is occupational noise exposure during pregnancy a risk factor of damage to the auditory system of the fetus? *American Journal of Industrial Medicine, 10,* 427–435.

Lamanna, M. A., & Riedmann, A.(1991). *Marriage and families: Making choices and facing change*(4th ed.). Belmont, CA: Wadsworth.

Lamb, G. W.(1978). Interaction between eighteen month olds and their preschool aged siblings. *Child Development, 49,* 1189–1196.

Lecanuet, J. P., Granier-Deferre, C., & Busnel, M. C.(1995). Human fetal auditory perception. In J. P. Lecanuet, W. P. Fifer, N. A. Krasnegor, & W. P. Smotherman(Eds.), *Fetal development: A psychobiological perspective.* Hillsdale, NJ: Erlbaum.

Lee, G. R., & Shehan, C. L.(1989). Retirement and marital satisfaction, *Journal of Gerontology: Social Sciences, 44,* 226–230.

Lee, T. R., Mancini, J. A., & Maxwell, W.(1990). Sibling relationships in adulthood. Contact patterns and motivation. *Journal of Marriage and the family, 52,* 431–440.

Leming, M. R., & Dickinson, G. E.(2002). *Under-standing death, dying, and bereavement*(5th ed.). New York: Harcourt College.

Levinger, G.(1983). Development and change. In H. H. Kelley et al. (Eds.), *In Close relationships.* New York: Freeman.

Levinson, D. J.(1986). A conception of adult development. *American Psychologist, 41,* 3–13.

Levinson, D. J., Darrow, C. N., Klein, E. B., Levinson, M. L., & Mckee, B.(1978). *The seasons of a Men's Life,* New York: Knopf.

Levy, M. I.(1974). Life-review therapy: Putting memories to work in individual and group psychotherapy. *Geriatrics, 29,* 165–173.

Lewis, O. (1987). The depressive position and middle adolescence: Developmental and therapeutic considerations. *The Journal of the American Academy of Psychoanalysis and Dynamic Psychiatry, 17,* 377–395.

Lewis, M., & Bendersky, M. (Eds.). (1995). *Mothers, babies, and cocaine: The role of toxins in development.* Hillsdale, NJ: Erlbaum.

Lewis, R. A., Volk, R. J., & Duncan, S. F. (1989). Stress on fathers and family relationships related to rural youth leaving and returning home. *Family Relations, 38,* 174–181.

Love, J. M., Harrison, L., Sagi-Schwartz, A., Van IJzendoorn, M. H., Ross, C., Ungerer, J. A., Raikes, H., Brady-Smith, C., Boller, K., Brooks-Gunn, J., Constantine, J., Kisker, E. E., Paulsell, D., & Chazan-Cohen, R. (2003). Child care quality matters: How conclusions may vary with context. *Child Development, 74,* 1021–1033.

Lowenthal, M., Thurner, M., & Chirbaga, D. (1975). *Four stages of life.* San Francisco: Jossey-Bass.

Lyons-Ruth, K., Repacholi, B., McLeod, S., & Silva, E. (1991). Disorganized attachment behavior in infancy: Short-term stability, maternal and infant correlates, and risk-related subtypes. *Development and Psychopathology, 3,* 377–396.

Lyons-Ruth, K., Alpern, L., & Repacholi, B. (1993). Disorganized infant attachment classification and maternal psychosocial problems as predictors of hostile-aggressive behavior in the preschool classroom. *Child Development, 64,* 572–585.

Lytle, M. E., Vander, B.J., Pandav, R. S., Dodge, H. H., Ganguli, M. (2004). Exercise level and cognitive decline: The Movies project. *Alzheimer Disease & Associated disorders, 18,* 57–64.

Maccoby, E. E., & Martin, J. A. (1983). Socialization in the context of the family: Parent-child interaction. In E. M. Hehildington & P. H. Mussen(Eds.), Handbook of child psychology. 4. *Socialization, Personality, and social development*(4th ed.). New York: Willy.

Main, M., & Hesse, E. (1990). Parents' unresolved traumatic experiences are related to infant disorganized attachment status: Is frightened and/or frightening parental behavior the linking mechanism? In M. T. Greenberg, D. Cicchetti, & E. M. Cummings(Eds.), *Attachment in preschool years* (pp. M1-182). Chicago: University of Chicago Press.

Main, M., & Morgan, H. (1996). Disorganization and disorientation in infant strange situation behavior: Phenotypic resemblance to dissociative states. In L. K. Michelson & W. J. Ray(Eds.), *Handbook of dissociation: Theoretical, empirical, and clinical perspectives* (pp. 197–138). New York: Plenum.

Marsh, D. L. (1991). *Retirement careers: combining the best of work and leisure.* Charlotte, VT: Wlliamson Publishing.

Master, W. H., & Johnson. V. H. (1981). Sex and the aging process. *Journal of the American Geriatrics*

*Society, 29,* 385-390.

Matthews, S. H.(1996). Friendships in old age. In N. Vanzetti & S. Duck(Eds.), *A lifetime of relationships.* Pacific Grove, CA: Brooks/Cole.

Mayer, J. D., & Salovy, P.(1997). What is emotional intelligence. In P. Salivey & D. J. Sluyter(Eds.), *Emotional development and emotional intelligence: Educational implications.* New York: Basic Books.

McCare, R. R., & Costa, P. T.(2003). *Personality on adulthood: A Five- Factor Theory perspective* (2nd ed.). New York: Guilford Press.

McCartney, K., Robeson, W., & Mouradian, V.(1991). Mother's language with first and second-born children: A within-family study. In K. Pillemer & K. McCartney(Eds.), *Parent-child relations through life* (pp. 125-142). Hillsdale, NJ: Erlbaum.

Mccullough, W.(1994). *Adolescent parenting and child abuse: Family variables and how they impact an adolescent parent's potential to abuse.* The University of Oklahoma.

McHale, S. M., & Pawletko, T. M.(1992). Differential treatment of sibling in two family contexts. *Child Development, 63,* 68-81.

McWhirter, J. J., McWhirter, B. T., McWhirter, E. H., & McWhirter, R. J.(2007). *At-risk youth: A comprehensive response*(4th Ed.). Pacific Grove, CA: Brooks/Cole.

Meins, E., Fernyhough, C., Fradley, E., & Tuckey, M.(2001). Rethinking maternal sensitivity: mothers' comments on infants' mental processes predict security of attachment at 12 months. *Journal of Child Psychology and Psychiatry. 42,* 637-648.

Middleton, S., Ashworth, K., & Braithwaite, I.(1997). *Small fortunes: spending on children, childhood poverty and parental sacrifice.* Joseph Rowntree, New York.

Miller, B. C., & Norton, M. C., Curtis, T., Hill, E. J., Schvaneveldt, P., & Young, M. H.(1997). The timing of sexual intercourse among adolescents: Family, peer, and other antecedents. *Youth and Society, 29,* 54-83.

Montemayor, R.(1982). The relationship between parent-adolescents spend with parents, peers, and alone. *Child Development, 53,* 1512-1519.

Moon, C., Cooper, R. P., & Fifer, W. P.(1993). Two-day-olds prefer their native language. *Infant Behavior and Development, 16,* 495-500.

Morley, E. G.(1999). *The child witness to domestic violence: The relationship among battered mothers' characteristics, child abuse, and child behavior problems.* Portland State University Press.

Morris, L.(1994). *The underclass and social citizenship.* Routledge.

Mulder, E. J. H., Robles de Medina, P. G., Huizink, A. C., Van den Bergh, B. R. H., Buitelaar, J. K. &

Visser, G. H. A.(2002). Prenatal maternal stress: Effects on pregnancy and the (unborn)child. *Early Human Development, 70,* 3−14.

Murstein, B.(1970). Mate selection in the 1970's. *Journal of Marriage and the Family, 46*(3): 589−698.

Muzi, M. J.(2000). *Child development: Through Time and Transition.* Upper Saddle River, NJ: Prentice-Hall.

Nadelson, C., & Nadelson, T.(1980). Dual career marriages: Benefits and costs. In F. Pepitone-Rockwell(Ed.), *Dual-career couples* (pp. 91−109). Beverly Hills: Sage.

Neugarten, B. L., Moore, J. W., & Lowe, J. C.(1965). Age norms, age constraints, and adult socialization. *American Journal of Sociology, 70,* 710−717.

Neugarten, B. L., & Neugarten, D. A.(1987). The changing meanings of age. *Psychology Today, 21,* 29−33.

Newbold, R. R., Jefferson, W. N., Grissom, S. F., Padilla-Banks E., Snyder, R. J., & Lobenhofer E. K.(2007). Developmental exposure to diethylstilbestrol alters uterine gene expression that may be associated with uterine neoplasia later in life. *Molecular Carcinogenesis, 46,* 783−796.

NICHD Early child care research network(1997). The effects of infant child care on infant-mother attachment security: results of the NICHD study of Early child care. *Child Development, 68,* 860−879.

NICHD Early child care research network(2002). Early child care and children's development prior to school entry: result from the NICHD study of early child care. *American Educational Research Journal, 39,* 133−164.

Offer, D., Ostrov, E., Howard, K. I., & Atkinson, R.(1988). *The teenage world: Adolescents' self image in ten countries.* New York: Plenum Medical Book Company.

Owens(1996). *Language development*(4th ed.). Boston: Allyn and Bacon.

Owens, K.(2002). *Child & adolescent development: An integrated approach.* Belmont, CA: Wadsworth/Thomson Learning.

Palmore, E. B., Burchett, B. M., Fillenbaum, C. G., George, L. K., & Wallman, L. M.(1985). *Retirement: Causes and consequences.* New York: Springer.

Papalia, D. E., & Olds, S. W.(1995). *Human development.* New York: McGraw-Hill.

Papalia, D. E., Olds, S. W., & Feldman, R. D.(1988). *Human development.* New York: McGraw-Hill.

Papalia, D. E., Olds, S. W., & Feldman, R. D.(2001). *Human Development*(8th ed.). New York: McGraw-Hill

Parke, R. D.(1996). *Fatherhood.* Cambridge. MA: Harvard University Press.

Patterson, G. R., DeBaryshe, B. D., & Ramsey, E.(1989). A developmental perspective on antisocial behavior. *American Psychologist, 44*, 329-335.

Pearlin, L. I.(1980). Life strains and psychological distress among adults. In N. J. Smelser & E. H. Erikson(Eds.), *Themes of work and love in adulthood.* Cambridge, MA: Harvard University Press.

Pearson, J. C.(1996). Forty-forever years? Primary relationships and senior citizens. In N. Vanzetti & S. Duck(Eds.), *A lifetime of relationships.* Pacific Grove, CA: Brooks/Cole.

Pedrick-Cornell, C., & Gells, R. J.(1982). Elder abuse: The status of current knowledge. *Family Relationships, 31,* 457-465.

Pepler, D. J., Abramovitch, R., & Corter, C.(1981). Sibling interaction in the Home: A Longitudinal Study. *Child Development, 52,* 1344-1347.

Pettit, G. S., Brown, E. G., Mize, J., & Lindsey, E.(1998). Mothers' and fathers' socializing behaviors in three contexts: Links with children's peer competence. *Merrill Palmer Quarterly, 44,* 173-193.

Piaget, J.(1952). *The origins of intelligence in children.* New York: International University Press.

Piaget, J.(1962). *Play, dreams, and imitation in childhood.* New York: Norton.

Picou, J. S., & Curry, E. W.(1973). Structural, interpersonal, and behavioral correlates of female adolescent's occupational choices. *Adolescence, 8,* 421-432.

Polit, D. F., & Falbo, T.(1987). Only children and personality development: quantitative review. *Journal of Marriage and the Family, 49,* 309-325.

Poon, L. W.(1985). Differences in human memory with aging: Nature, causes, and clinical implications. In J. E. Birren & K. W. Schaie(Eds.), *Handbook of the psychology of aging*(2nd ed.). New York: Van Nostrand Reinhold.

Putnam, S. P., Sanson, A. V., & Rothbart, M. K.(2002). Child temperament and parenting. In M. H. Bornstein(Ed.), *Handbook of Children and parenting* (2nd ed., pp. 255-277). Mahwah, NJ: Erlbaum.

Ramey, C. T., Breitmayer, V. J., Goldman, B. D., & Wakeley, A.(1996). Learning and cognition during infancy. In M. J. Hanson(Ed.), *Atypical infant development* (pp. 311-363). Austin, TX: Pro-Ed, Inc.

Rankin, M. E.(1999). *Construct validation of the child abuse and trauma scale: Comparison to data obtained from structure interview.* The University of Connecticut.

Raport, R., & Raport, R. N.(1976). *Dual-career families re-examined.* New York: Harper & Row.

Ricciuti, H. N.(1993). Nutrition and mental development. *Current Directions in Psychological Science, 2,* 43-46.

Rizzo, T. A., Metzger, B. E., Dooley, S. L., & Cho, N. H.(1997). Early malnutrition and child neurobehavioral development: Insights from the study of children of diabetic mothers. *Child Development, 68,* 26-38.

Robinson, B., & Thurnher, M.(1981). Taking care of aged parents: A family cycle transition. *Gerontologist, 19,* 586—593.

Rosenblum, O., Mazet, P., & Benony, H.(1997). Mother and infant affective involvement states and maternal development. *Infant Mental Health Journal, 18,* 350—363.

Roth, C. L.(2005). How to protect the aging work force. *Occupational Hazards February,* 52—54.

Rowe, J. W., & Kahn, R. L.(1997). Successful Aging. *The Gerontologist 37,* 433—440.

Rubin, L. B.(1980). The empty nest: Beginning or ending? In L. A. Bond & J. C. Rosen(Eds.), *Competence and coping during adulthood.* Hanover, NH: University Press of New England.

Rubin, D. H., Krasilnikoff, P. A., Leventhal, J. M., Weile, B., & Berget, A.(1986). Effects of passive smoking on birth-weight. *Lancet, August 23,* 415—417.

Ruchlin, H. S., & Morris, J. H.(1992). Deteriorating health and the cessation of employment among older workers. *Journal of Aging and Health, 4,* 43—57.

Rutter, M.(1995). Clinical implications of attachment concepts: Retrospect and prospect. *Journal of Child Psychology and Psychiatry, 36,* 549—571.

Safe, S. H.(2000). Endocrine disruptors and human health is there a problem? *An update. Environ Health Perspect, 108,* 487—493.

Sagi, A., Koren-Karie, N., Gini, M., Ziv, Y., Joels, T.(2003). Shedding further light on the effects of Various Types and Quality of Early Child Care on Infant? Mother Attachment Relationship: The Haifa study of early child care. *Child Development, 73,* 1166—1186.

Santisteban, D. A., & Mitrani, V. B.(2003). The influence of acculturation processes on the family. In K. M. Chun, P. B. Organista, & G. Marin (Eds.), *Acculturation: Advances in theory, measurement, and applied research* (pp. 121—135). Washington D.C.: American Psychological Association.

Santrock, J. W.(1998). *Adolescence.* New York: McGraw-Hill.

Sarah, C., Mangelsdorf, Jean, L., McHale, Diener, M., Goldstein, L. H., & Lehn, L.(2000). Infant attachment: Contributions of infant temperament and maternal characteristics. *Infant Behavior and Development, 23,* 175—196.

Scheidt, R. J., Humpherys, D. R., & Yorgason, J. B.(1999). Successful Aging: What's Not to Like. *Journal of Applied Gerontology, 18,* 277—282.

Schlossberg, N. K.(1987). Taking the mystery out of changing. *Psychology Today, 21,* 74—75.

Schuengel, C., Van IJzendoorn, M. H., Bakermans-Kranenburg, M. J., & Blom, M.(1997). Frightening, frightened, and dissociated behavior; unresolved loss; and infant disorganization. *Paper presented at the biennial meeting of the Society for Research in Child Development.* Washington D.C..

Scanlon-Jones, S., & Rang, T.(1989). Smile production in order infants: The importance of a social recipient for the facial signal. *Child Development, 60*, 811–818.

Schore, A.(2001). Effects of a secure attachment relationship on right brain development, affect regulation, and infant mental health. *Infant Mental Health Journal, 22*, 7–66.

Sheila, B. K., & Alfred, J. K.(2003). Beyond child poverty: The social exclusion of children. *The clearinghouse on international developments in child, youth and family policies.* Columbia University Press.

Shirley, M. M.(1993). *The first two years: A study of twenty-five babies (Vol. 2).* Minneapolis: University of Minnesota.

Shriver, M. D., & Piersel, W.(1994). The long-term effects of intrauterine drug exposure: Review of recent research and implications for early childhood special education. *Topics in Early Childhood Special Education, 14*, 161–183.

Siegler, R. S.(1986). *Children's thinking*(2nd ed.). Englewood Cliffs, NJ: Prentice-Hall.

Siegler, R., DeLoache, J., & Eisenberg, N.(2010). *How children develop*(3rd ed.). New York: Worth Publishers.

Skinner, B. F.(1957). *Verbal behavior.* New York: Appleton-Century-Crofts.

Small, S., & Eastman, G.(1991). Rearing adolescents in contemporary society: A conceptual framework for understanding the responsibilities and need of parents. *Family Relations, 40*, 455–462.

Smotherman, W. P., & Robinson, S. R.(1996). The development of behavior before birth. *Developmental Psychology, 32*, 425–434.

Snarey, J.(1993). *How fathers care for the next generation: a four-decade study.* Harvard University Press.

Solomon, J. C., & Marx, J.(1995). To grandmother's house we go: Health and school adjustment of children raised solely by grandparents. *Gerontologist, 35*(3), 386–394.

Spanier, G. B., & Glick, P. C.(1981). Marital instability in the United States: Some correlates and recent changes. *Family Relations, 30*.

Spitz, R. A.(1945). Hospitalism: An inquiry in the genesis of psychiatric conditioning in early childhood. In D. Fenschel et al.(Eds.), *Psychoanalytic studies of the child* (pp. 53–74). New York: International Universities Press.

Stanford, E. P., Happersett, C. J., Morton, D. J., Molgaard, C. A., & Peddecord, K. M.(1991). Early retirement and functional impairment from a multiethnic perspective. *Research on Aging, 13*, 5–38.

Sternberg, K. J., Lamb, M. E., Greenbaum, C., Cicchetti, D., Dawud, S., Cortes, R. M., Krispin, O., & Lorey, F.(1993). Effects of domestic violence on children's behavior problems and dression. *Developmental Psychology, 29*, 44–52.

Stifter, C. A., & Fox, N. A.(1990). Infant reactivity: Physiological correlates of newborn and 5–month temperament. *Developmental Psychology, 26,* 582−588.

Styron, T., & Janoff-Bulman, R.(1997). Childhood attachment and abuse: long-term effects on adult attachment, depression and conflict resolution. *Child Abuse and Neglect, 21,* 1015−1023.

Suitor & Pillemer.(1987). Explaining intergenerational conflict when adult children and elderly parents live together. *Journal of Marriage and the Family, 50,* 22−28.

Super, D. E.(1976). *Career education and the meanings of work.* Washington D.C.: U.S. Office of Education.

Tangney, J. P., Miller, R. S., Flicker, L., & Barlow, H.(1996). Are shame, guilt, and embarrassment distinct emotions? *Journal of Personality and Social Psychology, 70,* 1256−1269.

Tangney, J. P., & Dearing, R. L.(2002). *Shame and guilt.* New York: Guilford Press.

Taylor, S.(1980). The effect of chronic childhood illness upon well siblings. *Maternal-Child Nursing Journal, 9,* 109−116.

Tenover, J. S.(2002). Androgen deficiency in the aging male: When, Who, and how to investigate and treat. *Urologie Clinics of North America, 29,* 985−982.

Thomas, A., & Chess, S.(1984). Genesis and evaluation of behavioral disorders: From infancy to early adult life. *American Journal of Psychiatry, 141,* 1−9.

Tizard, B., & Rees, J.(1975). The effect of early institutional rearing on behavior problems and affectional relationships of four-year-old children. *Journal of Child Psychology and Psychiatry and Allied Disciplines, 16,* 61−73.

Thomas, A., & Chess, S.(1984). Genesis and evaluation of behavioral disorders: From infancy to early adult life. *American Journal of Psychiatry, 141,* 1−9.

Thomas, D., Townsend, T., & Belgrave, F.(2003). The influence of cultural and racial identification on the psychosocial adjustment of inner-city African American children in school. *American Journal of Community Psychology, 32,* 217−228.

Thompson, L., & Walker, A. J.(1984). Gender in families: Women and men in marriage, work, and parenthood. *Journal of Marriage and the Family, 51,* 845−871.

Tompson, S. K.(1975). Gender labels and early sex-role development. *Child Development, 46,* 339−347.

Troll, L. E.(1985). *Early and middle adulthood*(2nd ed.). Motery, CA: Brooks-Cole.

Turner, B. F.(1982). Sex-related differences in aging. In B. B. Wolman(Ed.), *Handbook of developmental psychology.* Englewood Cliffs, NJ: Prentice Hall.

Uhlenberg, P., & Myers, P.(1981). Divorce and the elderly. *Gerontologist, 21,* 276−282.

Vaillant, G. E., & Mukamal, K.(2001). Successful Aging. *The American Journal of Psychiatry, 158,* 839−847.

Valentine, D. P., D. S. Acuff, M. L. Freeman., & T. Andress(1984). Definding child maltreatment: A multidisciplinary overview. *Child Welfare, 63,* 315-327.

Van IJzendoorn, M. H. & Sagi, A.(2008). Cross-cultural patterns of attachment: Universal and contextual dimensions. In J. Cassidy & P. R. Shaver(Eds.), *Handbook of attachment: Theory, research, and clinical applications* (2nd ed., pp. 880-905). New York: Guilford Press.

Vinick, B.(1978). Remarriage in old age. *Family Coordinator, 27*(4), 359-363.

Vinick, B. H. & Ekerdt, D. J.(1991a). The transition to retirement: Responses of husbands and wives, In B. B. Hee & E. Markson (Eds.), *Growing old in America* (45th ed.), New Brunswick, NJ: Reansaction Books.

Vinick, B. H. & Ekerdt, D. J.(1991b). Retirement: What happens to husband-wife relationships. *Journal of Geriatric Psychiatry, 24,* 23-40.

Ward, M. J., & Carlson, E. A.(1995). Associations among adult attachment representations, maternal sensitivity, and infant-mother attachment in a sample of adolescent mothers. *Child Development, 66,* 69-79.

Watson, J. B.(1928). *Psychological care of infant and child.* New York: Norton.

Watters, S. O.(2003). Real solutions for overcoming internet addictions.

Wayler, A. H., Kapur, K. K., Feldman, R, R,, & Chauncey, H. H.(1982). Effects of age and dentition status on measures of food acceptability. *Journal of Gerontology, 37,* 294-329.

Webster-Stratton, C.(1992). *The incredible years.* Toronto: Umbrella Press.

Weg, R. B.(1987). Sexuality in the menopause. In D. R. Mishell Jr.(Ed.), *Menopause: Physiology and pharmacology.* Chicago: Year Book Medical Publishers.

Whitbourne, S. K.(1990). Sexuality in the aging male. *Generations, 14,* 28-30.

White, L., Brinkerhoff, D., & Booth, A.(1986). The effect of marital disruption on child's attachment to parents. *Journal of Family Issues, 6,* 5-22.

White, B. L.(1975). The first three years of life. *Englewood Cliffs.* New Jersey: Prentice-Hall.

Williams, E. R., & Caliendo, M. A.(1984). *Nutrition: Principles, issues, and applications.* New York: McGraw-Hill.

Wilson, M. N., Tolson, T. F. J., Hinton, I. D., & Kiernan, M.(1990). Flexibility and sharing of childcare duties in Black families. *Sex Roles, 22,* 409-425.

Young, K. S.(1996). Internet addiction : The emergence of a new clinical disorder. *Cyber Psychology and Behavior, 1,* 237-244

http://www.mw.go.kr(보건복지가족부).

http://youth..go.kr(국가청소년위원회).

# 저 · 자 · 소 · 개

**도현심**
이화여대 가정대학 식품영양학과 졸업
이화여대 대학원 가정관리학과 아동학 전공 석 · 박사
현재 이화여대 사회과학대학 아동학과 교수
저서 인간발달(공저)(2010)
    존경받는 부모, 존중받는 자녀(공저)(2003)

**이희선**
이화여대 가정대학 가정관리학과 졸업
미국 뉴욕주립대 대학원 유아교육학과 석 · 박사
현재 경원대 아동복지학과 교수
저서 아동건강교육(공저)(2010)
    부모교육(공저)(2007)
    존경받는 부모, 존중받는 자녀(공저)(2003)

**김상희**
이화여대 가정대학 가정관리학과 졸업
이화여대 대학원 가정관리학과 아동학 전공 석 · 박사
현재 공주대 사범대학 유아교육과 교수
저서 아동건강교육(공저)(2010)
    부모교육(공저)(2008)
    부모-자녀관계(공역)(2007)

**최미경**
이화여대 가정대학 가정관리학과 졸업
이화여대 대학원 가정관리학과 아동학 전공 석 · 박사
현재 덕성여대 사회과학대학 아동가족학과 전임강사
저서 자녀양육과 부모역할(공저)(2002)

**이사라**
이화여대 가정대학 가정관리학과 졸업
이화여대 대학원 가정관리학과 아동학 전공 석 · 박사
현재 세종사이버대 아동보육복지학과 조교수
저서 보육학개론(공저)(2009)
    현대사회와 아동발달(공저)(2009)

**김상원**
이화여대 사범대학 교육심리학과 졸업
이화여대 대학원 심리학과 발달심리 전공 석사
미국 조지아대 대학원 교육심리학과 학교심리 전공 박사
현재 이화여대 사회과학대학 아동학과 조교수

개정판

# 인간발달과 가족

2005년 12월 31일  초판 발행
2011년 2월 28일  개정판 발행
2018년 2월 5일  개정판 5쇄 발행

지은이  도현심 외
펴낸이  류제동
펴낸곳  **교문사**

편집팀장  김경수
책임편집  성혜진
본문디자인  꾸밈
표지디자인  신나리

출력  현대미디어
인쇄  삼신인쇄
제본  한진제본

주소  (10881)경기도 파주시 문발로 116
전화  031-955-6111(代)
FAX  031-955-0955
등록  1960. 10. 28. 제406-2006-000035호

홈페이지  www.gyomoon.com
E-mail  genie@gyomoon.com
ISBN  978-89-363-1115-5 (93590)

값  19,000원